高等学校“十三五”重点规划

机械设计制造及其自动化系列

JIXIE SHEJI

机械设计

第3版

主　编　杨恩霞　李立全

副主编　应丽霞　刘贺平

HEUP 哈尔滨工程大学出版社

内容简介

本书是在第2版的基础上，根据《机械设计课程教学基本要求》进行全面修订的。全书除绪论外，共14章。第1章及第2章讲述机械设计的一些共性知识和理论，以及摩擦学的基本理论；第3章及第4章讲述螺纹连接与螺旋传动、轴毂连接及销连接等常用连接件的特点及选用；第5章至第8章及第14章讲述带传动、链传动、齿轮传动及蜗杆传动等传动件的工作原理及设计与计算方法；第9章至第13章讲述轴、滚动轴承、滑动轴承、联轴器等轴系零部件及弹簧的工作原理、特点、选用及设计方法。

本书可作为高等工科院校机械类专业的教材，也可供其他有关专业的师生和工程技术人员参考。

图书在版编目(CIP)数据

机械设计/杨恩霞，李立全主编. —3版. —哈尔滨：哈尔滨工程大学出版社，2017.5(2020.8重印)
ISBN 978-7-5661-1480-8

Ⅰ. ①机… Ⅱ. ①杨… ②李… Ⅲ. ①机械设计-高等学校-教材 Ⅳ. ①TH122

中国版本图书馆CIP数据核字(2017)第070482号

选题策划 石 岭
责任编辑 马佳佳
封面设计 博鑫设计

出版发行 哈尔滨工程大学出版社
社　　址 哈尔滨市南岗区南通大街145号
邮政编码 150001
发行电话 0451-82519328
传　　真 0451-82519699
经　　销 新华书店
印　　刷 哈尔滨市石桥印务有限公司
开　　本 787 mm×1 092 mm 1/16
印　　张 20.75
字　　数 548千字
版　　次 2017年5月第3版
印　　次 2020年8月第3次印刷
定　　价 45.00元
http://www.hrbeupress.com
E-mail:heupress@hrbeu.edu.cn

第3版前言

本版是根据国家教育委员会颁发的《机械设计课程教学基本要求》和新近颁发的有关国家标准,参考各高校近年来在"面向21世纪高等工程教育改革"中关于机械设计课程的讨论意见,并结合多年的教学实践进行修订的,适用于机械类各专业。

编者在本书修订时注意贯彻高校教材改革的指导思想,遵循精选内容的原则。在教材体系方面,以培养学生综合素质和能力为主线,突出了实用性和设计性,并引入了整机设计的概念。即首先在绪论中提出机器的组成,然后在各章中依次介绍组成机器的各种通用零件——从连接件、传动件直到轴系零部件。这样编写能更好地揭示零件与机器之间的内在联系,从而增强教材的系统性。

本版各章均采用最新颁布的国家标准,各章后面附有习题。

本版由杨恩霞和李立全担任主编,应丽霞和刘贺平担任副主编。参加编写的有杨恩霞(绪论、第1章、第5章、第6章、第7章、第11章、第14章)、李立全(第3章、第4章、第8章)、应丽霞(第2章、第10章)、刘贺平(第9章、第12章、第13章)。

在本版修订过程中,哈尔滨工程大学机电工程学院的许多师生都提出了极为宝贵的意见,出版社的编审人员为本书的出版投入了大量的心血,编者在此一并致以衷心的感谢!

由于编者学识水平有限,书中难免有疏漏之处,恳切希望广大读者批评指正。

编　者

2017年5月

目　　录

绪　论

0.1　机械设计在经济建设中的作用

机械工业在国家现代化的进程中起着主导和决定性的作用，是一个国家现代化水平的主要标志之一。它担负着为国民经济建设各个部门提供技术装备和促进技术改造的重要任务。

随着科学技术的发展与进步，生产的机械化、自动化水平不断提高，以及我国与世界其他国家的联系和贸易的开展，要求我国机械产品具有国际市场的竞争能力。因此，迫切要求提高我国机械设计的水平，研制开发新的机械产品。

此外，随着机械制造工艺和设备的迅速发展，特别是电子技术、信息技术和计算机技术的突飞猛进，以及使用者对机械产品的要求不断提高，使得机械产品的复杂程度、技术水平都有很大变化。机械设计技术近年来发展很快，已大量采用了新的设计理论和方法，如机械设计学、有限元计算、优化设计、可靠性设计、计算机辅助设计等，使设计质量和速度有很大的提高。目前我国急需大量的高级机械设计人才，能创造性地设计出符合市场需要并具有强大竞争能力的新机械产品，摆脱我国机械行业落后的状态。本课程将直接担负机械设计人才的培养任务。

0.2　机械和机械设计

机械是机器和机构的总称。

机器（例如牛头刨床、起重机、汽车、拖拉机等）都装有一个（或几个）用来接受外界输入能源的原动机（如电动机、内燃机等），并通过机器中的一系列传动，把原动机的动作转变为执行机构的动作（如牛头刨床上刨刀的往复动作，起重机吊钩的升降动作等），用以克服工作阻力，输出机械功。所以，一台完整的机器，总是由原动部分、传动部分和执行部分所组成的。当然，在一台现代化的机器中，通常包含着机械、电气、液压、气动、润滑、冷却、控制、监测等系统中的部分或全部，但是机器的主体仍然是机械系统。

机械系统是由一些机构组成的，每个机构又是由许多零件组成的。

组成机器的不可拆的基本单元称为机械零件，简称零件，如螺钉、键、齿轮、轴、弹簧等。为完成同一使命在结构上组合在一起（可拆或不可拆）并协同工作的零件称为部件，如联轴器、轴承、减速器等。

各种机器中普遍使用的零件称为通用零件，如轴、齿轮、螺栓等；只在一定类型的机器中使用的零件称为专用零件，如汽轮机中的叶片，纺织机中的织梭、纺锭，往复机械中的曲轴等都是专用零件。

机械设计就是应用新的原理或新的概念开发创造新的机器,或在已有机器的基础上重新设计或者作局部的改进。因此,增大机器工作能力、合并或简化机器结构、增多或减少机器功能、提高机器效率、变更机器零件、改用新材料等,都属于机械设计的范畴。

0.3 机械设计课程的性质、任务和内容

0.3.1 本课程的性质

机械设计课程是培养学生具有机械设计能力的一门技术基础课程,是培养机械工程高级人才的重要入门课程,为以机械学为主干学科的各专业学生提供机械设计的基本知识、基本理论和基本方法的训练。

本课程是综合应用先修课程(如机械制图、材料力学、工程材料、机械制造基础及机械原理等)的基础理论和工程实践生产知识的一门重要的课程,在教学过程中,它在基础课与专业课之间起着承上启下的作用。

0.3.2 本课程的主要任务

通过理论学习和课程设计培养学生:

(1)掌握通用机械零件的设计原理、方法和机械设计的一般规律,具有机械系统的综合设计能力,能进行一般机械传动部件和简单机械装置的设计;

(2)为学习专业机械设备课程提供必要的理论基础;

(3)具有运用标准、规范、手册、图册和查阅有关技术资料的能力;

(4)获得实验技能的基本训练;

(5)树立创新意识,培养机械设计的创新能力;

(6)对机械设计的新发展有所了解。

0.3.3 课程内容

本课程主要介绍通用零件的常用设计方法,只讨论一般尺寸和参数的通用零件(不包括巨型、微型,以及在高速、高压、高温、低温条件下工作的通用零件)的设计理论和方法。

具体内容是:

(1)基础知识——设计概论、摩擦磨损及润滑;

(2)连接零件——螺纹连接,键、花键及销钉连接等;

(3)传动零件——带传动、链传动、齿轮传动、蜗杆传动;

(4)轴系零件——轴、滑动轴承、滚动轴承、联轴器和离合器;

(5)其他零件——弹簧等。

0.4　机械设计课程的特点和学习方法

0.4.1　课程特点

由于本课程既是一门综合性技术基础课,又是一门实践性很强的设计课程,这就决定了它的主要特点是与各门先修课程关系多,同一种功能的零件门类多,机械设备对零件的要求多,零件工作能力设计公式多,表达课程内容的图形多,提供设计资料的表格多。故本课程与许多课程有显著的不同,因此必须按照本课程的特点去学习、理解它,才能取得好的学习效果。在学习本课程时,应注意以下几个特点:

1. 综合性

在解决机械设计问题时要用到有关的多方面的科学知识,如力学、摩擦学、材料学、机械制造技术、机械原理、互换性和技术测量、机械制图等,每个机械零件的设计涉及的知识面都是很广泛的。

2. 工程性

本课程具有鲜明的工程性,在设计每个机械零件时要用到大量的数据、表格、标准、资料等,要处理方案选择、零件选型、材料选择、参数选择、结构形式选择等问题,对于计算结果要进行分析,有的要圆整,有的要标准化。这些都是处理工程问题时必须具有的能力。所以本课程的习题、作业和课程设计都是非常重要的组成部分,要学习和掌握本课程必须十分认真地完成它们。

3. 典型性

机械零件的种类很多,本课程只学习其中的一部分,但是设计机械零件的方法和思路是通用的,掌握本课程的基本内容以后,对于其他机械零部件的设计问题就有了一定的基础,并对机械设计有了初步的了解。在学习一个阶段以后,要认真总结、体会,可起到举一反三的作用。

0.4.2　本课程的学习方法

(1)各类零件虽然门类繁多,自成系统,但并非支离破碎无章可循,机械零件设计有它自己的一般规律。这个规律表现在设计机械零件时所考虑的问题一般都是相同的,即:

类型应用——工作原理——失效形式——设计准则——计算方法——结构设计

学习本课程时要牢牢掌握这一规律。

(2)对各种零件工作能力的设计公式,应根据零件的实际工作条件进行具体分析,着重了解计算的出发点,各参数的物理概念及分析方法,而对公式的推导、经验数据的取得以及某些曲线的来历等,只需作一般的了解,不必深究,以免偏离重点。

(3)逐步学习并掌握初选参数,再进行校核的设计方法。零件尺寸有时受几种条件的共同制约,此时应选出一个主要制约条件确定计算准则,据此确定零件尺寸后,再进行其他制约条件的校核。

(4)本课程是以设计为主线的综合性技术基础课,因此对有关先修课程要熟练掌握,并应特别注意零件的结构设计,还要考虑零件的加工、装配和维护的可能性以及结构形状对改善零件工作性能的重要影响。

第1章 机械设计概论

1.1 机械设计的基本要求和一般步骤

1.1.1 设计机械应满足的基本要求

根据生产及生活的需要不同,设计的机械种类也不同,但设计时应满足的基本要求却往往是相同的。这些基本要求如下。

1. 使用功能要求

能实现机械的预定功能,并在预定环境条件和工作期限内可靠地工作。

2. 经济性要求

要求设计、制造和使用机械的费用少,并且效率高。经济性要求是一个综合指标,设计机械时应全面综合地进行考虑。

提高设计、制造经济性的主要措施有:运用现代设计方法,使设计参数最优化;推广标准化、通用化和系列化;采用新工艺、新材料、新结构;改善零部件的结构工艺性等。

提高使用经济性的主要措施有选用效率高的传动系统和支承装置,以降低能源消耗;提高机械化和自动化水平,以提高生产率;采用适当的防护(如闭式传动、表面防护等)及润滑,以延长机械的使用寿命等。

3. 其他要求

如要求机械操作简便、省力、运行安全;降低机械的噪声;美化机械的外观造型;食品、纺织、造纸机械不得污染产品等。

1.1.2 设计机械的一般步骤

机械设计应按实际情况确定设计方法和步骤。一台新的机械设备从确定设计任务书到形成产品,需要进行的工作大体如下。

1. 确定设计任务书

根据生产或市场的需求,由用户和设计部门制定设计任务书,对设备的性能,主要技术参数等作出明确规定。任务书是设计、调试、验收等的主要依据。

2. 方案设计

根据设计任务书的要求,拟订机械的总体布置及传动方案——原理图或机构运动简图,分析机构的运动规律和受力情况。这一阶段中往往需要拟订多种方案,并对经济技术指标及方案的可行性进行比较,从中选用最佳方案并进行初步设计。初步设计时应对设备中主要部分进行运动学、动力学分析计算,确定主要参数。设计者一定要正确处理继承与创新的关系,同类机械成功的经验应当继承,原先薄弱环节及不符合现有任务要求的部分应当改进或做根本性改变。

3. 技术设计

通过对零部件的工作能力设计，确定主要零部件的基本尺寸；再根据已确定的结构方案和主要零部件的基本尺寸，绘制机械的装配图和零件图。在这一阶段中，设计者既要重视理论设计计算，更要注重结构设计。

4. 技术文件编制

在完成技术设计后，应编制技术文件，主要有设计计算说明书、使用说明书、标准件明细表等。技术文件是对机械进行生产、检验、安装、调试、运行、维护的依据。

5. 技术审定和产品鉴定

设计资料应由专家和有关部门进行审定，认可后进行样机试制；样机运行后再进行鉴定。鉴定通过后，经过小批量生产，在进一步考察的基础上改进原设计，定型后即可根据市场需求量的大小决定一定批量的生产。

从以上机械设计的全过程来看，机械设计过程实际上是一个发现矛盾、分析矛盾和处理矛盾的过程。例如，要求机器的零(部)件强度大、刚性好和要求机器质量小的矛盾；加工、装配精度高和制造成本低的矛盾等。设计者一定要抓住主要矛盾，恰如其分地处理好各种次要矛盾。只有树立正确的设计思想，努力掌握先进的科学技术知识和科学辩证的思想方法，同时，还要坚持理论联系实际，并在实践中不断总结和积累设计经验，向有关领域的科技工作者和从事生产实践的工作者学习，不断发展和创新，才能较好地完成机械设计任务。

1.2　机械零件的载荷和应力

1.2.1　载荷

机器工作时所出现的载荷是力和力矩。

1. 静载荷与变载荷

载荷根据其性质可分为静载荷和变载荷。大小和方向不随时间变化或变化较缓慢的载荷称为静载荷；大小和方向随时间变化的载荷称为变载荷。

2. 名义载荷与计算载荷

根据额定功率计算出作用在零件上的载荷称为名义载荷。名义载荷没有反映出载荷随时间作用的不均匀性、载荷在零件上分布的不均匀性及其他影响零件受载的因素。因此，常用载荷系数 K 来考虑这些因素的综合影响。载荷系数 K 与名义载荷 F(或名义转矩 T)的乘积称为计算载荷 F_{ca}(或计算转矩 T_{ca})，即

$$F_{ca}=KF,\ T_{ca}=KT \tag{1-1}$$

1.2.2　应力

按应力随时间变化的特性不同，可分为静应力和变应力。不随时间变化或变化缓慢的应力称为静应力，如图1-1所示；随时间变化的应力称为变应力，如图1-2所示。大多数机械零件都是处于变应力状态下工作的。零件在静应力作用下可能产生断裂或

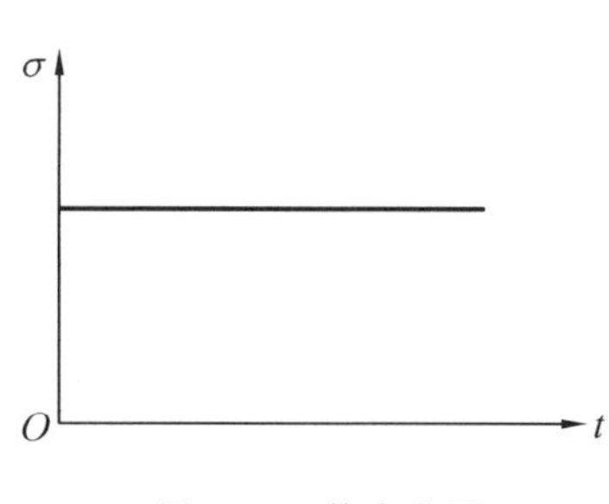

图1-1　静应力图

塑性变形,零件在变应力作用下可能产生疲劳破坏。

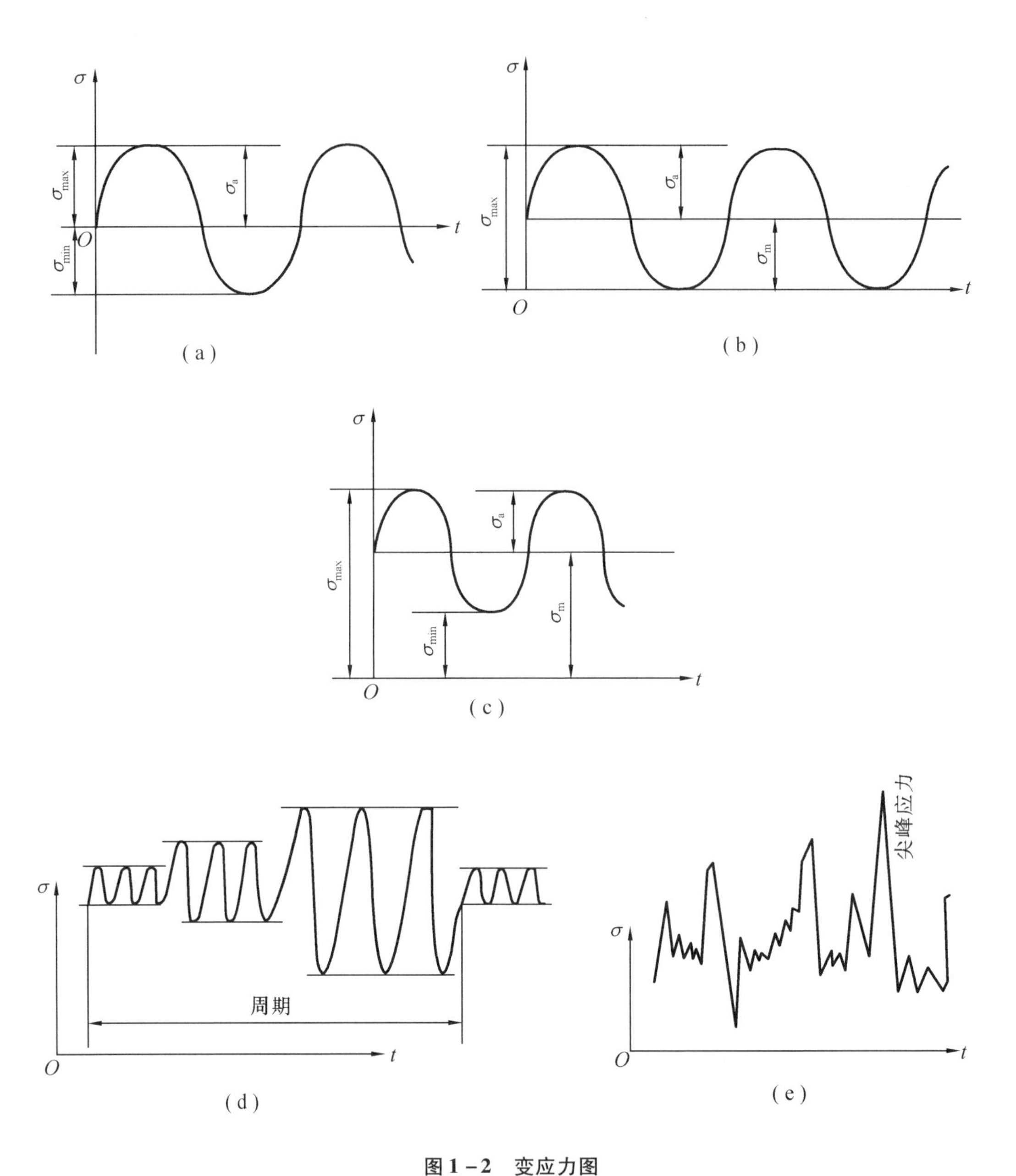

图1-2 变应力图

(a)(b)(c)稳定循环变应力;(d)规律性非稳定变应力;(e)随机性非稳定变应力

变应力又分为稳定循环变应力,如图1-2(a)(b)(c)所示;规律性非稳定变应力,如图1-2(d)所示;随机性非稳定变应力,如图1-2(e)所示。

稳定循环变应力按其循环特征 r 的不同,可分为对称循环变应力、脉动循环变应力和非对称循环变应力三种。为了表示变应力状况,引入以下变应力参数:

$\boldsymbol{\sigma}_{max}$——变应力最大值;

$\boldsymbol{\sigma}_{min}$——变应力最小值;

σ_m——平均应力，为循环中应力不变部分，即静载分量；

σ_a——应力幅，为循环中应力变动部分，即动载分量；

r——循环特征。

它们之间的关系：$\sigma_{max}=\sigma_m+\sigma_a$，$\sigma_{min}=\sigma_m-\sigma_a$，$\sigma_m=\frac{\sigma_{max}+\sigma_{min}}{2}$，$\sigma_a=\frac{\sigma_{max}-\sigma_{min}}{2}$，$r=\frac{\sigma_{min}}{\sigma_{max}}$。几种典型应力的变化规律如表1-1所示。

表1-1　典型应力的变化规律

应力名称	循环特征	应力特点
对称循环（图1-2(a)）	$r=-1$	$\sigma_a=\sigma_{max}=-\sigma_{min}, \sigma_m=0$
脉动循环（图1-2(b)）	$r=0$	$\sigma_a=\sigma_m=\frac{\sigma_{max}}{2}, \sigma_{min}=0$
非对称循环（图1-2(c)）	$-1<r<+1$	$\sigma_m=\frac{\sigma_{max}+\sigma_{min}}{2}, \sigma_a=\frac{\sigma_{max}-\sigma_{min}}{2}$
静应力（图1-1）	$r=+1$	$\sigma_m=\sigma_{max}=\sigma_{min}, \sigma_a=0$

在设计时，对于应力变化次数较少（如应力变化次数小于10^3）的变应力，可近似地按静应力处理。变应力可能由变载荷产生，也可能由静载荷产生。

1.3　机械零件的失效形式和设计准则

1.3.1　机械零件的失效形式

机械零件由于某些原因丧失工作能力或达不到设计要求的性能时，称为失效。其主要失效形式如下所述。

1. 断裂

当零件在外载荷作用下，由于某一危险剖面上的应力超过零件的强度极限时将发生断裂；或者当零件在循环变应力重复作用下，由于危险截面上的应力超过零件的疲劳极限而发生的疲劳断裂。

断裂是一种严重的失效形式，它不但使零件失效，有时还会导致严重的人身及设备事故，是大多数机械零件的失效形式。

2. 过量弹性变形

机械零件受载时，必然会发生弹性变形，但过量的弹性变形会使零件或机器不能正常工作，有时还会造成较大振动，致使零件损坏。例如机器的轴，如果产生过大的弹性变形，轴颈将在轴承中倾斜，若轴上装有齿轮，则势必造成齿轮受载不均匀而影响正常工作。

3. 塑性变形

当零件过载时，塑性材料还会发生塑性变形。这会造成零件的尺寸和形状改变，从而破坏零件与零件间的相互位置和配合关系,使零件或机器不能正常工作。例如齿轮整个轮齿发生塑性变形就会破坏正确啮合条件,在运转过程中会产生剧烈振动和大的噪音,甚至无法运转。

4. 零件的表面失效

绝大多数零件都与别的零件发生静的或动的接触和配合关系。载荷作用于表面、摩擦和磨损发生在表面、环境介质也包围着表面,因此表面失效是很多机械零件的主要失效形式。

零件的表面失效主要是磨损、疲劳点蚀和腐蚀等。零件表面失效后会增大摩擦,增加能量消耗,破坏零件的工作表面,最终造成零件报废。

5. 破坏正常工作条件引起的失效

有些零件只有在一定的工作条件下才能正常地工作,例如,在带传动中,若传递的载荷超过了带与带轮接触面上产生的最大摩擦力,就会产生打滑,使传动失效;在高速转动件中,若其转速与转动件系统的固有频率相同时,就会发生共振,使振幅增大,以至引起断裂失效。

1.3.2 机械零件的设计准则

为防止零件的失效,在设计零件时所依据的基本原则,称为设计准则。机械零件常用的设计准则如下。

1. 强度准则

强度准则就是指零件中的应力不得超过允许的限度,即应使其危险剖面上或工作表面上的工作应力 σ 或 τ 不超过零件的许用应力 $[\sigma]$ 或 $[\tau]$,用公式表示为

$$\sigma \leqslant [\sigma], \quad \tau \leqslant [\tau] \tag{1-2}$$

满足强度要求的另一种表达方式是使零件工作时危险剖面上的实际安全系数不小于许用安全系数 $[S]$,即

$$S \geqslant [S] \tag{1-3}$$

2. 刚度准则

刚度准则是指零件在载荷作用下产生的弹性变形量 y 不超过机器工作性能所允许的极限值,即许用变形量 $[y]$,其表达式为

$$y \leqslant [y] \tag{1-4}$$

许用变形根据不同的机器类型及其使用场合,按理论或经验来确定其合理的数值。

3. 寿命准则

寿命准则就是要求零件在预期的工作期限内,能正常工作而不失效。而影响零件寿命的主要因素是材料的疲劳和由于磨损及腐蚀引起的表面失效。

依据材料的疲劳极限进行疲劳强度计算可防止发生疲劳失效。但是对于磨损,由于其类型多,产生的机理也还不完全清楚,影响因素也很复杂,所以尚无通用的能够进行定量计算的方法。然而零件的磨损会使其工作性能降低,过度磨损常成为零件报废的主要原因之一。因此除采用合理选择摩擦副的材料、提高其耐磨性、采用良好的润滑以减少磨损等措施外,还应限制与磨损有关的参数,例如限制比压 p(单位接触面积上的压力)和比压 p 与速度 v 的乘积 pv 值来保证零件表面有一层强度较高的边界膜,以保护零件表面不产生过量磨损。

对于腐蚀寿命,至今,尚无提出腐蚀寿命的计算方法,因而只好从材料选择和工艺措施

两方面来提高零件的防腐蚀能力。例如,选用耐腐蚀的材料,采用发蓝、表面镀层、喷涂漆膜及表面阳极化处理等措施。

4. 振动稳定性准则

机器中存在着很多周期性变化的激振源,例如,齿轮的啮合,滚动轴承中的振动,弹性轴的偏心振动等。如果某一零件本身的固有频率与激振源的频率重合或成整倍数关系时,这些零件就会发生共振,造成零件破坏或机器工作条件失常。因此,对易于丧失稳定性的高速机械应进行振动分析和计算,以确保零件及系统的振动稳定性,即在设计时要使机器中受激振作用的各零件的固有频率与激振源的频率错开。

5. 可靠性准则

可靠性表示零件在规定时间内能正常工作的程度,通常用可靠度 R 来表示。零件在规定的使用寿命内和预定的使用条件下,能正常实现其功能的概率,称为可靠度。

设有 N_0 个零件在预定的使用条件下进行试验,如在规定的使用时间 t 内,仍有 N 件在正常地继续工作,则可靠度为

$$R=\frac{N}{N_0} \tag{1-5}$$

一个由多个零件组成的串联系统,任意一个零件失效都会使整个机器失效,因此串联系统的可靠度一定低于最小可靠度零件的可靠度,串联的零件越多,则可靠度越低。在设计零件提出可靠度要求时,要考虑到现实的技术水平及零件的工作要求和经济性等,并不是越高越好。

1.4　机械零件的疲劳强度

强度准则是机械零件的最基本准则。强度问题分为静应力强度和变应力强度两个范畴,二者的失效机理有着很大的差别,计算方法也有明显的不同。在静应力作用下的失效(断裂或塑性变形)是瞬时出现的。在变应力作用下的失效(疲劳破坏)则是一个发生、发展的过程(图1-3)。即首先在零件表面上产生初始裂纹,形成裂纹源;随着应力循环次数的增加,裂纹沿尖端逐渐扩展,使零件断面的有效面积逐渐减小;当裂纹扩展到一定程度后,最终导致断裂。

疲劳失效时,零件内部的工作应力值远低于材料的抗拉强度极限 σ_b,甚至远低于材料的屈服强度极限 σ_s;并且断裂时没有明显的宏观塑性变形。据统计,机械零件的疲劳断裂约占零件断裂的80%以上。

1.4.1　疲劳曲线

疲劳曲线是用一批标准试件进行疲劳实验得到的,即在标准试件上加上规定的循环特征 r 的等幅变应力(通常加 $r=-1$ 的对称循环变应力或 $r=0$ 的脉动循环变应力),记录出在不同最大应力下引起试件疲劳破坏所经历的应力循环次数 N,将结果绘制成图,得到如图1-4所示的疲劳曲线,即 $\sigma-N$ 曲线。

曲线中的 N_0 称为循环基数。当 $N<N_0$ 时为有限寿命区,在此范围内的曲线上任何一点所代表的材料的疲劳极限均称为有限寿命疲劳极限,用符号 σ_{rN} 表示,其中下标 r 代表该

变应力的循环特征,下标 N 代表达到此疲劳破坏时所经历的应力循环次数。

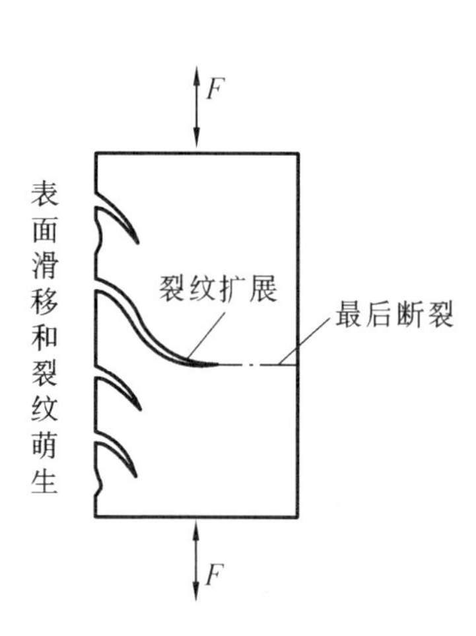

图1-3 疲劳失效过程

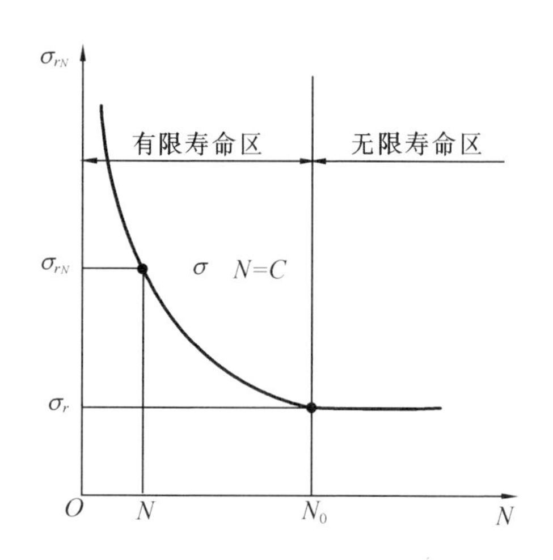

图1-4 疲劳曲线

当 $N \geqslant N_0$ 时为无限寿命区,此时疲劳曲线为一条水平线,对应于 N_0 点的极限应力 σ_r 称为持久疲劳极限,对称循环时 σ_r 用 σ_{-1} 表示,脉动循环时 σ_r 用 σ_0 表示。在有限寿命区,疲劳曲线方程为

$$\sigma_{rN}^m \cdot N = \sigma_r^m \cdot N_0 = C$$

故

$$\sigma_{rN} = \sigma_r \sqrt[m]{\frac{N_0}{N}} = K_N \sigma_r \tag{1-6}$$

式中 C——实验常数;

m——随材料和应力状态而定的指数,如钢材弯曲疲劳时,取 $m=9$,钢材线接触疲劳时,取 $m=6$;

K_N——寿命系数,其计算式为 $K_N = \sqrt[m]{\frac{N_0}{N}}$。

注意方程中应力循环次数 N 的取值范围为 $10^3 < N \leqslant N_0$,即当 $N > N_0$ 时,取 $N = N_0$;当 $N < 10^3$ 时,按静应力处理。

各种金属材料的 N_0 大致在 $10^6 \sim 25 \times 10^7$ 之间,但通常材料的疲劳极限是在 10^7 循环次数实验条件下获得的,所以在计算 K_N 时,取 $N_0 = 10^7$。

1.4.2 材料的极限应力线图

疲劳曲线所表示的是试件在对称循环(或脉动循环)变应力条件下的极限应力,对于其他循环下的极限应力可用极限应力线图(图1-5)来求出。

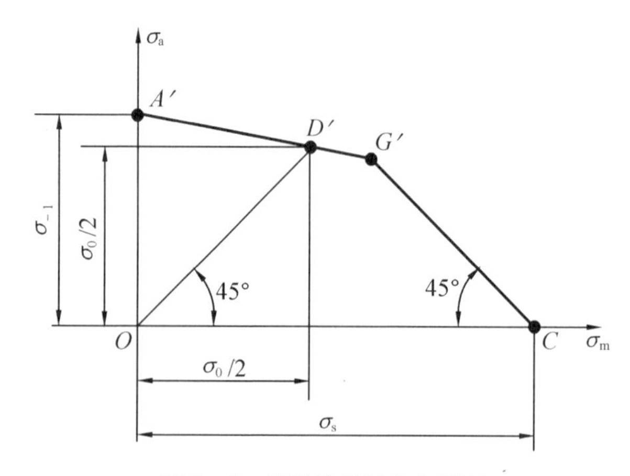

图1-5 材料的极限应力线图

图中横坐标 σ_m 为平均应力，纵坐标 σ_a 为应力幅，曲线上点 $A'(0,\sigma_{-1})$ 的坐标表示出对称循环变应力的强度，点 $D'\left(\frac{\sigma_0}{2},\frac{\sigma_0}{2}\right)$ 的坐标表示出脉动循环变应力的强度，点 $C(\sigma_s,0)$ 的坐标表示出静强度。折线 $A'G'C$ 即为材料的极限应力曲线，直线 $A'G'$ 上任何一点都代表了一定循环特性时的疲劳极限，其值为

$$\sigma_r=\sigma_{rm}+\sigma_{ra} \tag{1-7}$$

式中　σ_r——循环特征为 r 时的疲劳极限；

σ_{rm}——循环特征为 r 时的极限平均应力；

σ_{ra}——循环特征为 r 时的极限应力幅。

而直线 CG' 上任一点的极限应力均为

$$\sigma_{rm}+\sigma_{ra}=\sigma_s \tag{1-8}$$

若材料的工作应力点处于折线以内时，其最大应力既不超过疲劳曲线，也不超过屈服极限，故为疲劳和塑性安全区；而在折线范围以外为疲劳或塑性失效区。

1.4.3　零件的极限应力线图

由于零件受几何形状、尺寸大小、加工质量及强化等因素的影响，使得零件的疲劳极限要小于材料试件的疲劳极限。如以弯曲疲劳极限的综合影响系数 K_σ 表示材料对称循环弯曲疲劳极限 σ_{-1} 与零件对称循环弯曲疲劳极限 σ_{-1e} 的比值，即

$$K_\sigma=\frac{\sigma_{-1}}{\sigma_{-1e}} \tag{1-9}$$

则当已知 K_σ 及 σ_{-1} 时，就可以估算出零件的对称循环弯曲疲劳极限为

$$\sigma_{-1e}=\frac{\sigma_{-1}}{K_\sigma} \tag{1-10}$$

而在非对称循环时，K_σ 是试件的与零件的极限应力幅的比值。把材料的极限应力线图中的直线 $A'D'G'$ 按比例下移，成为图1－6所示的直线 ADG，而极限应力曲线的 CG' 部分，由于是按照静应力的要求来考虑的，故不需进行修正，折线 AGC 即为零件的极限应力线图。由已知两点坐标 $A\left(0,\frac{\sigma_{-1}}{K_\sigma}\right)$ 及 $D\left(\frac{\sigma_0}{2},\frac{\sigma_0}{2K_\sigma}\right)$ 可求得直线 AG 的方程为

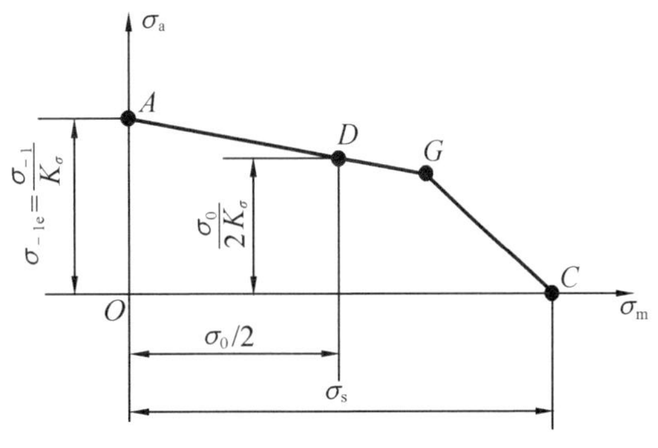

图 1－6　零件的极限应力线图

$$\sigma_{-1e}=\frac{\sigma_{-1}}{K_\sigma}=\sigma'_{ae}+\psi_{\sigma e}\sigma'_{me} \tag{1-11}$$

或

$$\sigma_{-1}=K_\sigma\sigma'_{ae}+\psi_\sigma\sigma'_{me} \tag{1-12}$$

直线 CG 的方程为

$$\sigma'_{ae}+\sigma'_{me}=\sigma_s \tag{1-13}$$

式中　σ_{-1e}——零件的对称循环弯曲疲劳极限；

σ'_{ae}——零件受循环弯曲应力时的极限应力幅;

σ'_{me}——零件受循环弯曲应力时的极限平均应力;

$\psi_{\sigma e}$——零件受循环弯曲应力时的材料特性;

ψ_{σ}——试件受循环弯曲应力时的材料特性,根据实验,对碳钢,$\psi_{\sigma}\approx 0.1\sim 0.2$,对合金钢,$\psi_{\sigma}\approx 0.2\sim 0.3$;

K_{σ}——弯曲疲劳极限的综合影响系数。

$$\psi_{\sigma e}=\frac{\psi_{\sigma}}{K_{\sigma}}=\frac{1}{K_{\sigma}}\cdot\frac{2\sigma_{-1}-\sigma_0}{\sigma_0} \tag{1-14}$$

$$\psi_{\sigma}=\frac{2\sigma_{-1}-\sigma_0}{\sigma_0} \tag{1-15}$$

$$K_{\sigma}=\frac{k_{\sigma}}{\beta\varepsilon_{\sigma}} \tag{1-16}$$

式中 k_{σ}——零件有效应力集中系数(下标 σ 表示在正应力条件下,下同);

ε_{σ}——零件尺寸系数;

β——零件表面质量系数。

以上各系数的值见书后附录或有关资料。

同理,可得到切应力的疲劳极限方程为

$$\tau_{-1e}=\frac{\tau_{-1}}{K_{\tau}}=\tau'_{ae}+\psi_{\tau e}\tau'_{me} \tag{1-17}$$

或

$$\tau_{-1}=K_{\tau}\tau'_{ae}+\psi_{\tau}\tau'_{me} \tag{1-18}$$

及

$$\tau'_{ae}+\tau'_{me}=\tau_s \tag{1-19}$$

式中 $\psi_{\tau e}$——零件受循环切应力时的材料特性;

ψ_{τ}——试件受循环切应力时的材料特性,取 $\psi_{\tau}\approx 0.5\psi_{\sigma}$;

K_{τ}——剪切疲劳极限的综合影响系数。

$$\psi_{\tau e}=\frac{\psi_{\tau}}{K_{\tau}}=\frac{1}{K_{\tau}}\cdot\frac{2\tau_{-1}-\tau_0}{\tau_0}$$

$$K_{\tau}=\frac{k_{\tau}}{\beta\varepsilon_{\tau}} \tag{1-20}$$

其中,k_{τ},ε_{τ} 的含义分别与上述 k_{σ},ε_{σ} 相对应,脚标 τ 则表示在切应力条件下。

1.4.4 单向稳定变应力时,机械零件的疲劳强度计算

在进行疲劳强度计算时,应求出零件危险截面上的平均应力 σ_m 和应力幅 σ_a,然后在零件极限应力图上标出相应的工作应力点 M(或者点 N),如图 1-7 所示。

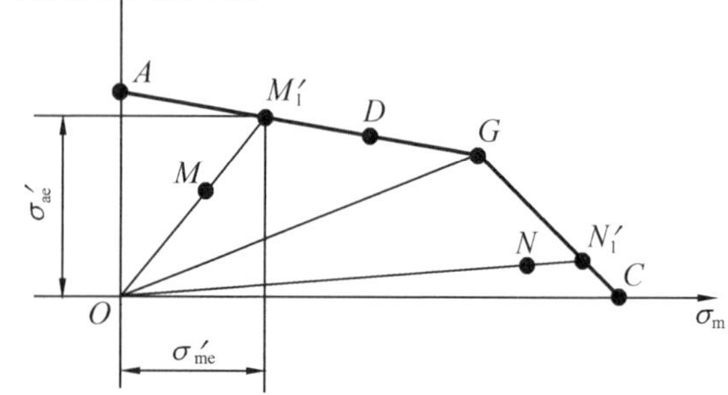

图 1-7 r = 常数时的极限应力

显然,强度计算时所用的极限应力应是零件的极限应力线 AGC 上的某一

点所代表的应力。到底用哪一个点来表示极限应力才算合适，这要根据零件中由于结构的约束而使应力可能发生的变化规律来决定。常见的应力变化规律有：变应力循环特征 $r=$ 常数，例如转轴的弯曲应力；变应力的平均应力 $\sigma_m=$ 常数，例如振动受载弹簧中的应力状态；变应力的最小应力 $\sigma_{min}=$ 常数，例如紧螺栓连接中螺栓受轴向变载荷时的应力状态。

下面讨论 $r=$ 常数及 $\sigma_{min}=$ 常数的情况。

1. $r=$ 常数的情况

当 $r=$ 常数时，因

$$r=\frac{\sigma_{min}}{\sigma_{max}}=\frac{\sigma_m-\sigma_a}{\sigma_m+\sigma_a}=\frac{1-\dfrac{\sigma_a}{\sigma_m}}{1+\dfrac{\sigma_a}{\sigma_m}} \tag{1-21}$$

由式(1-21)可见，要使 $r=$ 常数，必须保持 $\frac{\sigma_a}{\sigma_m}$ 不变，即 σ_a 和 σ_m 应按同一比例增大。在图1-7中，由原点 O 作射线通过工作应力点 M（或 N）交极限应力曲线于 M'_1（N'_1），则点 M'_1（或 N'_1）所代表的应力值就是我们计算时所用的极限应力。联解 OM 及 AG 两直线的方程式，可求出 M'_1 点的坐标值 σ'_{me} 及 σ'_{ae}，把它们加起来，就可求出对应于 M 点的零件的极限应力（疲劳极限）σ'_{max}，即

$$\sigma'_{max}=\sigma'_{me}+\sigma'_{ae}=\frac{\sigma_{-1}(\sigma_m+\sigma_a)}{K_\sigma\sigma_a+\psi_\sigma\sigma_m}=\frac{\sigma_{-1}\sigma_{max}}{K_\sigma\sigma_a+\psi_\sigma\sigma_m} \tag{1-22}$$

于是，强度计算式为

$$S_{ca}=\frac{\sigma_{lim}}{\sigma}=\frac{\sigma'_{max}}{\sigma_{max}}=\frac{\sigma_{-1}}{K_\sigma\sigma_a+\psi_\sigma\sigma_m}\geqslant S \tag{1-23}$$

对应于 N 点的极限应力 N'_1 位于直线 CG 上，此时的极限应力即为屈服极限 σ_s。这就是说，工作应力为 N 点时，可能发生的是屈服失效，故只需进行静强度计算。在工作应力为单向应力时，强度计算式为

$$S_{ca}=\frac{\sigma_{lim}}{\sigma}=\frac{\sigma_s}{\sigma_{max}}=\frac{\sigma_s}{\sigma_a+\sigma_m}\geqslant S \tag{1-24}$$

分析图1-7可知，凡是工作应力点位于 OGC 区域内时，且循环特征等于常数的条件下，极限应力都为屈服极限，都只需进行静强度计算。具体计算时，如果难于确定应力变化规律，往往当作 $r=$ 常数的情况来处理。

2. $\sigma_{min}=$ 常数的情况

当 $\sigma_{min}=$ 常数时，需找到一个其最小应力与零件工作应力的最小应力相同的极限应力。因 $\sigma_{min}=\sigma_m-\sigma_a=$ 常数，所以在图1-8中，通过 M（或 N）点，作与横坐标轴夹角为45°的直线，则此直线上任何一个点所代表的应力均具有相同的最小应力。该直线与 AG（或 CG）线的交点 M'_2（或 N'_2）在极限应力曲线上，故它所代表的应力就是极限应力。

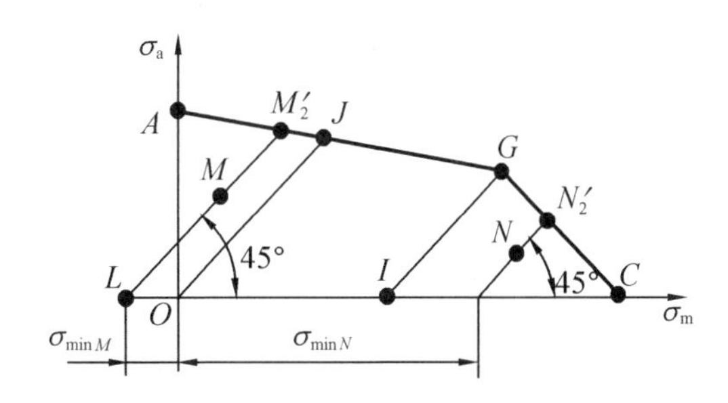

图1-8　$\sigma_{min}=$ 常数时的极限应力

通过 O 点及 G 点作与横坐标轴夹角为45°的直线,得 OJ 及 IG,此时安全工作区域被分成三个部分。当工作应力点位于 AOJ 区域内时,$\sigma_{\min}$为负值,这种情况极为罕见。当工作应力点位于 GIC 区域内时,极限应力为屈服极限,故只需进行静强度计算。只有当工作应力点位于 $OJGI$ 区域内时,极限应力才在疲劳极限应力曲线 AG 上。其强度计算式为

$$S_{ca}=\frac{\sigma'_{\max}}{\sigma_{\max}}=\frac{2\sigma_{-1}+(K_\sigma-\psi_\sigma)\sigma_{\min}}{(K_\sigma+\psi_\sigma)(2\sigma_a+\sigma_{\min})}\geqslant S \tag{1-25}$$

1.4.5 复合稳定变应力时,零件的疲劳强度计算

很多零件(如转轴)在工作时同时受弯曲和扭转双向复合变应力的作用,此时,在零件上同时作用有同相位的法向及切向对称循环稳定变应力 σ_a 及 σ_τ。根据实验,得出的极限应力方程式为

$$\left(\frac{\sigma'_a}{\sigma_{-1e}}\right)^2+\left(\frac{\tau'_a}{\tau_{-1e}}\right)^2=1 \tag{1-26}$$

其中,σ'_a,τ'_a分别代表在对称循环下,标准光滑试件的法向应力幅及切向应力幅的疲劳极限。

上式在$\left(\frac{\sigma_a}{\sigma_{-1e}}\right)-\left(\frac{\tau_a}{\tau_{-1e}}\right)$坐标系上是一个单位圆,如图1-9所示。若工作应力点 M 落在单位圆内,表示将不发生疲劳破坏,由原点 O 作射线 OM 交极限应力曲线于 M'点,则安全系数为

$$S_{ca}=\frac{OM'}{OM}=\frac{OC'}{OC}=\frac{OD'}{OD} \tag{1-27}$$

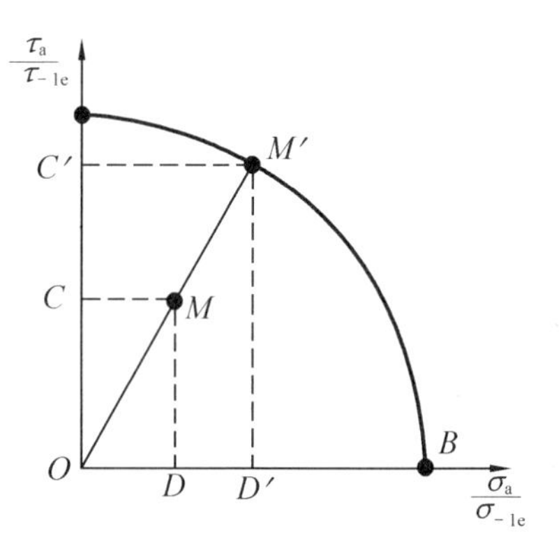

图1-9 复合应力时的极限应力线图

其中,$OC'=\frac{\tau'}{\tau_{-1e}}$,$OC=\frac{\tau_a}{\tau_{-1e}}$,$OD'=\frac{\sigma'_a}{\sigma_{-1e}}$,$OD=\frac{\sigma_a}{\sigma_{-1e}}$,代入式(1-27)后得

$$\left.\begin{aligned}\tau'_a&=S_{ca}\tau_a\\ \sigma'_a&=S_{ca}\sigma_a\end{aligned}\right\} \tag{1-28}$$

将式(1-28)代入式(1-26),得

$$\left(\frac{S_{ca}\sigma_a}{\sigma_{-1e}}\right)^2+\left(\frac{S_{ca}\tau_a}{\tau_{-1e}}\right)^2=1 \tag{1-29}$$

其中,$\frac{\sigma_{-1e}}{\sigma_a}=S_\sigma$,$\frac{\tau_{-1e}}{\tau_a}=S_\tau$,代入式(1-29)得

$$\left(\frac{S_{ca}}{S_\sigma}\right)^2+\left(\frac{S_{ca}}{S_\tau}\right)^2=1 \tag{1-30}$$

故强度计算式为

$$S_{ca}=\frac{S_\sigma S_\tau}{\sqrt{S_\sigma^2+S_\tau^2}}\geqslant S \tag{1-31}$$

式中 S_{ca}——弯曲复合变应力疲劳强度安全系数;

S——安全系数;

S_σ,S_τ——单向应力状态安全系数。

当零件在非对称弯曲复合变应力下工作时,S_{ca}仍按式(1-31)计算,而 S_σ 和 S_τ 应按式(1-23)计算,即

$$\left.\begin{aligned} S_\sigma &= \frac{\sigma_{-1}}{K_\sigma \sigma_a + \psi_\sigma \sigma_m} \\ S_\tau &= \frac{\tau_{-1}}{K_\tau \tau_a + \psi_\tau \tau_m} \end{aligned}\right\} \tag{1-32}$$

1.4.6 安全系数 S 的选择

在变应力下，以疲劳极限作为极限应力时的安全系数 S 的荐用值，按表 1－2 选择。

表 1－2 安全系数 S 荐用值

材料均匀性	零件工艺性	载荷计算精确性	S
好	好	高	1.3～1.4
中等	中等	中等	1.4～1.7
差	差	差	1.7～3

1.5 机械零件的接触强度

两个以点接触或线接触的物体相互作用受力时，在接触处产生的应力称为接触应力，以符号 σ_H 表示。对于以点接触或线接触工作的零件，如齿轮、滚动轴承、凸轮和滚动螺旋等，在设计时必须考虑其接触强度。

图 1－10 为两个半径为 ρ_1 和 ρ_2 的圆柱体相接触，在压力 F_n 作用下，由于材料的弹性变形，使接触处曲线接触变为面接触，成为一个狭长矩形 $(2a \times b)$，最大接触应力 σ_H 位于接触面中线的各点上，而且由于接触应力是在两个圆柱体上的作用力与反作用力的影响下产生的，因此它在两个圆柱体的分布规律及数值都是相同的。最大接触应力可按赫兹（Hertz）公式计算，即

$$\sigma_H = \sqrt{\frac{F_n}{\pi b} \cdot \frac{\frac{1}{\rho_1} \pm \frac{1}{\rho_2}}{\frac{1-\mu_1^2}{E_1} + \frac{1-\mu_2^2}{E_2}}} \tag{1-33}$$

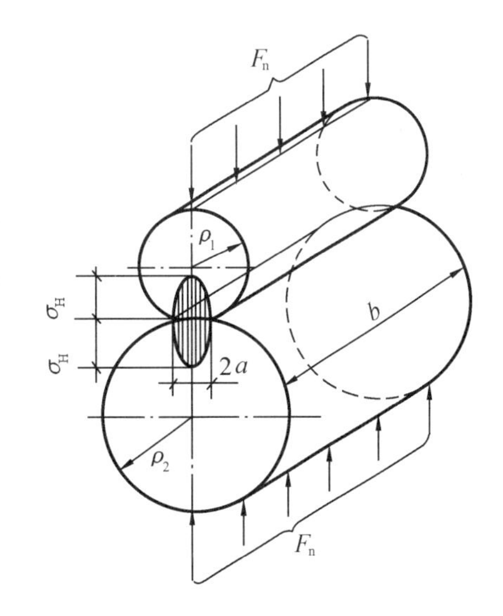

图 1－10 两圆柱体接触

式中 F_n——作用接触面上的总压力；

b——接触宽度；

ρ_1, ρ_2——两零件接触处的曲率半径；

$\pm$——正号用于外接触，负号用于内接触；

E_1, E_2——两零件材料的弹性模量；

μ_1, μ_2——两零件材料的泊松比。

机械零件处于接触静强度的情况是很少的,大多数零件的接触应力随时间变化,且属于脉动循环变应力,接触表面最常见的失效是疲劳点蚀及磨损。

接触强度的设计准则为

$$\sigma_H \leqslant [\sigma_H] \tag{1-34}$$

其中,$[\sigma_H]$为许用接触应力。

1.6 机械零件的设计方法及步骤

1.6.1 机械零件的设计方法

机械零件的设计方法,可以从不同的角度作出不同的分类,目前较为流行的分类方法是把过去长期采用的设计方法称为常规的(或传统的)设计方法,近几十年发展起来的设计方法称为现代设计方法。现代设计方法发展很快,目前常见的有计算机辅助设计(CAD)、优化设计(OD)、可靠性设计(RD)、摩擦学设计(TD)、设计方法学设计(DMD)、参数化设计(PD)和智能设计(ID)等。这些新设计方法的出现使机械设计领域发生很大的变化,使机械设计更科学、更完善。本节主要阐明本书使用的常规设计方法。

机械零件的常规设计方法可概括地分为以下三种。

1. 理论设计

根据现有的设计理论和实验数据所进行的机械零件设计,称为理论设计。理论设计分为:

(1)设计计算,由理论设计公式直接确定零件的主要参数和尺寸;

(2)校核计算,在按经验和某些简易的方法初步确定出零件的主要参数和尺寸后,用理论校核公式进行校核计算。

设计计算多用于能通过简单的力学模型进行设计的零件;而校核计算多用于结构复杂、应力分布复杂,但又能进行强度计算或刚度计算的零件。

2. 经验设计

根据对某类零件已有的设计与使用实践而归纳出的经验公式和数据,或者用类比法所进行的设计,称为经验设计。经验设计对那些使用要求变动不大而结构形状已典型化的零件,是很有效的设计方法。例如,箱体、机架、传动零件的各结构要素等。

3. 模型实验设计

对于一些尺寸较大、结构复杂、工况条件特殊而又难以进行理论计算的重要零、部件,为了提高设计质量,可采用模型实验设计的方法。即把初步设计的零、部件或机器做成小模型或小尺寸的样机,通过对模型或样机的实验,考核其性能,然后根据实验结果修改原初步设计,使其逐步完善。这样的设计过程,称为模型实验设计。此设计方法费时、昂贵,因此只用于特别重要的设计中。

1.6.2 机械零件设计的一般步骤

机械零件的设计大体要经过以下几个步骤:

(1)根据零件的使用要求,选择零件的类型和结构,为此,必须对各种零件的类型、特点

与使用范围等,进行综合对比并正确选用;

(2)根据机器的工作要求,计算作用在零件上的载荷;

(3)根据零件的工作条件及对零件材料的特殊要求(例如高温或在腐蚀性介质中工作等),选择合适的材料;

(4)分析零件可能的失效形式,从而确定零件的设计准则;

(5)根据设计准则进行计算,确定出零件的基本尺寸;

(6)根据结构工艺性及装配工艺性等原则进行零件的结构设计;

(7)细节设计完成后,必要时进行详细的校核计算,以判定结构的合理性;

(8)画出零件的工作图,并写出计算说明书。

1.7　机械零件材料的选用原则

机械零件所用的材料是多种多样的,常用的材料有金属材料、高分子材料、陶瓷材料、复合材料等,其中金属材料(尤其是钢铁)使用最广。合理选择材料,可以提高零件质量、降低成本,在以后各章中,将推荐各种零件的适用材料。以下就金属材料的选用原则作一简介。

1.7.1　满足机械零件的使用要求

1. 承受零件工作载荷的能力

通常受载大的零件应选用机械强度高的材料;在静应力作用下工作的零件可选用脆性材料;而在冲击、振动及变载荷作用下工作的零件则应选用塑性材料。

2. 零件在工作环境下,保持足够使用性能的能力

它是指机械零件在一定的工作温度、湿度、腐蚀性环境,以及工作时间、运动速度等情况下,保持原有性能的能力。通常,在湿热环境下工作的零件应选用防锈和耐腐蚀的材料,如不锈钢、铜合金等;当零件在工作中可能发生摩擦磨损时,应选用适于进行表面处理的淬火钢、渗碳钢、氮化钢等材料。

3. 零件的尺寸和质量要求

零件尺寸和质量的大小与材料的品种及毛坯制取方法有关。用铸造材料制造毛坯时,一般可以不受尺寸及质量大小的限制;而用锻造材料制造毛坯时,则需考虑锻造设备的生产能力,一般用于零件尺寸和质量较小的情况。此外,应尽可能选用强度高而密度小的材料,以便减小零件的尺寸和质量。

1.7.2　满足工艺性要求

对材料工艺性的了解,在判断加工可能性方面起着重要的作用,选取不同的材料和加工方法,零件结构有显著的差别。对于结构复杂的零件宜用铸造工艺性好的铸造材料,如铸铁、铸钢等,也可选用冲压工艺性与焊接工艺性好的材料冲压出元件后再焊接而成;而结构简单的零件可选用锻造工艺性好的材料,如锻钢等。

1.7.3　满足经济性要求

在选择材料时,不但应考虑材料本身的价格,而且应考虑不同材料的加工费用及材料的

利用率。对于大量生产的零件,宜选用铸造材料,采用铸造毛坯;对于单件生产的零件则可选用焊接材料,采用焊接毛坯;对于某些零件则可采用精密的毛坯制造方法,如精铸、精锻、冲压等。这样既可提高材料的利用率,又节省了机械加工的费用。

1.8 机械设计中的标准化

标准化是国家组织现代化生产的重要手段,也是实行科学管理的重要措施之一。因此,对于机械零件的设计工作来说,标准化的作用是很重要的。所谓零件的标准化,就是通过对零件的尺寸、结构要素、材料性能、检验方法、设计方法、制图要求等,制定出各式各样的、大家共同遵守的标准。标准化的意义在于:

(1)能以最先进的方法在专门化工厂中对那些用途最广的零件进行大量的、集中的制造,以便提高质量、降低成本;

(2)统一了材料和零件的性能指标,使其能够进行比较,提高了零件性能的可靠性;

(3)采用了标准结构及标准零部件,可以简化设计工作,缩短设计周期,提高设计质量;

(4)便于零件的互换,便于机器的维修。

现已发布的与机械设计有关的标准,从实施范围上来讲,可分为四类,即国际标准、国家标准、行业(协会)标准、公司(企业)标准。机械新产品和出口产品首先采用国际标准。我国的国家标准正逐步与国际标准接轨。在机械新产品设计的鉴定中,标准化是必须进行的审查项目之一,达不到要求,不能通过鉴定。

为了组织生产,常将一种产品的主要参数系列化,这就是产品的系列化。不同产品中,可以有些部件或零件是相同的,这就是产品的通用化。标准化、系列化、通用化简称为机械产品的“三化”。

1.9 机械设计技术的新发展

近年来,新的设计理论和方法发展迅速,最新的科学研究成果,很快地被机械设计人员引用,新产品层出不穷,各种新材料、新工艺、新装备、新方法、新理论,以及自动控制技术、计算机技术等在机械产品中得到广泛的应用。主要表现在如下几个方面。

1.9.1 系统工程理论在机械设计中的应用

机械设计是一项全面考虑、综合平衡、妥善处理各种矛盾的结果,因此运用系统工程的理论和方法解决机械设计问题有助于提高设计水平。

1.9.2 机械学的发展在机械设计中的应用

机械学包括机构学、机械振动学、机械结构强度学、摩擦学、传动机械学和机械人机械学等。机械学的发展,对机械设计有很大的推动作用,而重大机械设计中的技术关键问题研究,又推动了机械的发展。从事机械设计的人员,应能够运用机械学理论研究新成果解决机械设计的重大问题。

1.9.3　计算机技术在机械设计中的应用

计算机具有强大的计算能力和绘图能力，许多过去无法精确计算的问题，现有可以用有限元方法、优化计算方法等求得更合理的结构方案。计算机使机械设计时间显著缩短，并把设计与制造直接联系起来。

1.9.4　人机工程的发展在机械设计中的应用

机械的工作往往与人是密不可分的，故在设计中要考虑人的因素，如机器操作方便、安全、美观、舒适等。

1.9.5　实验技术的发展在机械设计中的应用

机械设计的重要数据，不应只靠手册查得，而应该进行实验取得直接的数据，计算机的发展，使数据采集、处理等工作提高了一步。计算机模拟、计算机仿真更使某些实验工作得到新的途径。

发展我国的机械设计科学研究，必须集中探讨机械设计各主要环节的正确工作方法和解决关键问题的途径，收集开发新产品的成功经验和范例，积累设计资料，了解世界机械行业的发展动向，致力于提高我国机械工业的水平，生产出具有国际竞争能力的机械产品。

习　　题

1－1　疲劳断裂是如何产生的，什么是材料的疲劳极限？

1－2　是不是只有变载荷才产生变应力，而静载荷只产生静应力？

1－3　稳定循环变应力的主要参数有哪些？试写出它们之间的相互关系式。

1－4　已知材料的力学性能为 $\sigma_s = 260$ MPa，$\sigma_{-1} = 170$ MPa，$\psi_\sigma = 0.2$，试绘制此材料的极限应力线图。

1－5　举例说明零件的接触疲劳失效。

1－6　何谓标准化？标准化的含义是什么？

第2章 摩擦学设计基础

2.1 概　　述

机械零件工作时广泛存在着摩擦、磨损。据估计,目前世界上约有1/3~1/2的能源消耗在各种形式上的摩擦上,而由于磨损失效的零件约占失效零件的80%左右。润滑是降低摩擦和减少磨损的一种有效措施。摩擦学(Tribology)就是研究相互接触表面之间的摩擦、磨损和润滑原理的一门学科。

摩擦和磨损是很复杂的问题,虽然人们很早就观察到摩擦和磨损现象,但对它一直认识得很肤浅。直至现代,由于科学技术的迅猛发展,才有可能逐步由宏观到微观、由定性到定量去研究摩擦、磨损及润滑的机理,并掌握和运用这些研究成果来设计和制造高质量的机械产品。

本章主要介绍摩擦学的基本理论和摩擦学研究的现状及其发展趋势。

2.2 摩擦学基本理论

2.2.1 摩擦

摩擦可分两大类:一类是发生在物质内部、阻碍分子间相对运动的内摩擦;另一类是相互接触的两个物体发生相对滑动或有相对滑动趋势时,在接触表面上产生的阻碍相对滑动的外摩擦。仅有相对滑动趋势时的摩擦为静摩擦,相对滑动进行中的摩擦叫动摩擦。根据摩擦副运动形式的不同,动摩擦又分为滑动摩擦和滚动摩擦。根据摩擦副的表面润滑状态,滑动摩擦又分为干摩擦、边界摩擦、流体摩擦和混合摩擦,如图2-1所示。

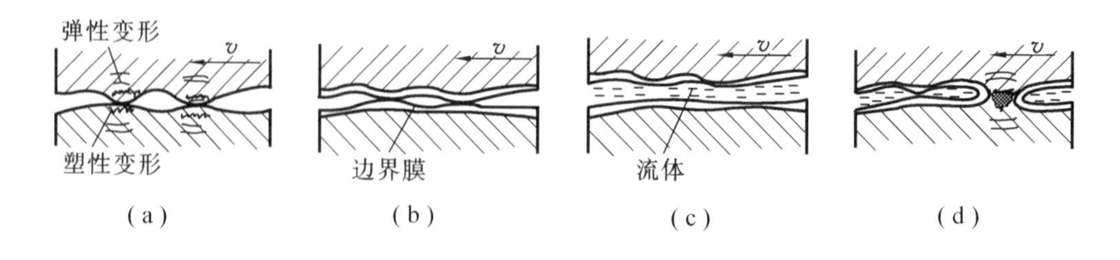

图2-1 摩擦状态

(a)干摩擦;(b)边界摩擦;(c)流体摩擦;(d)混合摩擦

1. 干摩擦

干摩擦是指两相对运动表面直接接触，不加入任何润滑剂的摩擦状态。一般情况下，干摩擦的摩擦系数$f>0.3$，磨损严重。

2. 边界摩擦

边界摩擦是指两相对运动表面被极薄的边界膜所隔开的一种摩擦状态。边界膜可以分为吸附膜和化学反应膜，其厚度一般在 0.1 μm 以下，有较好的润滑作用，摩擦系数$f=0.1\sim0.4$。但其强度不高，在较大压力作用下或高温情况下，边界膜容易破坏，造成金属直接接触，产生严重磨损。

3. 流体摩擦

流体摩擦是指两相对运动表面被一层流体（液体或气体）隔开的摩擦状态。其摩擦性能取决于流体内部分子间的黏性阻力，流体润滑摩擦系数极小，$f=0.001\sim0.01$，而且不会有磨损产生，是理想的摩擦状态。但实现流体摩擦必须具备一定的条件。

4. 混合摩擦

混合摩擦是指两相对运动表面处于干摩擦、边界摩擦及流体摩擦的混合状态，因其表面仍有轮廓峰直接接触，所以混合摩擦不能避免磨损。

边界摩擦、流体摩擦和混合摩擦状态都必须在一定的润滑状态下实现，所以也称为边界润滑、流体润滑、混合润滑。一般情况下，机械中的摩擦副常常是几种摩擦状态同时存在，即处于混合摩擦状态。不同摩擦状态下的基本特征如表2－1所示。

表2－1　不同摩擦状态的基本特征

摩擦状态	典型膜厚	摩擦系数（大约值）	润滑膜形成条件	应用场合举例
干摩擦	$10^{-7}\sim10^{-2}$ μm（氧化膜厚）	纯净金属:0.6～7.0 氧化膜:0.4～0.8	不加润滑剂的摩擦副	无润滑或自润滑的摩擦副
边界摩擦	$10^{-3}\sim5\times10^{-2}$ μm	0.1～0.4	润滑剂中的成分与金属表面产生物理或化学作用而形成的膜	低速度或重载荷条件下的摩擦副
流体摩擦	1～100 μm	0.001～0.01	流体静压油膜： 由外界压力将润滑剂送到摩擦表面，强制形成的润滑油膜	用于面接触摩擦副，如滑动轴承、导轨等
			流体动压油膜： 由摩擦表面的相对运动所产生的动压效应或挤压效应形成的流体润滑膜	中、高速条件下的面接触摩擦副，如滑动轴承

2.2.2　磨损

运动副表面材料不断损失的现象称为磨损。一个零件的磨损通常表现为出现磨屑或表现形状发生变化，影响机器正常工作，甚至促使机器提前报废。但是，在机器中的磨合（跑合)中,适当的磨损是有益的。

1. 磨损的过程

机械零件的磨损过程大致可分为三个阶段,如图2-2所示。

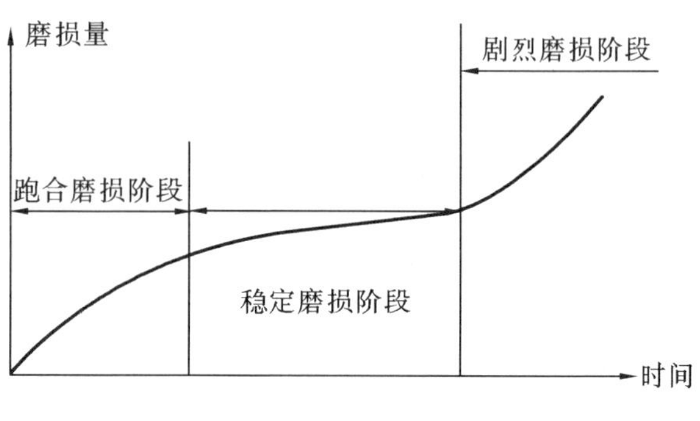

图2-2 磨损过程

(1)跑合磨损阶段

由于机械零件加工后表面总有一定的粗糙度,在运动初期,摩擦副的实际接触面积较小,应力很大,使接触微峰压碎和塑性变形,因此,这一阶段磨损速度较大。随着跑合的进行,表现粗糙度微峰被磨平,实际接触面积不断增大,形成稳定的表面粗糙度。

(2)稳定磨损阶段

在这个阶段,零件以平稳而缓慢的速度磨损,这个阶段的时间长短代表着零件的使用寿命的长短。

(3)剧烈磨损阶段

经过稳定磨损阶段后,零件表面材料不断损失,使运动副间隙增大,引起附加动载荷,产生噪声和振动,磨损速度会急剧增大。此时,必须及时更换零件,以免造成事故。

在设计或使用机械时,应该力求缩短磨合期,延长稳定磨损期,推迟剧烈磨损的到来。

2. 磨损的类型

根据磨损机理可将磨损分为黏着磨损、磨粒磨损、疲劳磨损及腐蚀磨损等,各种磨损的基本概念和破坏特点如表2-2所示。

表2-2 磨损的基本类型

类　型	基本概念	破坏特点	实　例
黏着磨损	两相对运动的表面,由于黏着作用(包括“冷焊”和“热黏着”),使材料由一表面转移到另一表面所引起的磨损	黏结点的剪切破坏是发展性的,它造成两表面凹凸不平,形成轻微磨损、划伤、胶合等破坏形式	活塞与汽缸壁的磨损
磨粒磨损	在摩擦过程中,由硬颗粒或硬凸起材料的破坏分离出磨屑,形成划伤的磨损	磨粒对摩擦表面进行微观切削,使表面产生犁沟或划痕	犁铧和挖掘机铲齿的磨损
疲劳磨损	摩擦表面材料的微观体积受循环变应力作用,产生重复变形,导致面表疲劳裂纹形成,并分离出微片或颗粒的磨损	应力超过材料的疲劳极限,在一定循环次数后,出现疲劳破坏,表面呈麻坑状	润滑良好的齿轮传动和滚动轴承的疲劳点蚀
腐蚀磨损	在摩擦过程中,金属与周围介质发生化学或电化学反应而引起的磨损	表面腐蚀破坏	化工设备中,与腐蚀介质接触的零部件的腐蚀

3. 减少磨损的措施

从磨损的理论研究和生产实践所获得的经验表明,可以从几方面采取措施以防止和减少机件的磨损。

(1)进行有效的润滑

润滑是减少磨损的重要措施,应根据不同的工况条件,正确选用润滑剂,并尽可能地使摩擦副处于液体润滑或混合润滑的状态下工作。

(2)正确选用配副材料

正确选用摩擦副的配对材料是减少磨损的重要途径。当以黏着磨损为主时,应当选用互溶性小的材料;当以磨粒磨损为主时,一般是提高材料的硬度,增加其耐磨性;当以疲劳磨损为主时,除应设计提高材料的硬度外,还应严格控制钢中非金属夹杂物的含量。

(3)采用适当的表面处理

实践证明,适当的表面处理是最有效而且经济的提高材料耐磨性的措施。如表面淬火、表面化学热处理、复合镀等。

(4)改进结构设计

正确的结构设计有利摩擦副间表面保护膜的形成和恢复,压力的均匀分布,摩擦热的散逸和磨屑的排出等,从而减少磨损。

(5)正确地使用、维修与保养

机器的使用寿命长短与是否正确使用和保养关系极大。因此,对任何一台机器,都应遵照产品使用说明书的要求,正确使用和操作,并进行定期的维护和保养。

2.2.3 润滑

润滑不仅可降低摩擦、减轻磨损,而且还具有防锈、散热、减振等功用。

1. 润滑剂的类型

润滑剂一般可分为四大类:

①流体润滑剂,如动植物油、矿物油、合成油、水等;

②半固体润滑剂,如润滑脂;

③固体润滑剂,如石墨、二硫化钼、聚四氟乙烯等;

④气体润滑剂,如空气、氮气、氢气等。

绝大多数的零件均采用润滑油或润滑脂润滑,固体和气体润滑剂多用在高温、高速及要求防止污染的场合,对于橡胶、塑料制成的零件,宜用水润滑。

2. 润滑油主要性能指标

(1)润滑油的黏度

黏度是流体流动时的摩擦力大小的标志,是选用润滑油时的基本参数。图2-3为两相对运动平板间流体做层流运动时的模型。由于润滑油分子的吸附作用,使黏附在移动件上的油层以同样的速度 v 随板移动;黏附在静止件上的油层静止不动;其他沿 y 方向的油层将以不同速度 u 移动。于是各油层间存在相对滑动及相应的剪切应力 τ。实验研究表明剪切应力 τ 与流体沿 y 方向速度的梯度$\frac{\partial u}{\partial y}$成正比,即

$$\tau = -\eta \frac{\partial u}{\partial y} \tag{2-1}$$

其中,η 为流体的动力黏度,“ - ”表示 u 随 y 的增大而减小。

式(2-1)称为牛顿流体黏性定律,凡符合此定律的流体称为牛顿流体。

黏度的表示方法有多种,下面介绍几种常见的表示方法。

①动力黏度 η

图2-4所示为长、宽、高各为1 m的流体,如果使两平面 a 和 b 流体层发生1 m/s的相对滑动速度,所需要的力 F 为1 N时,则该流体的黏度为1个国际单位制的动力黏度,并用Pa·s(帕·秒)表示,1 Pa·s = 1 N·s/m^2。

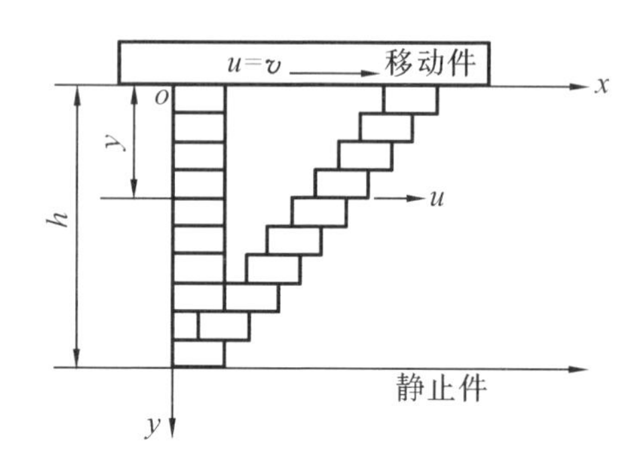

图2-3 润滑油流动的速度梯度

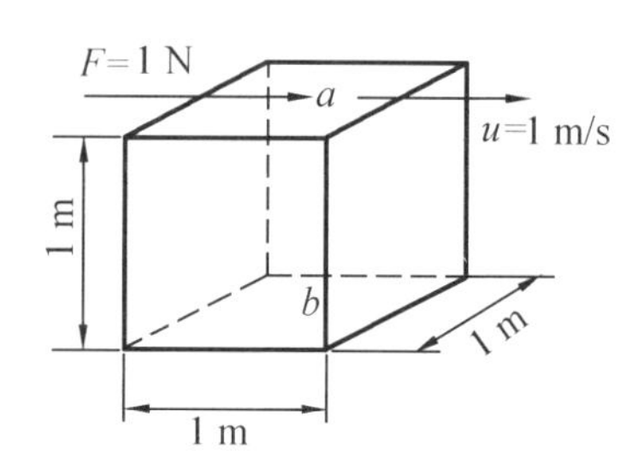

图2-4 流体的动力黏度

②运动黏度 ν

工程中常用润滑油的动力黏度 η 与同温度下该流体的密度 ρ 的比值,称为运动黏度 ν。

$$\nu = \frac{\eta}{\rho} \qquad (2-2)$$

在国际单位制中,ν 的单位是m^2/s。

③相对黏度

除了运动黏度以外,还经常用比较法测定黏度。我国常用恩氏黏度($°E_t$)作为相对黏度单位,即把200 cm^3 待测定的油在规定温度下流过恩氏黏度计的小孔所需的时间,与同体积的蒸馏水在20 ℃时流过同一小孔所需时间的比值作为$°E_t$,其中脚标 t 表示测量时的温度。

各种流体的黏度,特别是润滑油的黏度随温度而变化的情况是非常明显的,一般随温度的升高,润滑油的黏度下降。图2-5为几种常用全损耗系统用油的黏温曲线。

润滑油的黏度随压力的升高而增大(图2-6),在高压时尤为显著。对

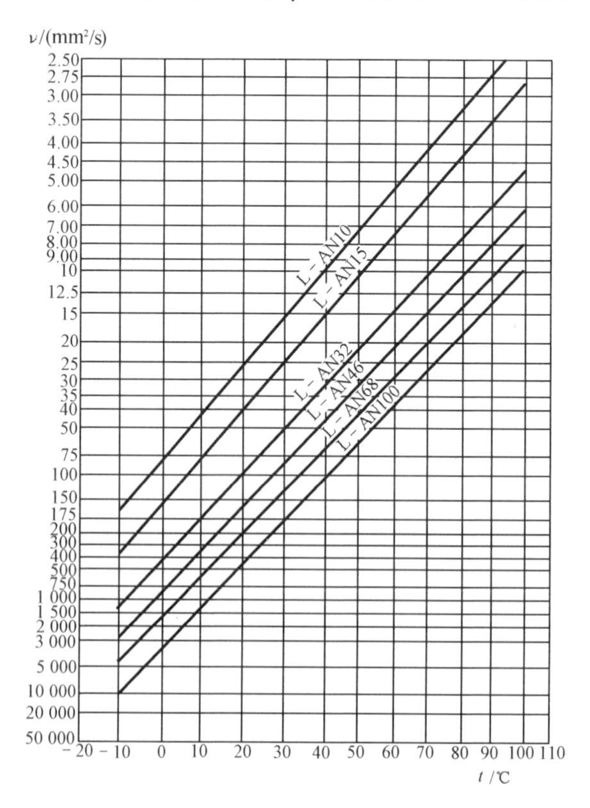

图2-5 几种全损耗系统用油的黏温曲线

于一般矿物油的黏压关系,可用下列经验式表示

$$\eta = \eta_0 e^{\alpha p} \tag{2-3}$$

式中　η_0——标准大气压下的动力黏度,Pa·s;

　　e——自然对数的底;

　　α——润滑油的黏压指数,对一般矿物油,可取 $\alpha = (1 \sim 3) \times 10^{-8}\ \mathrm{Pa}^{-1}$;

　　p——润滑油的压强,Pa。

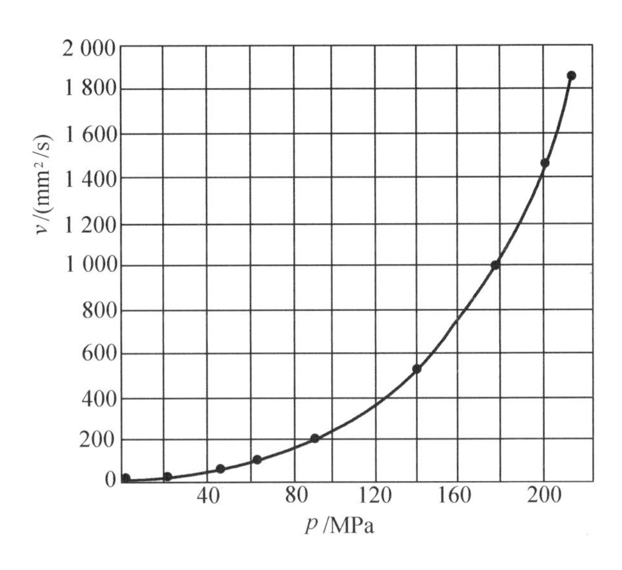

图2-6　黏压曲线

(2)油性(润滑性)

油性是指润滑油在金属表面上的吸附能力。吸附能力越强,油性越好。一般认为动、植物油和脂肪酸油油性较高。

除了黏度、油性以外,对工作在特殊工况下(如高温、低温、腐蚀等)的润滑油,其燃点、闪点、凝点、化学稳定性等性能指标也是非常重要的。各种常用润滑油的性能指标可查阅有关手册。

3. 润滑脂的主要性能指标

润滑脂是润滑油与稠化剂的膏状混合物。由于润滑油和稠化剂的不同,润滑脂的性能也不同,其主要性能指标有锥入度、滴点等。

(1)锥入度

锥入度是表征润滑脂稀稠度的指标。锥入度越小,表示润滑脂越稠。在使用中润滑脂的稠度会发生变化,一般随温度的升高变稀,即锥入度增加。

(2)滴点

滴点是表示润滑脂受热后开始滴落时的温度。脂的滴点决定了脂的最高使用温度,一般使用温度要比脂的滴点低 20 ~ 30 ℃。

4. 添加剂

为了改善润滑剂的性能而加入润滑剂中的少量物质称为添加剂。常用的添加剂类型有耐磨损添加剂、分散净化剂、耐腐蚀剂、抗氧化剂、油性剂、极压剂和防锈剂等。

另外,还有一些能改变润滑油物理性能的添加剂,如降低凝点的降凝剂、提高黏度的增黏剂和消除泡沫的抗泡剂等。

2.2.4 流体润滑

流体润滑由于摩擦系数小,对相对运动的表面损伤小,能提高零件的使用寿命,所以被广泛地应用,尤其是在一些大型设备(如轧钢机、水轮机等)的支承中。获得流体润滑有两个途径:一是通过向相对运动的两个表面之间输入具有一定压力的润滑油,使两表面分开并使润滑油的压力足以平衡外界的载荷,称为流体静力润滑;二是借助于两个表面的间隙形状、相对运动速度及润滑油的黏滞特性等,在两个相对运动表面间形成具有一定压力的润滑膜,来承担外界的载荷,称为流体动力润滑。

流体动力润滑的基本理论及设计计算方法将在第11章滑动轴承中详述。

2.3 摩擦学研究的现状与发展趋势

2.3.1 摩擦学研究的发展过程

摩擦学作为一门技术基础科学,它的形成和发展与社会生产要求及科学技术的进步密切相关。

回顾摩擦学的发展历史,它经历了几个不同的历史阶段和研究模式。

18世纪的研究对象是固体摩擦,采用以实验为基础的经验研究模式。

19世纪末,Reynolds根据黏性流体力学揭示出滑动轴承中润滑油膜的承载机理,建立了表征流体润滑油膜力学特性的Reynolds方程,奠定了流体润滑的理论基础,从而开创了基于连续介质力学的研究模式。

20世纪初,由于生产发展的需要,摩擦学的研究领域得以进一步扩大,它发展成为涉及力学、热处理、材料科学和物理化学等的边缘学科。

到了20世纪60年代以后,摩擦学作为一门独立的学科受到世界各国的普遍重视,其研究模式由宏观进入微观,由定性进入定量,由静态进入动态,由单一学科的分析进入多学科的综合研究。

2.3.2 研究现状及发展趋势

1. 流体润滑理论

以数值解为基础的弹性流体动力润滑(简称弹流润滑)理论的建立是润滑理论的重大发展。应用现代计算机科学和数值分析技术,使许多复杂的摩擦学现象都可能进行精确的定量计算。在流体润滑研究中,已经建立了分别考虑摩擦表面弹性形变、热效应、润滑膜流变性能以及非稳态、工况等实际因素影响,甚至是诸多因素综合影响的润滑理论,为机械零件的润滑设计提供了更加符合实际的理论基础。

20世纪90年代提出的薄膜润滑状态是润滑研究的新领域。已有研究指出,薄膜润滑介于弹流润滑与边界润滑之间,显然,作为中间状态的薄膜润滑兼有流体膜和吸附膜的特点。目前薄膜润滑研究尚处于起步阶段。

2. 表面处理技术

表面处理技术是近 20 年来摩擦学研究中发展最为迅速的领域之一,它利用各种物理、化学或机械的方法使材料表面层获得特殊的成分、组织结构或性能。已开发出的表面处理技术有表面热处理和化学热处理、电镀和电沉积、高能密度处理和气相沉积等类别。

3. 纳米摩擦学

摩擦学属于表面科学范畴,其研究对象是发生在摩擦表面和界面上微观的动态行为与变化,在摩擦过程中摩擦副所表现的宏观特性与材料微观结构密切相关。纳米摩擦学提供了一种新的思维方式和研究模式,即从原子、分子尺度上揭示摩擦磨损与润滑机理,从而建立材料微观结构与宏观特性之间的关系,这将更加符合摩擦学的研究规律。

4. 与其他学科交叉

摩擦学作为一门技术基础学科,与其他学科相互交叉渗透从而形成新的研究领域。如生物摩擦学(B-trbology)就是由摩擦学、生物学、流变学和材料学等组成的交叉学科。目前生物摩擦学的研究目标是研制摩擦磨损低、病理反应小的人工器官,如人工关节和心脏瓣膜等。

习　　题

2-1　摩擦状态可分为哪几种基本类型,各有何特点?

2-2　何谓磨损?零件的正常磨损主要分为哪几个阶段,每个阶段各有何特点?

2-3　润滑的功用有哪些?润滑状态可分为哪几种?

2-4　什么是流体动力润滑?什么是流体静力润滑?

第3章　螺纹连接与螺旋传动

3.1　概　　述

螺旋副的运动副元素是螺纹。螺纹既可以构成固定连接，如螺栓连接，也可以构成动连接，即螺旋副。螺纹连接和螺旋传动都是利用螺纹零件工作的，但两者的工作性质不同，在技术要求上也有差别。前者作为紧固件作用，要求保证连接强度（有时还要求紧密性）；后者则作为传动件用，要求保证螺旋副的传动精度、效率和磨损寿命等。本章将分别讨论螺纹连接和螺旋传动的类型、结构以及设计计算等问题。

3.2　螺　　纹

3.2.1　螺纹的类型和主要参数

1. 螺纹的类型

将一倾斜角为 ψ 的直线绕在圆柱体上便形成一条螺旋线（图 3－1(a)）。取一平面图形（图 3－1(b)），使它沿着螺旋线运动，运动时保持此图形通过圆柱体的轴线，就得到螺纹。按照螺旋线的旋向，螺纹分为左旋螺纹和右旋螺纹。机械制造中一般采用右旋螺纹，有特殊要求时，才采用左旋螺纹。按照螺旋线的数目，螺纹还分为单线螺纹和等距排列的多线螺纹（图 3－2）。为了制造方便，螺纹的线数一般不超过 4。

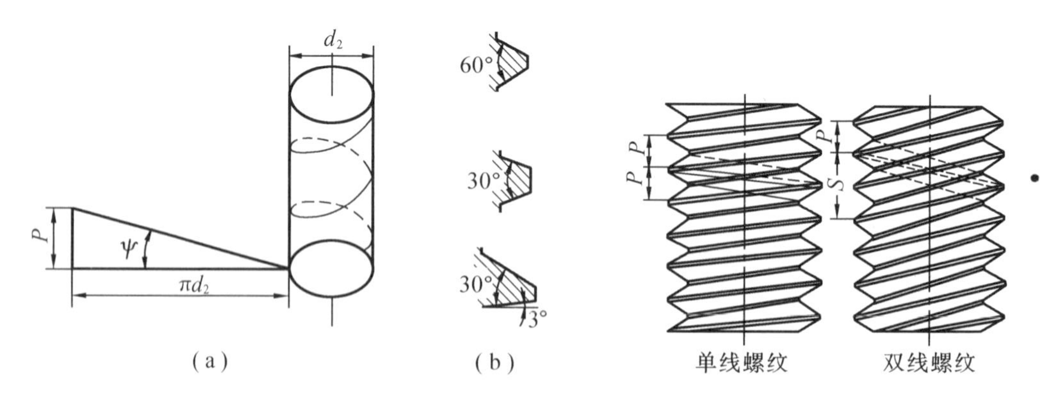

图 3－1　螺旋线的形成

图 3－2　不同线数的右旋螺纹

螺纹有外螺纹和内螺纹之分，它们共同组成螺旋副。起连接作用的螺纹称为连接螺纹；起传动作用的螺纹称为传动螺纹，相应的传动称为螺旋传动。螺纹又分为米制和英制（螺距以每英寸牙数表示）两类。我国除管螺纹保留英制外，都采用米制螺纹。

常用螺纹的类型主要有普通螺纹、管螺纹、矩形螺纹、梯形螺纹和锯齿形螺纹。前两种主要用于连接，后三种主要用于传动。其中除矩形螺纹外，都已标准化。标准螺纹的基本尺寸，可查阅有关标准。常用螺纹的类型、特点和应用，如表3－1所示。

表3－1　常用螺纹的类型、特点和应用

螺纹类型		牙型图	特点和应用
连接螺纹	普通螺纹	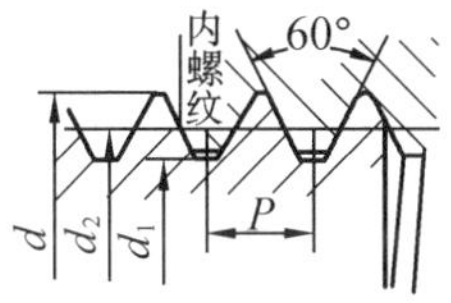	牙型为等边三角形，牙型角 $\alpha=60°$，内外螺纹旋合后留有径向间隙。外螺纹牙根允许有较大的圆角，以减小应力集中。同一公称直径按螺距大小，分为粗牙和细牙。细牙螺纹的牙型与粗牙相似，但螺距小，升角小，自锁性较好，强度高，因牙细不耐磨，容易滑扣。 一般连接多用粗牙螺纹，细牙螺纹常用于细小零件、薄壁管件，或受冲击、振动和变载荷的连接中，也可作为微调机构的调整螺纹用
	55°非螺纹密封的管螺纹	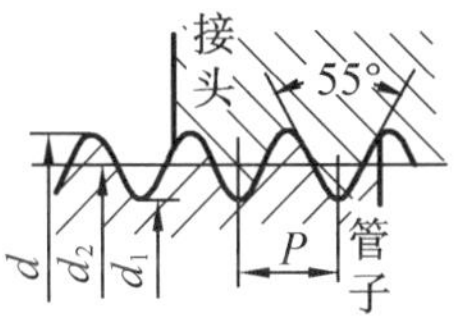	牙型为等腰三角形，牙型角 $\alpha=55°$，牙顶有较大的圆角，内外螺纹旋合后无径向间隙，管螺纹为英制细牙螺纹，公称直径近似为管子内径。适用于管接头、旋塞、阀门及其他附件。若要求连接后具有密封性，可压紧被连接件螺纹副外的密封面，也可在密封面间添加密封物
	55°用螺纹密封的管螺纹	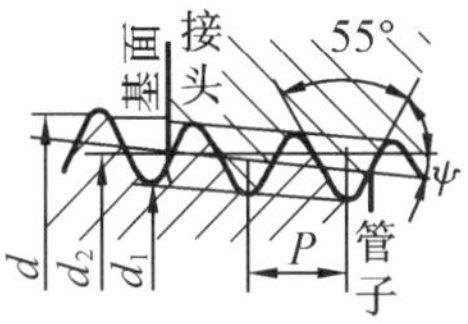	牙型为等腰三角形，牙型角 $\alpha=55°$，牙顶有较大的圆角，螺纹分布在锥度为1∶16（$\psi=1°47'24''$）的圆锥管壁上，公称直径近似为管子内径。它包括圆锥内螺纹与圆锥外螺纹和圆柱内螺纹与圆锥外螺纹两种连接形式。螺纹旋合后，利用本身的变形就可以保证连接的紧密性，不需要任何填料，密封简单。适用于管子、管接头、旋塞、阀门和其他螺纹连接的附件
	60°密封管螺纹	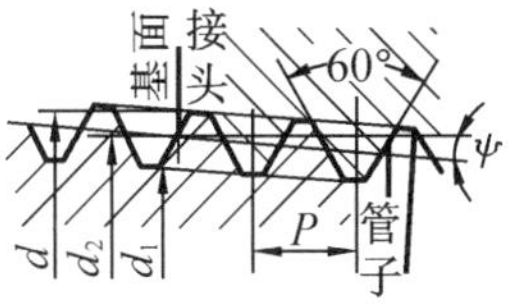	牙型角 $\alpha=60°$，螺纹牙顶为平顶，螺纹分布在锥度为1∶16（$\psi=1°47'24''$）的圆锥管壁上。用于气体或液体管路系统依靠螺纹密封的连接螺纹（水、煤气管道用管螺纹除外）

表 3-1(续)

螺纹类型		牙型图	特点和应用
传动螺纹	矩形螺纹		牙型为正方形,牙型角 $\alpha=0°$。其传动效率较其他螺纹高,但牙根强度弱,螺旋副磨损后,间隙难以修复和补偿,传动精度降低。为了便于铣、磨削加工,可制成 10° 的牙型角。 矩形螺纹尚未标准化,推荐尺寸:$d=\frac{5}{4}d_1$,$P=\frac{1}{4}d_1$。目前已逐渐被梯形螺纹所代替
	梯形螺纹		牙型为等腰梯形,牙型角 $\alpha=30°$。内外螺纹以锥面贴紧不易松动。与矩形螺纹相比,传动效率略低,但工艺性好,牙根强度高,对中性好。如用剖分螺母,还可以调整间隙。梯形螺纹是最常用的传动螺纹
	锯齿形螺纹		牙型为不等腰梯形,工作面的牙侧角为 3°,非工作面的牙侧角为 30°。外螺纹牙根有较大的圆角,以减小应力集中。内、外螺纹旋合后,大径处无间隙,便于对中。这种螺纹兼有矩形螺纹传动效率高、梯形螺纹牙根强度高的特点,但只能用于单向受力的螺纹连接或螺旋传动中,如螺旋压力机

2. 螺纹的主要参数

下面以圆柱普通外(内)螺纹为例说明螺纹的主要参数(图 3-3)。

(1)大径 d,D

螺纹的最大直径,即与外螺纹的牙顶或内螺纹牙底相重合的假想圆柱面的直径。为螺纹的公称直径(管螺纹除外)。

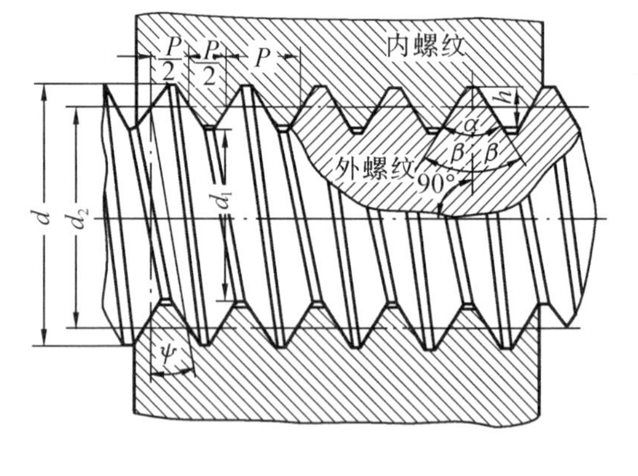

图 3-3 螺纹的主要参数

(2)小径 d_1,D_1

螺纹的最小直径,即与外螺纹的牙底或内螺纹牙顶相重合的假想圆柱面的直径。常用作危险剖面的计算直径。

(3)中径 d_2,D_2

过螺纹轴向截面内牙厚等于牙间处的假想圆柱面的直径。中径是确定螺纹几何参数和配合性质的直径。

(4)螺距 P

相邻两个牙型上对应点间的轴向距离。

(5)线数 n

螺纹螺旋线的数目。由一条螺旋线形成的螺纹称为单线螺纹,由两条沿等距螺旋线形成的螺纹称为多线螺纹。连接螺纹有自锁要求，多为单线螺纹；传动螺纹要求传动效率高，故用双线或三线螺纹。为了便于制造，一般用线数 $n \leqslant 4$。

(6)导程 S

同一螺纹上相邻两个牙型对应点间的轴向距离。单头螺纹 $S=P$，多头螺纹 $S=nP$。

(7)螺纹升角 ψ

螺纹中径圆柱面上螺旋线的切线与垂直于螺纹轴线的平面的夹角。其计算式为

$$\psi = \arctan \frac{S}{\pi d_2} = \arctan \frac{nP}{\pi d_2} \tag{3-1}$$

(8)牙型角 α

轴向截面内，螺纹牙型两侧边的夹角。

(9)牙侧角 β

轴向截面内，螺纹牙型的侧边与螺纹轴线的垂线间的夹角。对称牙型有 $\beta = \frac{\alpha}{2}$。

(10)工作高度 h

内外螺纹旋合后的接触面的径向高度。

3.3　螺旋副的受力分析、效率和自锁

3.3.1　矩形螺纹①($\beta = 0°$)

螺纹副在力矩和轴向载荷作用下的相对运动，可看成作用在中径的水平力推动滑块(重物)沿螺纹运动，如图3-4(a)所示。将矩形螺纹沿中径 d_2 展开可得一斜面，如图3-4(b)所示，图中 ψ 为螺纹升角，F_a 为轴向载荷，F 为作用于中径处的水平推力，F_n 为法向反力；fF_n 为摩擦力，f 为摩擦系数，ρ 为摩擦角。

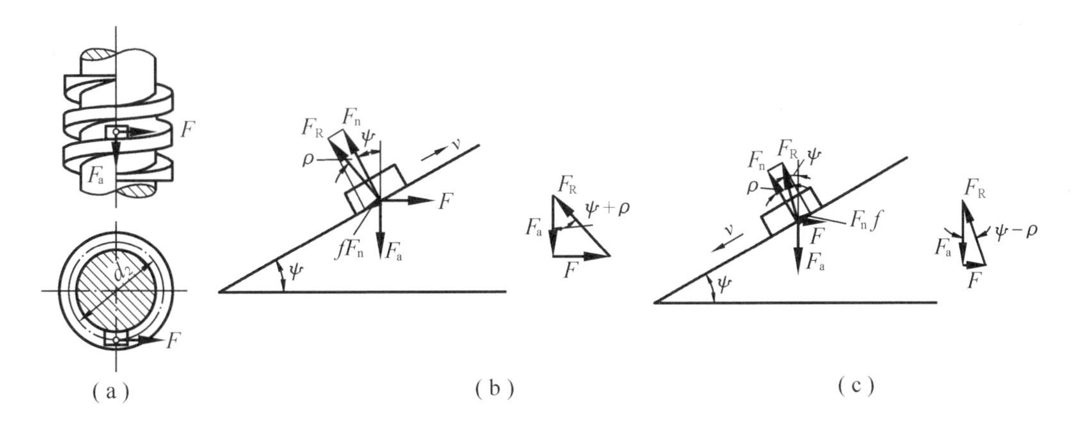

图3-4　矩形螺纹的受力分析

① 矩形螺纹同轴性差，且难以精确切制，已很少应用，但用来作力的分析则较为简便。

当滑块沿斜面等速上升时,F_a 为阻力,F 为驱动力。因摩擦力向下,故总反力 F_R 与 F_a 的夹角为 $\psi+\rho$。由力的平衡条件可知,F_R,F 和 F_a 组成力多边形,如图 3-4(b)所示,由图可得

$$F=F_a\tan(\psi+\rho) \tag{3-2}$$

作用在螺旋副上的相应驱动力矩为

$$T=F\cdot\frac{d_2}{2}=F_a\frac{d_2}{2}\tan(\psi+\rho) \tag{3-3}$$

当滑块沿斜面等速下滑时,轴向载荷 F_a 变为驱动力,而 F 变为维持滑块等速运动所需的平衡力,如图 3-4(c)所示。由力多边形可得

$$F=F_a\tan(\psi-\rho) \tag{3-4}$$

作用在螺旋副上的相应力矩为

$$T=F_a\frac{d_2}{2}\tan(\psi-\rho) \tag{3-5}$$

式(3-4)求出的 F 值可为正,也可为负。当斜面倾角 ψ 大于摩擦角 ρ 时,滑块在重力作用下有向下加速的趋势。这时由式(3-4)求出的平衡力 F 为正,方向如图 3-4(c)所示。它阻止滑块加速以便保持等速下滑,故 F 是阻力(支持力)。当斜面倾角 ψ 小于摩擦角 ρ 时,滑块不能在重力作用下自行下滑,即处于自锁状态。这时由式(3-4)求出的平衡力 F 为负,其方向与图 3-4(c)相反(即 F 与运动方向成锐角),F 为驱动力。它说明在自锁条件下,必须施加驱动力 F 才能使滑块等速下滑。

3.3.2 非矩形螺纹

非矩形螺纹是指牙侧角 $\beta\neq0°$ 的三角形螺纹(普通螺纹、管螺纹等)、梯形螺纹和锯齿形螺纹。

对比图 3-5(a)和(b)可知,若略去螺纹升角的影响,在轴向载荷 F_a 作用下,非矩形螺纹的法向力比矩形螺纹的大。若把法向力的增加看作摩擦系数的增加,则非矩形螺纹的摩擦阻力可写为

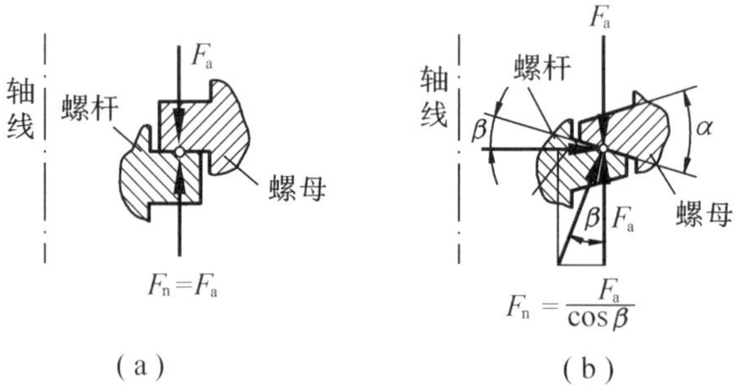

$$\frac{F_a}{\cos\beta}f=\frac{f}{\cos\beta}F_a=f'F_a$$

式中 β——牙侧角;

f'——当量摩擦系数。

图 3-5 矩形螺纹与非矩形螺纹的法向力

f'的计算式为

$$f'=\frac{f}{\cos\beta}=\tan\rho' \tag{3-6}$$

其中,ρ'为当量摩擦角。

因此,将图 3-4 的 f 改为 f',ρ 改为 ρ',就可像矩形螺纹那样对非矩形螺纹进行力的

分析。

当滑块沿非矩形螺纹等速上升时,可得水平推力

$$F = F_{a}\tan(\psi + \rho') \tag{3-7}$$

相应的驱动力矩

$$T = F\frac{d_2}{2} = F_{a}\frac{d_2}{2}\tan(\psi + \rho') \tag{3-8}$$

当滑块沿非矩形螺纹等速下滑时,可得

$$F = F_{a}\tan(\psi - \rho') \tag{3-9}$$

相应的力矩为

$$T = F_{a}\frac{d_2}{2}\tan(\psi - \rho') \tag{3-10}$$

与矩形螺纹分析相同,若螺纹升角 ψ 小于当量摩擦角 ρ',则螺旋具有自锁特性,如不施加驱动力矩,无论轴向驱动力 F_{a} 多大,都不能使螺旋副相对运动。考虑到极限情况,非矩形螺纹的自锁条件可表示为

$$\psi \leqslant \rho' \tag{3-11}$$

为了防止螺母在轴向力作用下自动松开,用于连接的紧固螺纹必须满足自锁条件。

以上分析适用于各种螺旋传动和螺纹连接。归纳起来就是:当轴向载荷为阻力,阻止螺旋副相对运动时(例如,车床丝杠走刀时,切削力阻止刀架轴向移动;螺纹连接拧紧螺母时,材料变形的反弹力阻止螺母轴向移动;螺旋千斤顶举升重物时,重力阻止螺杆上升),相当于滑块沿斜面等速上升,应使用式(3-3)或式(3-8)。当轴向载荷为驱动力,与螺旋副相对运动方向一致时(例如旋松螺母时,材料变形的反弹力和螺母移动方向一致;用螺旋千斤顶降落重物时,重力与下降方向一致),相当于滑块沿斜面等速下滑,应使用式(3-5)或式(3-10)。

螺旋副的效率是有效功与输入功之比。若按螺旋转动一圈计算,输入功为 $2\pi T$,此时升举滑块(重物)所做的有效功为 $F_{a}S$,故螺旋副的效率为

$$\eta = \frac{F_{a}S}{2\pi T} = \frac{\tan\psi}{\tan(\psi + \rho')} \tag{3-12}$$

由式(3-12)可知,当量摩擦角 ρ' ($\rho' = \arctan f'$)一定时,效率只是螺纹升角 ψ 的函数。由此可绘出效率曲线,如图3-6所示。取 $\frac{d\eta}{d\psi}=0$,可得当 $\psi = 45° - \frac{\rho'}{2}$ 时效率最高。由于过大的螺纹升角会使制造困难,且效率增高也不显著,所以一般 ψ 角不大于25°。

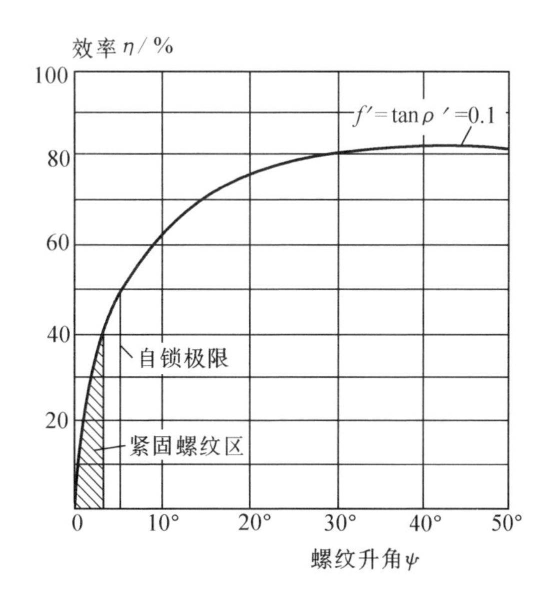

图3-6 螺旋副的效率曲线

3.4 螺纹连接的类型和标准连接件

3.4.1 螺纹连接的基本类型

1. 螺栓连接

常见的普通螺栓连接如图3-7(a)所示。在被连接件上开有通孔,插入螺栓后在螺栓的另一端拧上螺母。这种连接的结构特点是被连接件上的通孔和螺栓杆间留有间隙,通孔的加工精度要求低,结构简单,装拆方便,使用时不受被连接件材料的限制,因此应用极广。图3-7(b)是铰制孔用螺栓连接。孔和螺栓杆多采用基孔制过渡配合(H7/m6,H7/n6)。这种连接能精确固定被连接件的相对位置,并能承受横向载荷,但孔的加工精度要求较高。

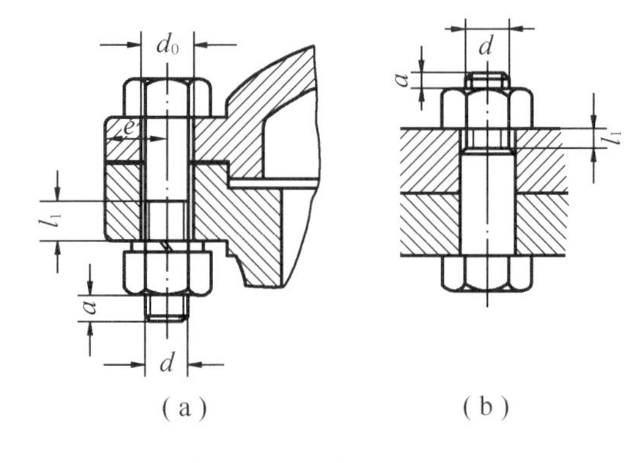

图3-7 螺栓连接

螺纹余留长度 l_1:静载荷 $l_1 \geqslant (0.3 \sim 0.5)d$;变载荷 $l_1 \geqslant 0.75d$;冲击载荷或弯曲载荷 $l_1 \geqslant d$;铰制孔用螺栓连接 $l_1 \approx d$。

螺纹伸出长度 $a \approx (0.2 \sim 0.3)d$;

螺栓轴线到被连接件边缘的距离 $e = d + (3 \sim 6)$ mm;

通孔直径 $d_0 \approx 1.1d$。

2. 双头螺柱连接

如图3-8(a)所示,这种连接末端拧入并紧定在被连接件之一的螺纹孔中,适用于受结构限制而不能用螺栓或希望连接结构较紧凑的场合。例如,被连接件之一太厚不宜制成通孔,材料又比较软(例如用铝镁合金制造的壳体),且需要经常拆装时,往往采用双头螺柱连接。显然,拆卸这种连接时,不用拆下螺柱。

3. 螺钉连接

如图3-8(b)所示,这种连接的特点是螺栓(或螺钉)直接拧入被连接件的螺纹孔中,不用螺母,而且能有光整的外露表面,在结构上比双头螺柱连接简单、紧凑。其用途和双头螺柱连接相似,但如经常拆装时,易使螺纹孔磨损,可能导致被连接件报废,故多用于受力不大,或不需要经常拆装的场合。

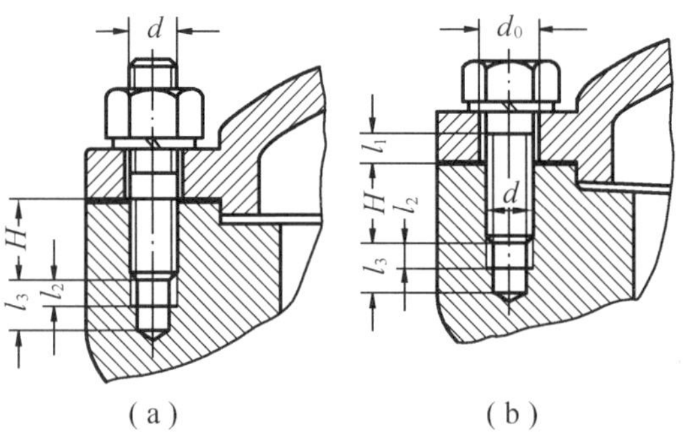

图3-8 双头螺柱、螺钉连接

拧入深度 H,当带螺纹孔件材料为:钢或青铜 $H \approx d$;铸铁 $H = (1.25 \sim 1.5)d$;铝合金 $H = (1.5 \sim 2.5)d$

4. 紧定螺钉连接

紧定螺钉连接是利用拧入零件螺纹孔中的螺钉末端顶住另一零件的表面(图3-9(a))或顶入相应的凹坑中(图3-9(b)),以固定两个零件的相对位置,并可传递不大的力或转矩。

螺钉除作为连接和紧定用外，还可用于调整零件位置，如机器、仪器的调节螺钉等。

除上述四种基本螺纹连接形式外，还有一些特殊结构的连接。例如专门用于将机座或机架固定在地基上的地脚螺栓连接（图 3－10），装在机器或大型零、部件的顶盖或外壳上便于起吊用的吊环螺钉连接（图 3－11），用于工装设备中的 T 形槽螺栓连接（图 3－12）等。

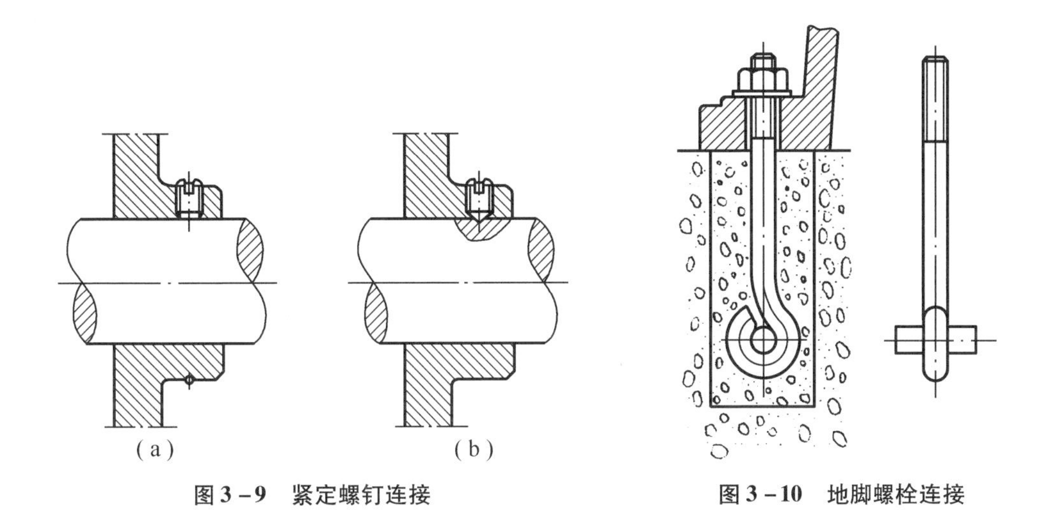

图 3－9　紧定螺钉连接

图 3－10　地脚螺栓连接

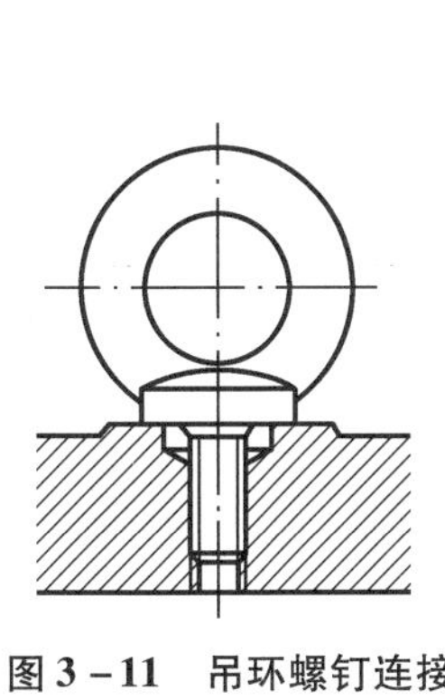

图 3－11　吊环螺钉连接

$d_0=1.1d$;　　$C_1=(1\sim1.5)d$;

$C_2=(0.7\sim0.9)d$;　　$B=(1.75\sim2.0)d$

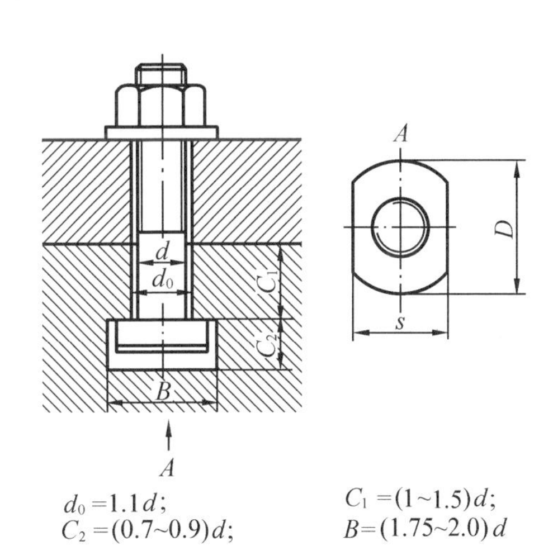

图 3－12　T 形槽螺栓连接

3.4.2　标准螺纹连接件

螺纹连接件的类型很多，在机械制造中常见的螺纹连接件有螺栓、双头螺柱、螺钉、螺母和垫圈等。这类零件的结构形式和尺寸都已标准化，设计时可根据有关标准选用。它们的结构特点和应用示于表 3－2。

根据国标规定，螺纹连接件分为三个精度等级，其代号为 A，B，C 级。A 级精度的公差小，精度最高，用于要求配合精确、防止振动等重要零件的连接；B 级精度多用于受载较大且经常装拆、调整或承受变载荷的连接；C 级精度多用于一般的螺纹连接。常用的标准螺纹连接件（螺栓、螺钉），通常选用 C 级精度。

表3-2 常用标准螺纹连接件

类型	图例	结构特点和应用
六角头螺栓	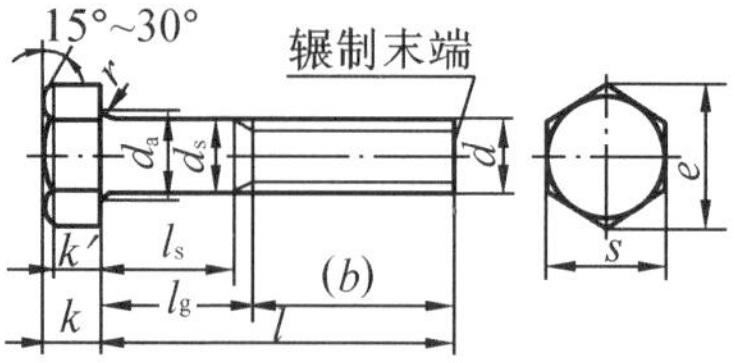	种类很多,应用最广,精度分为A,B,C三级,通用机械制造中多用C级(左图)。螺栓杆部可制出一段螺纹或全螺纹,螺纹可用粗牙或细牙(A,B级)
双头螺栓	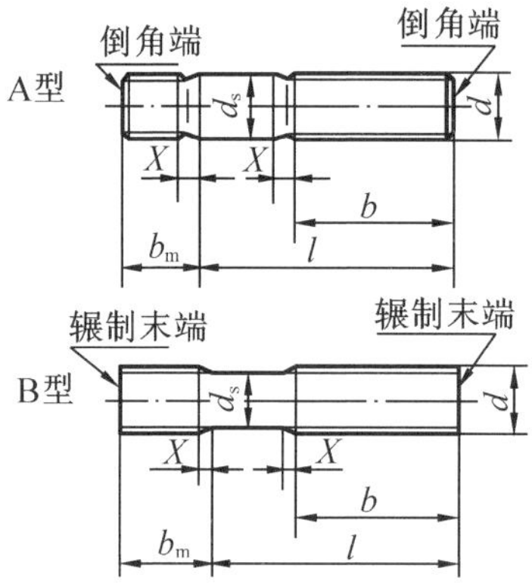	螺柱两端都制有螺纹,两端螺纹可相同或不同,螺柱可带退刀槽或制成腰杆,也可制成全螺纹的螺柱。螺柱的一端常用于旋入铸铁或有色金属的螺纹孔中,旋入后即不拆卸,另一端则用于安装螺母以固定其他零件
螺钉	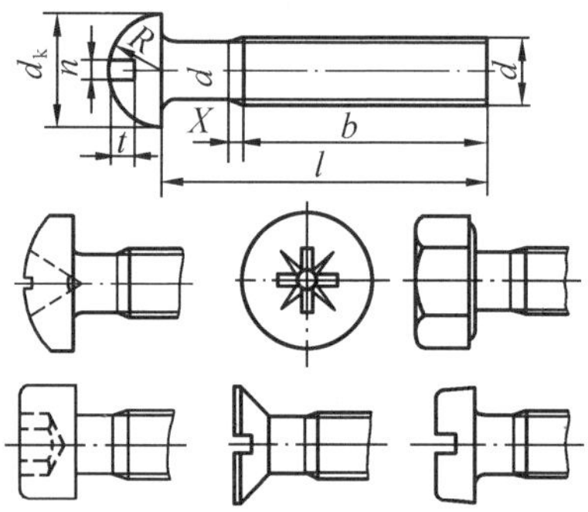	螺钉头部形状有圆头、扁圆头、六角头、圆柱头和沉头等。头部起子槽有一字槽、十字槽和内六角孔等形式。十字槽螺钉头部强度高、对中性好,便于自动装配。内六角孔螺钉能承受较大的扳手力矩,连接强度高,可代替六角头螺栓,用于要求结构紧凑的场合
紧定螺钉	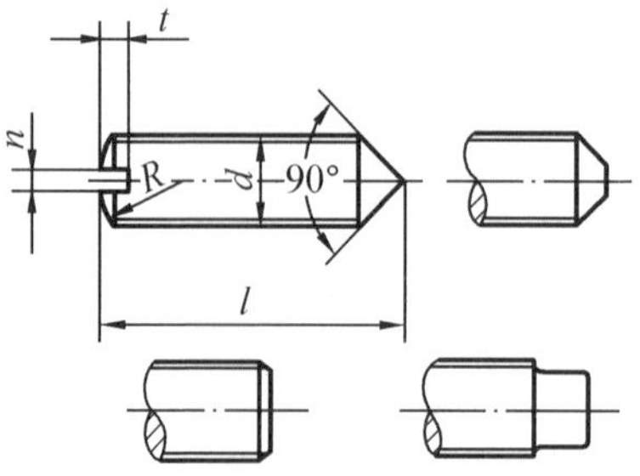	紧定螺钉的末端形状,常用的有锥端、平端和圆柱端。锥端适用于被紧定零件的表面硬度较低或不经常拆卸的场合;平端接触面积大,不伤零件表面,常用于顶紧硬度较大的平面或经常拆卸的场合;圆柱端压入轴上的凹坑中,适用于紧定空心轴上的零件位置

表3-2(续)

类型	图　　例	结构特点和应用
自攻螺钉	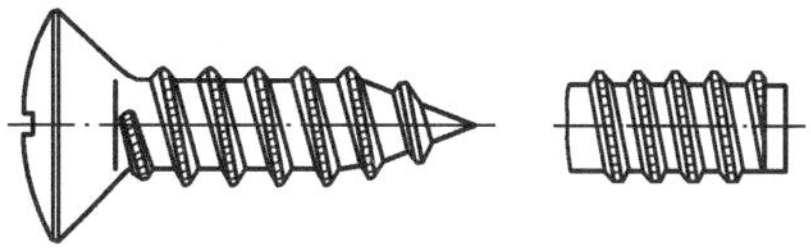	螺钉头部形状有圆头、平头、半沉头及沉头等。头部起子槽有一字槽、十字槽等形式。末端形状有锥端和平端两种。多用于连接金属薄板、轻合金或塑料零件。在被连接件上可不预先制出螺纹,在连接时利用螺钉直接攻出螺纹。螺钉材料一般用渗碳钢,热处理后表面硬度不低于45HRC。自攻螺钉的螺纹与普通螺纹相比,在相同的大径时,自攻螺纹的螺距大,而小径则稍小,已标准化
六角螺母	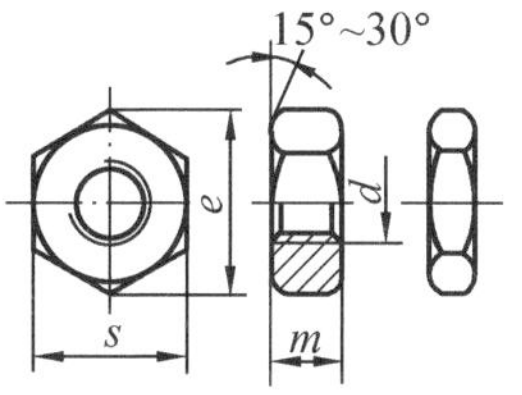	根据螺母厚度不同,分为标准的和薄的两种。薄螺母常用于受剪力的螺栓上或空间尺寸受限制的场合。螺母的制造精度和螺栓相同,分为A,B,C三级,分别与相同级别的螺栓配用
圆螺母	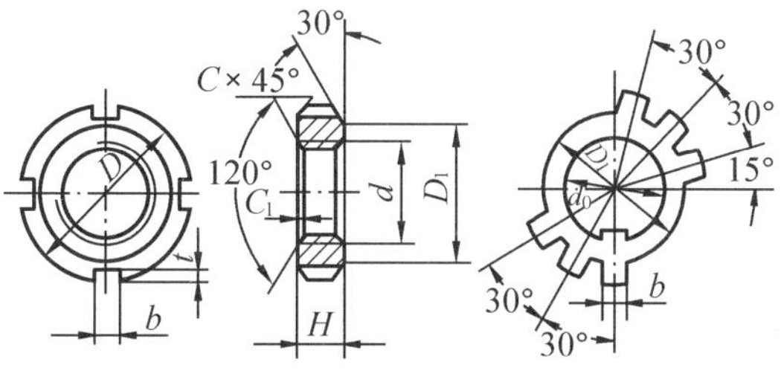	圆螺母常与止动垫圈配用,装配时将垫圈内舌插入轴上的槽内,而将垫圈的外舌嵌入圆螺母的槽内,螺母即被锁紧。常作为滚动轴承的轴向固定用
垫圈	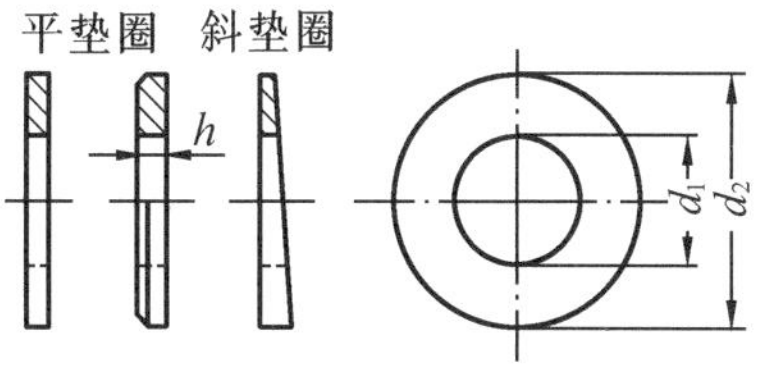 平垫圈　斜垫圈	垫圈是螺纹连接中不可缺少的附件,常放置在螺母和被连接件之间,起保持支承表面等作用。平垫圈按加工精度不同,分为A级和C级两种。用于同一螺纹直径的垫圈又分为特大、大、普通和小的四种规格,特大垫圈主要在铁木结构上使用。斜垫圈只用于倾斜的支承面上

3.5 螺纹连接的预紧和防松

3.5.1 螺纹连接的预紧

在实用上,绝大多数螺纹连接在装配时都必须拧紧,使连接在承受工作载荷之前,预先受到力的作用。这个预加作用力称为预紧力。预紧的目的在于增强连接的可靠性和紧密性,以防止受载后被连接件间出现缝隙或发生相对滑移。经验证明,适当选用较大的预紧力对螺纹连接的可靠性以及连接件的疲劳强度都是有利的(详见3.8节),特别对于像汽缸盖、管路凸缘、齿轮箱、轴承盖等紧密性要求较高的螺纹连接,预紧更为重要。但过大的预紧力会导致整个连接的结构尺寸增大,也会使连接件在装配或偶然过载时被拉断。因此,为了保证连接所需要的预紧力,又不使螺纹连接件过载,对重要的螺纹连接,在装配时要控制预紧力。

通常规定,拧紧后螺纹连接件的预紧应力不得超过其材料的屈服极限 σ_s 的80%。对于一般连接用的钢制螺栓连接的预紧力 F_0,推荐按下列关系确定:

$$\left.\begin{aligned} &\text{碳素钢螺栓} \quad F_0 \leqslant (0.6 \sim 0.7)\sigma_s A_1 \\ &\text{合金钢螺栓} \quad F_0 \leqslant (0.5 \sim 0.6)\sigma_s A_1 \end{aligned}\right\} \tag{3-13}$$

式中 σ_s——螺栓材料的屈服极限;

A_1——螺栓危险截面的面积,$A_1 \approx \pi d_1^2/4$。①

预紧力的具体数值应根据载荷性质、连接刚度等具体工作条件确定。对于重要的或有特殊要求的螺栓连接,预紧力的数值应在装配图上作为技术条件注明,以便在装配时加以保证。受变载荷的螺栓连接的预紧力应比受静载荷的要大些。

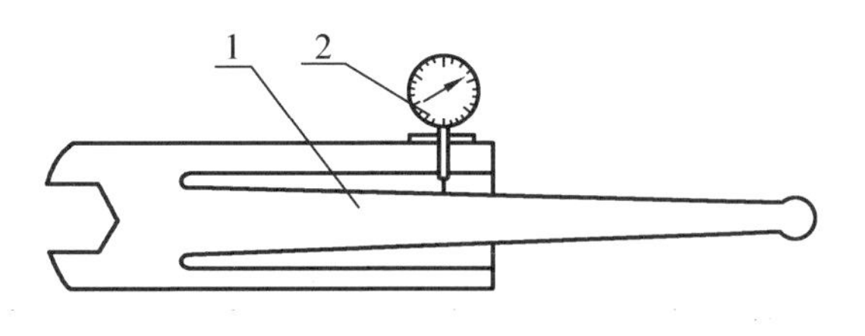

图3-13 测力矩扳手

控制预紧力的方法很多,通常是借助测力矩扳手(图3-13)或定力矩扳手(图3-14),利用控制拧紧力矩的方法来控制预紧力的大小。测力矩扳手的工作原理是根据扳手上的弹性元件1,在拧紧力的作用下所产生的弹性变形来指示拧紧力矩的大小。为方便计量,可将指示刻度2直接以力矩值标出。定力矩扳手的工作原理是当拧紧力矩超过规定值时,弹簧3被压缩,扳手卡盘1与圆柱销2之间打滑,如果继续转动手柄,卡盘即不再转动。拧紧力矩的大小利用螺钉4调整弹簧压紧力来加以控制。

如上所述,装配时预紧力的大小是通过拧紧力矩来控制的。因此,应从理论上找出预紧力和拧紧力矩之间的关系。

如图3-15所示,由于拧紧力矩 $T(T=FL)$ 的作用,使螺栓和被连接件之间产生预紧力 F_0。由机械原理可知,拧紧力矩 T 等于螺旋副间的摩擦阻力矩 T_1 和螺母环形端面与被连接件(或垫圈)支承面间的摩擦阻力矩 T_2 之和,即

$$T = T_1 + T_2 \tag{3-14}$$

① 若螺栓局部直径小于其螺杆部分的小径 d_1(如有退刀槽等)或局部空心时,应取最小截面面积计算。

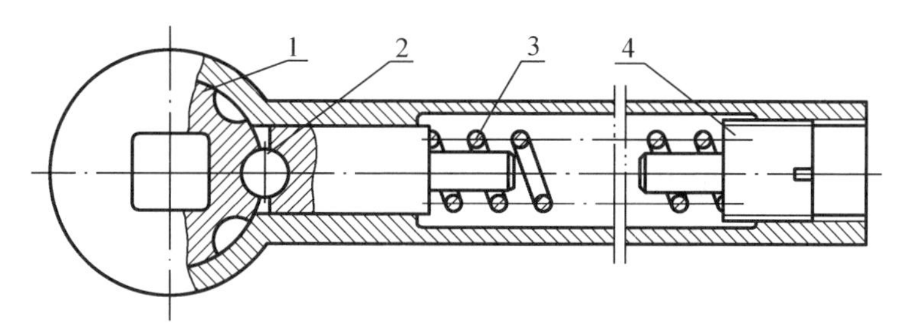

图3－14　定力矩扳手

螺旋副间的摩擦力矩为

$$T_1 = F_0 \frac{d_2}{2}\tan(\psi + \rho') \tag{3-15}$$

螺母与支承面间的摩擦力矩为

$$T_2 = \frac{1}{3} f_c F_0 \frac{D_0^3 - d_0^3}{D_0^2 - d_0^2} \tag{3-16}$$

将式(3－15)、式(3－16)代入式(3－14)，得

$$T = \frac{1}{2} F_0 \left[d_2 \tan(\psi + \rho') + \frac{2}{3} f_c \frac{D_0^3 - d_0^3}{D_0^2 - d_0^2} \right] \tag{3-17}$$

对于 M10 ~ M64 粗牙普通螺纹的钢制螺栓，螺纹升角 $\psi = 1°42' \sim 3°2'$；螺纹中径 $d_2 \approx 0.9d$；螺旋副的当量摩擦角 $\rho' \approx \arctan 1.155 f$（$f$ 为摩擦系数，无润滑时 $f \approx 0.1 \sim 0.2$）；螺栓孔直径 $d_0 \approx 1.1d$；螺母环形支承面的外径 $D_0 \approx 1.5d$；螺母与支承面间的摩擦系数 $f_c = 0.15$。将上述各参数代入式(3－17)整理后可得

$$T \approx 0.2 F_0 d \tag{3-18}$$

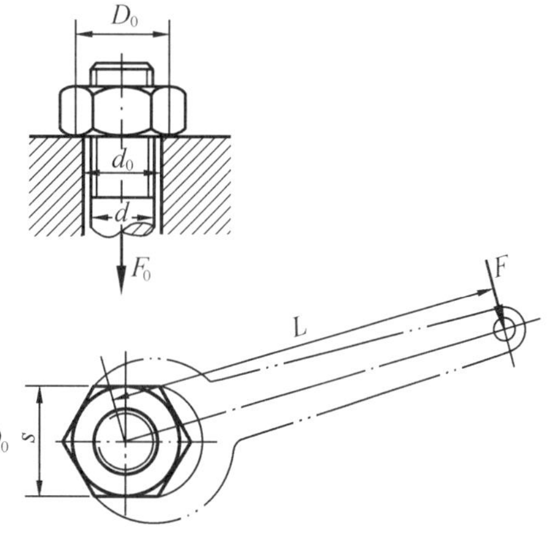

图3－15　螺旋副的拧紧力矩

对于一定公称直径 d 的螺栓，当所要求的预紧力 F_0 已知时，即可按式(3－18)确定扳手的拧紧力矩 T。一般标准扳手的长度 $L \approx 15d$，若拧紧力为 F，则 $T = FL$。由式(3－18)可得：$F_0 \approx 75F$。假定 $F = 200$ N，则 $F_0 \approx 15\ 000$ N。如果用这个预紧力拧紧 M12 以下的钢制螺栓，就很可能过载拧断。因此，对于重要的连接，应尽可能不采用直径过小（例如小于 M12）的螺栓。必须使用时，应严格控制其拧紧力矩。

采用测力矩扳手或定力矩扳手控制预紧力的方法，操作简便，但准确性较差（因拧紧力矩受摩擦系数波动的影响较大），也不适用于大型的螺栓连接。为此，可采用测定螺栓伸长量的方法来控制预紧力（图3－16）。所需的伸长量可根据预紧力的规定值计算。近年来发展了利用微机通过轴力传感器获取数据并画出预紧力与所加拧紧力矩对应曲线的方法来控制拧紧力矩。

3.5.2 螺纹连接的防松

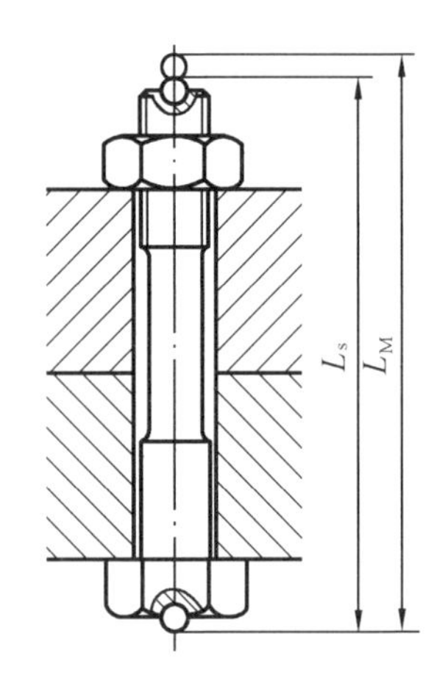

图3-16 测量螺栓伸长量

由于螺纹连接件一般采用单线普通螺纹,且螺纹升角($\psi = 1°42' \sim 3°2'$)小于螺旋副的当量摩擦角($\rho' \approx 6.5° \sim 10.5°$),因此连接螺纹都能满足自锁条件($\psi < \rho'$)。此外,拧紧以后螺母和螺栓头部等支承面上的摩擦力也有防松作用,所以在静载荷和工作温度变化不大时,螺纹连接不会自动松脱。但在冲击、振动或变载荷的作用下,螺旋副间的摩擦力可能减小或瞬时消失。这种现象多次重复后,就会使连接松脱。在高温或温度变化较大的情况下,由于螺纹连接件和被连接件的材料发生蠕变和应力松弛,也会使连接中的预紧力和摩擦力逐渐减小,最终导致连接失效。

螺纹连接一旦出现松脱,轻者会影响机器的正常运转,重者会造成严重事故。因此,为了防止连接松脱,保证连接安全可靠,设计时必须采取有效的防松措施。

防松的根本问题在于防止螺旋副在受载时发生相对转动。具体的防松方法和装置很多,就其工作原理来看,可分为利用摩擦、直接锁住和破坏螺纹副关系三种。举例说明见表3-3。

表3-3 防松装置和方法举例

防松原理	防松装置或方法		
利用摩擦 使螺纹副中有不随连接载荷而变的压力,因而始终有摩擦力矩防止相对转动。压力可由螺纹副纵向或横向压紧而产生	对顶螺母 两螺母对顶拧紧,螺栓旋合段受拉而螺母受压,从而使螺纹副纵向压紧		弹簧垫圈 利用拧螺母时,垫圈被压平后的弹性力使螺纹副纵向压紧
	金属锁紧螺母 利用螺母末端椭圆口的弹性变形箍紧螺栓,横向压紧螺纹	尼龙圈锁紧螺母 利用螺母末端的尼龙圈箍紧螺栓,横向压紧螺纹	楔紧螺纹锁紧螺母 利用楔紧螺纹,使螺纹副纵横压紧

表3-3(续)

防松原理	防松装置或方法		
直接锁住 利用便于更换的金属元件约束螺纹副	开口销与槽形螺母 利用开口销使螺栓、螺母相互约束	止动垫片 垫片约束螺母而自身又约束在被连接件上(此时螺栓应另有约束)	串联金属丝 利用金属丝使一组螺钉头部相互约束,当有松动趋势时,金属丝更加拉紧
破坏螺纹副关系 把螺纹副转变为非运动副,从而排除相对转动的可能	焊住	冲点	黏合 在螺纹副间涂金属黏接胶

3.6 螺纹连接的强度计算

螺纹连接包括螺栓连接、双头螺栓连接和螺钉连接等。下面以螺栓连接为代表讨论螺纹连接的强度计算方法。所讨论的方法对双头螺柱连接和螺钉连接也同样适用。

当两零件用螺栓进行连接时,常常同时使用若干个螺栓,称为螺栓组。在开始进行强度计算前,先要进行螺栓组的受力分析以找出其中受力最大的螺栓及其所受的力,作为进行强度计算的依据。对构成整个连接的螺栓组而言,所受的载荷可能包括轴向载荷、横向载荷、弯矩和转矩等。但对其中每一个具体的螺栓而言,其受载形式不外乎是受轴向力或受横向力。在轴向力(包括预紧力)的作用下,螺栓杆和螺纹部分可能发生塑性变形或断裂;而在横向力的作用下,当采用铰制孔用螺栓时,螺栓杆和孔壁的贴合面上可能发生压溃或螺栓杆被剪断等。根据统计分析,在静载荷下螺栓连接是很少发生破坏的,只有在严重过载的情况下才会发生。就破坏性质而言,约有90%的螺栓属于疲劳破坏。而且疲劳断裂常发生在螺纹根部,即截面面积较小并有缺口应力集中的部位(约占其中的85%),有时也发生在螺栓头与光杆的交接处(约占其中的15%)。

综上所述,对于受拉螺栓,其主要破坏形式是螺栓杆螺纹部分发生断裂,因而其设计准则是保证螺栓的静力或疲劳拉伸强度;对于受剪螺栓,其主要破坏形式是螺栓杆和孔壁的贴合面上出现压溃或螺栓杆被剪断,其设计准则是保证连接的挤压强度和螺栓的剪切强度,其中连接的挤压强度对连接的可靠性起决定性作用。

螺栓连接的强度计算,首先是根据连接的类型、连接的装配情况(预紧或不预紧)、载荷状态等条件,确定螺栓的受力;然后按相应的强度条件计算螺栓危险截面的直径(螺纹小径)或校核其强度。螺栓的其他部分(螺纹牙、螺栓头、光杆)和螺母、垫圈的结构尺寸,是根据等强条件及使用经验规定的,通常都不需要进行强度计算,可按螺栓螺纹的公称直径由标准中选定。

3.6.1 单个螺栓连接的强度计算

1. 松螺栓连接强度计算

松螺栓连接装配时不需要把螺母拧紧,在承受工作载荷前,除有关零件的自重(自重一般很小,强度计算时可略去)外,连接并不受力。这种连接应用范围有限,例如拉杆、起重吊钩等的螺纹连接均属此类。图3-17所示吊钩尾部的连接是其应用实例。当螺栓承受轴向工作载荷 F_a 时,其拉伸强度条件为

$$\sigma=\frac{F_a}{\frac{\pi d_1^2}{4}}\leqslant[\sigma] \tag{3-19}$$

式中 d_1——螺纹小径,mm;

$[\sigma]$——许用拉应力,MPa。

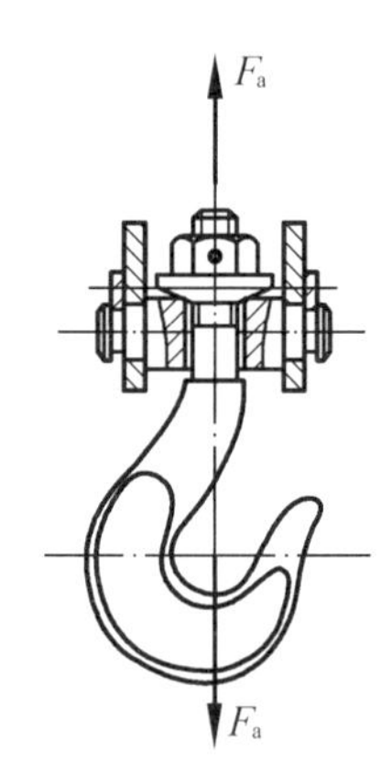

图3-17 起重吊钩

2. 紧螺栓连接强度计算

根据所受拉力不同,紧螺栓连接可分为仅承受预紧力、承受预紧力和静工作拉力,以及承受预紧力和变工作拉力三类。

(1)仅承受预紧力的紧螺栓连接

紧螺栓连接装配时,螺母需要拧紧,在拧紧力矩作用下,螺栓除受预紧力 F_0 的拉伸而产生拉伸应力外,还受螺纹摩擦力矩 T_1(式(3-15))的扭转而产生扭转切应力,使螺栓处于拉伸与扭转的复合应力状态下。因此,进行仅承受预紧力的紧螺栓强度计算时,应综合考虑拉伸应力和扭转切应力的作用。

螺栓危险截面的拉伸应力为

$$\sigma=\frac{F_0}{\frac{\pi}{4}d_1^2} \tag{3-20}$$

螺栓危险截面的扭转切应力为

$$\tau=\frac{T_1}{\pi d_1^3/16}=\frac{F_0\tan(\psi+\rho')\frac{d_2}{2}}{\pi d_1^3/16}=\frac{\tan\psi+\tan\rho'}{1-\tan\psi\tan\rho'}\cdot\frac{2d_2}{d_1}\cdot\frac{F_0}{\frac{\pi}{4}d_1^2} \tag{3-21}$$

对于M10~M64普通螺纹的钢制螺栓,可取 $\tan\rho'=f'\approx0.17$,$\frac{d_2}{d_1}=1.04\sim1.08$,$\tan\psi\approx0.05$,由此可得

$$\tau\approx0.5\sigma \tag{3-22}$$

由于螺栓材料是塑性的，故可根据第四强度理论，求出螺栓预紧状态下的当量应力为

$$\sigma_e=\sqrt{\sigma^2+3\tau^2}=\sqrt{\sigma^2+3(0.5\sigma)^2}\approx1.3\sigma \tag{3-23}$$

由此可见，对于M10 ~ M64普通螺纹的钢制紧螺栓连接，在拧紧时虽是同时承受拉伸和扭转的联合作用，但在计算时可以只按拉伸强度计算，并将所受的拉力（预紧力）增大30%来考虑扭转的影响。即

$$\sigma_e=\frac{1.3F_0}{\frac{\pi}{4}d_1^2}\leqslant[\sigma] \tag{3-24}$$

当普通螺栓连接承受横向载荷时，由于预紧力的作用，将在接合面间产生摩擦力来抵抗工作载荷（图3－18）。

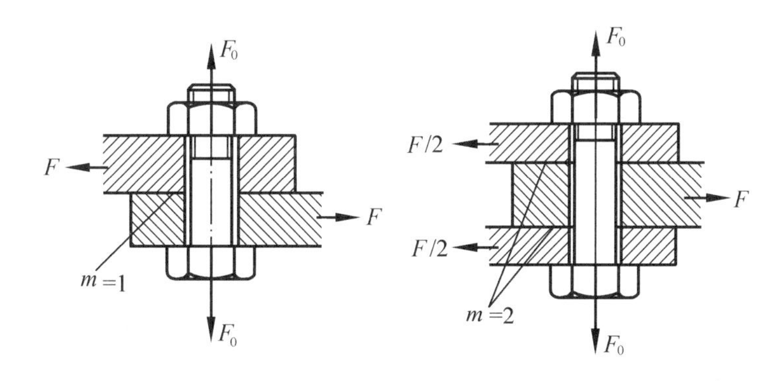

图3－18　承受横向载荷的普通螺栓连接

这时，螺栓仅承受预紧力的作用，而且预紧力不受工作载荷的影响，在连接承受工作载荷后仍保持不变。

预紧力 F_0 的大小，根据接合面不产生滑移的条件确定

$$F_0\geqslant\frac{CF}{mf} \tag{3-25}$$

式中　F_0——预紧力；

C——可靠性系数，通常取 $C=1.1\sim1.3$；

m——接合面数目；

f——接合面摩擦系数，见表3－4。

表3－4　连接接合面的摩擦系数

被连接件	表面状态	f
钢或铸铁零件	干燥的加工表面	0.10 ~ 0.16
	有油的加工表面	0.06 ~ 0.10
钢结构件	轧制表面，刷除浮锈	0.30 ~ 0.35
	涂覆锌漆	0.40 ~ 0.50
	喷砂处理	0.45 ~ 0.55
铸铁对混凝土、砖石或木材	干燥表面	0.40 ~ 0.45

求出 F_0 值后,可按式(3-24)计算螺栓强度。

从式(3-25)来看,当 $f=0.15$, $C=1.2$, $m=1$ 时, $F_0 \geqslant 8F$。即这种靠摩擦力抵抗工作载荷的紧螺栓连接,要求保持较大的预紧力,会使螺栓的结构尺寸增加。此外,在振动、冲击或变载荷下,由于摩擦系数 f 的变动,将使连接的可靠性降低,有可能出现松脱。

为了避免上述缺陷,可以考虑用各种减载零件来承担横向工作载荷(图3-19),这种具有减载零件的紧螺栓连接,其连接强度按减载零件的剪切、挤压强度条件计算,而螺纹连接只是保证连接,不再承受工作载荷,因此预紧力不必很大。但这种连接增加了结构和工艺的复杂性。也可以采用铰制孔用螺栓(图3-20)来承受横向载荷。螺栓杆与孔壁之间无间隙,接触表面受挤压;在连接接合面处,螺栓杆则受剪切。

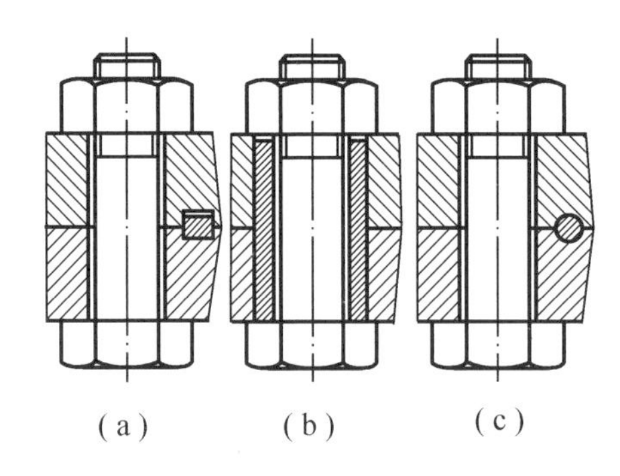

图3-19 承受横向载荷的减载零件

(a)减载键;(b)减载套筒;(c)减载销

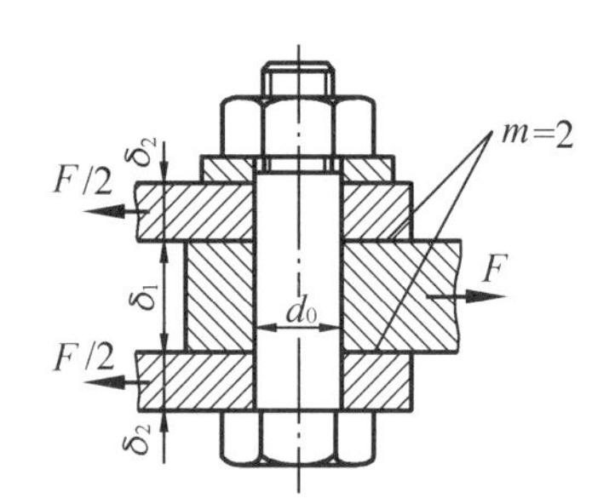

图3-20 承受横向载荷的铰制孔用螺栓

计算时,假设螺栓杆与孔壁表面上的压力分布是均匀的,又因这种连接所受的预紧力很小,所以不考虑预紧力和螺纹摩擦力矩的影响。

螺栓杆与孔壁的挤压强度条件为

$$\sigma_p = \frac{F}{d_0\delta} \leqslant [\sigma_p] \tag{3-26}$$

螺栓杆剪切强度条件为

$$\tau = \frac{F}{m\dfrac{\pi}{4}d_0^2} \leqslant [\tau] \tag{3-27}$$

式中 d_0——螺栓剪切面直径(可取为螺栓孔的直径),取 δ_1 和 $2\delta_2$ 两者之小值,mm;

δ——螺栓杆与孔壁挤压面的高度,mm;

$[\sigma_p]$——螺栓或孔壁材料的许用挤压应力,MPa;

$[\tau]$——螺栓材料的许用切应力,MPa;

m——接合面数目。

(2)承受预紧力和工作拉力的紧螺栓连接

这种受力形式在紧螺栓连接中比较常见,因而也是最重要的一种。这种紧螺栓连接承受轴向拉伸工作载荷后,由于螺栓和被连接件的弹性变形,螺栓所受的总拉力并不等于预紧力和工作拉力之和。根据理论分析,螺栓的总拉力除和预紧力 F_0、工作拉力 F_E 有关外,还受到螺栓刚度 k_b 及被连接件刚度 k_c 等因素的影响。因此,应从分析螺栓连接的受力和变形的关系入手,找出螺栓总拉力的大小。

图3－21表示单个螺栓连接在承受轴向拉伸载荷前后的受力及变形情况。

图3－21(a)是螺母刚好拧到和被连接件相接触，但尚未拧紧。此时，螺栓和被连接件都不受力，因而也不产生变形。

图3－21(b)是螺母已拧紧，但尚未承受工作载荷。此时，螺栓受预紧力 F_0 的拉伸作用，其伸长量为 δ_{b0}。相反被连接件则在 F_0 的压缩作用下，其压缩量为 δ_{c0}。

图3－21(c)是承受工作载荷时的情况。此时若螺栓和被连接件的材料在弹性变形范围内，则两者的受力与变形关系符合拉(压)虎克定律。当螺栓承受工作载荷后，因所受的拉力由 F_0 增至 F_a 而继续伸长，其伸长量增加 $\Delta\delta$，总伸长量为 $\delta_{b0}+\Delta\delta$。与此同时，原来被压缩的被连接件，因螺栓伸长而被放松，其压缩量也随着减小。根据连接的变形协调条件，被连接件压缩变形的减小量应等于螺栓拉伸变形的增加量 $\Delta\delta$。因而总压缩量为 $\delta_{c0}-\Delta\delta$。而被连接件的压缩力由 F_0 减至 F_R。F_R 称为残余预紧力。

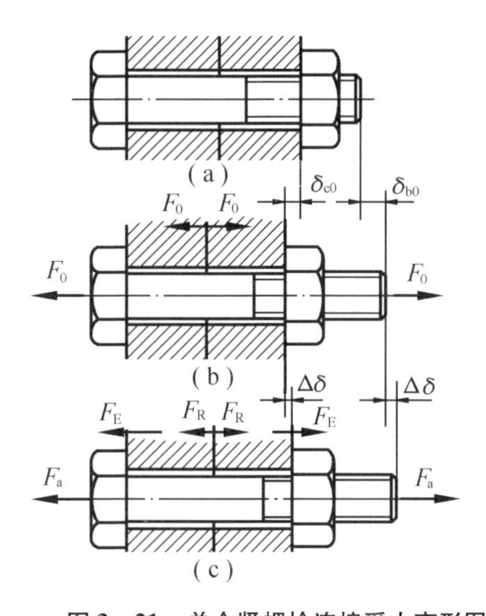

图3－21 单个紧螺栓连接受力变形图

(a)螺母未拧紧；(b)螺母已拧紧；(c)已承受工作载荷

显然，连接受载后，由于预紧力的变化，螺栓的总拉力 F_a 并不等于预紧 F_0 与工作拉力 F_E 之和，而等于残余预紧力 F_R 与工作拉力 F_E 之和。

上述的螺栓和被连接件的受力与变形关系，还可以用线图表示。如图3－22所示，图中纵坐标代表力，横坐标代表变形。图3－22(a)(b)分别表示螺栓和被连接件的受力与变形的关系。由图可见，在连接尚未承受工作拉力 F_E 时，螺栓的拉力和被联件的压缩力都等于预紧力 F_0。因此，为分析上的方便，可将图3－22(a)和图3－22(b)合并成图3－22(c)。

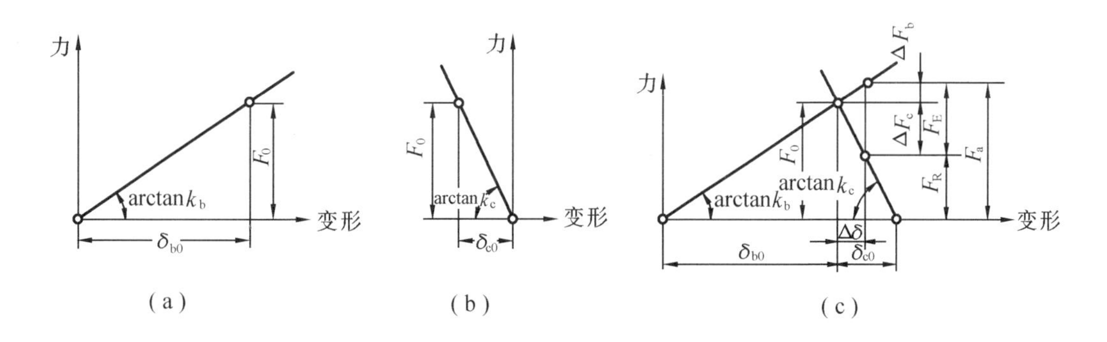

图3－22 单个紧螺栓连接受力变形线图

如图3－22(c)所示，当连接承受工作载荷 F_E 时，螺栓的总拉力为 F_a，相应的总伸长量为 $\delta_{b0}+\Delta\delta$；被连接件的压缩力等于残余预紧力 F_R，相应的总压缩量为 $\delta_{c0}-\Delta\delta$。由图可见，螺栓的总拉力 F_a 等于残余预紧力 F_R 与工作拉力 F_E 之和，即

$$F_a=F_R+F_E \tag{3-28}$$

为了保证连接的紧密性,以防止连接受载后接合面间产生缝隙,应使 $F_R>0$。推荐采用的 F_R 为对于有密封性要求的连接,$F_R=(1.5\sim1.8)F_E$;对于一般连接,工作载荷稳定时,$F_R=(0.2\sim0.6)F_E$;工作载荷不稳定时,$F_R=(0.6\sim1.0)F_E$;对于地脚螺栓连接,$F_R\geqslant F_E$。

螺栓的预紧力 F_0 与残余预紧力 F_R、总拉力 F_a 的关系,可由图 3-22 中的几何关系推出。由图 3-22 可得

$$\frac{F_0}{\delta_{b0}}=k_b,\quad \frac{F_0}{\delta_{c0}}=k_c \tag{3-29}$$

其中,k_b,k_c 分别表示螺栓和被连接件的刚度,均为定值。

由图 3-22(c)得

$$F_0=F_R+(F_E-\Delta F_b) \tag{3-30}$$

按图中的几何关系得

$$\frac{\Delta F_b}{\Delta F_c}=\frac{\Delta F_b}{F_E-\Delta F_b}=\frac{\Delta\delta\cdot k_b}{\Delta\delta\cdot k_c}=\frac{k_b}{k_c}$$

或

$$\Delta F_b=\frac{k_b}{k_b+k_c}F_E \tag{3-31}$$

将式(3-31)代入式(3-30)得螺栓的预紧力为

$$F_0=F_R+\left(1-\frac{k_b}{k_b+k_c}\right)F_E=F_R+\frac{k_c}{k_b+k_c}F_E \tag{3-32}$$

螺栓的总拉力为

$$F_a=F_0+\Delta F_b$$

或

$$F_a=F_0+\frac{k_b}{k_b+k_c}F_E \tag{3-33}$$

式(3-33)是螺栓总拉力的另一种表达形式。其中,$\frac{k_b}{k_b+k_c}$称为螺栓的相对刚度,其大小与螺栓和被连接件的结构尺寸、材料以及垫片、工作载荷的作用位置等因素有关,其值在 0~1 之间变动。$\frac{k_b}{k_b+k_c}$值可通过计算或实验确定,一般可按表 3-5 选取。若被连接件的刚度很大,而螺栓的刚度很小(如细长的或中空螺栓),则螺栓的相对刚度趋于零。此时,工作载荷作用后,使螺栓所受的总拉力增加很少。反过来,当螺栓的相对刚度较大时,则工作载荷作用后,将使螺栓所受的总拉力有较大的增加。为了降低螺栓的受力,提高螺栓连接的承载能力,应使$\frac{k_b}{k_b+k_c}$值尽量小些。

表 3-5 螺栓的相对刚度

垫片类别	金属垫片或无垫片	皮革垫片	铜皮石棉垫片	橡胶垫片
$\frac{k_b}{k_b+k_c}$	0.2~0.3	0.7	0.8	0.9

设计时,可先根据连接的受载情况,求出螺栓的工作拉力 F_E,再根据连接的工作要求选

取 F_R 值，然后按式(3－28)计算螺栓的总拉力 F_a。求得 F_a 值后即可进行螺栓强度计算。考虑到螺栓在总拉力 F_a 的作用下可能需要补充拧紧，故仿前将总拉力增加30%以考虑扭转切应力的影响。于是，螺栓危险截面的拉伸强度条件为

$$\sigma_e = \frac{1.3F_a}{\frac{\pi}{4}d_1^2} \leqslant [\sigma] \tag{3-34}$$

或

$$d_1 \geqslant \sqrt{\frac{4\times1.3F_a}{\pi[\sigma]}} \tag{3-35}$$

式中各符号的意义及单位同前。

对于受轴向变载荷的重要连接(如内燃机汽缸盖螺栓连接等)，除按式(3－34)或式(3－35)作静强度计算外，还应根据下述方法对螺栓的疲劳强度作精度校核。

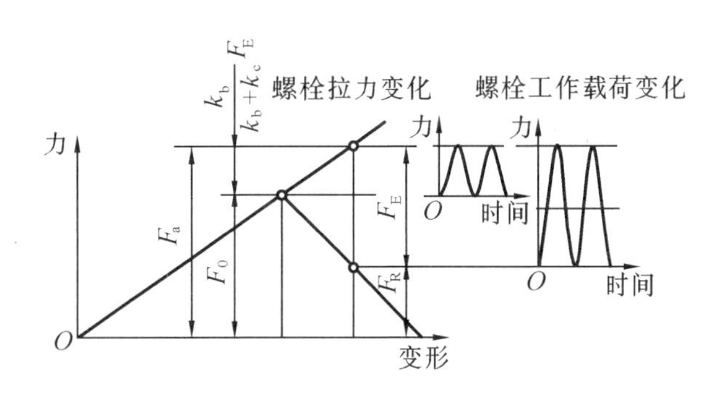

图3－23　承受轴向变载荷的紧螺栓连接

如图3－23所示，当工作拉力在 $0\sim F_E$ 之间变化时，螺栓所受的总拉力将在 $F_0\sim F_a$ 之间变化。如果不考虑螺纹摩擦力矩的扭转作用，则螺栓危险截面的最大拉应力为 $\sigma_{max}=\frac{F_a}{\frac{\pi}{4}d_1^2}$，最小拉应力(注意此时螺栓中的应力变化规律是 σ_{min} 保持不变)为 $\sigma_{min}=\frac{F_0}{\frac{\pi}{4}d_1^2}$，应力幅为

$$\sigma_a = \frac{\sigma_{max}-\sigma_{min}}{2} = \frac{k_b}{k_b+k_c}\cdot\frac{2F_E}{\pi d_1^2} \tag{3-36}$$

由1.4节可知，设螺栓的工作应力点在 $OJGI$ 区域内，则其应力线应与极限应力线 AG 相交(参考图1－8)，此时可仿式(1－25)校核螺栓危险截面的疲劳强度[如其应力点在 GIC 区域内时，则只需仿式(1－24)校核其静强度]。即螺栓的最大应力计算安全系数为

$$S_{ca} = \frac{2\sigma_{-1tc}+(K_\sigma-\psi_\sigma)\sigma_{min}}{(K_\sigma+\psi_\sigma)(2\sigma_a+\sigma_{min})} \geqslant S \tag{3-37}$$

式中　σ_{-1tc}——螺栓材料的对称循环拉压疲劳极限(表3－6)，MPa；

ψ_σ——试件的材料常数，即循环应力中平均应力的折算系数，对于碳素钢，$\psi_\sigma=0.1\sim0.2$，对于合金钢，$\psi_\sigma=0.2\sim0.3$；

K_σ——拉压疲劳强度综合影响系数，如忽略加工方法的影响，则 $K_\sigma=k_\sigma/\varepsilon_\sigma$，此处 k_σ 为有效应力集中系数，见附表1，ε_σ 为尺寸系数，见附表4；

S——安全系数(表3－7)。

表3-6 螺纹连接常用材料的疲劳极限

材　料	疲劳极限/MPa	
	σ_{-1}	σ_{-1tc}
10	160~220	120~150
Q235	170~220	120~160
35	220~300	170~220
45	250~340	190~250
40Cr	320~440	240~340

表3-7 螺纹连接的安全系数 S

<table>
<tr><td colspan="3">受载类型</td><td colspan="4">静载荷</td><td colspan="4">变载荷</td></tr>
<tr><td colspan="3">松螺栓连接</td><td colspan="8">1.2~1.7</td></tr>
<tr><td rowspan="6">紧螺栓连接</td><td rowspan="5">受轴向及横向载荷的普通螺栓连接</td><td rowspan="3">不控制预紧力的计算</td><td></td><td>M6~M16</td><td>M16~M30</td><td>M30~M60</td><td></td><td>M6~M16</td><td>M16~M30</td><td>M30~M60</td></tr>
<tr><td>碳钢</td><td>5~4</td><td>4~2.5</td><td>2.5~2</td><td>碳钢</td><td>12.5~8.5</td><td>8.5</td><td>8.5~12.5</td></tr>
<tr><td>合金钢</td><td>5.7~5</td><td>5~3.4</td><td>3.4~3</td><td>合金钢</td><td>10~6.8</td><td>6.8</td><td>6.8~10</td></tr>
<tr><td rowspan="2">控制预紧力的计算</td><td rowspan="2" colspan="4">1.2~1.5</td><td colspan="2">静强度</td><td colspan="2">疲劳强度</td></tr>
<tr><td colspan="2">1.2~1.5</td><td colspan="2">2.5~4</td></tr>
<tr><td colspan="2">铰制孔用螺栓连接</td><td colspan="4">钢:$S_\tau=2.5$,$S_p=1.25$
铸铁:$S_p=2.0\sim2.5$</td><td colspan="4">钢:$S_\tau=3.5\sim5$,$S_p=1.5$
铸铁:$S_p=2.5\sim3.0$</td></tr>
</table>

3.6.2 螺栓组连接的设计计算

大多数机器的螺纹连接都是成组使用的,其中以螺栓组连接最具有典型性。因此,下面以螺栓组连接为例,讨论它的设计和计算问题。其基本结论对双头螺柱组、螺钉组连接也同样适用。

设计螺栓组连接时,首先需要选定螺栓的数目及布置形式;然后确定螺栓连接的结构尺寸。在确定螺栓尺寸时,对于不重要的螺栓连接,可以参考现有的机械设备,用类比法确定,不再进行强度校核。但对于重要的连接,应根据连接的工作载荷,分析各螺栓的受力状况,找出受力最大的螺栓进行强度校核。

有关螺栓连接的强度计算方法已在前面介绍过,本节主要讨论螺栓组连接的结构设计和受力分析。

1. 螺栓组连接的结构设计

螺栓组连接结构设计的主要目的,在于合理地确定连接接合面的几何形状和螺栓的布置形式,力求各螺栓和连接接合面间受力均匀,便于加工和装配。为此,设计时应综合考虑以下几方面的问题。

①连接接合面的几何形状通常都设计成轴对称的简单几何形状,如圆形、环形、矩形、框

形、三角形等。这样不但便于加工制造，而且便于对称布置螺栓，使螺栓组的对称中心和连接接合面的几何形心重合，从而保证连接接合面受力比较均匀。

②螺栓的布置应使各螺栓的受力合理。对于铰制孔用螺栓连接，不要在平行于工作载荷的方向上成排地布置八个以上的螺栓，以免载荷分布过于不均。当螺栓连接承受弯矩或转矩时，应使螺栓的位置适当靠近连接接合面的边缘，以减小螺栓的受力（图3－24）。如果同时承受轴向载荷和较大的横向载荷，应采用销、套筒、键等抗剪零件来承受横向载荷（参考图3－19），以减小螺栓的预紧力及其结构尺寸。

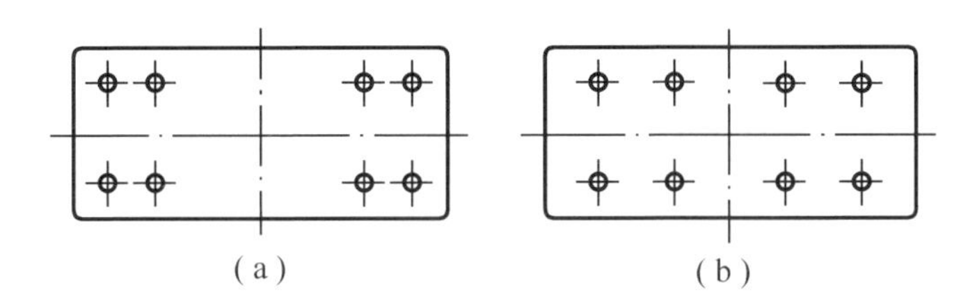

图3－24　接合面受弯矩或转矩时螺栓的布置

(a)合理；(b)不合理

③螺栓的排列应有合理的间距、边距。布置螺栓时，各螺栓轴线以及螺栓轴线和机体壁间的最小距离，应根据扳手所需活动空间的大小来决定。扳手空间的尺寸可查阅有关标准。对于压力容器等紧密性要求较高的重要连接，螺栓的间距 l 不得大于表3－8所推荐的数值。

表3－8　螺栓间距 l

工作压力/MPa					
≤1.6	>1.6~4	>4~10	>10~16	>16~20	>20~30
l/mm					
$7d$	$5.5d$	$4.5d$	$4d$	$3.5d$	$3d$

注：表中 d 为螺纹公称直径。

④分布在同一圆周上的螺栓数目，应取成4、6、8等偶数，以便在圆周上钻孔时分度和画线。同一组中螺栓的材料、直径和长度均应相同，以简化结构和便于加工装配。

⑤避免螺栓承受附加的弯曲载荷。除了要在结构上设法保证载荷不偏心外，还应在工艺上保证被连接件、螺母和螺栓头部的支承面平整，并与螺栓轴线相垂直。在铸、锻件等的粗糙表面上安装螺栓时，应制成凸台或沉头座（图3－25）。当支承面为倾斜表面时，应采用斜面垫圈（图3－26）。

螺栓组的结构设计，除综合考虑以上各点外，还包括根据连接的工作条件合理地选择螺栓组的防松装置（详见3.5.2节）。

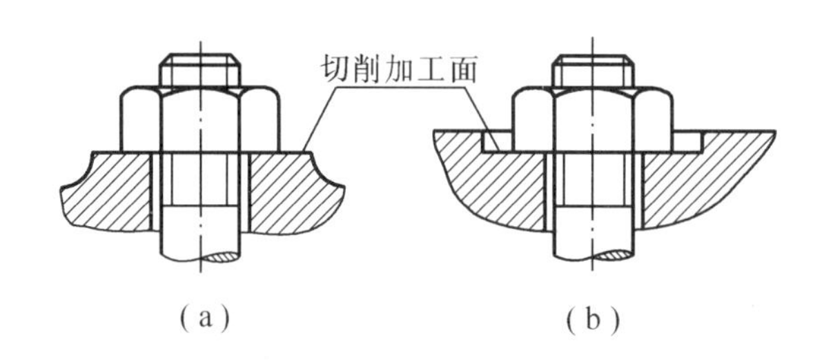

图3-25 凸台与沉头座的应用

(a)凸台;(b)沉头座

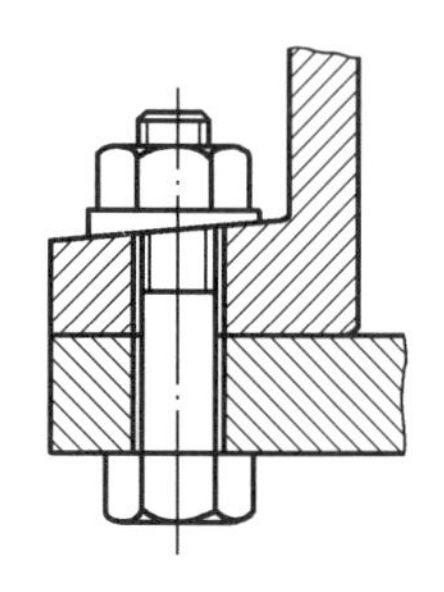

图3-26 斜面垫圈的应用

2. 螺栓组连接的受力分析

螺栓组连接受力分析的任务是,根据连接的结构和受载情况,确定受力最大的螺栓及其所受的力,以便进行螺栓连接的强度计算。

为了简化计算,在分析螺栓组连接的受力时,假设各螺栓的拉伸刚度或剪切刚度(即各螺栓的材料、直径和长度)及预紧力都相同;螺栓组的对称中心与连接接合面的几何形心重合;受载后连接接合面仍保持为平面。下面介绍几种典型的螺栓组受力分析的方法。

(1)受轴向载荷的螺栓组连接

图3-27为一受轴向总载荷 F_{Σ} 的汽缸盖螺栓组连接。F_{Σ} 的作用线与螺栓轴线平行,并通过螺栓组的对称中心。计算时,认为各螺栓平均受载,则每个螺栓所受的轴向工作载荷为

$$F_{E}=\frac{F_{\Sigma}}{z} \tag{3-38}$$

其中,z 为螺栓数目。

应当指出的是,各螺栓除承受轴向工作载荷 F_{E} 外,还受有预紧力 F_{0} 的作用。前已说明,各螺栓在工作时所受的总拉力,并不等于 F_{E} 和 F_{0} 之和,故由式(3-38)求得 F_{E} 后,即应按式(3-33)算出螺栓的总拉力 F_{a},并按式(3-34)计算螺栓的强度。

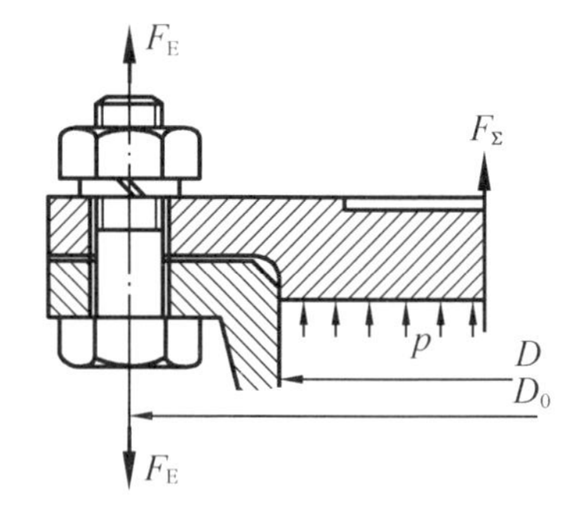

图3-27 受轴向载荷的螺栓组连接

(2)受横向载荷的螺栓组连接

图3-28所示为一由四个螺栓组成的受横向载荷的螺栓组连接。横向载荷的作用线与螺栓轴线垂直,并通过螺栓组的对称中心。当采用螺栓杆与孔壁间留有间隙的普通螺栓连接时(图3-28(a)),靠连接预紧后在接合面间产生的摩擦力来抵抗横向载荷;当采用铰制孔用螺栓连接时(图3-28(b)),靠螺栓杆受剪切和挤压来抵抗横向载荷。虽然两者的传力方式不同,但计算时可近似地认为,在横向总载荷 F_{Σ} 的作用下,各螺栓所承担的工作载荷是均等的。因此,对于铰制孔用螺栓连接,每个螺栓所受的横向工作剪力为

$$F=\frac{F_{\Sigma}}{z} \tag{3-39}$$

求得 F 后,按式(3-26)与式(3-27)校核螺栓连接挤压强度与剪切强度。

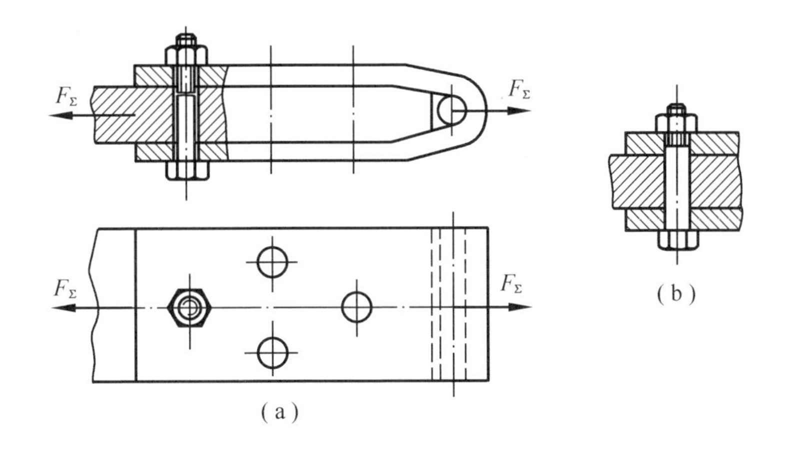

图3－28 受横向载荷的螺栓组连接

对于普通螺栓连接，应保证连接预紧后，接合面间所产生的最大摩擦力必须大于或等于横向载荷。

假设各螺栓所需要的预紧力均为 F_0，螺栓数目为 z，则其平衡条件为

$$fF_0zm \geqslant CF_\Sigma \text{ 或 } F_0 \geqslant \frac{CF_\Sigma}{fzm} \qquad (3-40)$$

式中 f——接合面摩擦系数，见表3－4；

m——接合面数（图3－28中，$m=2$）；

C——可靠性系数，同前。

由式（3－40）求得预紧力 F_0，然后按式（3－24）校核螺栓（连接件）的强度。

（3）受转矩的螺栓组连接

如图3－29所示，转矩 T 作用在连接接合面内，在转矩 T 的作用下，底板将绕通过螺栓组对称中心 O 并与接合面相垂直的轴线转动。为了防止底板转动，可以采用普通螺螺栓连接，也可采用铰制孔用螺栓连接。其传力方式和受横向载荷的螺栓组连接相同。

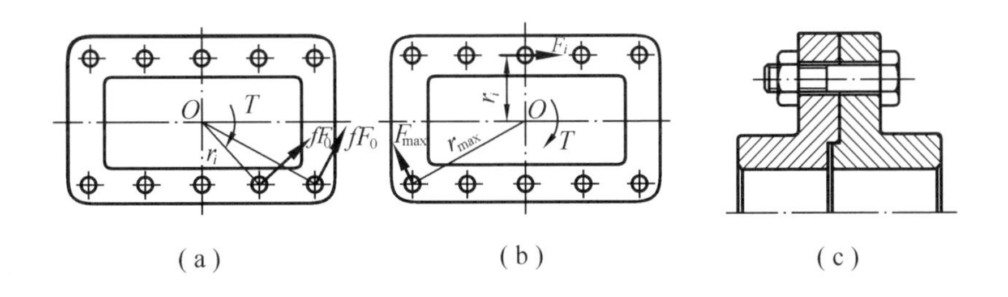

图3－29 受转矩的螺栓组连接

采用普通螺栓时，靠连接预紧后在接合面间产生的摩擦力矩来抵抗转矩 T（图3－29（a））。假设各螺栓的预紧程度相同，即各螺栓的预紧力均为 F_0，则各螺栓连接处产生的摩擦力均相等，并假设此摩擦力集中作用在螺栓中心处。为防止接合面发生相对转动，各摩擦力应与各该螺栓的轴线到螺栓组对称中心 O 的连线（即力臂 r_i）相垂直。根据作用在底板

上的力矩平衡及连接强度的条件,应有

$$fF_0r_1+fF_0r_2+\cdots+fF_0r_z\geqslant CT$$

可得各螺栓所需的预紧力为

$$F_0\geqslant\frac{CT}{f(r_1+r_2+\cdots+r_z)}=\frac{CT}{f\sum_{i=1}^{z}r_i} \tag{3-41}$$

式中 f——接合面的摩擦系数,见表3-4;

r_i——第 i 个螺栓的轴线到螺栓组对称中心 O 的距离;

z——螺栓数目;

C——可靠性系数,同前。

由式(3-41)求得预紧力 F_0,然后按式(3-24)校核螺栓的强度。

采用铰制孔用螺栓时,在转矩 T 的作用下,各螺栓受到剪切和挤压作用,各螺栓所受的横向工作剪力和各该螺栓轴线到螺栓组对称中心 O 的连线(即力臂 r_i)相垂直(图3-29(b))。为了求得各螺栓的工作剪力的大小,计算时假定底板为刚体,受载后接合面仍保持为平面,则各螺栓的剪切变形量与各该螺栓轴线到螺栓组对称中心 O 的距离成正比。即距螺栓组对称中心 O 越远,螺栓的剪切变形量越大。如果各螺栓的剪切刚度相同,则螺栓的剪切变形量越大时,其所受的工作剪力也越大。

如图3-29(b)所示,用 r_i,r_{max} 分别表示第 i 个螺栓和受力最大螺栓的轴线到螺栓组对称中心 O 的距离;F_i,F_{max} 分别表示第 i 个螺栓和受力最大螺栓的工作剪力。则得

$$\frac{F_{max}}{r_{max}}=\frac{F_i}{r_i}\quad 或\quad F_i=F_{max}\frac{r_i}{r_{max}}\qquad (i=1,2,3,\cdots,z) \tag{3-42}$$

根据作用在底板上的力矩平衡条件得

$$\sum_{i=1}^{z}F_ir_i=T \tag{3-43}$$

联解式(3-42)及式(3-43),可求得受力最大的螺栓的工作剪力为

$$F_{max}=\frac{Tr_{max}}{\sum_{i=1}^{z}r_i^2} \tag{3-44}$$

然后按式(3-26)与式(3-27)校核螺栓连接的挤压强度与剪切强度。

图3-29(c)所示的凸缘联轴器,是承受转矩的螺栓组连接的典型部件。各螺栓的受力根据 $r_1=r_2=\cdots=r_z$ 的关系以及螺栓连接的类型,分别代入式(3-41)或式(3-44)即可求得。

(4)受倾覆力矩的螺栓组连接

图3-30(a)为一受倾覆力矩的底板螺栓组连接。倾覆力矩作用在通过 $x-x$ 轴并垂直于连接接合面的对称平面内。底板承受倾覆力矩前,由于螺栓已拧紧,螺栓受预紧力 F_0,有均匀的伸长;地基在各螺栓的 F_0 作用下,有均匀的压缩,如图3-30(b)所示。当底板受到倾覆力矩作用后,它绕轴线 $O-O$ 倾转一个角度,假定仍保持为平面。此时,在轴线 $O-O$ 左侧,地基被放松,螺栓被进一步拉伸;在右侧,螺栓被放松,地基被进一步压缩。底板的受力情况如图3-30(c)所示。

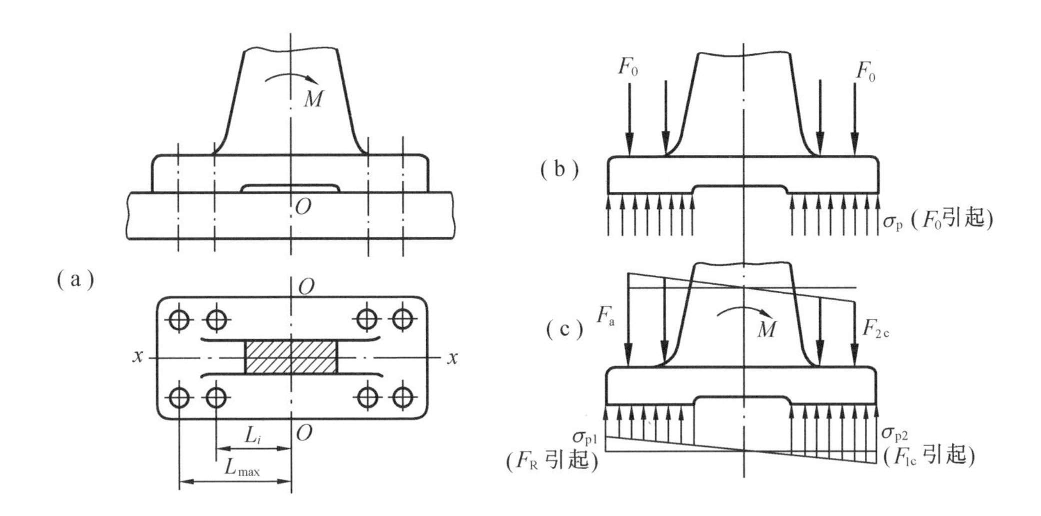

图 3-30 受倾覆力矩的螺栓组连接

上述过程,可用单个螺栓-地基的受力变形图来表示(图3-31)。为简便起见,地基与底板的互相作用力以作用在各螺栓中心的集中力代表。如图所示,斜线 O_bA 表示螺栓的受力变形线,斜线 O_cA 表示地基的受力变形线。在倾覆力矩 M 作用以前,螺栓和地基的工作点都处于 A 点。底板上受到的合力为零。当底板上受到外加的倾覆力矩 M 后(相当于图3-30(c)的情况),在倾转轴线 $O-O$ 左侧,螺栓与地基的工作点分别移至 B_1 与 C_1 点。两者作用到底板上的合力的大小等于螺栓的工作载荷 F_E,方向向下。在 $O-O$ 右侧,螺栓与地基的工作点分别移至 B_2 与 C_2 点,两者作用到底板上的合力等于载荷 F_c,其大小等于工作载荷 F_E,但方向向上(注意右侧螺栓的工作载荷为零)。作用在 $O-O$ 两侧底板上的两个总合力,对 $O-O$ 形成一个力矩,这个力矩应与外加的倾覆力矩 M 平衡,即

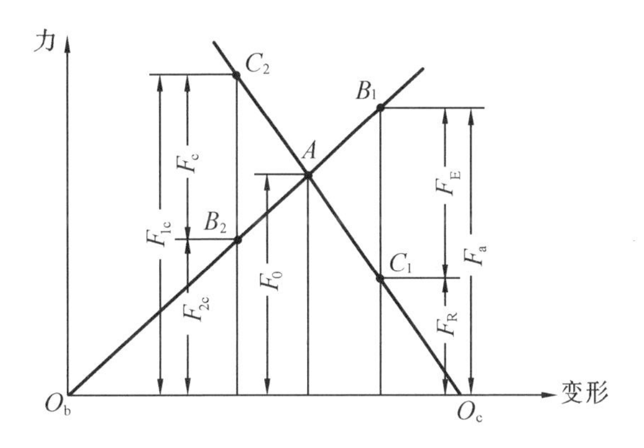

图 3-31 单个螺栓-地基的受力变形图

$$M = \sum_{i=1}^{z} F_{Ei} L_i \tag{3-45}$$

因 $F_{Ei} = F_{Emax}\dfrac{L_i}{L_{max}}$,则

$$M = F_{Emax}\sum_{i=1}^{z}\frac{L_i^2}{L_{max}} \quad 或 \quad F_{Emax} = \frac{ML_{max}}{\sum_{i=1}^{z} L_i^2} \tag{3-46}$$

式中 F_{Ei}——工作载荷,包括与地基反力相当的右侧螺栓轴向力;

F_{Emax}——代表最大的工作载荷;

z——总的螺栓个数;

L_i——各螺栓轴线到底板轴线 $O-O$ 的距离;

L_{max}——L_i 中最大的值(图3-30(a))。

计算受倾覆力矩的螺栓组的强度时,首先由预紧力 F_0、最大工作载荷 F_{Emax} 确定受力最大的螺栓的总拉力 F_a,由式(3-33)得

$$F_a = F_0 + \frac{k_b}{k_b + k_c} F_{Emax} \tag{3-47}$$

然后按式(3-34)进行强度计算。

对于受倾覆力矩的螺栓组连接,不仅要对螺栓进行强度计算,而且还应保证接合面受压最大处(图3-30(c)中最右边)不被压溃和受压最小处(图3-30(c)中最左边)不出现缝隙。因此,要求受载后地基接合面挤压应力的最大值不超过允许值,最小值不小于零,即有

$$\sigma_{pmax} = \sigma_p + \Delta\sigma_{pmax} \leqslant [\sigma_p] \tag{3-48}$$

$$\sigma_{pmin} = \sigma_p - \Delta\sigma_{pmax} > 0 \tag{3-49}$$

式中 $\sigma_p = \dfrac{zF_0}{A}$——地基接合面在受载前由于预紧力而产生的挤压应力;

A——接合面的有效面积;

$[\sigma_p]$——地基接合面的许用挤压应力;

$\Delta\sigma_{pmax}$——由于加载而在地基接合面上产生的附加挤压应力的最大值。

$\Delta\sigma_{pmax}$用下式计算,即

$$\Delta\sigma_{pmax} = \frac{1}{W}\left(M \frac{k_c}{k_c + k_b}\right) \tag{3-50}$$

式中 W——接合面的有效抗弯截面系数;

$\dfrac{k_c}{k_c + k_b}$——地基的相对刚度。

对于刚性大的地基,螺栓刚度相对来说比较小,$\dfrac{k_c}{k_c + k_b}$的值接近于1,计算时可取其极限情况,即取$\dfrac{k_c}{k_c + k_b}=1$,于是

$$\Delta\sigma_{pmax} \approx \frac{M}{W} \tag{3-51}$$

则式(3-48)和式(3-49)可写成

$$\sigma_{pmax} \approx \frac{zF_0}{A} + \frac{M}{W} \leqslant [\sigma_p] \tag{3-52}$$

$$\sigma_{pmin} \approx \frac{zF_0}{A} - \frac{M}{W} > 0 \tag{3-53}$$

连接接合面材料的许用挤压应力$[\sigma_p]$,可查表3-9。

表 3-9 连接接合面材料的许用挤压应力$[\sigma_p]$

材料	钢	铸铁	混凝土	砖(水泥浆缝)	木材
$[\sigma_p]$/MPa	$0.8\sigma_s$	$(0.4\sim0.5)\sigma_b$	2.0~3.0	1.5~2.0	2.0~4.0

注:(1)σ_s 为材料屈服极限,单位为 MPa;σ_b 为材料强度极限,单位为 MPa。
(2)当连接接合面的材料不同时,应按强度较弱者选取。
(3)连接承受静载荷时,$[\sigma_p]$应取表中较大值;承受变载荷时,则应取较小值。

在实际应用中,螺栓组连接所受的工作载荷可能是以上四种简单受力状态的不同组合。对于复杂的受力状态,可利用静力分析方法简化成上述四种简单受力状态。因此,只要分别计算出螺栓组在这些简单受力状态下每个螺栓的工作载荷,然后将它们向量地叠加起来,便得到每个螺栓的总的工作载荷。一般说,对普通螺栓可按轴向载荷或(和)倾覆力矩确定螺栓的工作拉力,按横向载荷或(和)转矩确定连接所需要的预紧力,然后求出螺栓的总拉力。对铰制孔用螺栓则按横向载荷或(和)转矩确定螺栓的工作剪力,求得受力最大的螺栓及其所受的剪力后,再进行单个螺栓连接的强度计算。

3.7 螺纹连接件的材料及许用应力

3.7.1 螺纹连接件的材料

国家标准规定螺纹连接件材料的力学性能分出等级(简示于表 3-10、表 3-11,详见 GB/T 3098.1—2000 和 GB/T 3098.2—2000)。螺栓、螺柱、螺钉的性能等级分为十级,自 3.6 至 12.9。小数点前的数字代表材料的抗拉强度极限的 1/100(σ_b/100),小数点后的数字代表材料的屈服极限(σ_s 或 $\sigma_{0.2}$)与抗拉强度极限(σ_b)之比值(屈强比)的 10 倍($10\sigma_s/\sigma_b$)。例如,性能等级 4.6,其中 4 表示材料的抗拉强度极限为 400 MPa,6 表示屈服极限与抗拉强度极限之比为 0.6。螺母的性能等级分为七级,从 4 到 12。数字粗略表示螺母保证(能承受的)最小应力 σ_{min} 的 1/100(σ_{min}/100)。选用时,须注意所用螺母的性能等级应不低于与其相配螺栓的性能等级。

表 3-10 螺栓、螺钉和螺柱的性能等级和推荐材料

性能等级(标记)	3.6	4.6	4.8	5.6	5.8	6.8	8.8	9.8	10.9	12.9
抗拉强度极限 σ_b/MPa	300	400		500		600	800	900	1 000	1 200
屈服极限 σ_s(或 $\sigma_{0.2}$)/MPa	180	240	320	300	400	480	640	720	900	1 080
硬度(HBS)(最小值)	90	114	124	147	152	181	238	276	304	366
推荐材料	低碳钢	低碳钢或中碳钢					低碳合金钢,中碳钢,淬火并回火		中碳钢,低、中碳合金钢,合金钢,淬火并回火	合金钢淬火并回火

注:规定性能等级的螺栓、螺母在图纸中只标出性能等级,不应标出材料牌号。

表 3-11 螺母性能等级和推荐材料

性能等级(标记)	4	5	6	8	9	10	12
螺母保证最小应力 σ_{min}/MPa	510 $(d \geqslant 16 \sim 39)$	520 $(d \geqslant 3 \sim 4$,右同)	600	800	900	1 040	1 150
推荐材料	易切削钢,低碳钢		低碳钢或中碳钢	中碳钢		中碳钢,低、中碳合金钢,淬火并回火	
相配螺栓的性能等级	3.6,4.6,4.8 $(d>16)$	3.6,4.6,4.8 $(d \leqslant 16)$;5.6,5.8	6.8	8.8	8.8$(d>16 \sim 39)$ 9.8$(d \leqslant 16)$	10.9	12.9

注:(1)均指粗牙螺纹螺母;

(2)性能等级为10,12的硬度最大值为38HRC,其余性能等级的硬度最大值为30HRC。

适合制造螺纹连接件的材料品种很多,常用材料有低碳钢(Q215 和 10 钢)和中碳钢(Q235,35 钢和45 钢)。对于承受冲击、振动或变载荷的螺纹连接件,可采用低合金钢、合金钢,如 15Cr,40Cr,30CrMnSi 等。标准规定 8.8 级和 8.8 级以上的中碳钢、低碳或中碳合金钢都必须经淬火并回火处理。对于特殊用途(如防锈蚀、防磁、导电或耐高温等)的螺纹连接件,可采用特种钢或铜合金、铝合金等,并经表面处理(如氧化、镀锌钝化、磷化、镀镉等)。

普通垫圈的材料,推荐采用 Q235、15 钢、35 钢,弹簧垫圈用 65Mn 制造,并经热处理和表面处理。

3.7.2 螺纹连接件的许用应力

螺纹连接件的许用应力与载荷性质(静、变载荷)、装配情况(松连接或紧连接)以及螺纹连接件的材料、结构尺寸等因素有关。螺纹连接件的许用拉应力按下式确定,即

$$[\sigma]=\frac{\sigma_s}{S} \tag{3-54}$$

螺纹连接件的许用切应力$[\tau]$和许用挤压应力$[\sigma_p]$分别按下式确定,即

$$[\tau]=\frac{\sigma_s}{S_\tau} \tag{3-55}$$

对于钢

$$[\sigma_p]=\frac{\sigma_s}{S_p} \tag{3-56}$$

对于铸铁

$$[\sigma_p]=\frac{\sigma_b}{S_p} \tag{3-57}$$

式中 σ_s,σ_b——分别为螺纹连接件材料的屈服极限和强度极限,见表 3-9,常用铸铁连接件的 σ_b 可取 200~250 MPa;

S,S_τ,S_p——安全系数,见表 3-7。

3.8 提高螺纹连接强度的措施

以螺栓连接为例,螺栓连接的强度主要取决于螺栓的强度,因此,研究影响螺栓强度的因素和提高螺栓强度的措施,对提高连接的可靠性有着重要的意义。

影响螺栓强度的因素很多,主要涉及应力变化幅度、螺纹牙的载荷分配、应力集中、附加

应力、材料的机械性能和制造工艺等几个方面。下面分析各种因素对螺栓强度的影响以及提高强度的相应措施。

3.8.1　降低影响螺栓疲劳强度的应力幅

根据理论与实践可知，受轴向变载荷的紧螺栓连接，在最小应力不变的条件下，应力幅越小，则螺栓越不容易发生疲劳破坏，连接的可靠性越高。当螺栓所受的工作拉力在 $0 \sim F_E$ 之间变化时，则螺栓的总拉力将在 $F_0 \sim F_a$ 之间变动。由式(3－33)可知，在保持预紧力 F_0 不变的条件下，若减小螺栓刚度 k_b 或增大被连接件刚度 k_c，都可以达到减小总拉力 F_a 的变动范围(即减小应力幅 σ_a)的目的。但由式(3－32)可知，在 F_0 给定的条件下，减小螺栓刚度 k_b 或增大被连接件的刚度 k_c，都将引起残余预紧力 F_R 减小，从而降低了连接的紧密性。因此，若在减小 k_b 和增大 k_c 的同时，适当增加预紧力 F_0，就可以使 F_R 不致减小太多或保持不变。这对改善连接的可靠性和紧密性是有利的。但预紧力不宜增加过大，必须控制在所规定的范围内(式(3－13))，以免过分削弱螺栓的静强度。

图3－32(a)(b)(c)分别表示单独降低螺栓刚度、单独增大被连接件刚度和把这两种措施与增大预紧力同时并用时，螺栓连接的载荷变化情况。

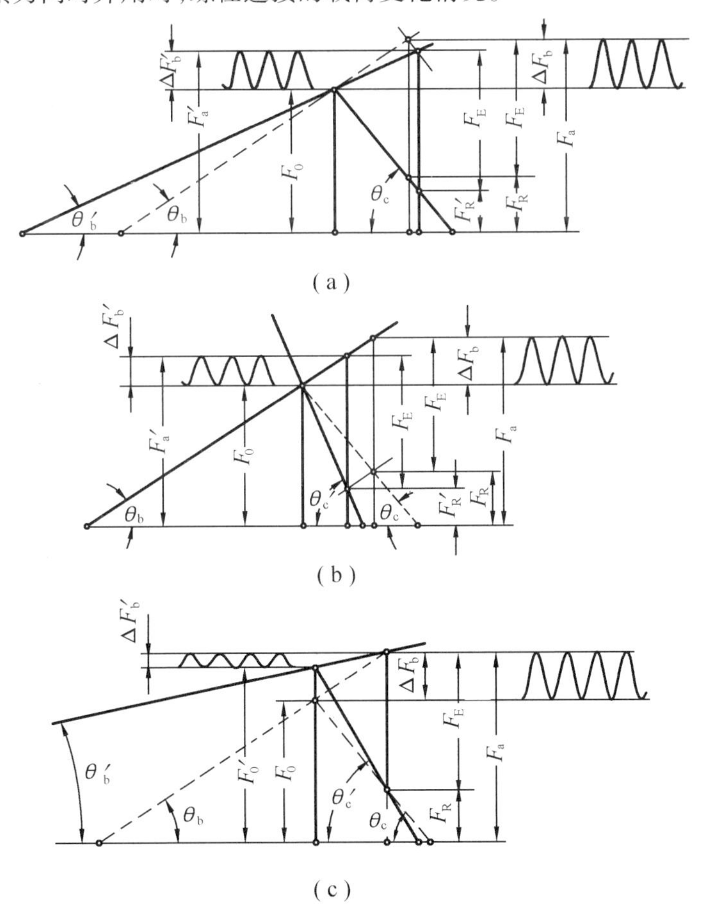

图3－32　提高螺栓连接变应力强度的措施

(a)降低螺栓的刚度($k_b' < k_b$，即 $\theta_b' < \theta_b$)；(b)增大被连接件的刚度($k_c' > k_c$ 即 $\theta_c' > \theta_c$)；

(c)同时采用三种措施($F_0' > F_0$，$k_b' < k_b$，$k_c' > k_c$)

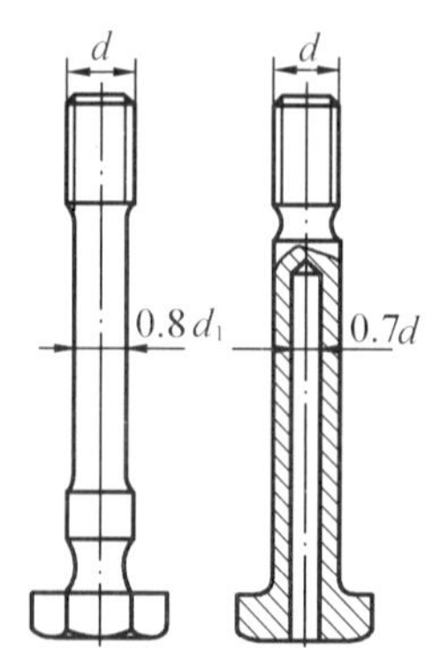

图3-33 腰状杆螺栓与空心螺栓

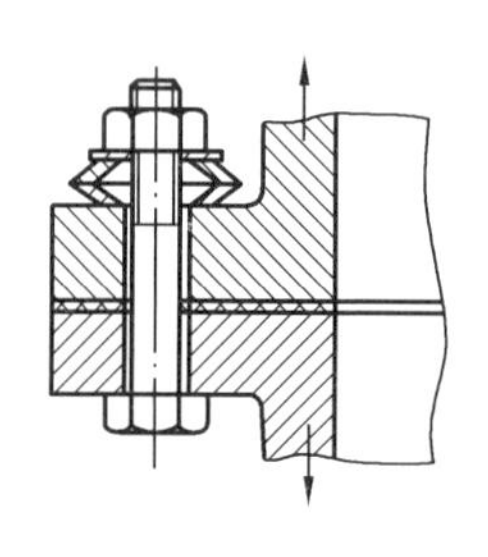

图3-34 弹性元件

为了减小螺栓的刚度,可适当增加螺栓的长度,或采用图3-33所示的腰状杆螺栓和空心螺栓。如果在螺母下面安装上弹性元件(图3-34),其效果和采用腰状杆螺栓或空心螺栓时相似。

为了增大被连接件的刚度,可以不用垫片或采用刚度较大的垫片。对于需要保持紧密性的连接,从增大被连接件的刚度的角度来看,采用较软的汽缸垫片(图3-35(a))并不合适。此时以采用刚度较大的金属垫片或密封环较好(图3-35(b))。

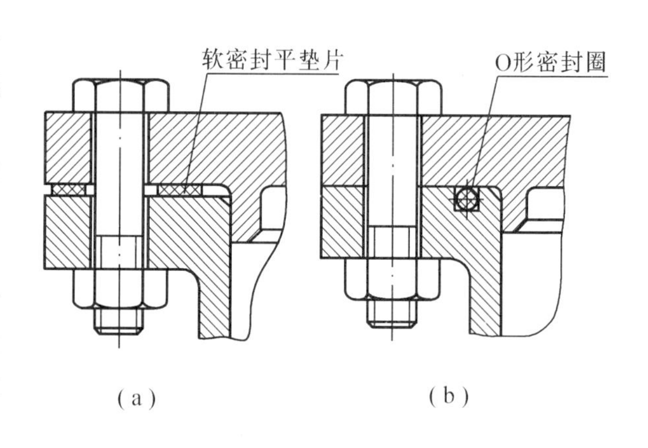

图3-35 汽缸密封元件

3.8.2 改善螺纹牙上载荷分布不均的现象

不论螺栓连接的具体结构如何,螺栓所受的总拉力 F_a 都是通过螺栓和螺母的螺纹牙面相接触来传递的。由于螺栓和螺母的刚度及变形性质不同,即使制造和装配都很精确,各圈牙上的受力也是不同的。如图3-36所示,当连接受载时,螺栓受拉伸,外螺纹的螺距增大;而螺母受压缩,内螺纹的螺距减小。由图可知,螺纹螺距的变化差以旋合的第一圈处为最大,以后各圈递减。旋合螺纹间的载荷分布,如图3-37所示。实验证明,约有1/3的载荷集中在第一圈上,第八圈以后的螺纹牙几乎不承受载荷。因此采用螺纹牙圈数过多的加厚螺母,并不能提高连接的强度。

为了改善螺纹牙上的载荷分布不均程度,常采用悬置螺母,减小螺栓旋合段本来受力较大的几圈螺纹牙的受力面或采用钢丝螺套,现分述于后。

图3-38(a)为悬置螺母,螺母的旋合部分全部受拉,其变形性质与螺栓相同,从而可以减小两者的螺距变化差,使螺纹牙上的载荷分布趋于均匀。图3-38(b)为环槽螺母,这种结构可以使螺母内缘下端(螺栓旋入端)局部受拉,其作用和悬置螺母相似,但其载荷均布的效果不及悬置螺母。图3-38(c)为内斜螺母。螺母下端(螺栓旋入端)受力大的几圈螺

纹处制成 10°～15°的斜角，使螺栓螺纹牙的受力面由上而下逐渐外移。这样，螺栓旋合段下部的螺纹牙在载荷作用下，容易变形，而载荷将向上转移使载荷分布趋于均匀。图 3－38(d)所示的螺母结构，兼有环槽螺母和内斜螺母的作用。这些特殊结构的螺母，由于加工比较复杂，所以只限于重要的或大型的连接上使用。图 3－39 为钢丝螺套。它主要用来旋入轻合金的螺纹孔内，旋入后将安装柄根在缺口处折断，然后才旋上螺栓。因它具有一定的弹性，可以起到均载的作用，再加上它还有减振的作用，故能显著提高螺纹连接件的疲劳强度。

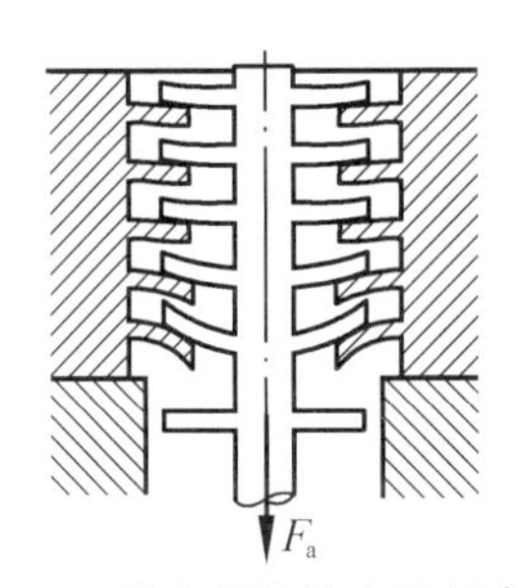

图 3－36　旋合螺纹的变形示意图

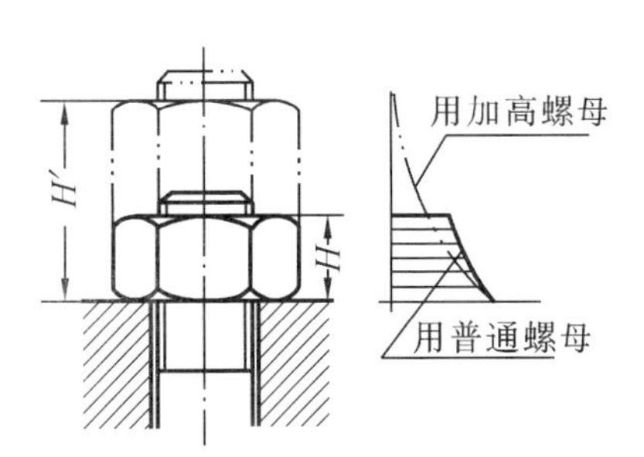

图 3－37　旋合螺纹间的载荷分布

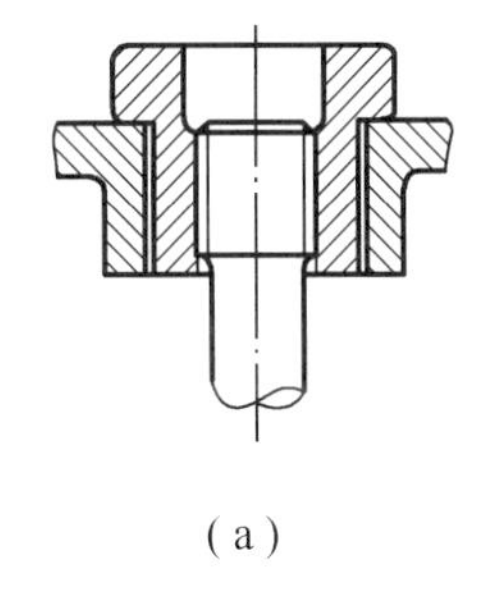

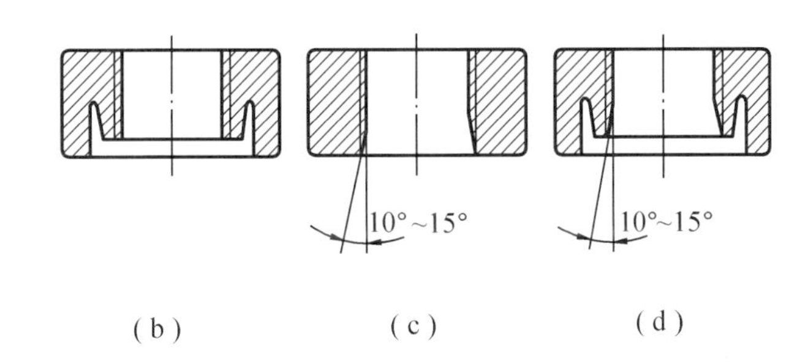

(a)　(b)　(c)　(d)

图 3－38　均载螺母结构

(a)悬置螺母；(b)环槽螺母；(c)内斜螺母；(d)特殊结构螺母

3.8.3　减小应力集中的影响

螺栓上的螺纹(特别是螺纹的收尾)、螺栓头和螺栓杆的过渡处以及螺栓横截面面积发生变化的部位等，都要产生应力集中，是产生断裂的危险部位。为了减小应力集中的程度，可以采用较大的圆角和卸载结构(图 3－40)，或将螺纹收尾改为退刀槽等。但应注意，采用一些特殊结构会使制造成本增高。

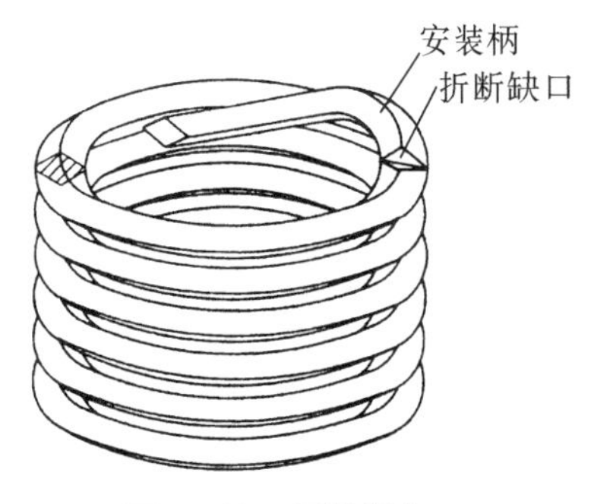

图 3－39　钢丝螺套

3.8.4　避免或减小附加应力

由于设计、制造或安装上的疏忽，有可能使螺栓受到附加弯曲应力(图 3－41)，这对螺栓疲劳强度的影响很大，应设法避免。例如，在铸件或锻件等未加工表面上安装螺栓时，常采用凸台或沉头座等结构，经切削加工后可获得平整的支承面(图 3－25)；或者采用球面垫圈(图 3－42)、带有腰环(图 3－43)或细长的螺栓等来保证螺栓连接的装配精度。至于在

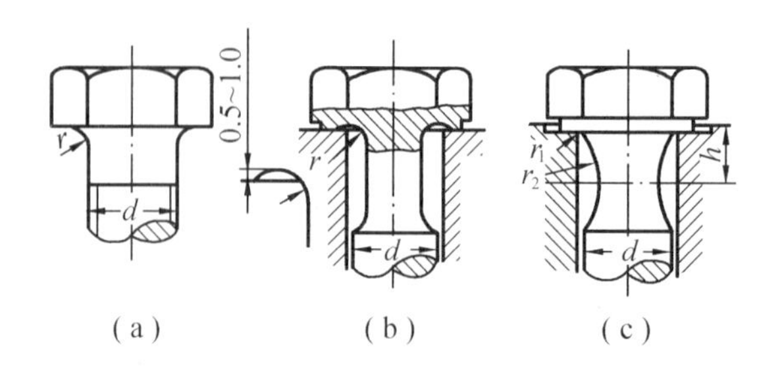

图3-40 圆角和卸载结构

(a)加大圆角;(b)卸载槽;(c)卸载过渡结构

$r=0.2d$;$r_1\approx0.15d$;$r_2\approx1.0d$;$h\approx0.5d$

结构上应注意的问题,可参考3.6.2节中的有关内容。

3.8.5 采用合理的制造工艺方法

采用冷镦螺栓头部和滚压螺纹的工艺方法,可以显著提高螺栓的疲劳强度。这是因为除可降低应力集中外,冷镦和滚压工艺不切断材料纤维,金属流线的走向合理(图3-44),而且有冷作硬化的效果,并使表层留有残余应力。因而滚压螺纹的疲劳强度可较切削螺纹的疲劳强度提高30%~40%。如果热处理后再滚压螺纹,其疲劳强度可提高70%~100%。这种冷镦和滚压工艺还具有材料利用率高、生产效率高和制造成本低等优点。

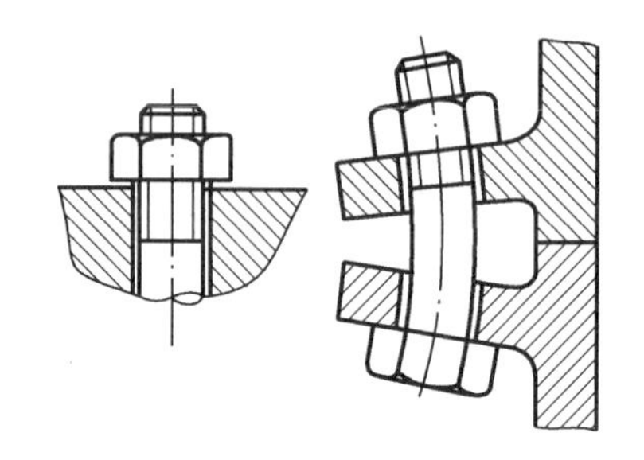

图3-41 引起附加应力的原因

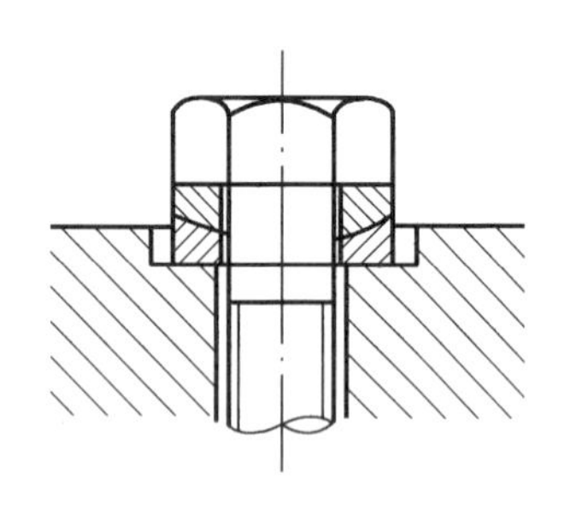

图3-42 球面垫圈

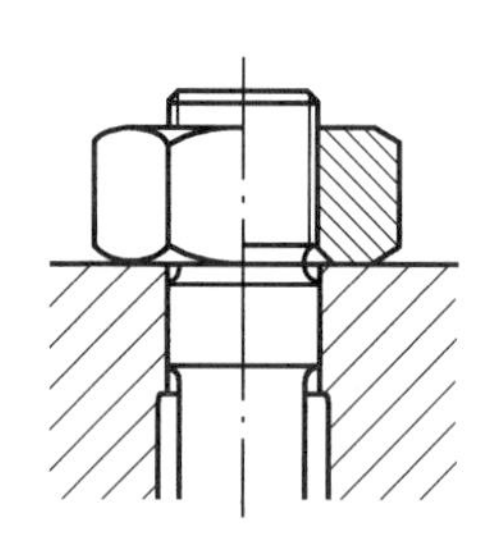

图3-43 腰环螺栓连接

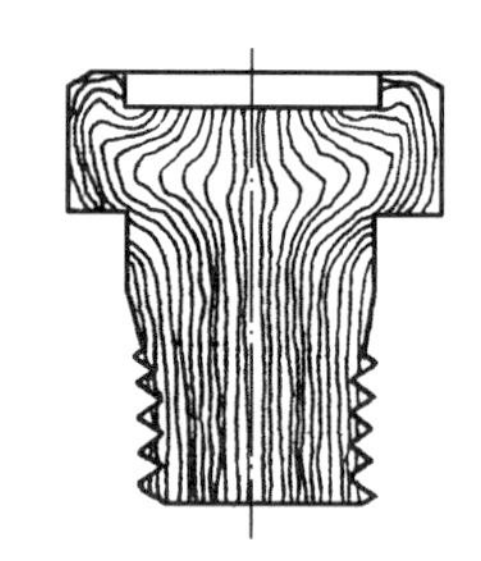

图3-44 冷镦与滚压加工螺栓中的金属流线

此外,在工艺上采用氮化、氰化、喷丸等处理,都是提高螺纹连接件疲劳强度的有效方法。

例3-1 试计算粗牙普通螺纹M10和M30的螺纹升角,并说明在静载荷下这两种螺纹能否自锁(已知摩擦系数$f=0.1\sim0.15$)。粗牙普通螺纹的基本尺寸见表3-12。

表 3－12　直径与螺距、粗牙普通螺纹基本尺寸　　单位：mm

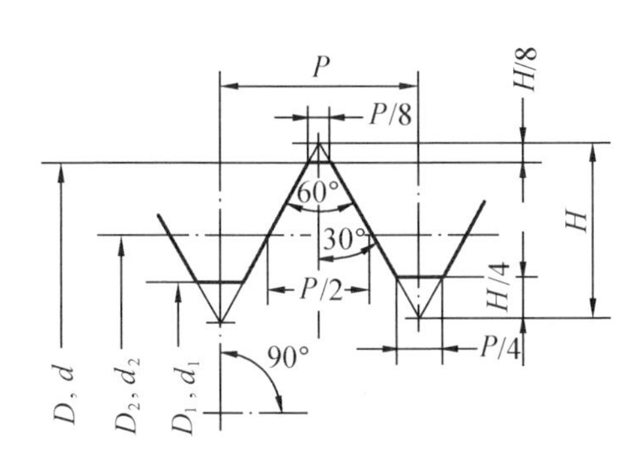

$H=0.866P$

$d_2=3-0.6495P$

$d_1=d-1.0825P$

D,d——内、外螺纹大径；

D_2,d_2——内、外螺纹中径；

D_1,d_1——内、外螺纹小径；

P——螺距。

标记示例：M24（粗牙普通螺纹，直径 24，螺距 3）；

M24 × 1.5（细牙普通螺纹，直径 24，螺距 1.5）

公称直径（大径）D,d	粗牙			细牙
	螺距 P /mm	中径 D_2,d_2 /mm	小径 D_1,d_1 /mm	螺距 P /mm
3	0.5	2.675	2.459	0.35
4	0.7	3.545	3.242	0.5
5	0.8	4.480	4.134	0.5
6	1	5.350	4.917	0.75
8	1.25	7.188	6.647	1,0.75
10	1.5	9.026	8.376	1.25,1,0.75
12	1.75	10.863	10.106	1.5,1.25,1
14	2	12.701	11.835	1.5,1.25,1
16	2	14.701	13.835	1.5,1
18	2.5	16.376	15.294	
20	2.5	18.376	17.294	
22	2.5	20.376	19.294	2,1.5,1
24	3	22.051	20.752	
27	3	25.051	23.752	
30	3.5	27.727	26.211	3,2,1.5,1

解　（1）螺纹升角

由表 3－12 查得 M10 的螺距 $P=1.5$ mm，中径 $d_2=9.026$ mm；M30 的 $P=3.5$ mm，$d_2=27.727$ mm。对于 M10，有

$$\psi=\arctan\frac{P}{\pi d_2}=\arctan\frac{1.5}{9.026\pi}=3.03^\circ$$

对于 M30，有

$$\psi=\arctan\frac{P}{\pi d_2}=\arctan\frac{3.5}{27.727\pi}=2.30^\circ$$

(2)自锁性能

普通螺纹的牙侧角$\beta=\dfrac{\alpha}{2}=30°$,按摩擦系数$f=0.1$计算,相应的当量摩擦角为

$$\rho'=\arctan\frac{f}{\cos\beta}=\arctan\frac{0.1}{\cos30°}=6.59°$$

$\psi<\rho'$,能自锁。

事实上,单线普通螺纹的升角约在1.5°~3.5°之间,远小于当量摩擦角,因此在静载荷下都能保证自锁(见图3-6的紧固螺纹区)。

例3-2 一钢制液压油缸,油缸壁厚为10 mm,油压$p=1.6$ MPa,$D=160$ mm,试计算其上盖的螺栓连接和螺栓分布圆直径D_0(图3-27)。

解 (1)决定螺栓工作载荷F_E

暂取螺栓数$z=8$,则每个螺栓承受的平均轴向工作载荷F_E为

$$F_E=\frac{p\cdot\pi D^2/4}{z}=1.6\times\frac{\pi\times160^2}{4\times8}=4.02\ \text{kN}$$

(2)决定螺栓总拉伸载荷F_a

根据前面所述,对于压力容器有密封性要求取残余预紧力$F_R=1.8F_E$,则由式(3-24)可得

$$F_a=F_E+1.8F_E=2.8\times4.02=11.3\ \text{kN}$$

(3)求螺栓直径

选取螺栓材料为45钢,性能等级为4.8,$\sigma_s=320$ MPa(表3-9),装配时不控制预紧力,按表3-11暂取安全系数$S=3$,螺栓许用拉应力为

$$[\sigma]=\frac{\sigma_s}{S}=\frac{320}{3}=106.67\ \text{MPa}$$

由式(3-29)得螺纹的小径为

$$d_1\geqslant\sqrt{\frac{4\times1.3F_a}{\pi[\sigma]}}=\sqrt{\frac{4\times1.3\times11.3\times10^3}{\pi\times106.67}}=13.2\ \text{mm}$$

查表3-12,取M16螺栓(小径$d_1=13.835$ mm)。按照表3-11可知所取安全系数$S=3$是正确的。

(4)决定螺栓分布圆直径

螺栓置于凸缘中部。从图3-7可以决定螺栓分布圆直径D_0为

$$D_0=D+2e+2\times10=160+2\times[16+(3\sim6)]+2\times10=218\sim224\ \text{mm}$$

取$D_0=220$ mm。螺栓间距l为

$$l=\frac{\pi D_0}{z}=\frac{\pi\times220}{8}=86.4\ \text{mm}$$

由表3-7可知,当$p\leqslant1.6$ MPa时,$l\leqslant7d=7\times16=112$ mm,所以选取的D_0和z是合适的。

例3-3 图3-45所示为一固定在钢制立柱上的铸铁托架,已知总载荷$F_\Sigma=4\ 800$ N,其作用线与垂直线的夹角$\alpha=50°$,底板高$h=340$ mm,宽$b=150$ mm,试设计此螺栓组连接。

解 (1)螺栓组结构设计

采用如图所示的结构,螺栓数$z=4$,对称布置。

(2)螺栓受力分析

①在总载荷F_Σ的作用下,螺栓组连接承受以下各力和倾覆力矩的作用:

轴向力（F_{Σ} 的水平分力 $F_{\Sigma h}$，作用于螺栓组中心，水平向右）

$$F_{\Sigma h} = F_{\Sigma}\sin\alpha = 4\ 800 \cdot \sin 50° = 3\ 677\ \text{N}$$

横向力（F_{Σ} 的垂直分力 $F_{\Sigma v}$，作用于接合面，垂直向下）

$$F_{\Sigma v} = F_{\Sigma}\cos\alpha = 4\ 800\ \text{N} \cdot \cos 50° = 3\ 085\ \text{N}$$

倾覆力矩（顺时针方向）

$$M = F_{\Sigma h} \times 16 + F_{\Sigma v} \times 15 = 105\ 107\ \text{N} \cdot \text{cm}$$

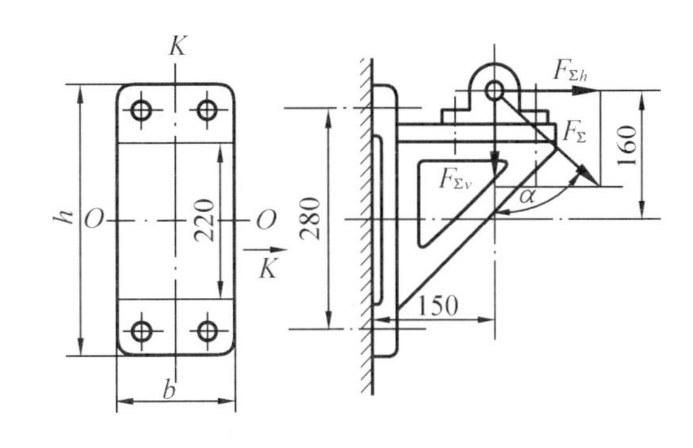

图 3－45　托架底板螺栓组连接

②在轴向力 $F_{\Sigma h}$ 的作用下，各螺栓所受的工作拉力为

$$F'_{E} = \frac{F_{\Sigma h}}{z} = \frac{3\ 677}{4}\text{N} = 919\ \text{N}$$

③在倾覆力矩 M 的作用下，上面两螺栓受到加载作用，而下面两螺栓受到减载作用，故上面的螺栓受力较大，所受的载荷按式（3－38）确定，即

$$F_{Emax} = \frac{ML_{max}}{\sum_{i=1}^{z} L_i^2} = \frac{105\ 107 \times 14}{2 \times (14^2 + 14^2)} = 1\ 877\ \text{N}$$

故上面的螺栓所受的轴向工作载荷为

$$F_{E} = F'_{E} + F_{Emax} = 919 + 1\ 877 = 2\ 796\ \text{N}$$

④在横向力 $F_{\Sigma v}$ 的作用下，底板连接接合面可能产生滑移，根据底板接合面不滑移的条件 $f\left(zF_0 - \frac{k_c}{k_b + k_c}F_{\Sigma h}\right) \geqslant CF_{\Sigma v}$，由表 3－4 查得接合面间的摩擦系数 $f = 0.16$，并取 $\frac{k_b}{k_b + k_c} = 0.2$，则 $\frac{k_c}{k_b + k_c} = 1 - \frac{k_b}{k_b + k_c} = 0.8$，取可靠性系数 $C = 1.2$，则各螺栓所需要的预紧力为

$$F_0 \geqslant \frac{1}{z}\left(\frac{CF_{\Sigma v}}{f} + \frac{k_c}{k_b + k_c}F_{\Sigma h}\right) = \frac{1}{4} \times \left(\frac{1.2 \times 3\ 085}{0.16} + 0.8 \times 3\ 677\right) = 6\ 520\ \text{N}$$

⑤上面每个螺栓所受的总拉力 F_a 按式（3－27）求得

$$F_a = F_0 + \frac{k_b}{k_b + k_c}F_E = 6\ 520 + 0.2 \times 2\ 796 = 7\ 079\ \text{N}$$

（3）确定螺栓直径

选择螺栓材料为 Q235、性能等级为 4.6 的螺栓，由表 3－9 查得材料屈服极限 $\sigma_s = 240$ MPa，由表 3－11 查得安全系数 $S = 1.5$，故螺栓材料的许用应力 $[\sigma] = \frac{\sigma_s}{S} = \frac{240}{1.5} = 160$ MPa。

根据式（3－29）求得螺栓危险截面的直径（螺纹小径 d_1）为

$$d_1 \geqslant \sqrt{\frac{4 \times 1.3F_a}{\pi[\sigma]}} = \sqrt{\frac{4 \times 1.3 \times 7\ 079}{3.141\ 6 \times 160}} = 8.6\ \text{mm}$$

由表3-12选用粗牙普通螺纹公称直径 $d=12$ mm(螺纹小径 $d_1=10.106$ mm>8.6 mm)。

(4)校核螺栓组连接接合面的工作能力

①连接接合面下端的挤压应力不超过许用值,以防止接合面压碎。参考式(3-44),有

$$\sigma_{\mathrm{pmax}}=\frac{1}{A}\left(zF_0-\frac{k_c}{k_b+k_c}F_{\Sigma h}\right)+\frac{M}{W}$$

$$=\frac{1}{15\times(34-22)}\times(4\times6\ 520-0.8\times3\ 677)+\frac{105\ 107}{\frac{15}{12\times\frac{34}{2}}\times(34^3-22^3)}$$

$$=184.6\ \mathrm{N/cm^2}=1.84\ \mathrm{MPa}$$

由表3-8查得 $[\sigma_p]=0.5\sigma_b=0.5\times250=125\ \mathrm{MPa}\gg1.84\ \mathrm{MPa}$,故连接接合面下端不致压碎。

②连接接合面上端应保持一定的残余预紧力,以防止托架受力时接合面间产生间隙,即 $\sigma_{\mathrm{pmin}}>0$,参考式(3-45),有

$$\sigma_{\mathrm{pmin}}=\frac{1}{A}\left(zF_0-\frac{k_c}{k_b+k_c}F_{\Sigma h}\right)-\frac{M}{W}=72.44\ \mathrm{N/cm^2}\approx0.72\ \mathrm{MPa}>0$$

故接合面上端受压最小处不会产生间隙。

(5)校核螺栓所需的预紧力是否合适

参考式(3-9),对碳素钢螺栓,要求

$$F_0\leqslant(0.6\sim0.7)\sigma_s A_1$$

已知 $\sigma_s=240$ MPa,$A_1=\frac{\pi}{4}d_1^2=\frac{\pi}{4}\times10.106^2=80.214\ \mathrm{mm^2}$,取预紧力下限即要求的预紧力 $0.6\sigma_s A_1=0.6\times240\times80.214=11\ 550.8$ N;由于 $F_0=6\ 520$ N,小于上值,故满足要求。

确定螺栓的公称直径后,螺栓的类型、长度、精度,以及相应的螺母、垫圈等结构尺寸,可根据底板厚度,螺栓在立柱上的固定方法及防松装置全面考虑后定出,此处从略。

3.9 螺旋传动

3.9.1 螺旋传动的类型和应用

螺旋传动是利用螺杆和螺母组成的螺旋副来实现传动要求的。它主要用于将回转运动转变为直线运动,同时传递运动和动力。

根据螺杆和螺母的相对运动关系,螺旋传动的常用运动形式,主要有以下两种:图3-46(a)是螺杆转动,螺母移动,多用于机床的进给机构中;图3-46(b)是螺母固定,螺杆传动并移动,多用于螺旋压力机或螺旋起重器中。

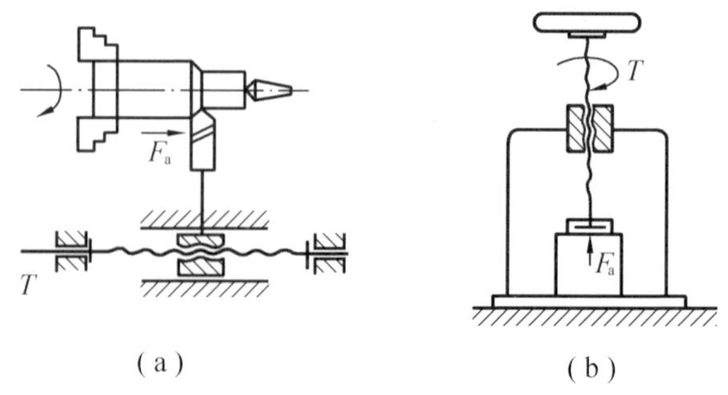

图3-46 螺旋传动的运动形式

螺旋传动按其用途又可分为传

力螺旋、传导螺旋和调整螺旋三种。

传力螺旋以传递动力为主,要求以较小的转矩产生较大的轴向推力,用以克服工件阻力,用于各种起重或加压装置(图3－47)。又如图3－48所示的复式螺旋压榨机构,当转动螺杆时,两螺母2,2′很快地靠近,再通过连杆3使压板4向下运动,以压榨物件。这种传力螺旋主要是承受很大的轴向力,一般为间歇性工作,每次的工作时间较短,工作速度也不高,而且通常需有自锁能力。

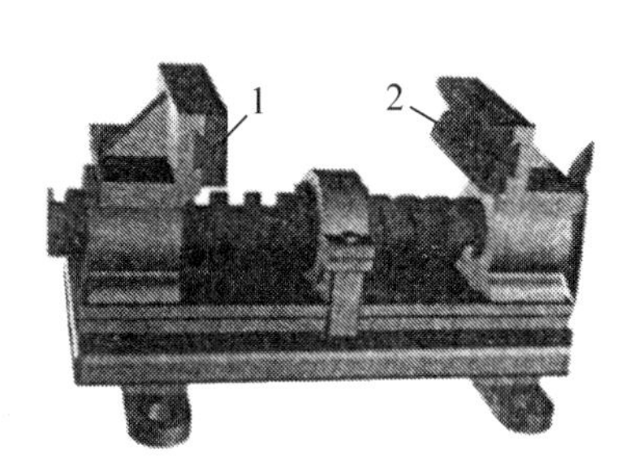

图3－47　定心夹紧机构

图3－48　复式螺旋压榨机构

传导螺旋以传递运动为主,有时也承受较大的轴向载荷,如机床进给机构的螺旋等。传导螺旋常需在较长的时间内连续工作,工作速度较高,因此要求具有较高的传动精度。

调整螺旋用以调整、固定零部件之间的相对位置,如图3－49是利用螺旋副B调节曲柄长度,以改变滑块C的行程。实际中常用差动螺旋机构,如机床、仪器及测量装置中的微调螺旋。调整螺旋不经常转动,一般在空载下调整。

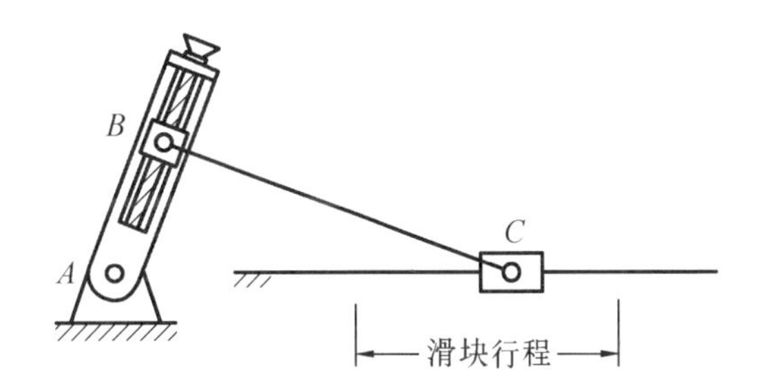

图3－49　利用螺旋机构调节曲柄长度

螺旋传动按其螺旋副的摩擦性质不同,又可分为滑动螺旋(滑动摩擦)、滚动螺旋(滚动摩擦)和静压螺旋(流体摩擦)。滑动螺旋结构简单,便于制造,易于自锁,但其主要缺点是摩擦阻力大,传动效率低(一般为30%～40%),磨损快,传动精度低等。相反,滚动螺旋和静压螺旋的摩擦阻力小,传动效率高(一般为90%以上),但结构复杂,特别是静压螺旋还需要供油系统。因此,只有在高精度、高效率的重要传动中才宜采用,如数控、精密机床,测试装置或自动控制系统中的螺旋传动等。

本节重点讨论滑动螺旋传动的设计和计算,对滚动螺旋和静压螺旋只作简单的介绍。

3.9.2　滑动螺旋的结构和材料

1. 滑动螺旋的结构

螺旋传动的结构主要是指螺杆、螺母的固定和支承的结构形式。螺旋传动的工作刚度与精度等和支承结构有直接关系。当螺杆短而粗且垂直布置时,如起重及加压装置的传力螺旋,可以利用螺母本身作为支承(图3-50)。当螺杆细长且水平布置时,如机床的传导螺旋(丝杠)等,应在螺杆两端或中间附加支承,以提高螺杆的工作刚度。螺杆的支承结构和轴的支承结构基本相同,可参看第10章、第11章有关内容。此外,对于轴向尺寸较大的螺杆,应采用对接的组合结构代替整体结构,以减少制造工艺上的困难。

螺母的结构有整体螺母、组合螺母和剖分螺母等形式。整体螺母结构简单,但由磨损而产生的轴向间隙不能补偿,只适合在精度要求较低的螺旋中使用。对于经常双向传动的传导螺旋,为了消除轴向间隙和补偿旋合螺纹的磨损,避免反向传动时的空行程,常采用组合螺母或剖分螺母。图3-51是利用调整楔块来定期调整螺旋副的轴向间隙的一种组合螺母的结构形式。

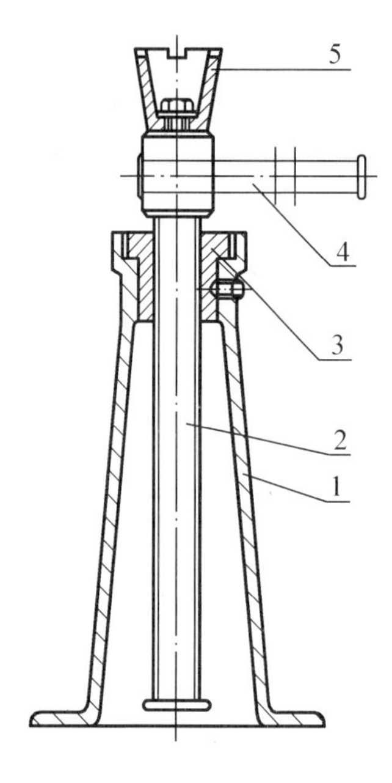

图3-50 螺旋起重器

1—底座;2—螺杆;3—螺母;4—手柄;5—托杯

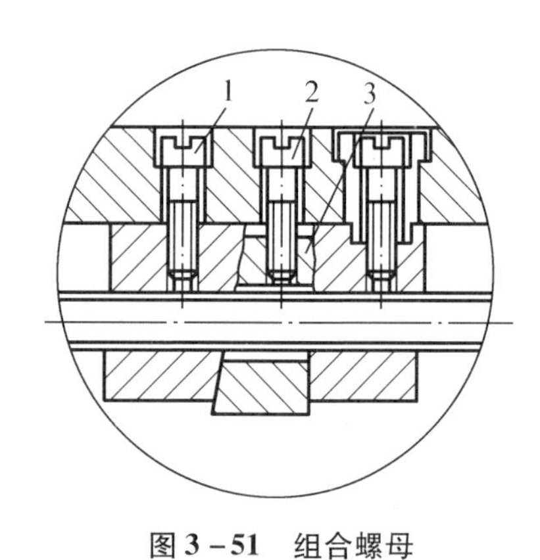

图3-51 组合螺母

1—固定螺杆;2—调整螺钉;3—调整楔块

滑动螺旋采用的螺纹类型有矩形、梯形和锯齿形。其中以梯形和锯齿形螺纹应用最广。螺杆常用右旋螺纹,只有在某些特殊的场合,如车床横向进给丝杠,为了符合操作习惯,才采用左旋螺纹。传力螺旋和调整螺旋要求自锁时,应采用单线螺纹。对于传导螺旋,为了提高其传动效率及直线运动速度,可采用多线螺纹(线数 $n=3\sim4$,甚至多达6)。

2. 螺杆和螺母的材料

螺杆材料要有足够的强度和耐磨性。螺母材料除要有足够的强度外,还要求在与螺杆材料配合时摩擦系数小、耐磨。螺旋传动常用的材料见表3-13。

表 3-13　螺旋传动常用的材料

螺旋副	材料牌号	应用范围
螺杆	Q275,45,50,Y40,Y40Mn	材料不经淬硬处理,适用于经常运动,受力不大,转速较低的传动
	40Cr,65Mn,T12,40WMn 18CrMnTi,18CrMoAlA	材料需经淬硬处理,以提高其耐磨性,适用于重载、转速较高的重要传动
	9Mn2V,CrWMn 38CrMoAlA	材料经热处理后有较好的尺寸稳定性,并在加工中进行适当次数时效处理,适用于精密传导螺旋传动
螺母	ZCuSn10P1,ZCuSn5Pb5Zn5	材料耐磨性好,适用于一般传动
	ZCuAl9Fe3 ZCuZn25Al6Fe3Mn3	材料耐磨性好,强度高,适用于重载、低速的传动。对于尺寸较大或高速传动,螺母可采用钢或铸铁做外套,内孔浇注青铜或巴氏合金

3.9.3　滑动螺旋传动的设计计算

滑动螺旋工作时,主要承受转矩及轴向拉力(或压力)的作用,同时在螺杆和螺母的旋合螺纹间有较大的相对滑动。由于其失效形式主要是螺纹磨损,因此,滑动螺旋的基本尺寸(即螺杆直径与螺母高度),通常是根据耐磨性条件确定的。对于受力较大的传力螺旋,还应校核螺杆危险截面以及螺母螺纹牙的强度,以防止发生塑性变形或断裂;对于要求自锁的螺杆应校核其自锁性;对于精密的传导螺旋应校核螺杆的刚度(螺杆的直径应根据刚度条件确定),以免受力后由于螺距的变化引起传动精度降低;对于长径比很大的螺杆,应校核其稳定性,以防止螺杆受压后失稳;对于高速的长螺杆还应校核其临界转速,以防止产生过度的横向振动等。在设计时,应根据螺旋传动的类型、工作条件及其失效形式等,选择不同的设计准则,而不必逐项进行校核。

下面主要介绍耐磨性计算和几项常用的校核计算方法。

1. 耐磨性计算

滑动螺旋的磨损与螺纹工作面上的压力、滑动速度、螺纹表面粗糙度以及润滑状态等因素有关。其中最主要的是螺纹工作面上的压力,压力越大,螺旋副间越容易形成过度磨损。因此,滑动螺旋的耐磨性计算,主要是限制螺纹工作面上的压力 p,使其小于材料的许用压力$[p]$。

如图 3-52 所示,假设作用于螺杆的轴向力为 F_a,螺纹的承压面积(指螺纹工作表面投影到垂直于轴向力的平面上的面积)为 A(单位为 mm^2),螺纹中径为 d_2(单位为 mm),螺纹工作高度 h(单位为 mm),螺纹螺距为 P(单位为 mm),螺母高度为 H(单位为 mm),螺纹工作圈数 $u=\dfrac{H}{P}$,则螺纹工作面上的耐磨性条件为

$$p=\frac{F_a}{A}=\frac{F_a}{\pi d_2 hu}=\frac{F_a P}{\pi d_2 hH}\leqslant[p] \qquad (3-58)$$

式(3-58)可作为校核计算用。为了导出设计计算

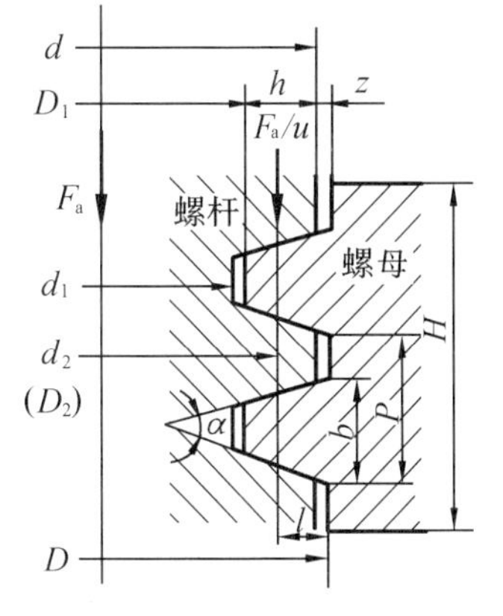

图 3-52　螺旋副受力

式,令$\phi=\dfrac{H}{d_2}$,则$H=\phi d_2$。代入式(3-58)整理后可得

$$d_2 \geqslant \sqrt{\frac{F_a P}{\pi h \phi [p]}} \tag{3-59}$$

对于矩形和梯形螺纹,$h=0.5P$,则

$$d_2 \geqslant 0.8\sqrt{\frac{F_a}{\phi [p]}} \tag{3-60}$$

对于30°锯齿形螺纹,$h=0.75P$,则

$$d_2 \geqslant 0.65\sqrt{\frac{F_a}{\phi [p]}} \tag{3-61}$$

螺母高度

$$H=\phi d_2 \tag{3-62}$$

其中,$[p]$为材料的许用压力,单位为MPa,见表3-14;ϕ值一般取1.2~3.5。对于整体螺母,由于磨损后不能调整间隙,为使受力分布比较均匀,螺纹工作圈数不宜过多,故取$\phi=1.2\sim2.5$;对于剖分螺母和兼作支承的螺母,可取$\phi=2.5\sim3.5$;只有传动精度较高,载荷较大,要求寿命较长时,才允许取$\phi=4$。

根据公式算得螺纹中径d_2后,应按国家标准选取相应的公称直径d及螺距P。螺纹工作圈数不宜超过10圈。

螺纹几何参数确定后,对于有自锁性要求的螺旋副,还应校核螺旋副是否满足自锁条件,即

$$\psi \leqslant \rho' = \arctan\frac{f}{\cos\beta} = \arctan f' \tag{3-63}$$

式中 ψ——螺纹升角;

f'——螺旋副的当量摩擦系数;

f——摩擦系数,见表3-14。

表3-14 滑动螺旋副材料的许用压力[p]及摩擦系数f

螺杆-螺母的材料	滑动速度/(m/min)	许用压力/MPa	摩擦系数f
钢-青铜	低速	18~25	0.08~0.10
	≤3.0	11~18	
	6~12	7~10	
	>15	1~2	
淬火钢-青铜	6~12	10~13	0.06~0.08
钢-铸铁	<2.4	13~18	0.12~0.15
	6~12	4~7	
钢-钢	低速	7.5~13	0.11~0.17

注:(1)表中许用压力值适用于$\phi=2.5\sim4$的情况。当$\phi<2.5$时可提高20%;若为剖分螺母时应降低15%~20%。

(2)表中摩擦系数启动时取大值,运转中取小值。

2. 螺杆的强度计算

受力较大的螺杆需进行强度计算。螺杆工作时承受轴向压力(或拉力)F_a 和扭矩 T 的作用。螺杆危险截面上既有压缩(或拉伸)应力,又有切应力。因此,校核螺杆强度时,应根据第四强度理论求出危险截面上的当量应力 σ_e,其强度条件为

$$\sigma_e = \sqrt{\sigma^2 + 3\tau^2} = \sqrt{\left(\frac{F_a}{A}\right)^2 + 3\left(\frac{T}{W_T}\right)^2} \leqslant [\sigma]$$

或

$$\sigma_e = \frac{1}{A}\sqrt{F_a^2 + 3\left(\frac{4T}{d_1}\right)^2} \leqslant [\sigma] \tag{3-64}$$

式中　F_a——螺杆所受的轴向压力(或拉力),N;

A——螺杆螺纹段的危险截面面积,$A = \frac{\pi}{4}d_1^2$,mm^2;

W_T——螺杆螺纹段的抗扭截面系数,$W_T = \frac{\pi d_1^3}{16} = A\frac{d_1}{4}$,$mm^3$;

d_1——螺杆螺纹小径,mm;

T——螺杆所受的扭矩,$T = F_a \tan(\psi + \rho')\frac{d_2}{2}$,N·mm;

$[\sigma]$——螺杆材料的许用应力(表3-15),MPa。

表3-15　滑动螺旋副材料的许用应力

螺旋副材料		许用应力/MPa		
		$[\sigma]$	$[\sigma_b]$	$[\tau]$
螺杆	钢	$\frac{\sigma_s}{3\sim5}$	$(1.0\sim1.2)[\sigma]$	$0.6[\sigma]$
螺母	青铜	—	40~60	30~40
	耐磨铸铁	—	50~60	40
	铸铁	—	45~55	40
	钢	$\frac{\sigma_s}{3\sim5}$	$(1.0\sim1.2)[\sigma]$	$0.6[\sigma]$

注:(1)σ_s 为材料屈服极限。

(2)载荷稳定时,许用应力取大值。

3. 螺母螺纹牙的强度计算

螺纹牙多发生剪切和挤压破坏,一般螺母的材料强度低于螺杆,故只需校核螺母螺纹牙的强度。

如图3-53所示,如果将一圈螺纹沿螺母的螺纹大径 D 处展开,则可看作宽度为 πD 的悬臂梁。假设螺母每圈螺纹所承受的平均压力为 $\frac{F_a}{u}$,并作用在以螺纹中径 D_2 为直径的圆周上,则螺纹牙危

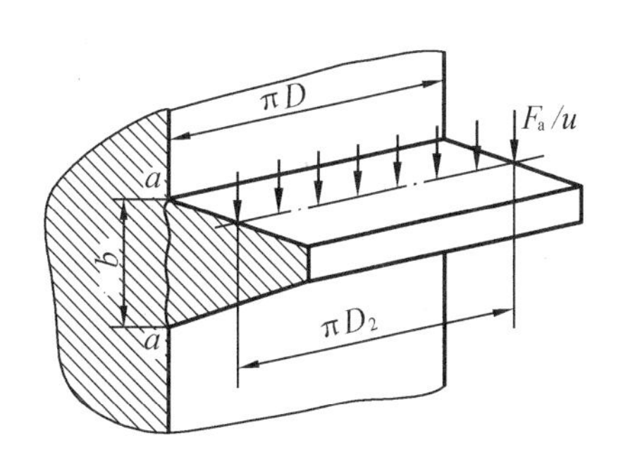

图3-53　螺母螺纹圈的受力

险截面 $a-a$ 的剪切强度条件为

$$\tau=\frac{F_{\mathrm{a}}}{\pi Dbu}\leqslant[\tau] \tag{3-65}$$

螺纹牙危险截面 $a-a$ 的弯曲强度条件为

$$\sigma_{\mathrm{b}}=\frac{6F_{\mathrm{a}}l}{\pi Db^2u}\leqslant[\sigma_{\mathrm{b}}] \tag{3-66}$$

式中 b——螺纹牙根部的厚度,mm,对于矩形螺纹,$b=0.5P$,对于梯形螺纹,$b=0.65P$,对于30°矩齿形螺纹,$b=0.75P$,P 为螺纹螺距;

l——弯曲力臂,(参考图3-52,$l=\frac{D-D_2}{2}$),mm;

$[\tau]$——螺母材料的许用切应力,见表3-15,MPa;

$[\sigma_{\mathrm{b}}]$——螺母材料的许用弯曲应力,见表3-15,MPa。

其余符号的意义和单位同前。

当螺杆和螺母的材料相同时,由于螺杆的小径 d_1 小于螺母螺纹的大径 D,故应校核螺杆螺纹牙的强度。此时,式(3-64)和式(3-65)中的 D 应改为 d_1。

4. 螺母外径与凸缘的强度计算

在螺旋起重器螺母的设计计算中,除了进行耐磨性计算与螺纹牙的强度计算外,还要进行螺母下段与螺母凸缘的强度计算。图3-54所示的螺母结构形式,工作时,在螺母凸缘与底座的接触面上产生挤压应力,凸缘根部受到弯曲及剪切作用。螺母下段悬置,承受拉力和螺纹牙上的摩擦力矩作用。

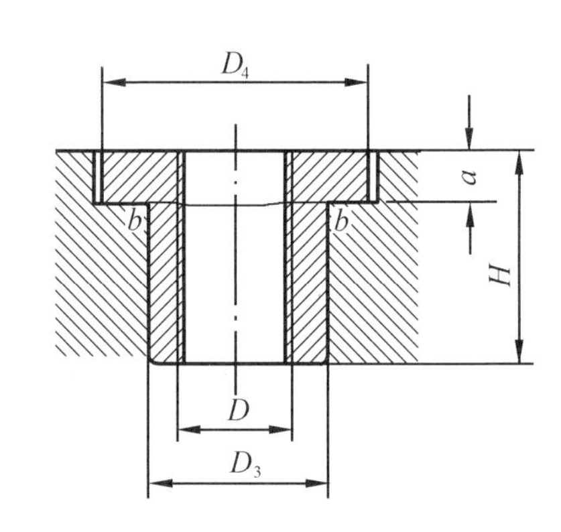

图3-54 螺旋起重器的螺母结构

设悬置部分承受全部外载荷 F_{a},并将 F_{a} 增加20%~30%来代替螺纹牙上摩擦力矩的作用,则螺母悬置部分危险截面 $b-b$ 内的最大拉伸应力为

$$\sigma=\frac{(1.2\sim1.3)F_{\mathrm{a}}}{\frac{\pi}{4}(D_3^2-D^2)}\leqslant[\sigma] \tag{3-67}$$

其中,$[\sigma]$ 为螺母材料的许用拉伸应力,$[\sigma]=0.83[\sigma_{\mathrm{b}}]$,$[\sigma_{\mathrm{b}}]$ 为螺母材料的许用弯曲应力(表3-15)。

螺母凸缘的强度计算包括:

(1)凸缘与底座接触表面的挤压强度计算

$$\sigma_{\mathrm{p}}=\frac{F_{\mathrm{a}}}{\frac{\pi}{4}(D_4^2-D_3^2)}\leqslant[\sigma_{\mathrm{p}}] \tag{3-68}$$

其中,$[\sigma_{\mathrm{p}}]$ 为螺母材料的许用挤压应力,可取 $[\sigma_{\mathrm{p}}]=(1.5\sim1.7)[\sigma_{\mathrm{b}}]$。

(2)凸缘根部的弯曲强度计算

$$\sigma_{\mathrm{b}}=\frac{M}{W}=\frac{F_{\mathrm{a}}\cdot\frac{1}{4}(D_4-D_3)}{\frac{1}{6}\pi D_3a^2}=\frac{1.5F_{\mathrm{a}}(D_4-D_3)}{\pi D_3a^2}\leqslant[\sigma_{\mathrm{b}}] \tag{3-69}$$

式中各尺寸符号的意义见图3-54。

凸缘根部被剪断的情况极少发生，故强度计算从略。

5. 螺杆的稳定性计算

对于长径比大的受压螺杆，当轴向压力 F_a 大于某一临界值时，螺杆就会突然发生侧向弯曲而丧失其稳定性。因此，在正常情况下，螺杆承受的轴向力 F_a 必须小于临界载荷 F_c。则螺杆的稳定性条件为

$$S_{ca}=\frac{F_c}{F_a}\geqslant S \tag{3-70}$$

式中　S_{ca}——螺杆稳定性的计算安全系数；

S——螺杆稳定性安全系数，对于传力螺旋（如起重螺杆等），$S=3.5\sim5.0$，对于传导螺旋，$S=2.5\sim4.0$，对于精密螺杆或水平螺杆 $S>4$；

F_c——螺杆的临界载荷，根据螺杆的柔度 λ（螺杆长细比）值的大小选用不同的公式计算，$\lambda=\frac{\mu l}{i}$。

此处，μ 为螺杆的长度系数，见表3-16；l 为螺杆的工作长度，单位为mm；螺杆两端支承时取两支点间的距离作为工作长度 l，螺杆一端以螺母支承时以螺母中部到另一端支点的距离作为工作长度 l；i 为螺杆危险截面的惯性半径，单位为mm；若螺杆危险截面面积 $A=\frac{\pi}{4}d_1^2$，则 $i=\sqrt{\frac{I}{A}}=\frac{d_1}{4}$。

表3-16　螺杆的长度系数 μ

端部支承情况	长度系数 μ
两端固定	0.50
一端固定，一端不完全固定	0.60
一端铰支，一端不完全固定	0.70
两端不完全固定	0.75
两端铰支	1.00
一端固定，一端自由	2.00

注：判断螺杆端部支承情况的方法：

（1）若采用滑动支承时，则以轴承长度 l_0 与直径 d_0 的比值来确定。$l_0/d_0<1.5$ 时，为铰支；$l_0/d_0=1.5\sim3.0$ 时，为不完全固定；$l_0/d_0>3.0$ 时，为固定支承。

（2）若以整体螺母作为支承时，仍按上述方法确定。此时，取 $l_0=H$（H 为螺母高度）。

（3）若以剖分螺母作为支承时，可作为不完全固定支承。

（4）若采用滚动支承且有径向约束时，可作为铰支；有径向和轴向约束时，可作为固定支承。

临界载荷 F_c 可按欧拉公式计算，即

$$F_c=\frac{\pi^2EI}{(\mu l)^2} \tag{3-71}$$

式中　E——螺杆材料的拉压弹性模量，MPa；

I——螺杆危险截面的惯性矩，$I=\frac{\pi d_1^4}{64}$，mm^4。

当 $\lambda<40$ 时,可以不必进行稳定性校核。若上述计算结果不满足稳定性条件,应适当增加螺杆的小径 d_1。

3.9.4 滚动螺旋传动简介

滚动螺旋可分为滚珠螺旋和滚子螺旋两大类。

滚珠螺旋又可分为总循环式(全部滚珠一道循环)和分循环式(滚珠分组循环),还可按循环回路的位置分为内循环(滚珠在螺母体内循环)和外循环(在螺母的圆柱面上开出滚道加盖或另插管子作为滚珠循环回路)。总循环式的内循环滚珠螺旋由图3-55中的4,5,6等件组成,即在由螺母和螺杆的近似半圆形螺旋凹槽拼合而成的滚道中装入适量的滚珠,并用螺母上制出的通路及导向辅助件构成闭合回路,以备滚珠连续循环。图示的螺母两端支承在机架7的滚动轴承上,是以螺母作为螺旋副的主动件,当外加的转矩驱动齿轮1而带动螺母旋转时,螺杆即做轴向移动。分循环式及外循环式的滚珠螺旋可参看有关资料。

滚子螺旋可分为自转滚子式和行星滚子式。自转式按滚子形状又可分为圆柱滚子(对应矩形螺纹的螺杆)和圆锥滚子(对应梯形螺纹的螺杆)。自转圆锥滚子式螺旋的示意图见图3-56,即在套筒形螺母内沿螺纹线装上约三圈滚子(可用销轴及滚针支承)代替螺纹牙进行传动。这种螺旋还可在螺母上开出轴向槽,以便躲过长螺杆(或两段螺杆接头处)的支柱而运行到远处。行星滚子螺旋可参看有关资料。由于对承载能力及工作寿命的要求不断提高,目前国外滚子螺旋的应用已趋广泛。

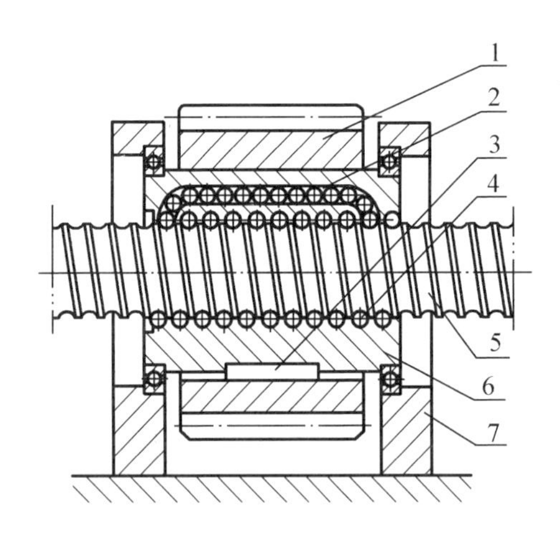

图3-55 滚珠螺旋的工作原理

1—齿轮;2—返回滚道;3—键;4—滚珠;5—螺杆;6—螺母;7—机架

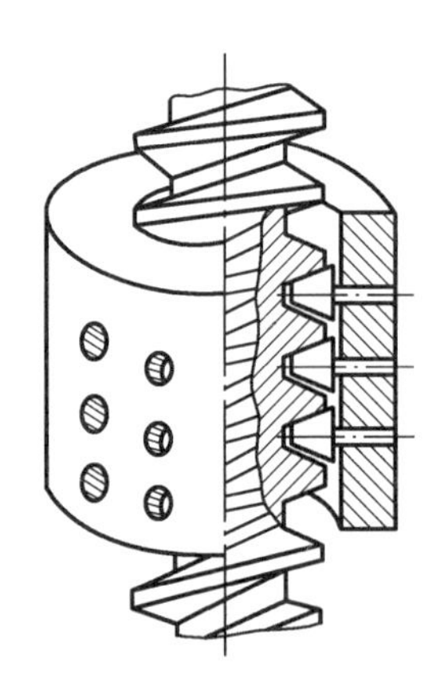

图3-56 圆锥滚子螺旋示意图

滚动螺旋传动具有传动效率高、启动力矩小、传动灵敏平稳、工作寿命长等优点,故目前在机床、汽车、拖拉机、航空、航天及武器等制造业中应用颇广。缺点是制造工艺比较复杂,特别是长螺杆更难保证热处理及磨削工艺质量,刚性和抗振性能差。

3.9.5 静压螺旋传动简介

为了降低螺旋传动的摩擦,提高传动效率,并增强螺旋传动的刚性和抗振性能,可以将静压原理应用于螺旋传动中，制成静压螺旋。

本节只简要介绍静压螺旋的结构和工作情况。

如图 3－57 所示，在静压螺旋中，螺杆仍为一具有梯形螺纹的普通螺杆，但在螺母每圈螺纹牙两个侧面的中径处，各开有 3～4 个油腔，压力油通过节流器进入油腔，产生一定的油腔压力。

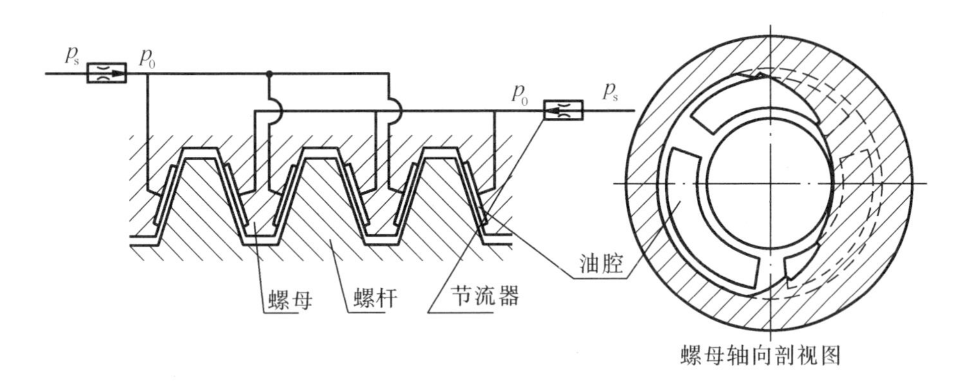

图 3－57　静压螺旋传动示意图

当螺杆未受载荷时，螺杆的螺纹牙位于螺母螺纹牙的中间位置，处于平衡状态。此时，螺杆螺纹牙的两侧间隙相等，经螺纹牙两侧流出的油的流量相等。因此，油腔压力也相等。

当螺杆受轴向载荷时，螺杆沿受载方向产生一位移，螺纹牙一侧的间隙减小，另一侧的间隙增大。由于节流器的调节作用，使间隙减小一侧的油腔压力增高；而另一侧的油腔压力降低。于是两侧油腔便形成了压力差，从而使螺杆重新处于平衡状态。

当螺杆承受径向载荷或倾覆力矩时，其工作情况与上述的相同。

习　　题

3－1　分析比较普通螺纹、管螺纹、梯形螺纹和锯齿形螺纹特点，各举一例说明它的作用。

3－2　什么叫螺纹的自锁现象？自锁条件如何？螺旋副的传动效率又如何计算？

3－3　将承受轴变载荷的连接螺栓的光杆部分做得细些有什么好处？

3－4　分析活塞式空气压缩机汽缸盖连接螺栓在工作时的受力变化情况，它的最大应力、最小应力如何得出？当汽缸内的最高压力提高时，它的最大应力、最小应力将如何变化？

3－5　试计算 M20，M20×1.5 螺纹的升角，并指出哪种螺纹的自锁性好（粗牙、细牙普通螺纹的基本尺寸可参照表 3－12 与表 3－17）。

表 3－17　细牙普通螺纹基本尺寸　　单位：mm

螺距 P	中径 D_2,d_2	小径 D_1,d_1	P	D_2,d_2	D_1,d_1	P	D_2,d_2	D_1,d_1
0.35	$d-1+0.773$	$d-1+0.621$	1	$d-1+0.350$	$d-2+0.918$	2	$d-2+0.701$	$d-3+0.835$
0.5	$d-1+0.675$	$d-1+0.459$	1.25	$d-1+0.188$	$d-2+0.647$	3	$d-2+0.052$	$d-4+0.752$
0.75	$d-1+0.513$	$d-1+0.188$	1.5	$d-1+0.026$	$d-2+0.376$			

3-6 图3-58所示为一拉杆螺纹连接。已知拉杆所受的载荷 $F_a=56$ kN,载荷稳定,拉杆材料为Q235钢,试设计此连接。

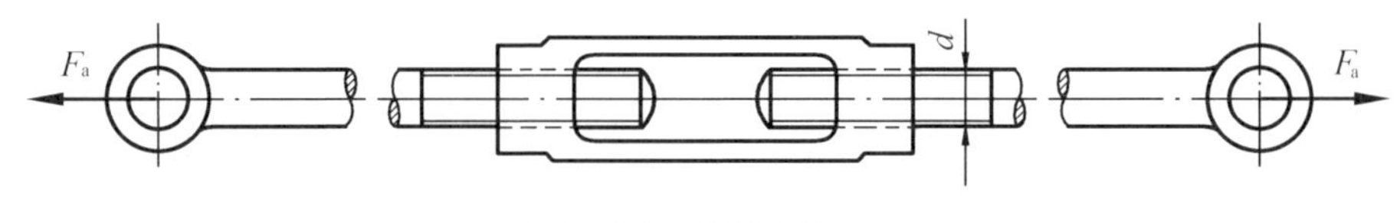

图3-58 拉杆螺纹连接

3-7 受轴向载荷的紧螺栓连接,被连接钢板间采用橡胶垫片。已知螺栓预紧力 $F_0=$ 15 000 N,当受轴向工作载荷 $F_E=10$ 000 N时,求螺栓所受的总拉力及被连接件之间的残余预紧力。

3-8 两块金属板用两个M12的普通螺栓连接。若接合面的摩擦系数 $f=0.3$,螺栓预紧应力控制在其屈服极限的70%,螺栓用性能等级为4.8的中碳钢制造,求此连接所能传递的横向载荷。

3-9 图3-27所示为一汽缸盖螺栓组连接。已知汽缸内的工作压力 $p=0\sim1$ MPa,缸盖与汽缸体均为钢制,直径 $D_0=350$ mm,$D=250$ mm,上、下凸缘厚均为25 mm,试设计此连接。

3-10 图3-59所示的底板螺栓组连接受外力 F_Σ 的作用。外力 F_Σ 在包含 x 轴并垂直于底板接合面的平面内,试分析底板螺栓组的受力情况,并判断哪个螺栓受力最大?保证连接安全工作的必要条件有哪些?

3-11 图3-60是由两块边板和一块承重板焊成的龙门起重机导轨托架。两块边板各用4个螺栓与立柱相连接,托架所承受的最大载荷为20 kN,载荷有较大的变动。试问:此螺栓连接采用普通螺栓连接还是铰制孔用螺栓连接好,为什么?

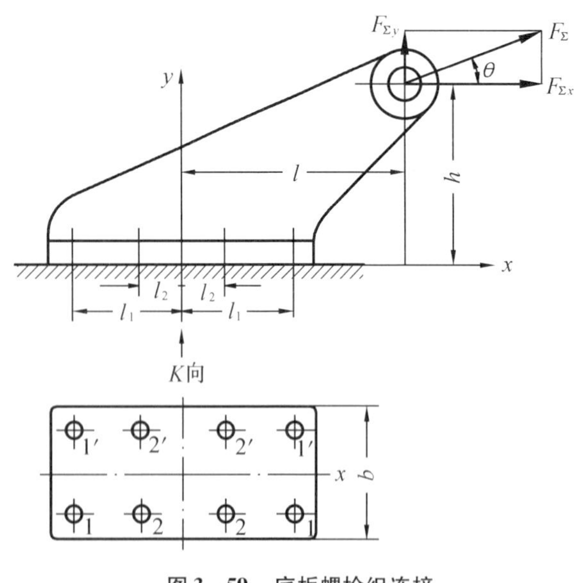

图3-59 底板螺栓组连接

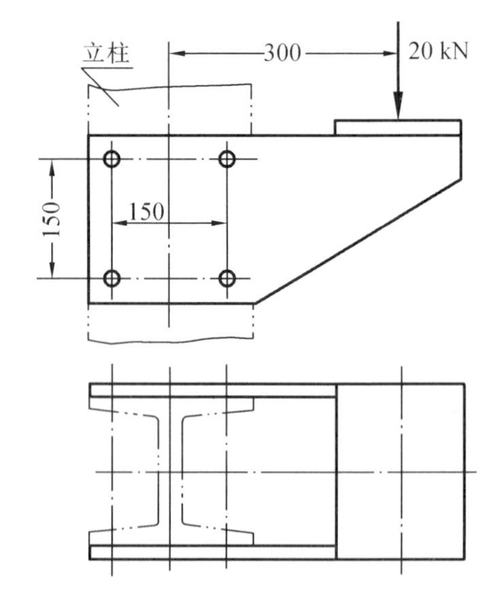

图3-60 龙门起重机导轨托架

3－12　已知一个托架的边板用 6 个螺栓与相邻的机架相连接。托架受一与边板螺栓组的垂直对称轴线相平行、距离为 250 mm，大小为 60 kN 的载荷作用。现有如图 3－61 所示的两种螺栓布置形式，设采用铰制孔用螺栓连接，试问哪一种布置形式所用的螺栓直径较小，为什么？

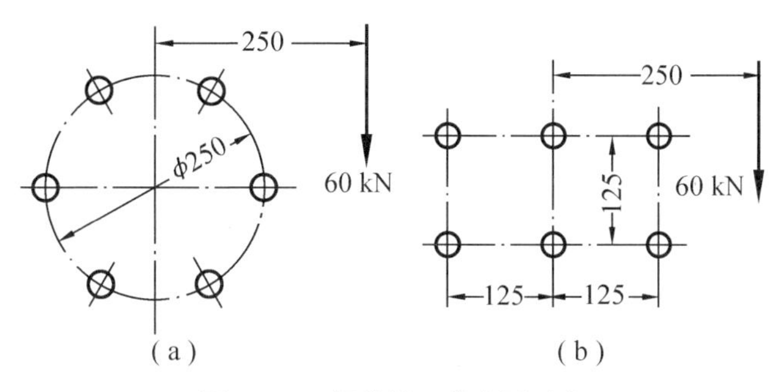

图 3－61　螺栓的两种布置形式

第4章 轴毂连接及销连接

4.1 键 连 接

4.1.1 键连接的功能、类型、结构形式及应用

键是一种标准零件,通常用来实现轴与轮毂之间的周向固定以传递转矩,有的还能实现轴上零件的轴向固定或轴向滑动的导向。键连接的主要类型有:平键连接、半圆键连接、楔键连接和切向键连接。

1. 平键连接

图4-1(a)为普通平键连接的结构形式。键的两侧面是工作面,工作时,靠键同键槽侧面的挤压来传递转矩。键的上表面和轮毂的键槽底面间则留有间隙。平键连接具有结构简单、装拆方便、对中性较好等优点,因而得到广泛应用。这种连接不能承受轴向力,因而对轴上的零件不能起到轴向固定的作用。

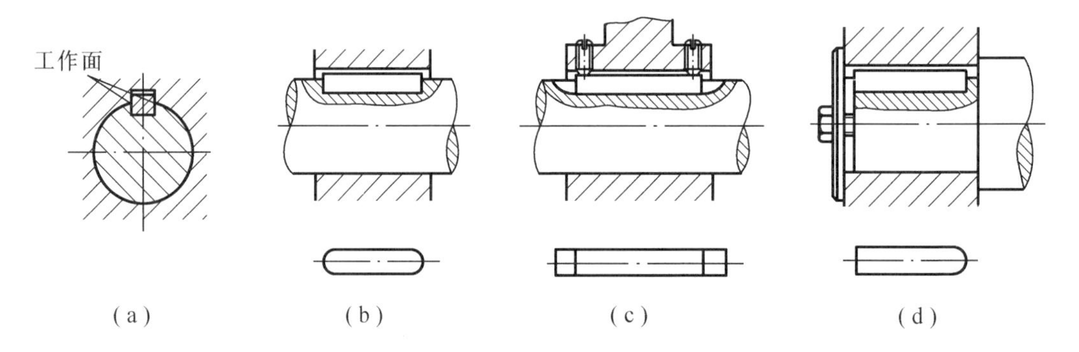

图4-1 普通平键连接(图(b)(c)(d)下方为键及键槽示意图)

(a)普通平键的横截面图;(b)圆头;(c)平头;(d)单圆头

根据用途的不同,平键分为普通平键、薄型平键、导向平键和滑键四种。其中,普通平键和薄型平键用于静连接,导向平键和滑键用于动连接。

普通平键按构造分,有圆头(A型)、平头(B型)及单圆头(C型)三种。圆头平键(图4-1(b))宜放在轴上用键槽指状铣刀铣出的键槽中,键在键槽中轴向固定良好。缺点是键的头部侧面与轮毂上的键槽并不接触,因而键的圆头部分不能充分利用,而且轴上键槽端部的应力集中较大。平头平键(图4-1(c))是放在用盘铣刀铣出的键槽中,因而避免了上述缺点,但对于尺寸大的键,宜用紧定螺钉固定在轴上的键槽中,以防松动。单圆头平键(图4-1(d))则常用于轴端与毂类零件的连接。

薄型平键与普通平键的主要区别是键的高度约为普通平键的60%~70%,也分为圆

头、平头和单圆头三种形式，但传递转矩的能力较低，常用于薄壁结构、空心轴及一些径向尺寸受限制的场合。

当被连接的毂类零件在工作过程中必须在轴上做轴向移动时（如变速箱中的滑移齿轮），则须采用导向平键或滑键。导向平键（图4－2（a））是一种较长的平键，用螺钉固定在轴上的键槽中，为了便于拆卸，键上制有起键螺孔，以便拧入螺钉使键退出键槽。轴上的传动零件则可沿键做轴向滑移。当零件需滑移的距离较大时，因所需导向平键的长度过大，制造困难，故宜采用滑键（图4－2（b））。滑键固定在轮毂上，轮毂带动滑键在轴上的键槽中做轴向滑移。这样，只需在轴上铣出较长的键槽，而键可做得较短。

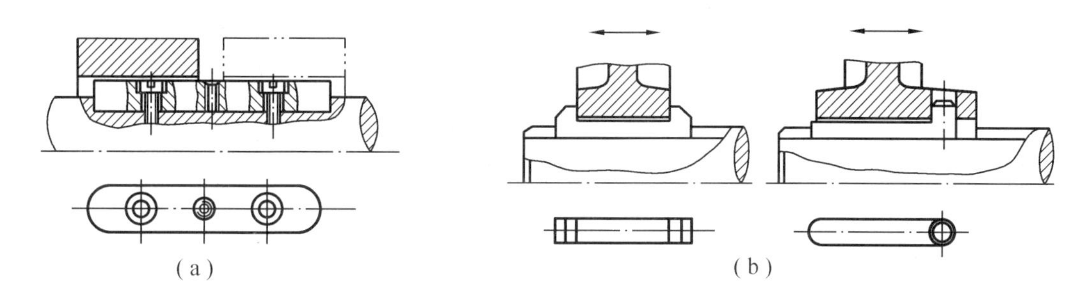

图4－2　导向平键连接和滑键连接（下方为键的示意图）

（a）导向平键连接；（b）滑键连接（键槽已截短）

2. 半圆键连接

半圆键连接如图4－3所示。轴上键槽用尺寸与半圆键相同的半圆键槽铣刀铣出，因而键在槽中能绕其几何中心摆动以适应轮毂中键槽的斜度。半圆键工作时，靠其侧面来传递转矩。这种键连接的优点是工艺性较好，装配方便，尤其适用于锥形轴端与轮毂的连接。缺点是轴上键槽较深，对轴的强度削弱较大，故一般只用于轻载静连接中。

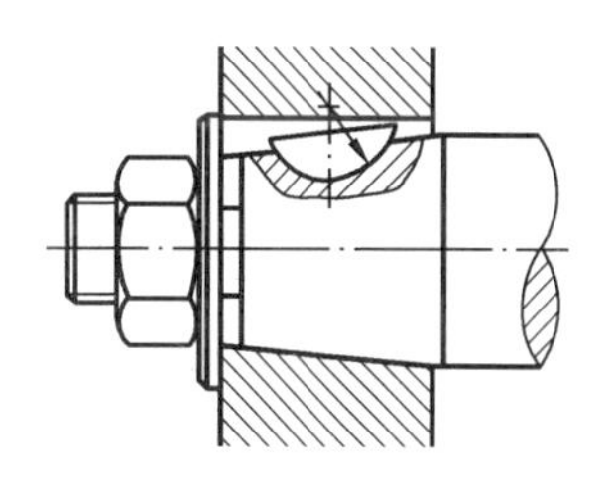

图4－3　半圆键连接

3. 楔键连接

楔键连接如图4－4所示。键的上下两面是工作面，键的上表面和与它相配合的轮毂键槽底面均具有1:100的斜度。装配后，键即楔紧在轴和轮毂的键槽里。工作时，靠键的楔紧作用来传递转矩，同时还可以承受单向的轴向载荷，对轮毂起到单向的轴向固定作用。楔键的侧面与键槽侧面间有很小的间隙，当转矩过载而导致轴与轮毂发生相对转动时，键的侧面

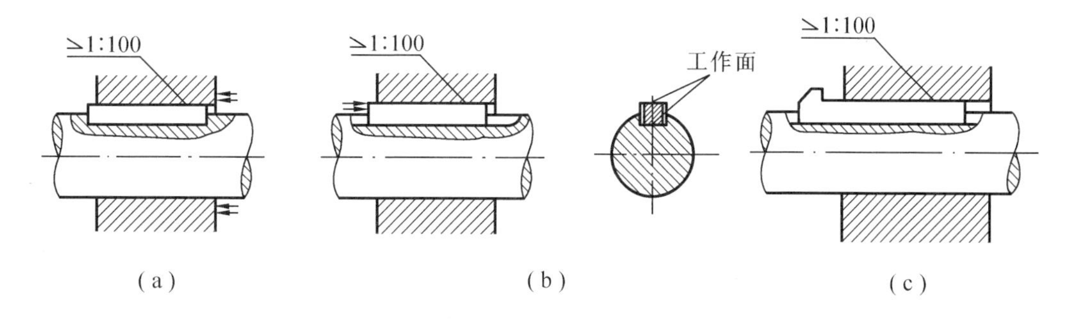

图4－4　楔键连接

（a）用圆头楔键；（b）用平头楔键；（c）用钩头楔键

能像平键那样参加工作。因此,楔键连接在传递有冲击和振动的较大转矩时,仍能保证连接的可靠性。楔键连接的缺点是键楔紧后,轴和轮毂的配合产生偏心和偏斜。因此主要用于毂类零件的定心精度要求不高和低转速的场合。

楔键分为普通楔键和钩头楔键两种,普通楔键有圆头、平头和单圆头三种形式。装配时,圆头楔键要先放入轴上键槽中,然后打紧轮毂(图4-4(a));平头、单圆头和钩头楔键则在轮毂装好后才将键放入键槽并打紧。钩头楔键的钩头供拆卸用,安装在轴端时,应注意加装防护罩。

4. 切向键连接

切向键连接如图4-5所示。切向键是由一对斜度为1:100的楔键组成。切向键的工作面是由一对楔键沿斜面拼合后相互平行的两个窄面,被连接的轴和轮毂上都制有相应的键槽。装配时,把一对楔键分别从轮毂两端打入,拼合而成的切向键就沿轴的切线方向楔紧在轴与轮毂之间。工作时,靠工作面上的挤压力和轴与轮毂间的摩擦力来传递转矩。用一个切向键时,只能传递单向转矩;当要传递双向转矩时,必须用两个切向键,两者间的夹角为120°~130°。由于切向键的键槽对轴的削弱较大,因此常用于直径大于100 mm的轴上。例如用于大型带轮、大型飞轮,矿山用大型绞车的卷筒及齿轮等与轴的连接。

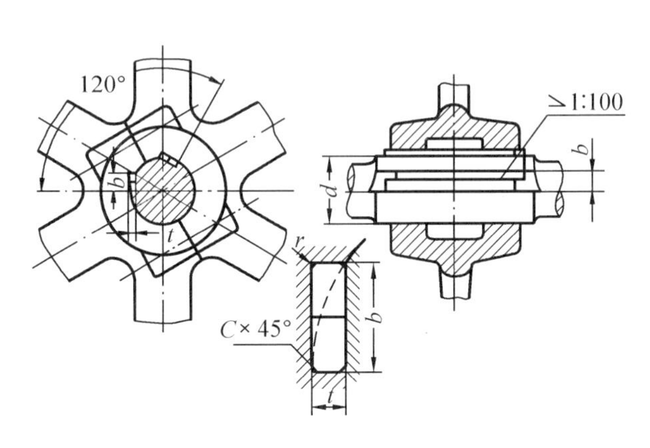

图4-5　切向键连接

4.1.2　键的选择和键连接强度计算

1. 键的选择

键的选择包括类型选择和尺寸选择两个方面。键的类型应根据键连接的结构特点、使用要求和工作条件来选择;键的尺寸则按符合标准规格和强度要求来取定。键的主要尺寸为其截面尺寸(一般以键宽b×键高h表示)与长度L。键的截面尺寸$b \times h$按轴的直径d由标准中选定。键的长度L一般可按轮毂的长度而定,即键长等于或略短于轮毂的长度;而导向平键则按轮毂的长度及其滑动距离而定。一般轮毂的长度可取为$L' \approx (1.5 \sim 2)d$,这里d为轴的直径。所选定的键长亦应符合标准规定的长度系列。普通平键和普通楔键的主要尺寸见表4-1。重要的键连接在选出键的类型和尺寸后,还应进行强度校核计算。

表4-1　普通平键和普通楔键的主要尺寸　　单位:mm

轴的直径 d	6~8	>8~10	>10~12	>12~17	>17~22	>22~30	>30~38	>38~44
键宽 b×键高 h	2×2	3×3	4×4	5×5	6×6	8×7	10×8	12×8
轴的直径 d	>44~50	>50~58	>58~65	>65~75	>75~85	>85~95	>95~110	>110~130
键宽 b×键高 h	14×9	16×10	18×11	20×12	22×14	25×14	28×16	32×18
键的长度系列 L	12,14,16,18,20,22,25,28,32,36,40,45,50,56,63,70,80,90,100,110,125,140,160,180,200,220,250,280,320,360,400							

2. 键连接强度计算

(1)平键连接强度计算

平键连接传递转矩时,连接中各零件的受力情况如图4-6所示。对于采用常见的材料组合和按标准选取尺寸的普通平键连接(静连接),其主要失效形式是工作面被压溃。除非有严重过载,一般不会出现键的剪断(图4-6中沿 $a-a$ 面剪断)。因此,通常只按工作面的挤压应力进行强度校核计算。对于导向平键和滑键连接(动连接),其主要失效形式是工作面的过度磨损。因此,通过按工作面上的压力进行条件性的强度校核计算。

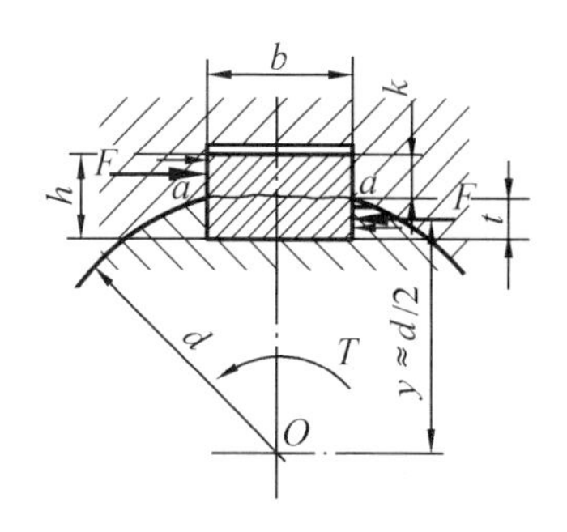

图4-6 平键连接受力情况

假定载荷在键的工作面上均匀分布,普通平键连接的强度条件为

$$\sigma_p=\frac{2T\times10^3}{kld}\leqslant[\sigma_p] \tag{4-1}$$

导向平键连接和滑键连接的强度条件为

$$p=\frac{2T\times10^3}{kld}\leqslant[p] \tag{4-2}$$

式中 T——传递的转矩($T=F\times y\approx F\times d/2$),N·m;

k——键与轮毂键槽的接触高度,$k=0.5h$,此处 h 为键的高度,mm;

l——键的工作长度,圆头平键 $l=L-b$,平头平键 $l=L$,这里 L 为键的公称长度,mm,b 为键的宽度,mm;

d——轴的直径,mm;

$[\sigma_p]$——键、轴、轮毂三者中最弱材料的许用挤压应力(表4-2),MPa;

$[p]$——键、轴、轮毂三者中最弱材料的许用压力(表4-2),MPa。

表4-2 键连接的许用挤压应力、许用压力 单位:MPa

许用挤压应力、许用压力	连接工作方式	键或毂、轴的材料	载荷性质		
			静载荷	轻微冲击	冲击
$[\sigma_p]$	静连接	钢	120~150	100~120	60~90
		铸铁	70~80	50~60	30~45
$[p]$	动连接	钢	50	40	30

注:(1)$[\sigma_p]$、$[p]$应按连接中键、轴、轮毂三者中材料力学性能较弱的零件选取。

(2)如与键有相对滑动的被连接件表面经过淬火,则动连接的许用压力$[p]$可提高2~3倍。

(2)半圆键连接强度计算

半圆键连接的受力情况如图4-7所示(轮毂未示出),因其只用于静连接,故主要失效形式是工作面被压溃。通常按工作面的挤压应力进行强度校核计算,强度条件同式(4-1)。所应注意的是半圆键的接触高度 k 应根据键的尺寸从标准中查取;半圆键的工作长度 l 近似地取其等于键的公称长度 L。

(3)楔键连接简化强度计算

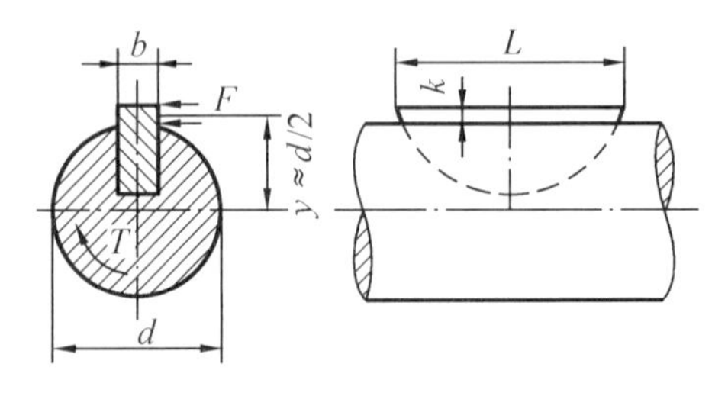

图4-7 半圆键连接的受力情况

楔键连接装配后的受力情况如图4-8(a)所示(轮毂已取开),其主要失效形式是相互楔紧的工作面被压溃,故应校核各工作面的抗挤压强度。当传递转矩时(图4-8(b)),为了简化,把键和轴视为一体,并将下方分布在半圆柱面上的径向压力用集中力F代替。由于这时轴与轮毂有相对转动的趋势,轴与毂也都产生了微小的扭转变形,故沿键的工作长度l及沿宽度b上的压力分布情况均较以前发生了变化,压力的合力F不再通过轴心。计算时假设压力沿键长均匀分布,沿键宽为三角形分布,取$x\approx b/6$,$y\approx d/2$,由键和轴一体对轴心的受力平衡条件$T=Fx+fFy+fF\cdot d/2$得到工作面上压力的合力为

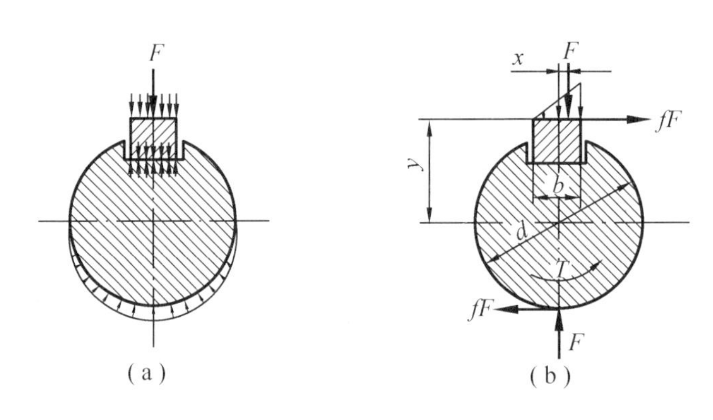

图4-8 楔键连接受力情况

$$F=\frac{T}{x+fy+f\dfrac{d}{2}}=\frac{6T}{b+6fd} \tag{4-3}$$

则楔键连接的挤压强度条件为

$$\sigma_{\mathrm{p}}=\frac{2F}{bl}=\frac{12T\times10^{3}}{bl(b+6fd)}\leqslant[\sigma_{\mathrm{p}}] \tag{4-4}$$

式中 T——传递的转矩,N·m;

d——轴的直径,mm;

b——键的宽度,mm;

l——键的工作长度,mm;

f——摩擦系数,一般取$f=0.12\sim0.17$;

$[\sigma_{\mathrm{p}}]$——键、轴、轮毂三者中最弱材料的许用挤压应力(表4-2),MPa。

(4)切向键连接简化强度计算

切向键连接的主要失效形式是工作面被压溃。设把键和轴看成一体,则当键连接传递转矩时,其受力情况如图4-9所示。假定压力在键的工作面上均匀分布,取$y=(d-t)/2$,$t=d/10$,按一个切向键来计算时,由键和轴一体对轴心的受力平衡条件$T=fF\cdot d/2+Fy$得到工作面上压力的合力为

$$F=\frac{T}{f\frac{d}{2}+y}=\frac{T}{d(0.5f+0.45)} \tag{4-5}$$

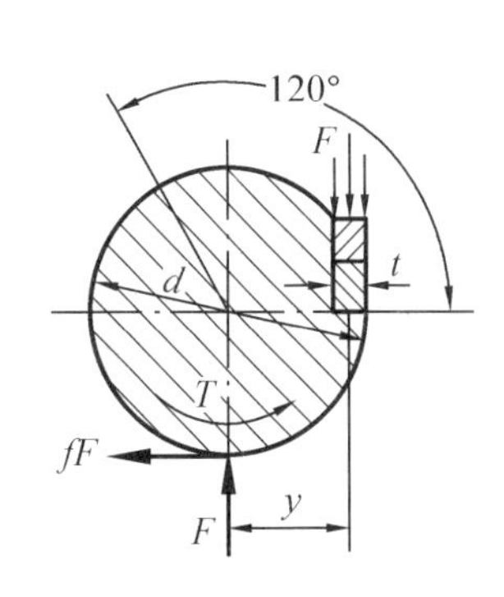

图4-9　切向键连接受力情况

则切向键连接的挤压强度条件为

$$\sigma_{\mathrm{p}}=\frac{F}{(t-C)l}=\frac{T\times10^{3}}{(t-C)dl(0.5f+0.45)}\leqslant[\sigma_{\mathrm{p}}] \tag{4-6}$$

式中　T——传递的转矩，N·m；

d——轴的直径，mm；

l——键的工作长度，mm；

t——键槽的深度，mm；

C——键的倒角，mm；

f——摩擦系数，一般取 $f=0.12\sim0.17$；

$[\sigma_{\mathrm{p}}]$——键、轴轮、毂三者中最弱材料的许用挤压应力（表4-2），MPa。

键的材料采用抗拉强度不小于600 MPa的钢，通常为45钢。

在进行强度校核后，如果强度不够时，可采用双键。这时应考虑键的合理布置。两个平键最好布置在沿周向相隔180°；两个半圆键应布置在轴的同一条母线上；两个楔键则应布置在沿周向相隔90°～120°。考虑到两键上载荷分配的不均匀性，在强度校核中只按1.5个键计算。如果轮毂允许适当加长，也可相应地增加键的长度，以提高单键连接的承载能力。但由于传递转矩时键上载荷沿其长度分布不均，故键的长度不宜过大。当键的长度大于2.25d时，其多出的长度实际上可认为并不承受载荷，故一般采用的键长不宜超过(1.6～1.8)d。

例4-1　已知减速器中某直齿圆柱齿轮安装在轴的两个支承点间，齿轮和轴的材料都是锻钢，用键构成静连接。齿轮的精度为7级，装齿轮处的轴径 $d=70$ mm，齿轮轮毂宽度为100 mm，需传递的转矩 $T=2\ 200$ N·m，载荷有轻微冲击。试设计此键连接。

解　(1)选择键连接的类型和尺寸

一般8级以上精度的齿轮有定心精度要求，应选用平键连接。由于齿轮不在轴端，故选用圆头普通平键（A型）。

根据 $d=70$ mm 从表4-1中查得键的截面尺寸为：宽度 $b=20$ mm，高度 $h=12$ mm。由轮毂宽度并参考键的长度系列，取键长 $L=90$ mm（比轮毂宽度小些）。

(2)校核键连接的强度

键、轴和轮毂的材料都是钢，由表4-2查得许用挤压应力 $[\sigma_{\mathrm{p}}]=100\sim120$ MPa，取其平均值，$[\sigma_{\mathrm{p}}]=110$ MPa。键的工作长度 $l=L-b=90-20=70$ mm，键与轮毂键槽的接触高度 $k=0.5h=0.5\times12=6$ mm。由式(4-1)可得

$$\sigma_{\mathrm{p}}=\frac{2T\times10^{3}}{kld}=\frac{2\times2\ 200\times10^{3}}{6\times70\times70}=149.7\ \mathrm{MPa}>[\sigma_{\mathrm{p}}]=110\ \mathrm{MPa}$$

可见连接的挤压强度不够。考虑到相差较大，因此改用双键，相隔180°布置。双键的工作长度 $l=1.5\times70$ mm $=105$ mm。由式(4-1)可得

$$\sigma_{\mathrm{p}}=\frac{2T\times10^{3}}{kld}=\frac{2\times2\ 200\times10^{3}}{6\times105\times7}=99.8\ \mathrm{MPa}<[\sigma_{\mathrm{p}}]\text{（合适）}$$

键的标记为：GB/T 1096 键 20×12×90（GB/T 1096—2003，一般A型键可不标出“A”，对于B型或C型键，须将“键”标为“键B”或“键C”）。

4.2 花键连接

4.2.1 花键连接的特点、类型和应用

1. 花键连接特点

花键连接由外花键(图4-10(a))和内花键(图4-10(b))组成。由图可知,花键连接是平键连接在数目上的发展。但是,由于结构形式和制造工艺的不同,与平键连接比较,花键连接在强度、工艺和使用方面有如下一些优点:

①因为在轴上毂孔上直线而匀称地制出较多的齿与槽,故连接受力较为均匀;

②因槽较浅,齿根处应力集中较小,轴与毂的强度削弱较少;

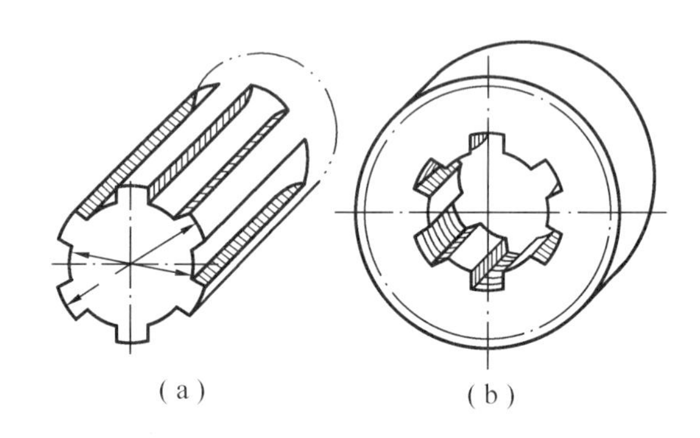

图4-10 花键

(a)外花键;(b)内花键

③齿数较多,总接触面积较大,因而可承受较大的载荷;

④轴上零件与轴的对中性好(这对高速及精密机器很重要);

⑤导向性较好(这对动连接很重要);

⑥可用磨削的方法提高加工精度及连接质量。

其缺点是齿根仍有应力集中;有时需用专门设备加工;成本较高。因此,花键连接适用于定心精度要求高、载荷大或经常滑移的连接。花键连接的齿数、尺寸、配合等均应按标准选取。

2. 花键连接类型

花键连接可用于静连接或动连接。按其齿型不同,可分为矩形花键和渐开线花键两类,均已标准化。

(1)矩形花键

按齿高的不同,矩形花键的齿形尺寸在标准中规定了两个系列,即轻系列和中系列。轻系列的承载能力较小,多用于静连接或轻载连接;中系列用于中等载荷的连接。

矩形花键的定心方式为小径定心(图4-11),即外花键和内花键的小径为配合面。其特点是定心精度高,定心的稳定性好,能用磨削的方法消除热处理引起的变形。矩形花键连接应用广泛。

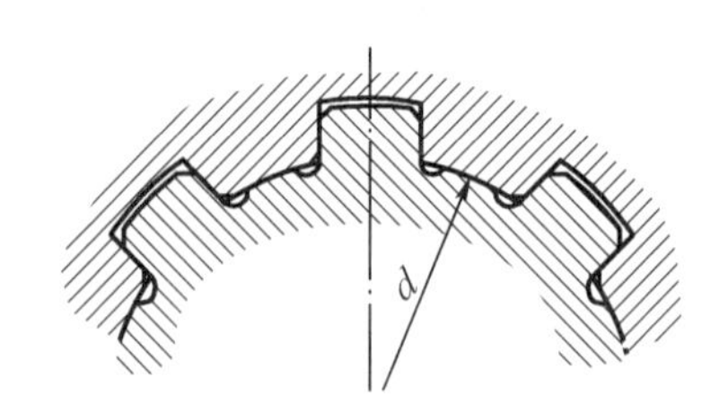

图4-11 矩形花键连接

(2)渐开线花键

渐开线花键的齿廓为渐开线,分度圆压力角有30°和45°两种(图4-12)。齿顶高分别

为0.5m和0.4m,此处m为模数。图中d_i为渐开线花键的分度圆直径。与渐开线齿轮相比,渐开线花键齿较短,齿根较宽,不发生根切的最小齿数较少。

渐开线花键可以用制造齿轮的方法来加工,工艺性较好,制造精度也较高,花键齿的根部强度高,应力集中小,易于定心,当传递的转矩较大且轴径也大时,宜采用渐开线花键连接。压力角为45°的渐开线花键,由于齿型钝而短,与压力角为30°的渐开线花键相比,对连接件的削弱较少,但齿的工作面高度较小,故承载能力较低,多用于载荷较轻,直线较小的静连接,特别适用于薄壁零件的轴毂连接。

渐开线花键的定心方式为齿型定心。当齿受载时,齿上的径向力能起到自动定心作用,有利于各齿均匀承载。

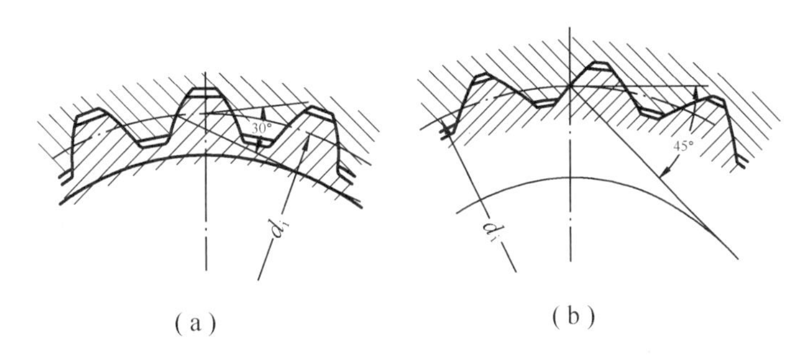

图4-12　渐开线花键连接

(a)$\alpha=30°$;(b)$\alpha=45°$

4.2.2　花键连接强度计算

花键连接的强度计算与键连接相似,首先根据连接的结构特点、使用要求和工作条件选定花键类型和尺寸,然后进行必要的强度校核计算。花键连接的受力情况如图4-13所示。其主要失效形式是工作面被压溃(静连接)或工作面过度磨损(动连接)。因此,静连接通常按工作面上的挤压应力进行强度计算,动连接则按工作面上的压力进行条件性的强度计算。

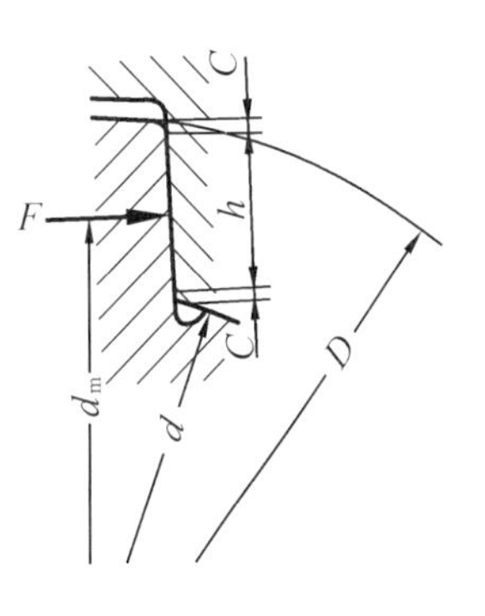

图4-13　花键连接受力情况

计算时,假定载荷在键的工作面上均匀分布,每个齿工作面上压力的合力F作用在平均直径d_m处(图4-13),即传递的转矩$T=zF\times d_m/2$,并引入系数ψ来考虑实际载荷在各花键齿上分配不均的影响,则花键连接的强度条件为:

静连接
$$\sigma_p=\frac{2T\times10^3}{\psi zhld_m}\leqslant[\sigma_p] \tag{4-7}$$

动连接
$$p=\frac{2T\times10^3}{\psi zhld_m}\leqslant[p] \tag{4-8}$$

式中　ψ——载荷分配不均系数,与齿数多少有关,一般取$\psi=0.7\sim0.8$,齿数多时取偏小值;

z——花键的齿数;

l——齿的工作长度,mm;

h——花键齿侧面的工作高度,矩形花键,$h=\frac{D-d}{2}-2C$,此处 D 为外花键的大径,d 为内花键的小径,C 为倒角尺寸(图 4-13),单位均为 mm;渐开线花键,$\alpha=30°$,$h=m$;$\alpha=45°$,$h=0.8\ m$,m 为模数;

d_m——花键的平均直径,矩形花键,$d_m=\frac{D+d}{2}$;渐开线花键,$d_m=d_i$,d_i 为分度圆直径,mm;

$[\sigma_p]$——花键连接的许用挤压应力(表 4-3),MPa;

$[p]$——花键连接的许用压力(表 4-3),MPa。

表 4-3 花键连接的许用挤压应力、许用压力 单位:MPa

许用挤压应力、许用压力	连接工作方式	使用和制造情况	齿面未经热处理	齿面经热处理
$[\sigma_p]$	静连接	不良	35~50	40~70
		中等	60~100	100~140
		良好	80~120	120~200
$[p]$	空载下移动的动连接	不良	15~20	20~35
		中等	20~30	30~60
		良好	25~40	40~70
	在载荷作用下移动的动连接	不良	—	3~10
		中等	—	5~15
		良好	—	10~20

注:(1)使用和制造情况不良系指受变载荷,有双向冲击、振动频率高和振幅大、润滑不良(对动连接)、材料硬度不高或精度不高等。

(2)同一情况下,$[\sigma_p]$或$[p]$的较小值用于工作时间长和较重要的场合。

(3)花键材料的抗拉强度极限不低于 600 MPa。

4.3 无键连接

凡是轴与毂的连接不用键或花键时,统称为无键连接。下面介绍型面连接和胀紧连接。

4.3.1 型面连接

型面连接如图 4-14 所示。把安装轮毂的那一段轴做成表面光滑的非圆形截面的柱体(图 4-14(a))或非圆形截面的锥体(图 4-14(b)),并在轮毂上制成相应的孔。这种轴与毂孔相配合而构成的连接,称为型面连接。

型面连接装拆方便,能保证良好的对中性;连接面上没有键槽及尖角,从而减少了应力集中,故可传递较大的转矩。但加工比较复杂,特别是为了保证配合精度,最后工序多要在专用机床上进行磨削加工,故目前应用还不广泛。

型面连接常用的型面曲线有摆线和等距曲线两种。等距曲线如图 4-15 所示,因与其

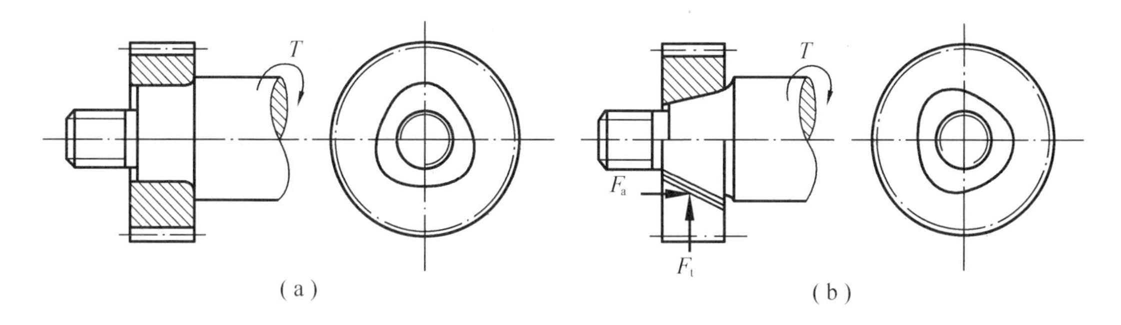

图4-14 型面连接

轮廓曲线相切的两平行线 T 间的距离 D 为一常数,故把此轮廓曲线称为等距曲线。与摆线相比,其加工与测量均较简单。

此外,型面连接也有采用方形、正六边形及带切口的圆形等截面形状的。

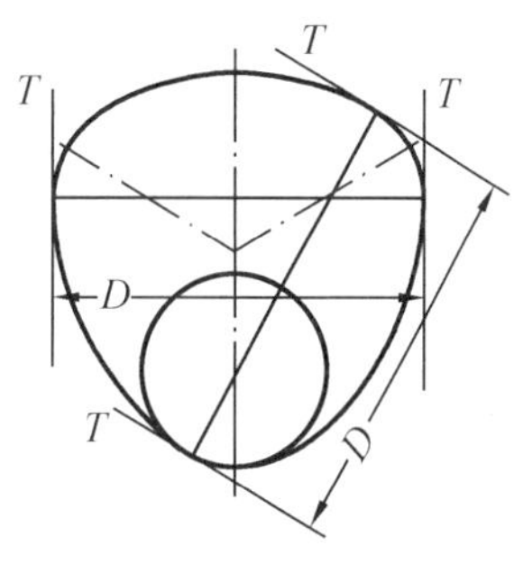

图4-15 型面连接用等距曲线

4.3.2 胀紧连接

胀紧连接(图4-16)是在毂孔与轴之间装入胀紧连接套(简称胀套),可装一个(指一组)或几个,在轴向力作用下,同时胀紧轴与毂而构成的一种静连接。根据胀套结构形式的不同,GB/T 28701—2012 规定了五种型号(ZJ1~ZJ5 型),下面简要介绍采用 ZJ1,ZJ2 型胀套的胀紧连接。

采用 ZJ1 型胀套的胀紧连接如图4-16所示,在毂孔和轴的对应光滑圆柱面间,加装一个胀套(图4-16(a))或两个胀套(图4-16(b))。当拧紧螺母或螺钉时,在轴向力的作用下内外套筒互相楔紧。内套筒缩小而箍紧轴,外套筒胀大而撑紧毂,使接触面间产生压紧力。工作时,利用此压紧力所引起的摩擦力来传递转矩或(和)轴向力。

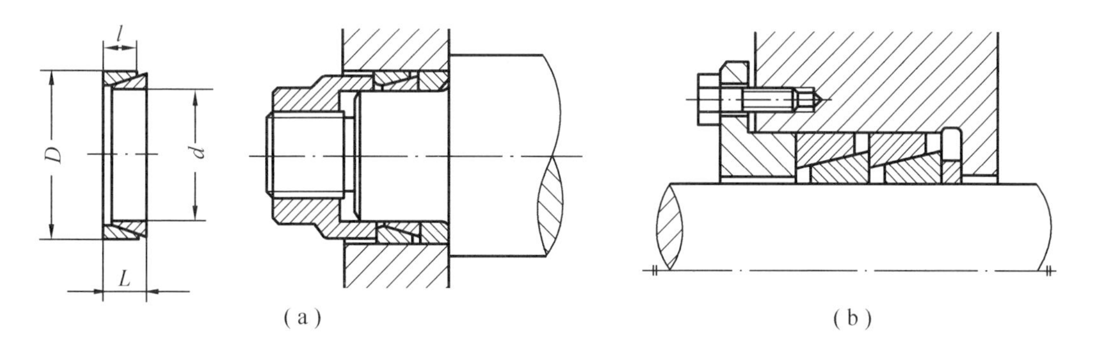

图4-16 采用 ZJ1 型胀套的胀紧连接

(a)一个胀套;(b)两个胀套

采用一个ZJ2型胀套的胀紧连接如图4-17所示。ZJ2型胀套中,与轴或毂孔贴合的套筒均开有纵向缝隙(图中未示出),以利变形和胀紧。根据传递载荷的大小,可在轴与毂孔间加装一个或几个胀套。拧紧连接螺钉,便可将轴、毂胀紧,以传递载荷。

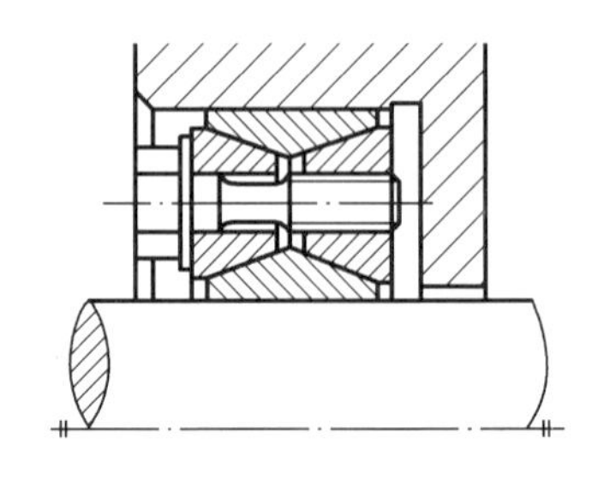

图4-17 采用ZJ2型胀套的胀紧连接

各型胀套已标准化,选用时只需根据设计的轴和轮毂尺寸以及传递载荷的大小,查阅手册选择合适的型号和尺寸,使传递的载荷在许用范围内,亦即满足下列条件:

传递转矩时

$$T \leqslant [T] \tag{4-9}$$

传递轴向力时

$$F_a \leqslant [F_a] \tag{4-10}$$

传递联合作用的转矩和轴向力时,则合成载荷 F_e 应满足

$$F_e = \sqrt{F_a^2 + \left(\frac{2\,000T}{d}\right)^2} \leqslant [F_a] \tag{4-11}$$

式中 T——传递的转矩,N·m;

$[T]$——一个胀套的额定转矩,N·m;

F_a——传递的轴向力,N;

$[F_a]$——一个胀套的额定轴向力,N;

d——胀套内径,mm。

当一个胀套满足不了要求时,可用两个以上的胀套串联使用(这时单个胀套传递载荷的能力将随胀套数目的增加而降低,故套数不宜过多)。其总的额定载荷为(以转矩为例)

$$[T_n] = m[T] \tag{4-12}$$

式中 $[T_n]$——n 个胀套的总额定转矩,N·m;

m——额定载荷系数(表4-4)。

表4-4 胀套的额定载荷系数 m 值

连接中胀套的数量 n	m	
	ZJ1型胀套	ZJ2型胀套
1	1.00	1.00
2	1.56	1.80
3	1.86	2.70
4	2.03	—

胀紧连接的定心性好,装拆方便,引起的应力集中较小,承载能力高,并且有安全保护作用。但由于要在轴和毂孔间安装胀套,应用有时受到结构尺寸的限制。

4.4 过盈连接

过盈连接是利用零件间的过盈配合形成的连接，其配合表面多为圆柱面，也有圆锥或其他形式的配合面。过盈连接使配合面间产生一定的压力，工作时靠此压力产生的摩擦力传递转矩或轴向力。

过盈连接主要用于轴与毂的连接、轮圈与轮芯的连接以及滚动轴承与轴或座孔的连接等。图4－18(a)是蜗轮齿圈与轮芯的过盈配合连接。图4－18(b)为一种螺母使结合面产生相对轴向位移和压紧的圆锥面过盈连接。过盈连接的特点是结构简单、对中性好、承载能力大、承受冲击性能好、对轴削弱少，但配合面加工精度要求高，装拆不便。

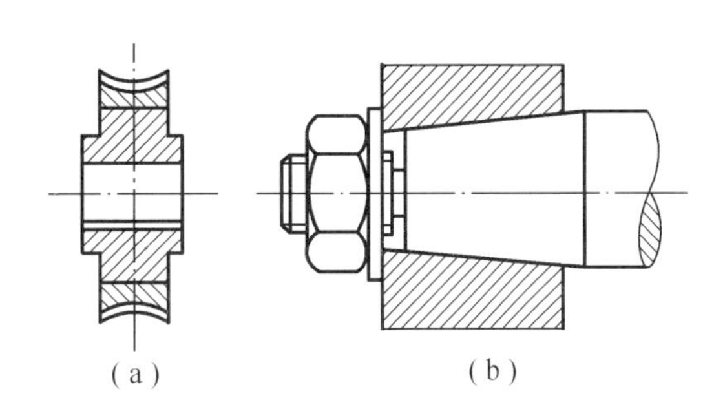

图4－18 过盈配合连接

过盈连接装配时可采用压入法和胀缩法(温差法)两种装配方法。压入法将较大的轴强制压入较小的毂孔中，压入过程中不可避免地会损伤配合表面，故降低了连接的紧固性。为了减少过大损伤，装配时配合表面应涂润滑油。用胀缩法装配时，将毂孔加热使其膨胀，或者将轴冷却使其收缩，也可以同时加热毂孔及冷却轴，以形成装配间隙顺利实现装配，从而达到连接的目的。胀缩法配合表面损伤较小，紧固性高，承载能力强。一般尺寸小或过盈量小时可采用压入法装配，尺寸大或过盈量大时采用胀缩法装配。

过盈配合设计要点是按载荷选择适用的配合并校核其最小过盈能传递所承受的载荷，最大过盈不会引起轴或轮毂失效，还可以计算压入力、压出力和加热温度。

4.5 销 连 接

销主要用来固定零件之间的相对位置，称为定位销(图4－19)，它是组合加工和装配时的重要辅助零件；也可用于连接，称为连接销(图4－20)，可传递不大的载荷；还可作为安全装置中的过载剪断元件，称为安全销(图4－21)。

销有多种类型，如圆柱销、圆锥销、槽销、销轴和开口销等，这些销均已标准化。

圆柱销(图4－19(a))靠过盈配合固定在销孔中，经多次装拆会降低其定位精度和可靠性。圆柱销的直径偏差有u8，m6，h8和h11四种，以满足不同的使用要求。

圆锥销(图4－19(b))具有1:50的锥度，在受横向力时可以自锁。它安装方便，定位精度高，可多次装拆而不影响定位精度。端部带有螺纹的圆锥销(图4－22)可用于盲孔或拆卸困难的场合。开尾圆锥销(图4－23)适用于有冲击、振动的场合。

槽销上有辗压或模锻出的三条纵向沟槽(图4－24)，将槽销打入销孔后，由于材料的弹性使销挤在销孔中，不易松脱，因而能承受振动和变载荷。安装槽销的孔不需要铰制，加工方便，可多次装拆。

销轴用于两零件的铰接处,构成铰链连接(图4-25)。销轴通常用开口销锁定,工作可靠,拆卸方便。

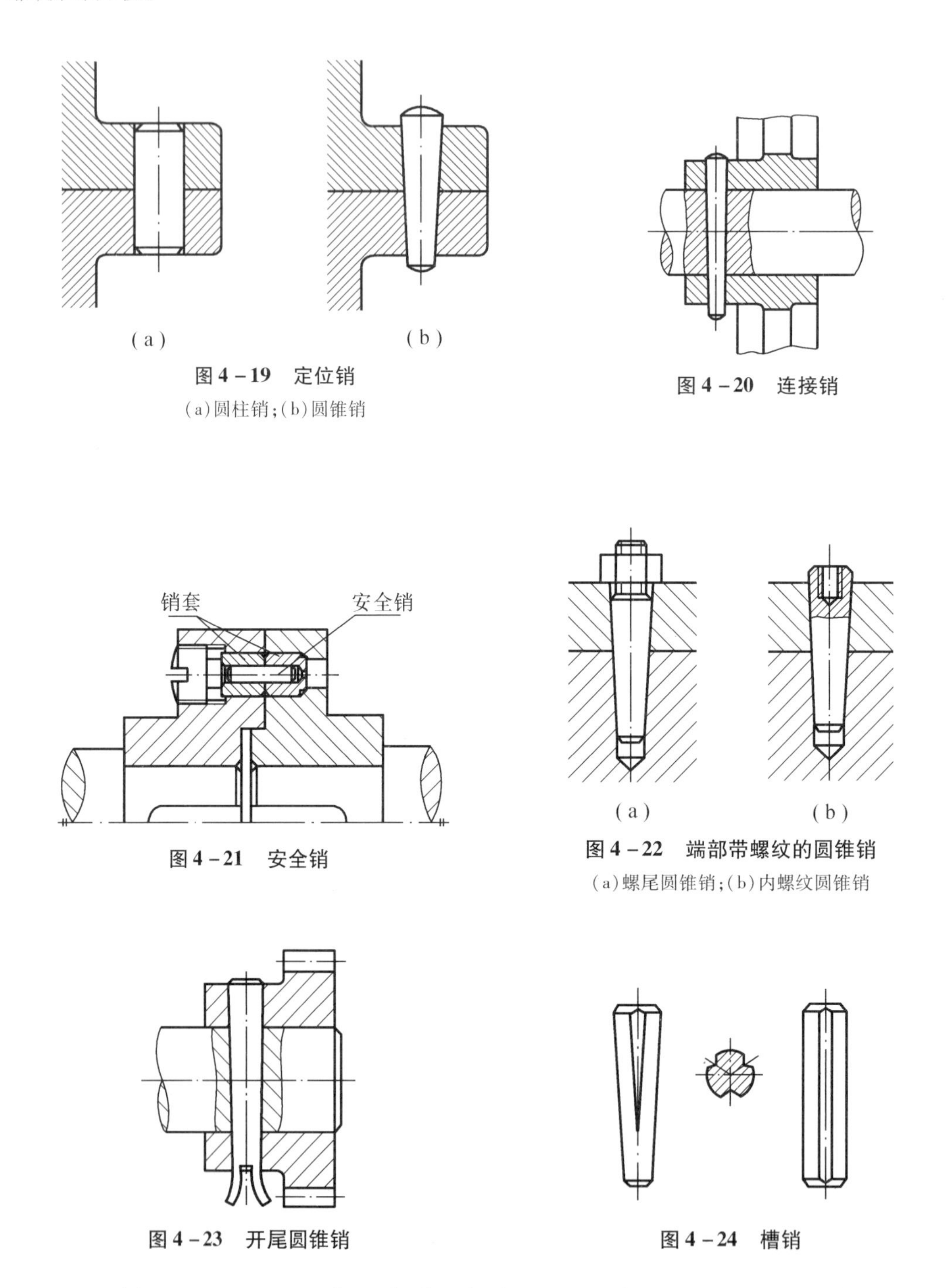

图4-19 定位销
(a)圆柱销;(b)圆锥销

图4-20 连接销

图4-21 安全销

图4-22 端部带螺纹的圆锥销
(a)螺尾圆锥销;(b)内螺纹圆锥销

图4-23 开尾圆锥销

图4-24 槽销

开口销如图4-26所示。装配时,将尾部分开,以防脱出。开口销除与销轴配用外,还常用于螺纹连接的防松装置中(表3-3)。

定位销通常不受载荷或只受很小的载荷,故不做强度校核计算,其直径可按结构确定,数目一般不少于两个。销装入每一被连接件内的长度,约为销直径的1~2倍。

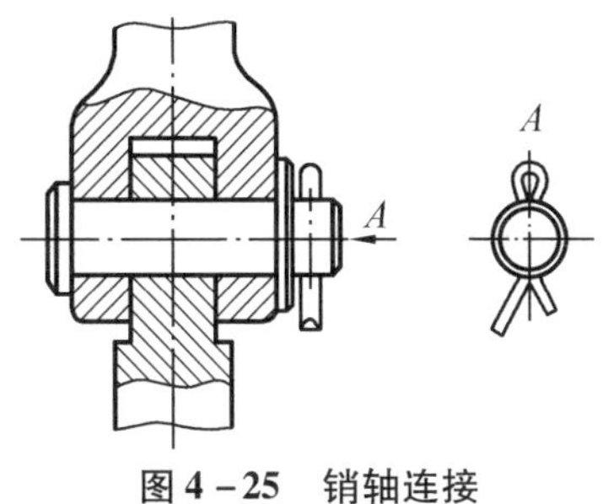

图4-25　销轴连接

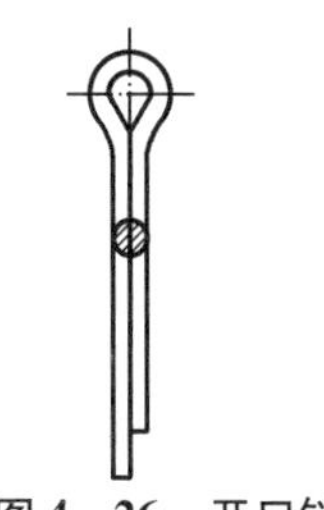
图4-26　开口销

连接销的类型可根据工作要求选定，其尺寸可根据连接的结构特点按经验或规范确定，必要时再按剪切和挤压强度条件进行校核计算。

安全销在机器过载时会被剪断（参看图4-21），因此，销的直径应按过载时被剪断的条件确定。

销的材料为35钢、45钢（开口销为低碳钢），许用切应力$[\tau]=80$ MPa，许用挤压应力$[\sigma_p]$查表4-2。

习　　题

4-1　平键连接的工作原理是什么？主要失效形工有哪些？平键的剖面尺寸$b\times h$和键的长度L是如何确定的？

4-2　胀套串联使用时，为何要引入额定载荷系数m？为什么ZJ1型胀套和ZJ2型胀套的额定载荷系数有明显的差别？

4-3　在一直径$d=80$ mm的轴端，安装一钢制直齿圆柱齿轮（图4-27），轮毂宽度$L'=1.5d$，工作时有轻微冲击。试确定平键连接的尺寸，并计算其允许传递的最大转矩。

4-4　图4-28所示的凸缘半联轴器及圆柱齿轮，分别用键与减速器的低速轴相连接。试选择两处键的类型及尺寸，并校核其连接强度。已知：轴的材料为45钢，传递的转矩$T=1\ 000$ N·m，齿轮用锻钢制成，半联轴器用灰铸铁制成，工作时有轻微冲击。

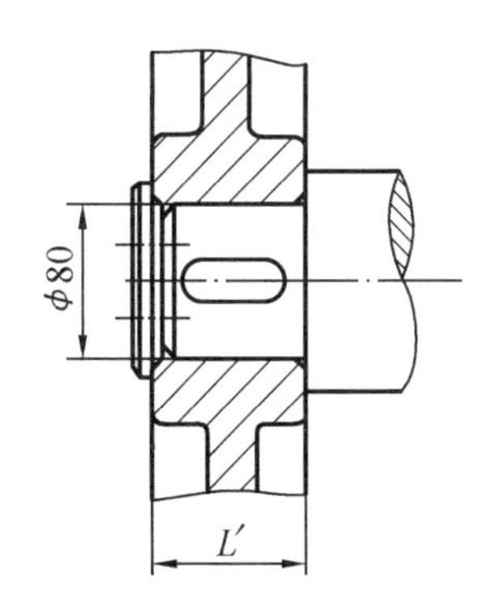

图4-27　轴端键连接设计

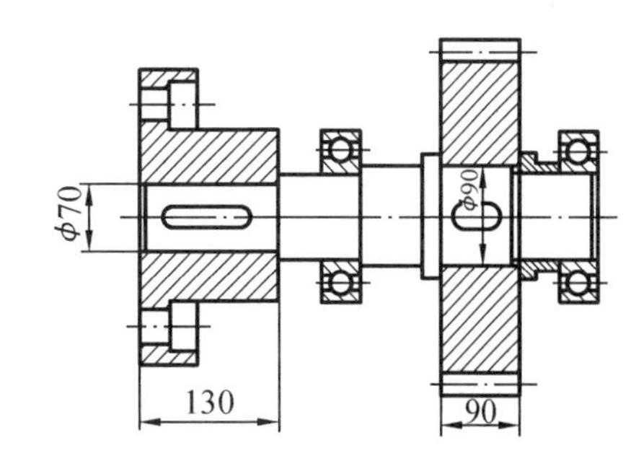

图4-28　键连接设计

4-5　图4-29所示的灰铸铁V带轮,安装在直径 $d=45$ mm的轴端,带轮的基准直径 $d=250$ mm,工作时的有效拉力 $F=2$ kN,轮毂宽度 $L'=65$ mm,工作时有轻微振动。设采用钩头楔键连接,试选择该楔键的尺寸,并校核连接的强度。

4-6　图4-30所示为变速箱中的双联滑移齿轮,传递的额定功率 $P=4$ kW,转速 $n=250$ r/min。齿轮在空载下移动,工作情况良好。试选择花键类型和尺寸,并校核连接的强度。

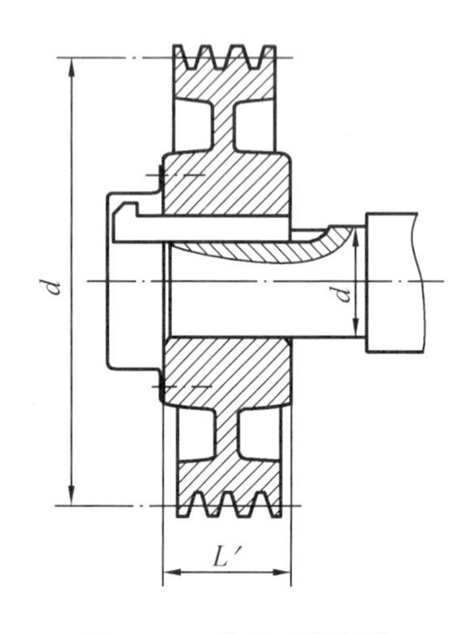

图4-29　楔键连接设计

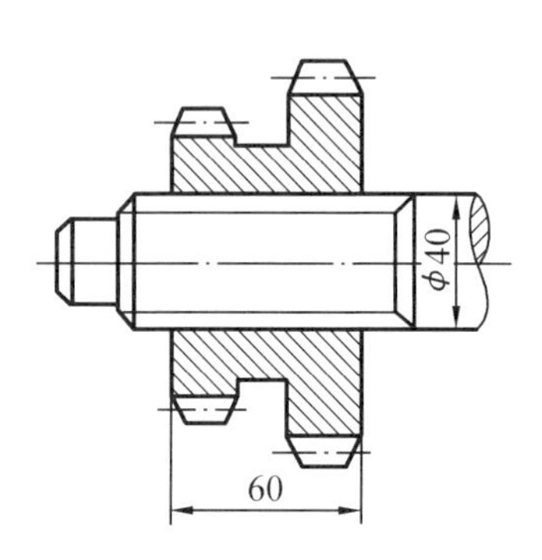

图4-30　花键连接设计

4-7　图4-31所示为套筒式联轴器,分别用平键及半圆键与两轴相连接。已知:轴径 $d=38$ mm,联轴器材料为灰铸铁,外径 $D_1=90$ mm。试分别计算两种连接允许传递的转矩,并比较其优缺点。

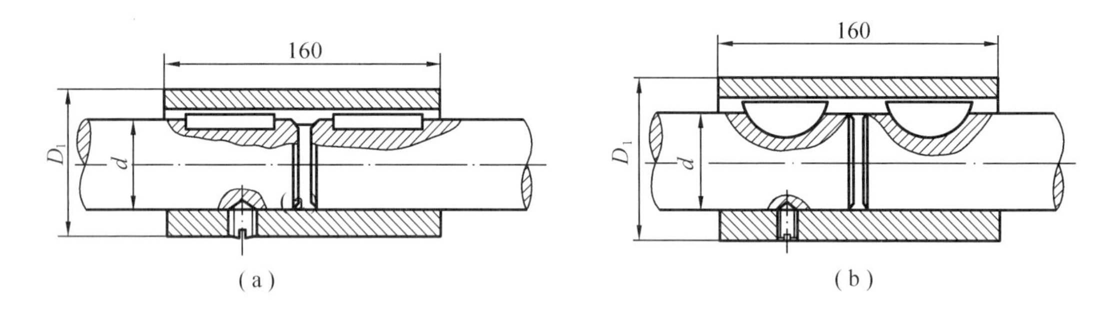

图4-31　平键连接与半圆键连接对比

第5章　带　传　动

5.1　概　　述

5.1.1　带传动的工作原理和特点

带传动由主动轮、从动轮和挠性带组成，如图5－1所示。它是利用带与带轮之间的摩擦或啮合实现运动和动力的传递。其特点是：带具有良好的弹性，传动平稳，噪声小并有吸振和缓冲作用；过载时带与带轮间会出现打滑，可保护其他零件；结构简单，制造、安装及维护都较方便；适用于中心距较大的传动；由于存在相对滑动，不能保证准确的传动比；传动的外廓尺寸大，效率低；有较大的压轴力，寿命短。

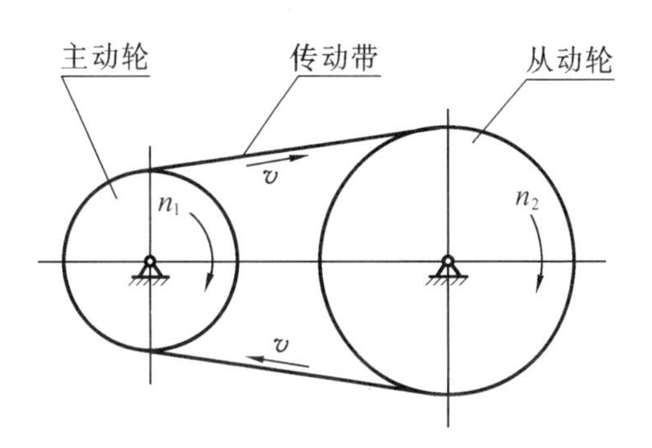

图5－1　带传动工作原理图

5.1.2　传动带的类型与应用

带传动分为摩擦型和啮合型两大类。摩擦型传动带按截面形状分为平带（图5－2（a））、V带（图5－2（b））、圆带（图5－2（c））、多楔带（图5－2（d））。而同步齿型带（图5－2（e））属于啮合型传动带。

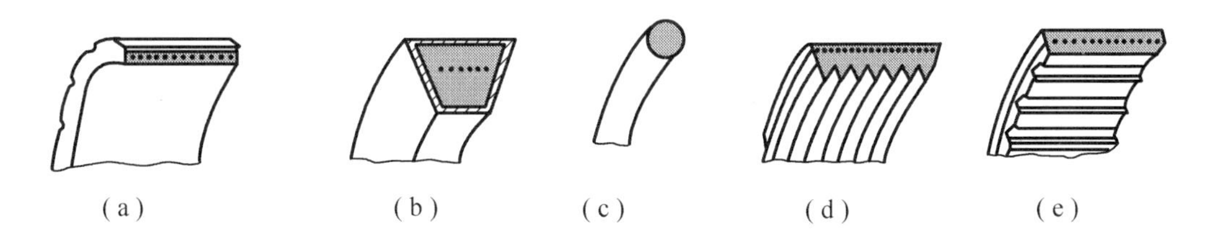

图5－2　带的类型

平带的工作表面是内周表面（图5－3（a）），V带的工作表面是两侧面（图5－3（b）），在压紧力Q相同的情况下，平带与V带传动能力不同。对于平带，带与轮缘表面间的摩擦力$F_f=fN=fQ$；而对于V带，其摩擦力

$$F_f=2fN=fQ/\sin\frac{\varphi}{2}=f'Q$$

式中　φ——V带轮槽的楔角；

f——带与带轮间的摩擦系数；

f'——当量摩擦系数,其计算式为$f' = f/\sin\frac{\varphi}{2}$。

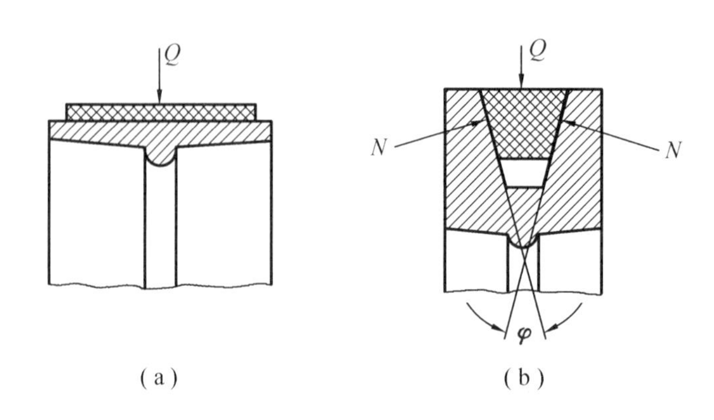

图5-3　平带和V带受力比较

当$\varphi = 40°$时,$f' \approx 3f$,故在相同条件下,V带能传递较大的功率;在传递相同功率时,V带传动的结构较紧凑。圆带的牵引力小,常用于仪器和家用机械中。多楔带是平带和V带的组合结构,其楔形部分嵌入带轮上的楔形槽内(图5-4),靠楔面之间产生的摩擦力工作。兼有平带和V带的优点,柔性好,摩擦力大,传动比可达到10,带速达40 m/s,常用于结构要求紧凑、传递功率大的场合。

同步带传动是通过带齿与轮齿的啮合传递运动和动力(图5-5),带与轮齿间无相对滑动,能保证准确的传动比;传动效率高,可达到0.98;带薄而轻,强力层强度高,结构紧凑,传动比可达到10,带速可达到50 m/s,传递功率达300 kW;可在恶劣条件下工作,如高温、粉尘、积水等环境下工作。其缺点是对制造安装精度要求高,带和带轮的制造工艺复杂,中心距的要求较为严格。以抗拉层中心线定为节线,相邻两齿对应点间沿节线量得的长度称为节距P_b,它是同步带的主要参数。各种型号同步带的规格及设计方法可查阅有关手册。

在一般机械中,目前应用最广泛的是V带传动。其带速v为5~25 m/s,传动比$i \leqslant 7$(不超过10),传动效率$\eta \approx 0.94 \sim 0.97$。本章重点讨论V带传动。

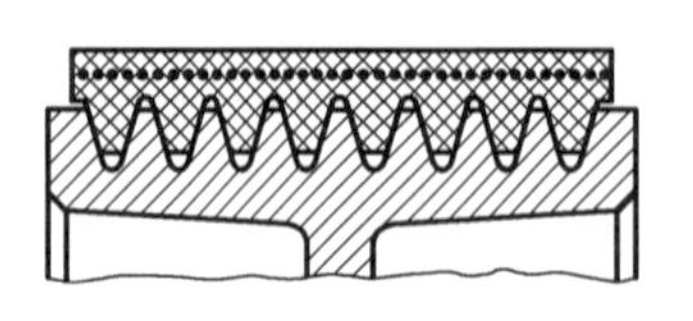

图5-4　多楔带传动

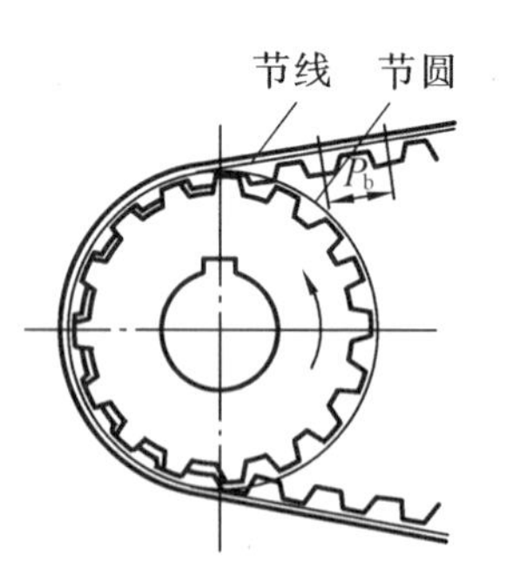

图5-5　同步带传动

5.1.3 V 带的结构、型号和基本尺寸

V 带由外包层、顶胶层、抗拉层和底胶层构成(图 5－6),其截面呈梯形结构,外包层由涂胶布制成,顶胶层和底胶层由橡胶制成。抗拉层是 V 带的骨架层,分为帘布结构和线绳结构。帘布结构抗拉强度高,制造方便;线绳结构柔韧性好、抗弯强度高、寿命长,可用在转速高、直径小的传动中。

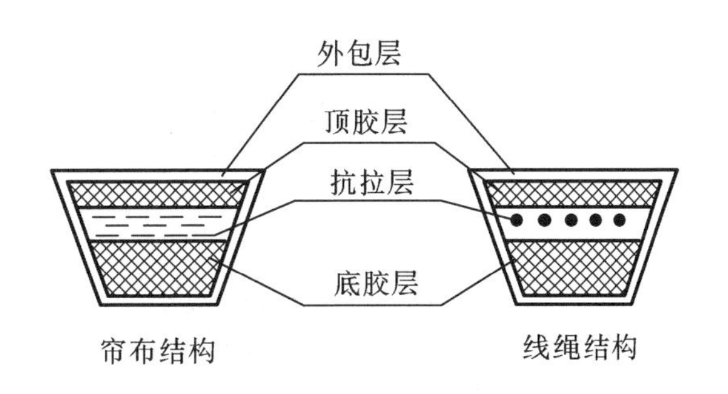

图 5－6 V 带的结构

V 带已标准化,如表 5－1 所示。其中普通 V 带应用最广,分为 Y,Z,A,B,C,D,E 七种型号。各种型号的截面尺寸如表 5－2 所示。

表 5－1 V 带类型与结构

类型	简　　图	结　　构
普通V带	(a)　(b)	抗拉体为帘布芯或绳芯,楔角为 40°,相对高度近似为 0.7,梯形截面环形带
窄V带		抗拉体为绳芯,楔角为 40°,相对高度近似为 0.9,梯形截面环形带
联组V带		将几根普通 V 带或窄 V 带的顶面用胶帘布等距黏结而成,有 2,3,4 或 5 根联在一起
齿形V带		抗拉体为绳芯结构,内周制成齿型的 V 带

表 5－1(续)

类型	简　图	结　构
大楔角V带		抗拉体为绳芯,楔角为60°的聚氨酯环形带
宽V带		抗拉体为绳芯,相对高度近似为0.3的梯形截面环形带

表 5－2　V 带的截面尺寸

类型		节宽	顶宽	高度	截面面积	楔角
普通V带	窄V带	b_p	b	h	A/mm^2	φ
Y		5.3	6	4	8	40°
Z		8.5	10	6	47	
	SPZ			8	57	
A		11.0	13	8	81	
	SPA			10	94	
B		14.0	17	10.5	138	
	SPB			14	167	
C		19.0	22	13.5	230	
	SPC			18	278	
D		27.0	32	19	476	
E		32.0	38	23.5	692	

V带受弯时,长度保持不变的周线称为节线,由节线组成的面称为节面。带的节面宽度称为节宽 b_p,在V带轮上,与节宽 b_p 相对应的带轮直径称为基准直径 d。V带的节线长度称为基准长度 L_d。长度系列如表5－3所示。

表 5－3　普通 V 带基准长度和长度系数

基准带长 L_d/mm	K_L						
	普通V带						
	Y	Z	A	B	C	D	E
355	0.92						
400	0.96	0.87					
450	1.00	0.89					
500	1.02	0.91					
560		0.94					

表 5－3(续)

基准带长 L_d/mm	K_L						
	普通 V 带						
	Y	Z	A	B	C	D	E
630		0.96	0.81				
710		0.99	0.82				
800		1.00	0.85				
900		1.03	0.87	0.81			
1 000		1.06	0.89	0.84			
1 120		1.08	0.91	0.86			
1 250		1.11	0.93	0.88			
1 400		1.14	0.96	0.90			
1 600		1.16	0.99	0.93	0.84		
1 800		1.18	1.01	0.95	0.85		
2 000			1.03	0.98	0.88		
2 240			1.06	1.00	0.91		
2 500			1.09	1.03	0.93		
2 800			1.11	1.05	0.95	0.83	
3 150			1.13	1.07	0.97	0.86	
3 550			1.17	1.10	0.98	0.89	
4 000			1.19	1.13	1.02	0.91	
4 500				1.15	1.04	0.93	0.90
5 000				1.18	1.07	0.96	0.92
5 600					1.09	0.98	0.95
6 300					1.12	1.00	0.97
7 100					1.15	1.03	1.00
8 000					1.18	1.06	1.02
9 000					1.21	1.08	1.05
10 000					1.23	1.11	1.07
11 200						1.14	1.10
12 500						1.17	1.12
14 000						1.20	1.15
16 000						1.22	1.18

普通 V 带标记示例如图 5－7 所示。

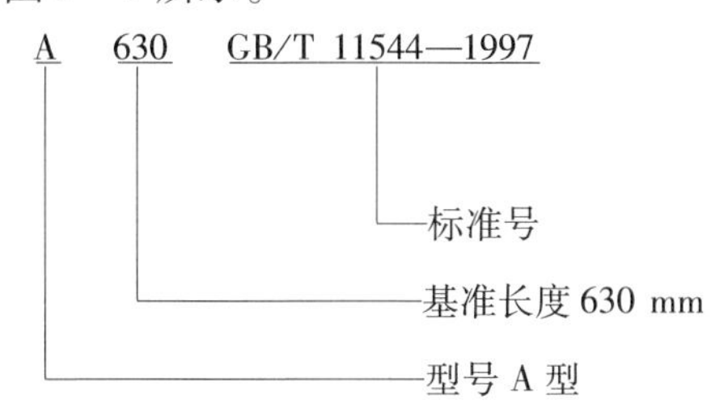

图 5－7 普通 V 带标记示例

5.2 带传动的基本理论

5.2.1 尺寸计算

带传动的主要几何参数包括带轮的基准直径、中心距 a、包角 α 及带的基准长度 L_d 等，如图5－8所示。

带与带轮接触弧所对应的中心角称为包角。由图可知：小带轮的包角 $\alpha_1 = 180° - 2\theta$。因 a 大，$\theta \approx \sin\theta = \dfrac{d_2 - d_1}{2a}$，则

$$\alpha_1 = 180° - \frac{d_2 - d_1}{a} \times 57.3° \quad (5-1)$$

其中，d_2，d_1 为大、小带轮基准直径。

带的基准长度 L_d 为

$$L_d \approx 2a + \frac{\pi}{2}(d_2 + d_1) + \frac{(d_2 - d_1)^2}{4a} \quad (5-2)$$

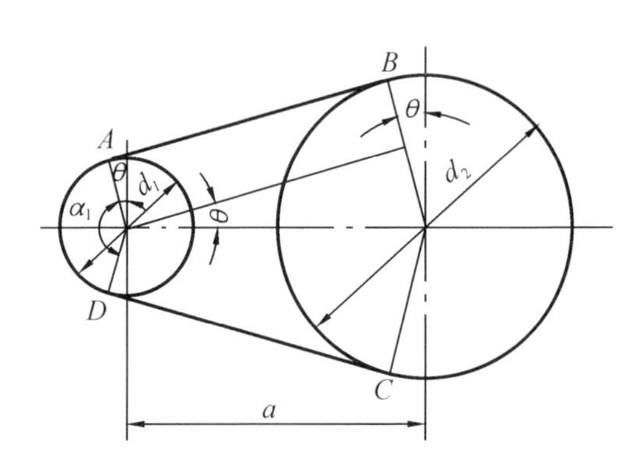

图5－8 带传动的几何关系

带长已知时，由式(5－2)得中心距

$$a \approx \frac{2L_d - \pi(d_2 + d_1) + \sqrt{[2L_d - \pi(d_2 + d_1)]^2 - 8(d_2 - d_1)^2}}{8} \quad (5-3)$$

5.2.2 受力分析

如图5－9所示，带静止时，带的两边受到相同的初拉力 F_0；传动时，由于带与轮面间摩擦力的作用，带两边的拉力不等。绕上主动轮的一边，拉力由 F_0 增至 F_1，称为紧边，而带的另一边，拉力由 F_0 减为 F_2，称为松边。两边拉力之差称为带传动的有效圆周力 F，即

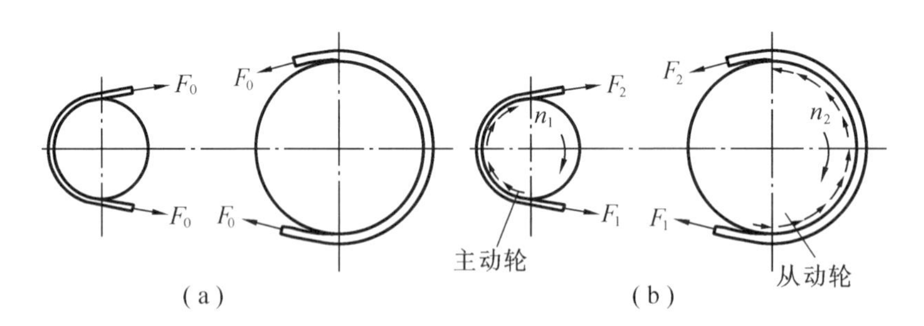

图5－9 带传动的受力情况

$$F = F_1 - F_2 \quad (5-4)$$

设带的总长不变，紧边拉力的增加量应等于松边拉力的减少量，即 $F_1 - F_0 = F_0 - F_2$，则

$$F_0=\frac{1}{2}(F_1+F_2) \tag{5-5}$$

有效圆周力 F、带速 v 和传递功率 P 之间的关系为

$$P=\frac{Fv}{1\ 000} \quad \text{kW} \tag{5-6}$$

现以平带为例，分析带在即将打滑时紧边拉力 F_1 与松边拉力 F_2 的关系，如图5-10所示。在带上截取一微段 $dl=rd\alpha$，dN 为带轮对带的正压力，F 和 $F+dF$ 分别为作用在微段带上两端的拉力，fdN 为带轮对带的摩擦力，忽略离心力，由各力水平分量和垂直分量的平衡条件得

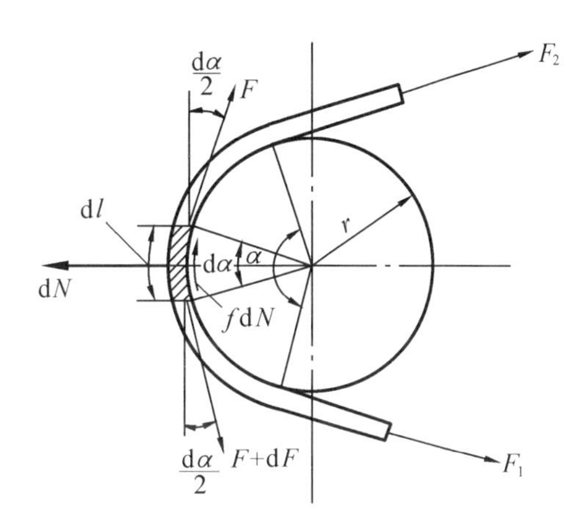

图5-10 带松紧边拉力关系

$$F\sin\frac{d\alpha}{2}+(F+dF)\sin\frac{d\alpha}{2}-dN=0$$

$$F\cos\frac{d\alpha}{2}-(F+dF)\cos\frac{d\alpha}{2}+fdN=0$$

因 $d\alpha$ 较小，取 $\sin\frac{d\alpha}{2}\approx\frac{d\alpha}{2}$，$\cos\frac{d\alpha}{2}\approx 1$，并略去高阶微量 $dF\sin\frac{d\alpha}{2}$ 得 $dN=Fd\alpha$，$fdN=dF$，即 $\frac{dF}{F}=fd\alpha$。再对等式两边分别从 F_2 到 F_1 和0到 α_1 范围积分得柔韧体摩擦的欧拉公式，即

$$\frac{F_1}{F_2}=e^{f\alpha} \tag{5-7}$$

式中 e——自然对数的底（e=2.718…）；

f——带与轮面间的摩擦系数（V带用当量摩擦系数 f'）；

α——带轮的包角，rad。

将式（5-4）、式（5-5）和式（5-7）联解，得带传动所能传递的最大有效圆周力 F_{max}，即

$$F_{max}=2F_0\frac{e^{f\alpha}-1}{e^{f\alpha}+1}=2F_0\left(1-\frac{2}{e^{f\alpha}+1}\right) \tag{5-8}$$

由此可知：增大包角、摩擦系数和初拉力，都可提高带传动所能传递的有效圆周力。

5.2.3 应力分析

带工作时的应力变化如图5-11所示。

1. 由拉力产生的拉应力

紧边拉应力 $\sigma_1=\frac{F_1}{A}$ MPa

松边拉应力 $\sigma_2=\frac{F_2}{A}$ MPa

其中，A 为带的横截面积，单位为 mm^2。

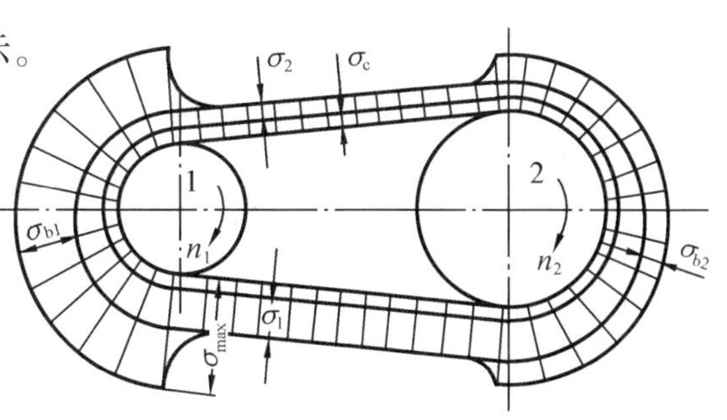

图5-11 带工作时的应力变化

2. 由离心力产生的拉应力

带做圆周运动时,产生的离心力使带受到拉力的大小为

$$F_c = qv^2 \quad \text{N}$$

则

$$\sigma_c = \frac{F_c}{A} = \frac{qv^2}{A} \quad \text{MPa} \tag{5-9}$$

式中 q——每米带长的质量(表5-4),kg/m;

v——带速,m/s。

表5-4 普通V带每米长的质量 q

带型	Y	Z	A	B	C	D	E
q/(kg/m)	0.04	0.06	0.10	0.17	0.30	0.60	0.87

3. 弯曲应力

$$\sigma_b \approx \frac{Eh}{d} \quad \text{MPa} \tag{5-10}$$

式中 E——带材料的弹性模量,MPa;

h——带的高度,mm;

d——带轮基准直径,mm。

故最大应力发生在紧边进入小带轮处,其值为

$$\sigma_{max} = \sigma_1 + \sigma_c + \sigma_{b1} \tag{5-11}$$

由于交变应力的作用将引起带的疲劳破坏。

5.2.4 运动分析

带是弹性体,由于紧边拉力 F_1 大于松边拉力 F_2,因此紧边的伸长量大于松边的伸长量。在图5-12中,带的紧边在 A 点绕上主动轮到 B 点离开的过程中,拉力从 F_1 逐渐减小到 F_2,带因弹性伸长量的逐渐减小而后缩,使带的速度 v 小于主动轮圆周速度 v_1;与此相反,当带在 C 点绕上从动轮到 D 点离开的过程中,带速 v 将逐渐大于从动轮的圆周速度 v_2。这种由于带的弹性和松紧边拉力差引起接触弧后段局部微量的相对滑动现象称为弹性滑动。它是不可避免的。弹性滑动会引起从动轮的圆周速度下降,传动比不准确,降低传动效率和增加带的磨损。

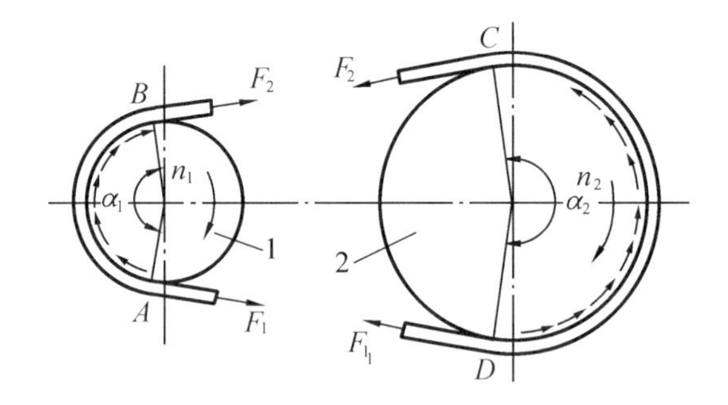

图5-12 带传动中的弹性滑动

从动轮圆周速度的相对降低率称为滑动率

$$\varepsilon = \frac{v_1 - v_2}{v_1} = 1 - \frac{n_2 d_2}{n_1 d_1} \tag{5-12}$$

传动比

$$i=\frac{n_1}{n_2}=\frac{d_2}{d_1(1-\varepsilon)}\approx\frac{d_2}{d_1} \tag{5-13}$$

滑动率 ε 随载荷的变化而变化,一般为1% ~2%,在一般计算中可略去不计。

当带传动的载荷增大时,有效圆周力 F 相应增大,当 F 超过极限摩擦力时,带与带轮间发生全面滑动,这种现象称为打滑。打滑会造成带的严重磨损并使从动轮转速急剧下降,致使传动失效,应避免打滑。

5.3 普通V带传动的设计

5.3.1 带传动的失效形式和设计准则

带传动的主要失效形式是打滑和带的疲劳破坏。因此,设计准则是在保证不打滑的前提下,具有一定的疲劳强度和寿命。

1. 疲劳强度条件

$$\sigma_{\max}=\sigma_1+\sigma_c+\sigma_{b1}\leqslant[\sigma] \text{ 或 } \sigma_1=\frac{F_1}{A}\leqslant[\sigma]-\sigma_c-\sigma_{b1}$$

2. 不打滑条件

$$F=1\,000\frac{P}{v}\leqslant F_1\left(1-\frac{1}{e^{f\alpha}}\right)$$

由以上两式可得同时满足两个条件时单根普通V带能传递的额定功率 P_0,即

$$P_0=\frac{Fv}{1\,000}=([\sigma]-\sigma_c-\sigma_{b1})\left(1-\frac{1}{e^{f\alpha}}\right)\frac{Av}{1\,000} \quad \text{kW} \tag{5-14}$$

在载荷平稳,包角 $\alpha=\pi(i=1)$,特定带长条件下,由上式求得 P_0 值(表5-5)。

若实际工作条件与上述特定条件不同时,应对 P_0 值修正。经修正的单根普通V带的许用功率

$$[P_0]=(P_0+\Delta P_0)K_\alpha K_L \quad \text{kW} \tag{5-15}$$

式中 ΔP_0——单根普通V带额定功率的增量(表5-6);

K_α——包角系数(表5-7);

K_L——带长系数(表5-3)。

表5-5 单根普通V带的额定功率 P_0 单位:kW

带型	小带轮基准直径 d_1/mm	小带轮转速 n_1/(r/min)						
		400	730	800	980	1 200	1 460	2 800
Z型	50	0.06	0.09	0.10	0.12	0.14	0.16	0.26
	63	0.08	0.13	0.15	0.18	0.22	0.25	0.41
	71	0.09	0.17	0.20	0.23	0.27	0.31	0.50
	80	0.14	0.20	0.22	0.26	0.30	0.36	0.56

表 5-5(续)

带型	小带轮基准直径 d_1/mm	小带轮转速 n_1/(r/min)						
		400	730	800	980	1 200	1 460	2 800
A 型	75	0.27	0.42	0.45	0.52	0.60	0.68	1.00
	90	0.39	0.63	0.68	0.79	0.93	1.07	1.64
	100	0.47	0.77	0.83	0.97	1.14	1.32	2.05
	112	0.56	0.93	1.00	1.18	1.39	1.62	2.51
	125	0.67	1.11	1.19	1.40	1.66	1.93	2.98
B 型	125	0.84	1.34	1.44	1.67	1.93	2.20	2.96
	140	1.05	1.69	1.82	2.13	2.47	2.83	3.85
	160	1.32	2.16	2.32	2.72	3.17	3.64	4.89
	180	1.59	2.61	2.81	3.30	3.85	4.41	5.76
	200	1.85	3.05	3.30	3.86	4.50	5.15	6.43
C 型	200	2.41	3.80	4.07	4.66	5.29	5.86	5.01
	224	2.99	4.78	5.12	5.89	6.71	7.47	6.08
	250	3.62	5.82	6.23	7.18	8.21	9.06	6.56
	280	4.32	6.99	7.52	8.65	9.81	10.74	6.13
	315	5.14	8.34	8.92	10.23	11.53	12.48	4.16
	400	7.06	11.52	12.10	13.67	15.04	15.51	—

表 5-6 单根普通 V 带额定功率的增量 ΔP_0 单位:kW

带型	小带轮转速 n_1/(r/min)	传动比 i									
		1.00~1.01	1.02~1.04	1.05~1.08	1.09~1.12	1.13~1.18	1.19~1.24	1.25~1.34	1.35~1.51	1.52~1.99	≥2.0
Z 型	400	0.00	0.00	0.00	0.00	0.00	0.00	0.00	0.00	0.01	0.01
	730	0.00	0.00	0.00	0.00	0.00	0.00	0.00	0.01	0.01	0.02
	800	0.00	0.00	0.00	0.00	0.01	0.01	0.01	0.01	0.02	0.02
	980	0.00	0.00	0.00	0.01	0.01	0.01	0.01	0.02	0.02	0.02
	1 200	0.00	0.00	0.01	0.01	0.01	0.01	0.02	0.02	0.02	0.03
	1 460	0.00	0.00	0.01	0.01	0.01	0.02	0.02	0.02	0.02	0.03
	2 800	0.00	0.01	0.02	0.02	0.03	0.03	0.03	0.04	0.04	0.04

表 5－6(续)

带型	小带轮转速 n_1/(r/min)	传动比 i									
		1.00～1.01	1.02～1.04	1.05～1.08	1.09～1.12	1.13～1.18	1.19～1.24	1.25～1.34	1.35～1.51	1.52～1.99	≥2.0
A 型	400	0.00	0.01	0.01	0.02	0.02	0.03	0.03	0.04	0.04	0.05
	730	0.00	0.01	0.02	0.03	0.04	0.05	0.06	0.07	0.08	0.09
	800	0.00	0.01	0.02	0.03	0.04	0.05	0.06	0.08	0.09	0.10
	980	0.00	0.01	0.03	0.04	0.05	0.06	0.07	0.08	0.10	0.11
	1 200	0.00	0.02	0.03	0.05	0.07	0.08	0.10	0.11	0.13	0.15
	1 460	0.00	0.02	0.04	0.06	0.08	0.09	0.11	0.13	0.15	0.17
	2 800	0.00	0.04	0.08	0.11	0.15	0.19	0.23	0.26	0.30	0.34
B 型	400	0.00	0.01	0.03	0.04	0.06	0.07	0.08	0.10	0.11	0.13
	730	0.00	0.02	0.05	0.07	0.10	0.12	0.15	0.17	0.20	0.22
	800	0.00	0.03	0.06	0.08	0.11	0.14	0.17	0.20	0.23	0.25
	980	0.00	0.03	0.07	0.10	0.13	0.17	0.20	0.23	0.26	0.30
	1 200	0.00	0.04	0.08	0.13	0.17	0.21	0.25	0.30	0.34	0.38
	1 460	0.00	0.05	0.10	0.15	0.20	0.25	0.31	0.36	0.40	0.46
	2 800	0.00	0.10	0.20	0.29	0.39	0.49	0.59	0.69	0.79	0.89
C 型	400	0.00	0.04	0.08	0.12	0.16	0.20	0.23	0.27	0.31	0.35
	730	0.00	0.07	0.14	0.21	0.27	0.34	0.41	0.48	0.55	0.62
	800	0.00	0.08	0.16	0.23	0.31	0.39	0.47	0.55	0.63	0.71
	980	0.00	0.09	0.19	0.27	0.37	0.47	0.56	0.65	0.74	0.83
	1 200	0.00	0.13	0.24	0.35	0.47	0.59	0.70	0.82	0.94	1.06
	1 460	0.00	0.14	0.28	0.42	0.58	0.71	0.85	0.99	1.14	1.27
	2 800	0.00	0.27	0.55	0.82	1.10	1.37	1.64	1.92	2.19	2.47

表 5－7 包角系数 K_α

小带轮包角/(°)	K_α	小带轮包角	K_α
180	1	145°	0.91
175	0.99	140°	0.89
170	0.98	135°	0.88
165	0.96	130°	0.86
160	0.95	125°	0.84
155	0.93	120°	0.82
150	0.92		

5.3.2 设计计算步骤和参数选择

设计V带传动的依据是:传动用途,工作情况,带轮转速(或传动比),传递的功率,外廓尺寸和空间位置条件等。需要确定的是:V带的型号,长度和根数,中心距,带轮结构尺寸及压轴力等。

步骤如下:

1. 确定计算功率 P_c

$$P_c = K_A P \qquad \text{kW} \tag{5-16}$$

式中 P——传递的名义功率,kW;

K_A——工况系数,查表5-8。

表5-8 工况系数 K_A

工作机		原动机					
		Ⅰ类			Ⅱ类		
		一天工作时间/h					
		≤10	10~16	>16	≤10	10~16	>16
载荷平稳	液体搅拌机、离心式水泵、通风机和鼓风机(≤7.5 kW)、离心式压缩机、轻型运输机	1.0	1.1	1.2	1.1	1.2	1.3
载荷变动小	带式运输机(运送砂石、谷物)、通风机(>7.5 kW)、发电机、旋转式水泵、金属切削机床、剪床、压力机、印刷机、振动筛	1.1	1.2	1.3	1.2	1.3	1.4
载荷变动较大	螺旋式运输机、斗式提升机、往复式水泵和压缩机、锻锤、磨粉机、锯木机和木工机械、纺织机械	1.2	1.3	1.4	1.4	1.5	1.6
载荷变动很大	破碎机(旋转式、颚式等)、球磨机、棒磨机、起重机、挖掘机、橡胶辊压机	1.3	1.4	1.5	1.5	1.6	1.8

注:(1)Ⅰ类——普通鼠笼式交流电动机、同步电动机、直流电动机(并激),$n \geq 600$ r/min内燃机。

Ⅱ类——交流电动机(双鼠笼式、滑环式、单相、大转差率)、直流电动机(复激、串激)、单缸发动机,$n \leq 600$ r/min内燃机。

(2)反复启动,正反转频繁、工作条件恶劣等场合,K_A 值应乘以1.1。

2. 选择带型

根据计算功率 P_c 和小带轮转速 n_1,由图5-13初选带的型号。若在两种型号交界线附近时,可对两种型号同时进行计算,最后择优选定。

3. 选取带轮基准直径 d_1 和 d_2,验算带速 v

d_1 小,则带传动外廓尺寸小,但 d_1 过小,弯曲应力 σ_{b1} 过大,故小带轮直径应予限制。设计时满足 $d_1 \geq d_{min}$,并符合基准直径系列,d_{min} 值见表5-9。

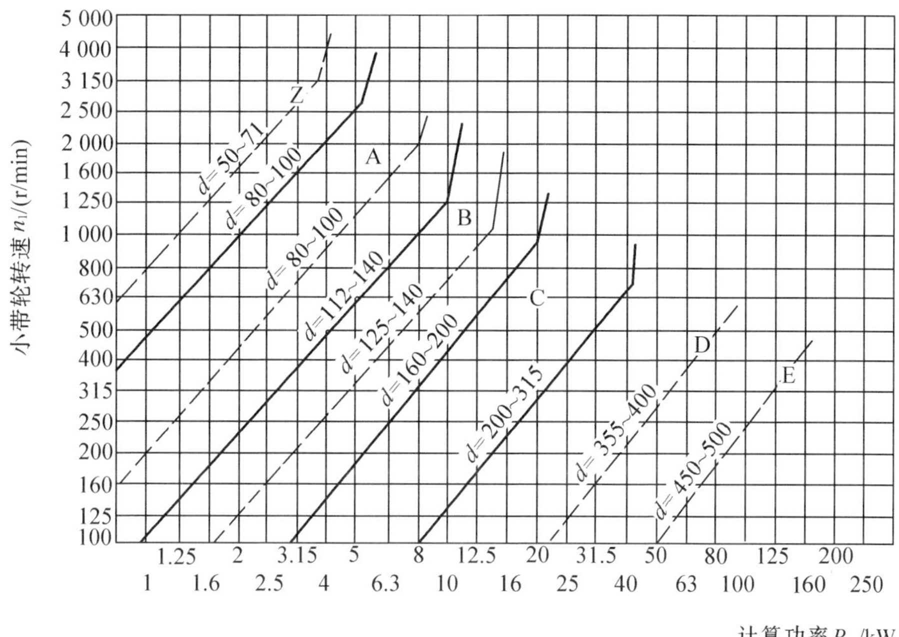

图 5-13 普通 V 带选型图

表 5-9 普通 V 带轮的最小基准直径

槽型	Y	Z	A	B	C	D	E
d_{min}/mm	20	50	75	125	200	355	500

注:带轮直径系列为:63,71,75,80,90,95,100,106,112,118,125,132,140,150,160,170,180,200,212,224,236,250,265,280,300,315,355,375,400,425,450,475,500,530,560,600,630,710,750,800,850,900,950,1 000 等。

略去弹性滑动的影响,大带轮基准直径 $d_2=\frac{n_1}{n_2}d_1$,并按表 5-9 圆整为标准值。当要求传动比精确时,$d_2=\frac{n_1}{n_2}d_1(1-\varepsilon)$,取 $\varepsilon=0.015$。

带速高,则离心力大,从而降低传动能力;带速低,要求有效圆周力大,使带的根数过多。一般 v 应在 5~25 m/s 范围内,否则应重新选取 d_1。

$$v=\frac{\pi d_1 n_1}{60\times 1\ 000} \quad \text{m/s} \tag{5-17}$$

4. 确定中心距 a 和 V 带的基准长度 L_d

带传动的中心距过大,将引起带的抖动,中心距过小,单位时间内带绕过带轮的次数增多,使带的寿命降低。一般根据传动需要,可按下式初定中心距 a_0,即

$$0.7(d_1+d_2)\leqslant a_0\leqslant 2(d_1+d_2) \tag{5-18}$$

由式(5-2)初算 V 带的基准长度 L_0,即

$$L_0=2a_0+\frac{\pi}{2}(d_2+d_1)+\frac{(d_2-d_1)^2}{4a_0} \tag{5-19}$$

按表5-3选取接近的标准长度 L_d,最后按下式近似确定中心距

$$a \approx a_0 + \frac{L_d - L_0}{2} \tag{5-20}$$

为了安装和张紧V带,中心距应有 $\pm 0.03L_d$ 的调整余量。

5. 验算小带轮包角 α_1

α_1 可由式(5-1)计算。为保证传动能力,α_1 应大于120°。

$$\alpha_1 = 180° - \frac{d_2 - d_1}{a} \times 57.3° > 120°$$

6. 确定V带的根数 z

$$z \geqslant \frac{P_c}{[P_0]} = \frac{K_A P}{(P_0 + \Delta P_0) K_\alpha K_L} \tag{5-21}$$

z 值应取整数,为使各带受力均匀,带的根数 $z \leqslant 10$。

7. 确定初拉力 F_0

F_0 是保证带传动正常工作的重要条件。初拉力不足,会出现打滑;初拉力过大,又使带的寿命降低,轴和轴承所受的压力增大。单根普通V带合适的初拉力可按下式计算,即

$$F_0 = \frac{500P_c}{vz}\left(\frac{2.5}{K_\alpha} - 1\right) + qv^2 \tag{5-22}$$

式中各符号意义同前。

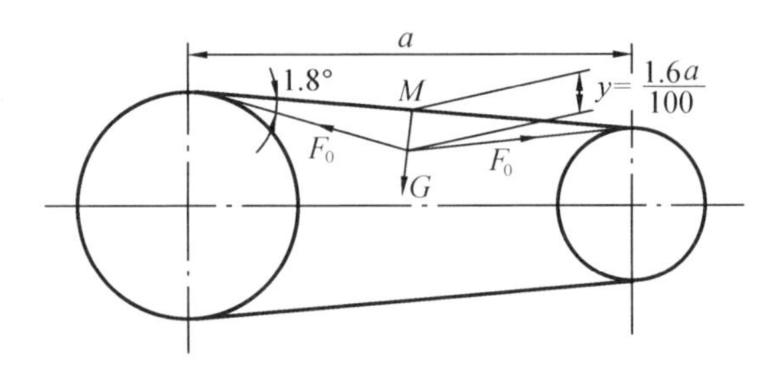

图5-14 初拉力的控制

对于非自动张紧的V带传动,安装新带时的初拉力值应增大50%,初拉力 F_0 可用实测的方法确定(图5-14)。在两带轮外公切线中点 M 处,施加一适当的力 G,使带沿跨距每100 mm长所产生的挠度为1.6 mm(即挠角为1.8°)来控制,G 值见表5-10。

表5-10 截荷 G 值

单位:N

类型		小带轮直径 d_1/mm	带速 v/(m/s) 0~10	10~20	20~30	类型		小带轮直径 d_1/mm	带速 v/(m/s)		
普通V带	Z	50~100	5~7	4.2~6	3.5~5.5	窄V带	SPZ	67~95	9.5~14	8~13	6.5~11
		>100	7~10	6~8.5	5.5~7			>95	14~21	13~9	11~18
	A	75~140	9.5~14	8~12	6.5~10		SPA	100~140	18~26	15~21	12~18
		>140	14~21	12~18	10~15			>140	26~38	21~32	18~27
	B	125~200	18.5~28	15~22	12.5~18		SPB	160~265	30~45	26~40	22~34
		>200	28~42	22~33	18~27			>265	45~58	40~52	34~47
	C	200~400	36~54	30~45	25~38		SPC	224~355	58~82	48~72	40~64
		>400	54~85	45~70	38~56			>355	82~106	72~96	64~90

注:表中高值用于新安装的V带或必须保持高张紧的传动。

8. 计算压轴力 F_Q

为计算轴和轴承,必须确定作用在轴上的压力 F_Q,它等于松、紧边拉力的合力,见图5-15。若忽略带两边的拉力差,可近似地按式(5-15)计算。

$$F_Q = 2zF_0\sin\frac{\alpha_1}{2} \quad (5-15)$$

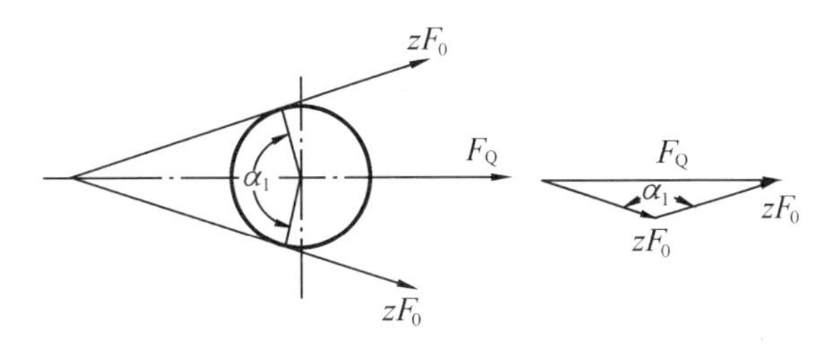

图5-15 作用在轴上的压力

5.3.3 带轮设计

带轮通常由三部分组成:轮缘(用以安装传动带)、轮毂(与轴连接部分)、轮辐(中间部分)。

对带轮的要求是:质量少、工艺性好、质量分布均匀、轮槽工作表面要精加工。对于铸造和焊接带轮,内应力要小。

带轮的材料主要采用铸铁 HT150 或 HT200。$v>25$ m/s 时,宜采用铸钢;小功率时可采用铸铝或塑料。

带轮的结构形式有:

①实心式(图5-16(a)),用于尺寸较小的带轮;

②腹板式(图5-16(b)),用于中等尺寸的带轮;

③孔板式(图5-16(c)),用于大尺寸的带轮;

④轮辐式(图5-16(d)),用于尺寸较大的带轮。

普通V带楔角为40°,但轮槽角小于40°,其原因是带绕过带轮时产生横向变形,使楔角变小,且带轮直径越小,楔角 φ 越小,为使带的侧面与轮槽侧面接触良好,轮槽角总是小于V带楔角。V带轮的轮槽尺寸见表5-11。

表5-11 V带轮的轮缘尺寸 单位:mm

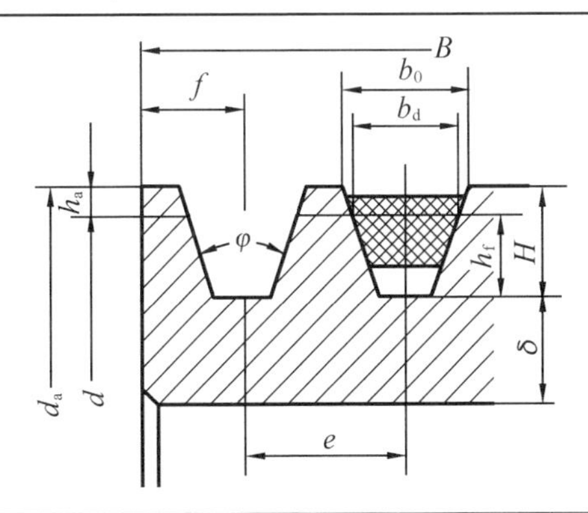

槽型	Y	Z	A	B	C
b_d	5.3	8.5	11	14	19
h_{amin}	1.6	20.0	2.75	3.5	4.8
e	8±9.3	12±0.3	15±0.3	19±0.4	25.5±0.5

表 5-11(续)

f_{min}			6	7	9	11.5	16
h_{fmin}			6	7	9	11.5	16
δ_{min}			5	5.5	6	7.5	10
φ/(°)	32	对应的 d	≤60	—	—	—	—
	34		—	≤80	≤118	≤190	≤315
	36		>60	—	—	—	—
	38		—	>80	>118	>190	>315

注:δ_{min}是轮缘最小壁厚推荐值。

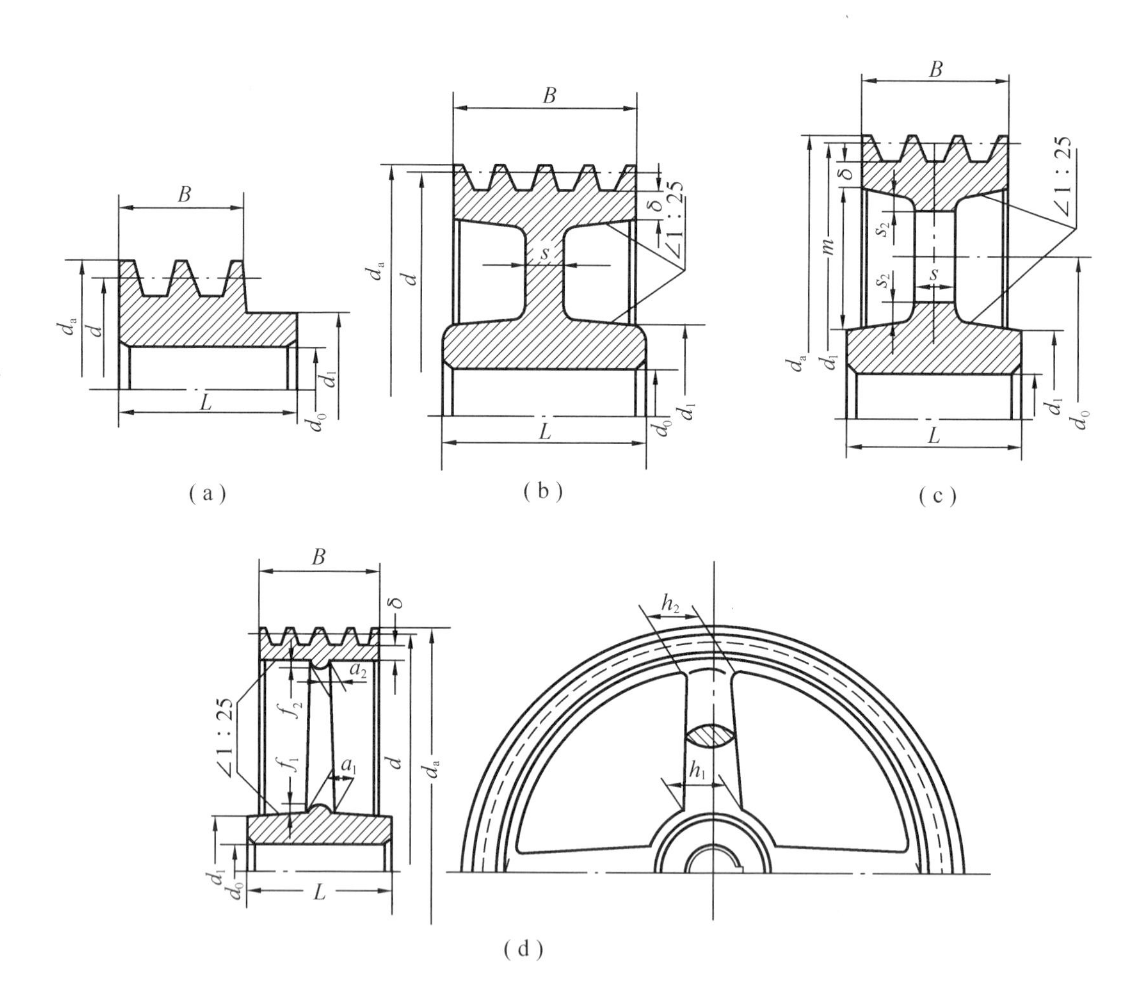

图 5-16 V 带轮的结构

(a)实心轮;(b)腹板轮;(c)孔板轮;(d)椭圆轮辐式轮

$d_1=(1.8\sim2)d_0$;$L=(1.5\sim2)d_0$;$s=0.3B$;$s_1\geqslant1.5s$;$s_2\geqslant0.5s$;$h_1=290\sqrt[3]{\frac{P}{nA}}$(mm)

P—传递的功率(kW);n—带轮的转速(r/min);A—轮辐数;$h_2=0.8h_1$;$a_1=0.4h_1$;$a_2=0.8a_1$

$f_1=0.2h_1$,$f_2=0.2h_2$

V 带轮的结构设计，主要是根据直径大小选择结构形式，根据带型确定轮槽尺寸，其他结构尺寸可参考经验公式或有关资料。

5.3.4　V 带传动的张紧装置

因传动带的材料不是完全的弹性体，因此带在工作一段时间后会伸长而松弛，使初拉力下降，因此，为保证正常工作，应设置张紧装置。常见的张紧装置有以下几种。

1. 定期张紧装置

它是利用定期改变中心距的方法来调节带的初拉力，使其重新张紧。在水平或倾斜不大的传动中，可采用图 5－17(a)所示滑道式结构。电动机装在滑轨上，通过旋动调节螺钉改变电动机位置。在垂直或接近垂直的传动中，可采用图 5－17(b)所示的摆架式结构。电动机固定在摇摆架上，旋动螺钉使机座绕固定轴旋转。

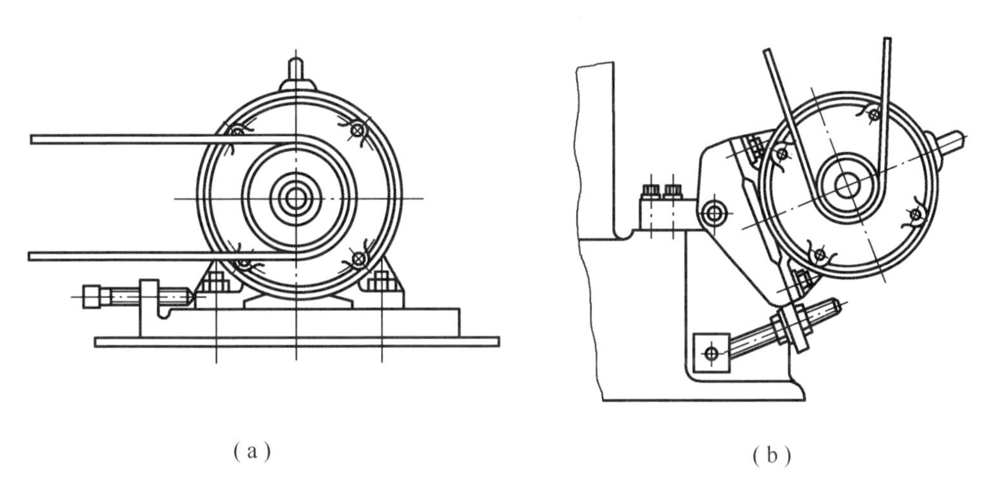

(a)　　(b)

图 5－17　定期张紧装置

2. 张紧轮张紧装置

当中心距不能调节时，可采用张紧轮把带张紧。张紧轮一般应放在松边内侧(图 5－18(a))，尽量靠近大带轮，以减少对包角的影响。图 5－18(b)是张紧轮压在松边的外侧，带受反向弯曲，会使寿命降低。

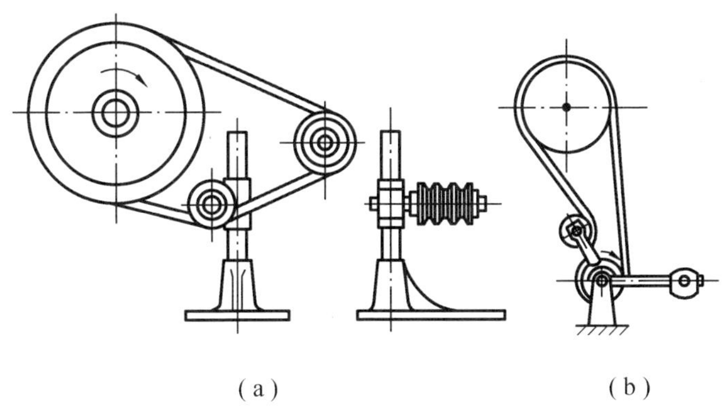

(a)　　(b)

图 5－18　张紧轮装置

3. 自动张紧装置

图5-19所示是将装有带轮的电动机安装在可自动转动的摆架上,利用电动机和摆架的重量自动保持张紧力。

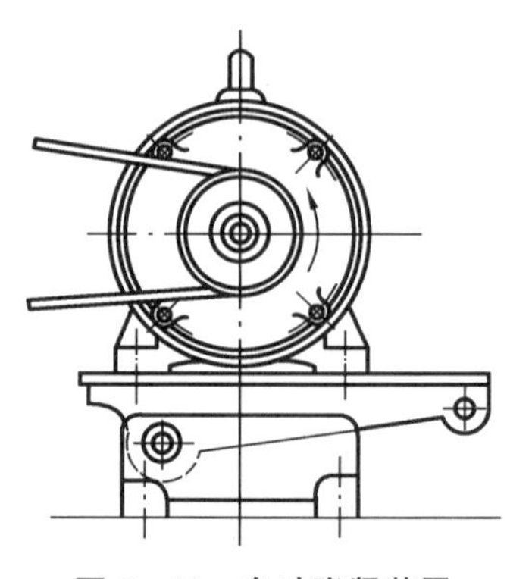

图5-19 自动张紧装置

例5-1 设计某带式输送机中的普通V带传动,已知电动机额定功率 $P=7.5\ \text{kW}$,满载转速 $n_1=1\ 440\ \text{r/min}$,传动比 $i=3$,双班制工作,载荷平稳。

解 设计步骤和结果如表5-12所示。

表5-12 设计步骤和结果

设计步骤		公式	图表	计算结果	
				方案1	方案2
1	求计算功率	$P_c=K_AP$	表5-8	$K_A=1.2, P_c=9.0\ \text{kW}$	同方案1
2	选取V带型号		图5-12	A型	B型
3	确定带轮基准直径	$d_2=\frac{n_1}{n_2}d_1$	表5-9	$d_1=112\ \text{mm}$ $d_2=336\ \text{mm}$ 取 $d_2=315\ \text{mm}$	$d_1=132\ \text{mm}$ $d_2=396\ \text{mm}$ 取 $d_2=400\ \text{mm}$
	验算带速	$v=\frac{\pi d_1n_1}{60\times1\ 000}$		$v=8.44\ \text{m/s}$	$v=9.95\ \text{m/s}$
4	确定中心距:初取 a_0	$0.7(d_2+d_1)\leqslant a_0\leqslant2(d_1+d_2)$		$299\leqslant a_0\leqslant854$ 取 $a_0=400\ \text{mm}$	$370\leqslant a_0\leqslant1\ 056$ 取 $a_0=700\ \text{mm}$
	计算基准长度:初算 L_0	$L_0=2a_0+\frac{\pi}{2}(d_2+d_1)+\frac{(d_2-d_1)^2}{4a_0}$		$L_0=1\ 496.5\ \text{mm}$	$L_0=2\ 261.3\ \text{mm}$
	取标准 L_d		表5-3	$L_d=1\ 400\ \text{mm}$	$L_d=2\ 240\ \text{mm}$
	实际中心距	$a\approx a_0+\frac{L_d-L_0}{2}$		$a=351.8\ \text{mm}$	$a=689.4\ \text{mm}$
5	验算小带轮包角	$\alpha_1=180°-\frac{d_2-d_1}{a}\times57.3°$		$\alpha_1=146.9°$	$\alpha_1=157.7°$
6	确定带的根数	$z\geqslant\frac{P_c}{(P_0+\Delta P_0)K_\alpha K_L}$	表5-3 表5-5 表5-6 表5-7	$K_L=0.96$ $P_0=1.6\ \text{kW}$ $\Delta P_0=0.17\ \text{kW}$ $K_\alpha=0.91$ $z=5.82$ 取 $z=6$	$K_L=1.00$ $P_0=2.49\ \text{kW}$ $\Delta P_0=0.46\ \text{kW}$ $K_\alpha=0.94$ $z=3.25$ 取 $z=4$

表5－12(续)

设计步骤		公式	图表	计算结果	
				方案1	方案2
7	计算带的初拉力	$F_0=\frac{500P_c}{zv}\left(\frac{2.5}{K_\alpha}-1\right)+qv^2$	表5－4	$q=0.1$ kg/m $F_0=164.0$ N	$q=0.17$ kg/m $F_0=206.5$ N
8	计算轴压力	$F_Q=2zF_0\sin\frac{\alpha_1}{2}$		$F_Q=1\ 886.5$ N	$F_Q=1\ 621$ N
9	带轮结构设计	略			
10	方案比较			带的根数多 带轮较宽 轴上压力大	外廓尺寸大 带的根数少 轴上压力小 所以若外廓尺寸允许方案2较好

习　题

5－1　在V带传动设计中,为什么要限制带速及小带轮基准直径?

5－2　打滑和弹性滑动有何区别?打滑首先发生在哪个带轮上,为什么?

5－3　在V带传动设计计算中,为什么要限制带的根数($z\leqslant10$)?

5－4　V带轮的槽角为何小于带的楔角40°?

5－5　带传动的工作能力取决于哪些因素?

5－6　在带传动和齿轮传动组成的多级传动中,带传动宜放在高速级还是低速级,为什么?

5－7　带传动工作时,带所受的应力如何变化,带传动有哪些失效形式?

5－8　某普通V带传动,传递功率$P=7.5$ kW,带速$v=10$ m/s,紧、松边拉力之比$\frac{F_1}{F_2}=2$,求紧边拉力及有效圆周力。如小带轮包角$\alpha_1=150°$,摩擦系数$f=0.4$,带截面楔角$\varphi=40°$,问该传动是否处于极限状态?

5－9　V带传动的$n_1=1\ 450$ r/min,带与带轮的当量摩擦系数$f'=0.51$,包角$\alpha_1=180°$,预紧力$F_0=360$ N。试问:

(1)该传动所能传递的最大有效拉力为多少?

(2)若$d_1=100$ mm,其传递的最大转矩为多少?

(3)若传动效率为0.95,弹性滑动忽略不计,从动轮输出功率为多少?

5－10　设计一破碎机装置用的普通V带传动,已知电动机型号为Y132S－4,功率$P=5.5$ kW,转速$n_1=1\ 440$ r/min,传动比$i=2$,两班制工作,载荷平稳。

第6章　链　传　动

6.1　概　　述

6.1.1　链传动的特点、类型及应用

链传动由装在平行轴上的链轮1,2和链条3组成(图6－1),链条为中间挠性件,通过链节与链轮齿的啮合传递运动和动力。

与带传动相比,链传动的优点是:没有弹性滑动和打滑,能保持准确的传动比;传动效率约0.95～0.97,高于带传动;压轴力较小;传递功率大,可达数千千瓦;可在低速、重载、恶劣环境和较高温度下工作。与齿轮传动相比,链传动的优点是:制造和安装精度较低;中心距较大时其传动结构简单;过载能力强。其缺点是:瞬时链速和瞬时传动比不是常数,工作中有一定动载荷和冲击,噪声较大,不能用于高速。

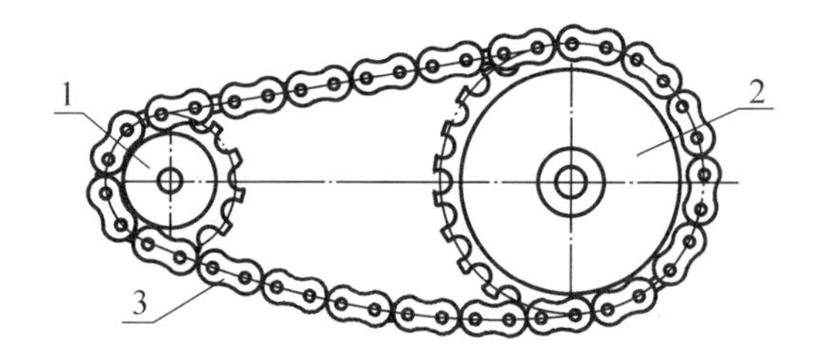

图6－1　链传动

按用途不同,链可分为传动链、输送链和起重链。传动链主要用于传递运动和动力,应用很广。其工作速度$v \leqslant 15$ m/s;传递功率$P \leqslant 100$ kW;最大速比$i \leqslant 8$。起重链和输送链用于起重机械和运输机械。

6.1.2　传动链和链轮

1. 传动链

传动链按结构不同分为滚子链(图6－2)和齿形链(图6－3)。

滚子链由滚子1、套筒2、销轴3、内链板4和外链板5组成。其中,内链板4与套筒2、外链板5与销轴3分别用过盈配合固联在一起,销轴3与套筒2之间为间隙配合,构成铰链,套筒2与滚子1之间也为间隙配合,工作时,滚子沿链轮齿滚动,可减轻链与轮齿的磨损。为减轻质量和运动时的惯性,链板做成8字形。当传递较大动力时可采用多排链。其承载能力大,但较难保证链的制造和装配精度,容易受载不均。

滚子链已标准化,表6－1列出了GB/T 1243—2006规定的滚子链的主要参数和尺寸,其中A系列常用。滚子链的标记方法为:链号—排数×链节数,标准编号。

例如:16A—1×80,GB/T 1243—2006,即为按本标准制造的A系列、节距25.4 mm、单排、80节的滚子链。

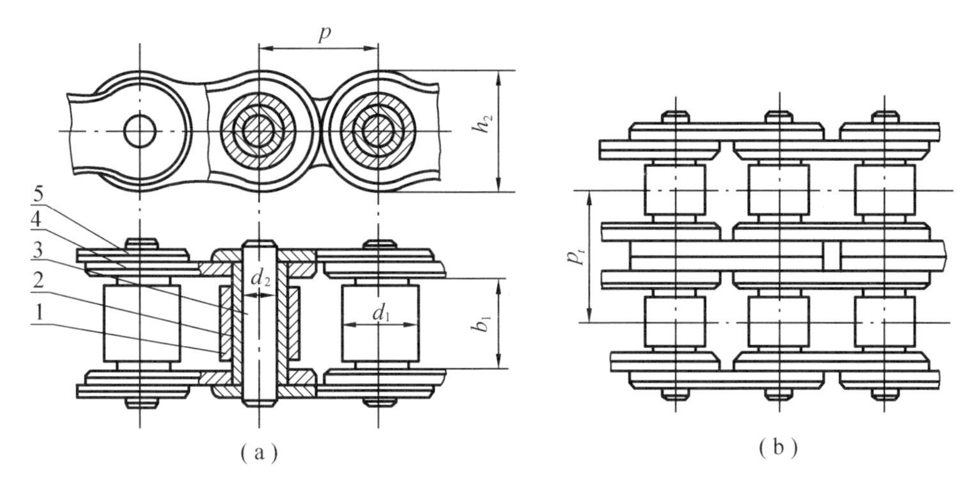

图6-2 滚子链的结构

(a)单排链;(b)双排链

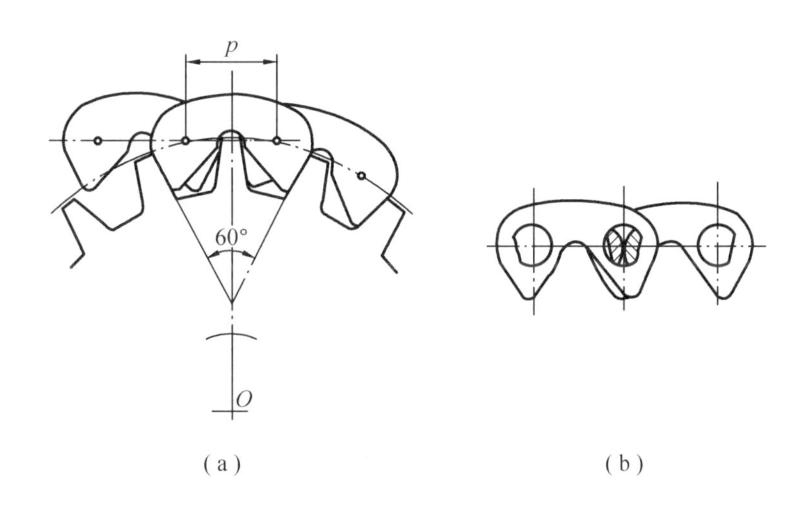

图6-3 齿形链

表6-1 滚子链规格和主要参数

链号	节距 p	排距 p_t	滚子外径 d_1	内链节内宽 b_1	销轴直径 d_2	内链板高度 h_2	极限拉伸载荷(单排)Q①	每米质量(单排)q
	mm						kN	kg/m
05B	8.00	5.64	5.00	3.00	2.31	7.11	4.4	0.18
06B	9.525	10.24	6.35	5.72	3.28	8.26	8.9	0.40
08B	12.70	13.92	8.51	7.75	4.45	11.81	17.8	0.702
08A	12.70	14.38	7.95	7.85	3.96	12.07	13.8	0.60
10A	15.875	18.11	10.16	9.40	5.08	15.09	21.8	1.00

表 6-1(续)

链号	节距 p	排距 p_t	滚子外径 d_1	内链节内宽 b_1	销轴直径 d_2	内链板高度 h_2	极限拉伸载荷(单排)Q①	每米质量(单排)q
	mm						kN	kg/m
12A	19.05	22.78	11.91	12.57	5.94	18.08	31.1	1.50
16A	25.40	29.29	15.88	15.75	7.92	24.13	55.6	2.60
20A	31.75	35.76	19.05	18.90	9.53	30.18	86.7	3.80
24A	38.10	45.44	22.23	25.22	11.10	36.20	124.6	5.60
28A	44.45	48.87	25.40	25.22	12.70	42.24	169.0	7.50
32A	50.80	58.55	28.58	31.55	14.27	48.26	222.4	10.10
40A	63.50	71.55	39.68	37.85	19.84	60.33	347.0	16.10
48A	76.20	87.83	47.63	47.35	23.80	72.39	500.4	22.60

注:①过渡链节取 Q 值的 80%。

相邻两滚子中心的距离 p 称为节距,它是链的主要参数。p 越大,链的各部分尺寸相应增大,承载能力也越高,质量也随之增加。链条长度以链节数 L_p 表示。工作时用一个接头将其连成环形。当链节数为偶数时,接头处可用开口销(图 6-4(a))或弹簧夹锁紧(图 6-4(b)),当链节数为奇数时可用过渡链节(图 6-4(c)),过渡链节的链板受拉时将受到附加弯曲应力,其强度较低,故最好取为偶数。

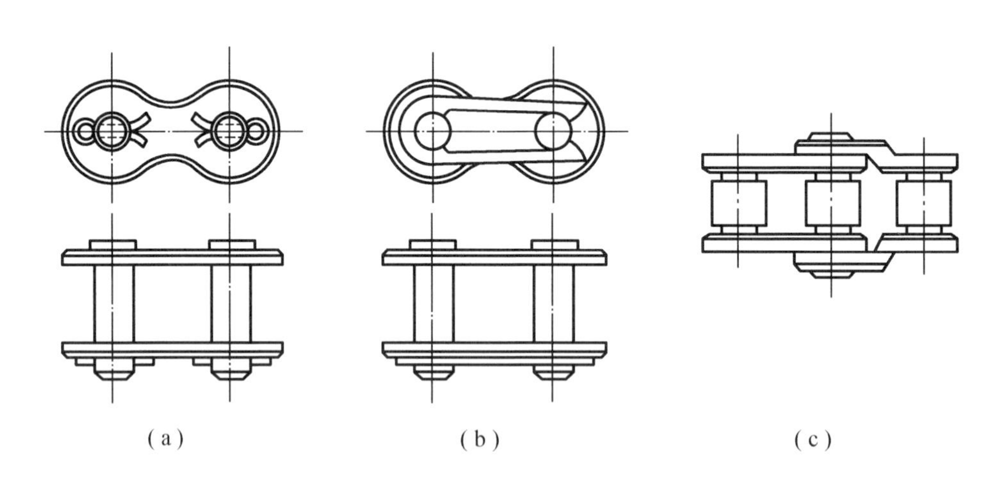

图 6-4 滚子链的接头形式

(a)开口销;(b)弹簧夹;(c)过渡链节

齿形链由两组外形相同的链板交错排列,用铰链连接而成,链板两侧工作面为直边,夹角为 60°、铰链可做成滑动回转副或滚动回转副,图 6-3(b)为棱柱滚动式。

由于齿形链的齿型特点,使传动较平稳,冲击小,噪声低(又称无声链),主要用于高速链传动(可达到40 m/s)或对运动精度要求较高的传动。但齿形链结构比较复杂,价格较贵,故目前应用较少。

2. 链轮

图6-5为几种不同形式的链轮结构,对小直径链轮可做成整体式(图6-5(a));中等尺寸的链轮可做成孔板式(图6-5(b));尺寸较大的链轮可采用装配式,齿圈与轮毂可用焊接或螺栓连接(图6-5(c)(d))。轮毂尺寸可参考带轮。

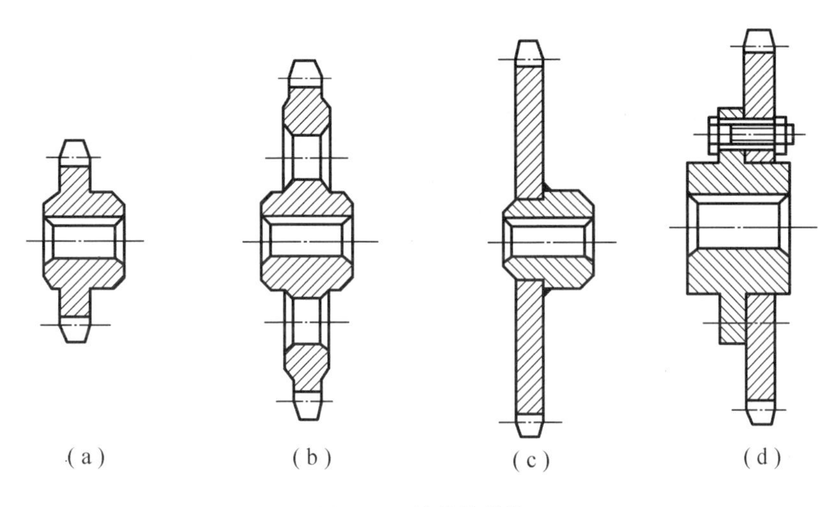

图6-5 链轮的结构

链轮轮齿的齿型应保证链节能自由地进入和退出啮合,啮合时应保证接触良好,且齿型要便于加工。图6-6所示为国家标准GB/T 1243—2006规定的滚子链链轮的齿型,称为"三圆弧一直线"齿型,其几何尺寸及计算公式见表6-2和表6-3。轴向齿廓见图6-7,尺寸计算参阅有关设计手册。

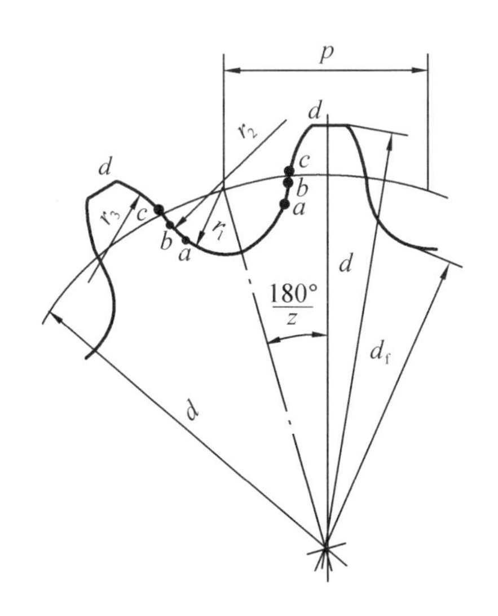

图6-6 滚子链轮端面齿型

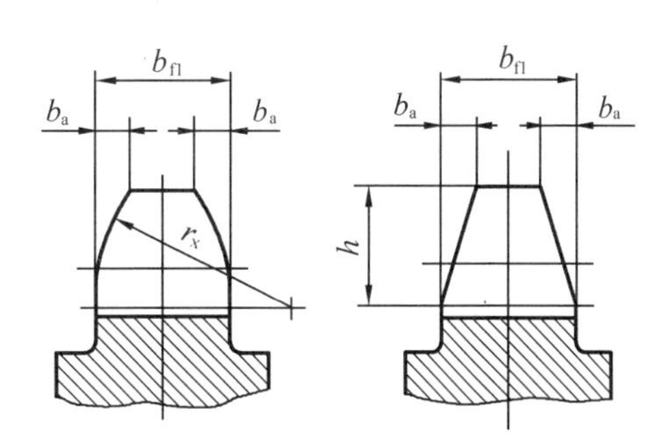

图6-7 滚子链轮轴面齿型

链轮的材料应有足够的强度和耐磨性,可根据其尺寸大小及工作条件选择,由于小链轮轮齿的啮合次数比大链轮的啮合次数多,所受的冲击也大,所以小链轮所选材料较好。推荐使用的链轮材料和齿面硬度见表6-4。

表6-2 滚子链链轮主要尺寸 单位:mm

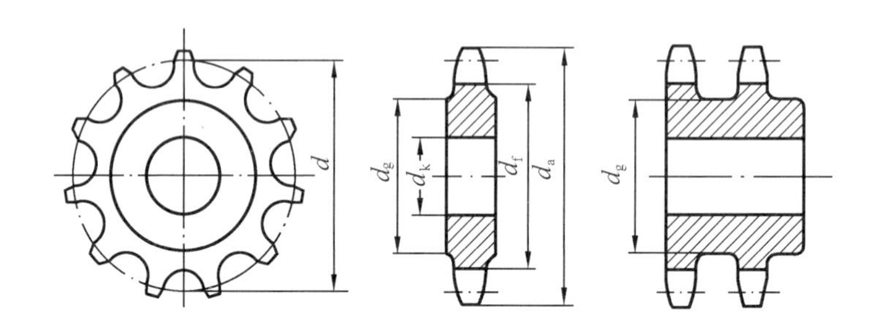

名称	代号	计算公式	备注
分度圆直径	d	$d=\dfrac{p}{\sin\dfrac{180^\circ}{z}}$	
齿顶圆直径	d_a	$d_{amax}=d+1.25p-d_1$ $d_{amin}=d+\left(1-\dfrac{1.6}{z}\right)p-d_1$ 若为三圆弧一直线齿型,则 $d_a=P\left(0.54+\cot\dfrac{180^\circ}{z}\right)$	可在 d_{amax},d_{amin} 范围内任意选取,但选用 d_{amax}时,应考虑采用展成法加工有发生预切的可能性
分度圆弧齿高	h_a	$h_{amax}=\left(0.625+\dfrac{0.8}{z}\right)p-0.5d_1$ $h_{amin}=0.5(p-d_1)$ 若为三圆弧一直线齿形,则 $h_a=0.27p$	h_a 是为简化放大齿形图的绘制而引入的辅助尺寸 h_{amax}相应于 d_{amax} h_{amin}相应于 d_{amin}
齿根圆直径	d_f	$d_f=d-d_1$	
齿侧凸缘(或排间槽)直径	d_g	$d_g\leqslant p\cot\dfrac{180^\circ}{z}-1.04h_2-0.76$ h_2—内链板高度	

注:d_a,d_g 值取整数,其他尺寸精确到0.01 mm。

表6-3 滚子链链轮齿槽尺寸计算

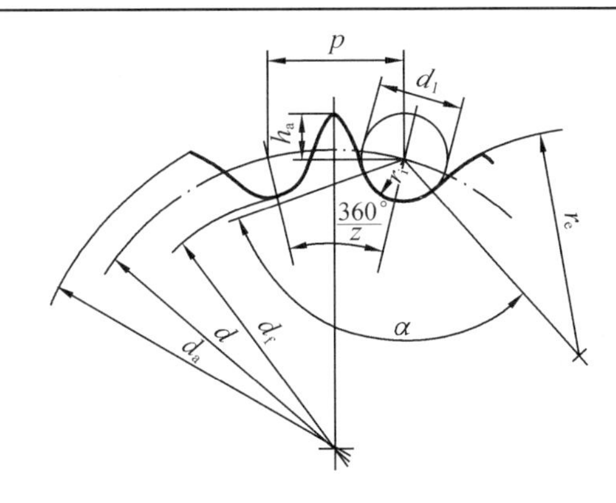

名　　称	代号	计算公式	
		最大齿槽形状	最小齿槽形状
齿面圆弧半径/mm	r_e	$r_{emin}=0.008d_1(z^2+180)$	$r_{emax}=0.12d_1(z+2)$
齿沟圆弧半径/mm	r_i	$r_{imax}=0.505d_1+0.069\sqrt[3]{d_1}$	$r_{imin}=0.505d_1$
齿沟角/(°)	α	$\alpha_{min}=120°-\frac{90°}{z}$	$\alpha_{max}=140°-\frac{90°}{z}$

表6-4 链轮材料

材　　料	热处理	热处理后硬度	应用范围
15,20	渗碳、淬火、回火	50~60HRC	$z\leq25$,有冲击载荷的主、从动链轮
35	正火	160~200HBS	在正常工作条件下,齿数较多($z>25$)的链轮
40,50,ZG310-570	淬火、回火	40~50HRC	无剧烈振动及冲击的链轮
15Cr,20Cr	渗碳、淬火、回火	50~60HRC	有动载荷及传递较大功率的重要链轮($z<25$)
35SiMn,40Cr,35CrMo	淬火、回火	40~50HRC	使用优质链条,重要的链轮
Q235,Q275	焊接后退火	140HBS	中等速度、传递中等功率的较大链轮
普通灰铸铁(不低于HT150)	淬火、回火	260~280HBS	$z_2>50$的从动链轮
夹布胶木	—	—	功率小于6 kW、速度较高、要求传动平稳和噪声小的链轮

6.2 链传动的运动特性和受力分析

6.2.1 链传动的运动特性

1. 传动比和速度的不均匀性

链由很多刚性链节组成,链条绕上链轮后呈多边形状。传动时,链轮每回转一周,将带动链条移动正多边形周长 zp 的距离,故链的平均速度及平均传动比为

$$v=\frac{n_1z_1p}{60\times1\ 000}=\frac{n_2z_2p}{60\times1\ 000} \tag{6-1}$$

$$i=\frac{n_1}{n_2}=\frac{z_2}{z_1} \tag{6-2}$$

式中 p——链节距,mm;

z_1,z_2——主、从动链轮的齿数;

n_1,n_2——主、从动链轮的转速,r/min。

实际上,瞬时链速和瞬时传动比都不是定值。设链条紧边成水平位置(图6-8),当主动链轮以 ω_1 等角速度转动时,其分度圆周速度为

$$v_1=R_1\omega_1 \tag{6-3}$$

则链条的前进速度为

$$v_x=v_1\cos\beta=R_1\omega_1\cos\beta \tag{6-4}$$

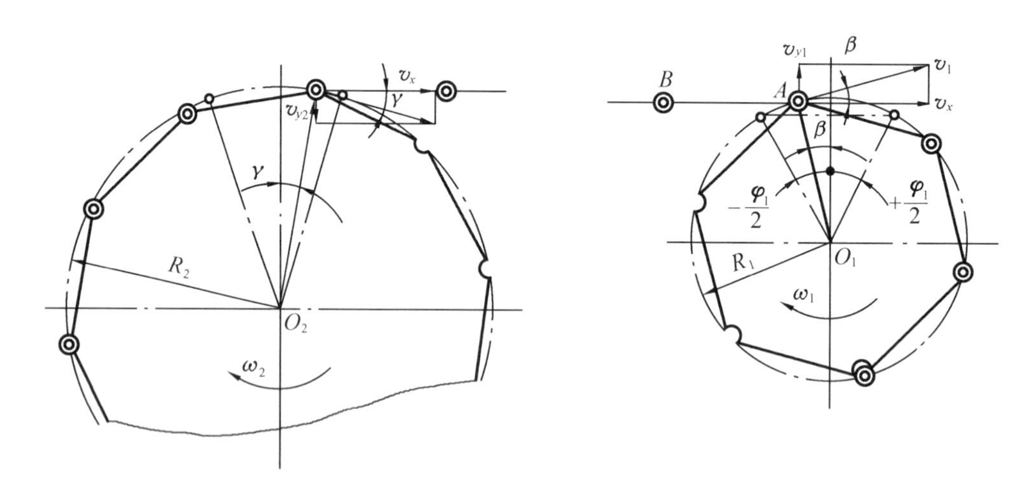

图6-8 链传动的速度分析

β 是 A 点的圆周速度与水平线的夹角,其变化范围在 $\pm\frac{\varphi_1}{2}$ 之间,$\varphi_1=\frac{360°}{z_1}$。当 $\beta=\pm\frac{\varphi_1}{2}$ 时,链速最小,$v_{\min}=R_1\omega_1\cos\frac{\varphi_1}{2}$;当 $\beta=0$ 时,链速最大,$v_{\max}=R_1\omega_1$。链轮每转过一齿,链速 v 将周期性地变化一次。这种由于多边形啮合传动给链传动带来的速度不均匀性,称为多边

形效应。

同样，设从动链轮的角速度为ω_2，圆周速度为v_2，由图6-8知

$$v_2=\frac{v_x}{\cos\gamma}=\frac{v_1\cos\beta}{\cos\gamma}=R_2\omega_2$$

则瞬时传动比为

$$i'=\frac{\omega_1}{\omega_2}=\frac{R_2\cos\gamma}{R_1\cos\beta} \tag{6-5}$$

由于角β和γ随链轮转动而变化，虽然ω_1是定值，ω_2却随角β和γ的变化而变化，瞬时传动比i'随之变化。同时链在垂直方向的分速度v_y也在做周期性的变化。链节这种忽快忽慢、忽上忽下的变化，将造成链传动工作时的不平稳性和有规律的振动。链的节距越大，链轮齿数越少，链速波动越大。只有当$z_1=z_2$，且紧边链长为链节距p的整数倍时(两切点速度变化同相位)，ω_2和i'才能得到恒定值。

2. 链传动的动载荷

链传动中的动载荷主要由以下因素产生：

(1)链速v_x的周期性变化产生的加速度a对动载荷的影响

$$a=\frac{\mathrm{d}v_x}{\mathrm{d}t}=-R_1\omega_1^2\sin\beta \tag{6-6}$$

当$\beta=\pm\frac{\varphi_1}{2}$时，加速度达到最大值，即

$$a_{\max}=\mp R_1\omega_1^2\sin\frac{\varphi_1}{2}=\mp R_1\omega_1^2\sin\frac{180^\circ}{z_1}=\mp\frac{\omega_1^2 p}{2} \tag{6-7}$$

式中

$$R_1=\frac{p}{2\sin\frac{180^\circ}{z_1}}$$

由式(6-7)可知，链轮转速越高，节距越大，则链的动载荷越大。

(2)链的垂直方向分速度v_y周期性变化会导致链传动发生横向振动，这也是链传动动载荷中很重要的一部分。

(3)链节和链轮啮合瞬间的相对速度(链节做直线运动，链轮轮齿做圆周运动)，也将引起冲击和动载荷。

(4)因链和链轮的制造误差、安装误差，以及链条的松弛，在启动、反转时出现的惯性冲击，也将增大链传动的动载荷。

6.2.2 链传动的受力分析

链传动在安装时，应适当张紧，可使松边不至于过分下垂，以减轻振动、防止跳齿。若不考虑动载荷，则作用在链上的力为：

(1)工作拉力F，它取决于传递功率P(kW)和链速v(m/s)

$$F=\frac{1\ 000P}{v}\quad \mathrm{N} \tag{6-8}$$

(2)离心拉力F_c，它取决于每米链长的质量q(kg/m)和链速v

$$F_c=qv^2\quad \mathrm{N} \tag{6-9}$$

(3)悬垂拉力 F_y,它取决于传动的布置方式及链在工作时允许的垂度

$$F_y = K_y qga \quad \text{N} \tag{6-10}$$

式中 a——中心距,m;

g——重力加速度($9.81\ \text{m/s}^2$);

K_y——垂度系数(当下垂度 $y=0.02a$ 时),其值与倾斜角 β(两链轮中心线与水平线之夹角,见图6-9)的大小有关。垂直布置时 $K_y=1$,水平布置时 $K_y=6$,倾斜布置时 $K_y=2$($\beta>40°\sim90°$)或 $K_y=4$($\beta>0°\sim40°$)。

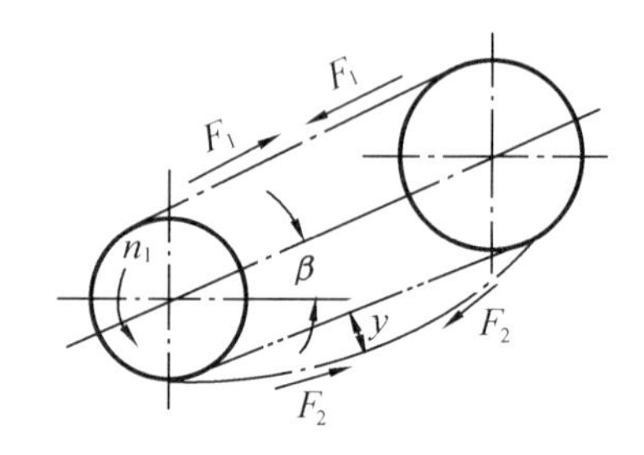

图6-9 链的下垂度

链的紧边拉力 F_1 和松边拉力 F_2 分别为

$$\left.\begin{aligned} F_1 &= F + F_c + F_y \\ F_2 &= F_c + F_y \end{aligned}\right\} \tag{6-11}$$

链作用在链轮轴上的轴压力 F_Q 可近似取为

$$F_Q = (1.2 \sim 1.3)F \tag{6-12}$$

6.3 链传动的设计

6.3.1 滚子链传动的设计

1. 链传动的主要失效形式

(1)铰链磨损

链条在工作中,销轴与套筒间有相对滑动,使铰链产生磨损,从而使链节变长,链与链轮的啮合点外移,这将引起跳齿和脱链,从而使传动失效。它是开式链传动的主要失效形式。

(2)链的疲劳破坏

由于链在运动过程中所受的载荷不断变化,因而链在变应力状态下工作,经过一定的循环次数后,链板会产生疲劳断裂,或者套筒、滚子表面产生冲击疲劳破坏。在润滑条件良好和设计安装正确的情况下,疲劳强度是决定链传动工作能力的主要因素。

(3)胶合

当转速很高或润滑不良时,润滑油膜难以形成,使销轴和套筒的工作表面在很高的温度和压力下直接接触,从而导致胶合。胶合限制了链传动的极限转速。

(4)过载拉断

在低速、重载的传动中或者尖锋载荷过大时,链会被拉断,其承载能力受到链元件静拉力强度的限制。

2. 链传动的承载能力

(1)极限功率曲线

链传动的工作情况不同,失效形式也不同,图6-10所示为链在一定寿命下,小链轮在不同转速时由各种失效形式所限定的极限功率曲线。图中的许用功率曲线所限定的范围是设计时所使用的曲线范围。虚线所示是在润滑条件不好或工作环境恶劣的情况下,磨损很

严重,许用功率大幅度下降。

(2)额定功率曲线

图6-11所示为A系列滚子链在实验条件下的额定功率 P_0 曲线,它是链传动设计的依据。实验条件:小链轮齿数 $z_1=19$;链长 $L=100p$;单排链;载荷平稳;按图6-12所推荐的方式润滑;工作寿命为15 000 h;链条因磨损而引起的相对伸长量不超过3%。

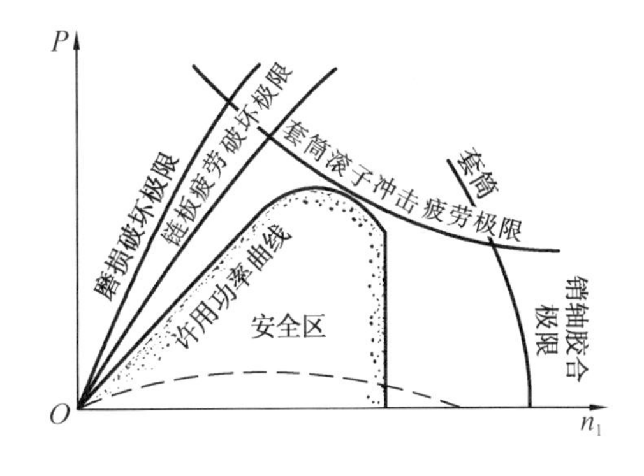

图6-10 极限功率曲线

当实际情况不符合实验条件时,应对图6-11中的额定功率 P_0 加以修正,故实际许用功率为

$$[P_0]=K_zK_LK_pP_0 \quad \text{kW} \tag{6-13}$$

其中,K_z,K_L 和 K_p 分别为小链轮齿数 z_1、链长 L 和链的排数不符合实验条件时的修正系数,见表6-5和表6-6。

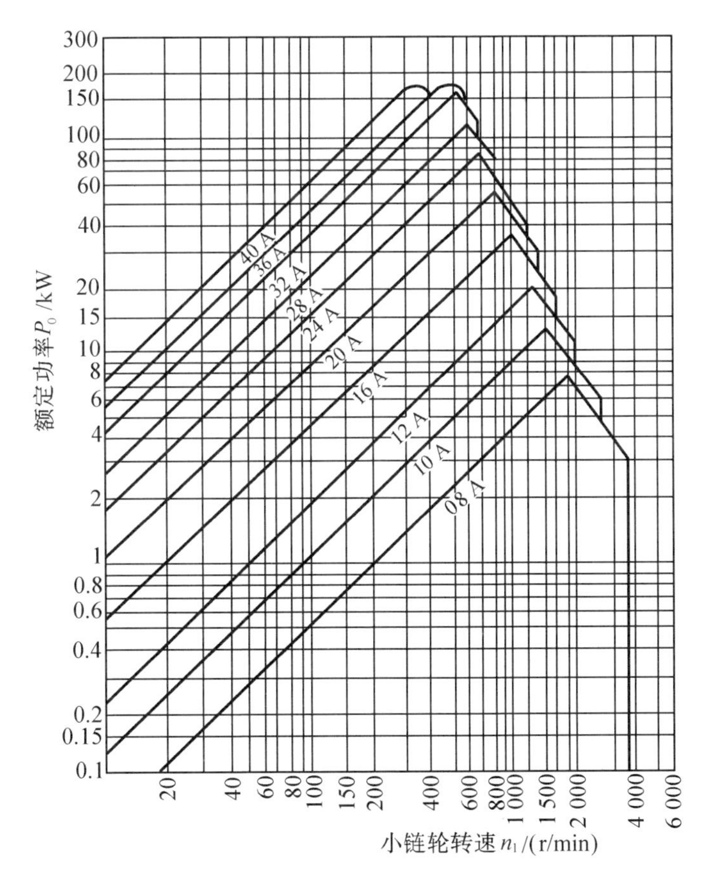

图6-11 A系列滚子链的额定功率曲线($v>0.6$ m/s)

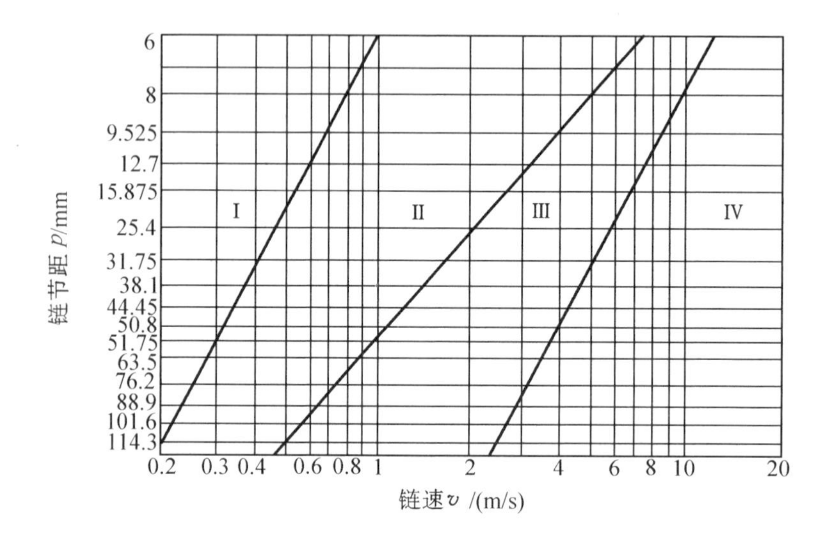

图 6-12　推荐的润滑方式

Ⅰ—人工定期润滑;Ⅱ—滴油润滑;

Ⅲ—油浴或飞溅润滑;Ⅳ—压力喷油润滑

表 6-5　小链轮齿数系数 K_z 和链长系数 K_L

链传动工作在图 6-10 中的位置	位于功率曲线顶点左侧时(链板疲劳)	位于功率曲线顶点右侧时(滚子、套筒冲击疲劳)
小链轮齿数系数 K_z	$\left(\frac{z_1}{19}\right)^{1.08}$	$\left(\frac{z_1}{19}\right)^{1.5}$
链长系数 K_L	$\left(\frac{L_p}{100}\right)^{0.26}$	$\left(\frac{L_p}{100}\right)^{0.5}$

表 6-6　多排链系数 K_p

排　　数	1	2	3	4	5	6
K_p	1	1.7	2.5	3.3	4.0	4.6

当不能按图 6-12 推荐的方式润滑而使润滑不良时,P_0 值应降低。当链速 $v \leqslant 1.5$ m/s 时,降到 $(0.3 \sim 0.6)P_0$;当 1.5 m/s $< v \leqslant 7$ m/s 时,降到 $(0.15 \sim 0.3)P_0$;当 $v > 7$ m/s 时,链传动必须采用充分良好的润滑。

3. 链传动的计算

链是标准件,因而链传动的设计主要是合理选择有关参数,确定链的型号,设计链轮并确定润滑方式。

(1)设计准则

当链速 $v \geqslant 0.6$ m/s 时,应满足 $[P_0] = K_z K_L K_p P_0 \geqslant K_A P$,即

$$P_0 \geqslant \frac{K_A P}{K_z K_L K_p} \quad \text{kW} \tag{6-14}$$

式中 K_A——工况系数，见表6-7；

P——传递的功率，kW。

当链速 $v<0.6$ m/s 时，链传动可能因强度不足而拉断，需进行静强度校核

$$S_{ca}=\frac{nQ}{K_A F_1}\geqslant S \tag{6-15}$$

式中 S_{ca}——静强度计算安全系数；

n——链排数；

Q——单排链的极限拉伸载荷（表6-1），N；

F_1——链的紧边拉力，N；

S——静强度安全系数，$S=4\sim8$。

表6-7 链传动工况系数 K_A

载荷种类	输入动力种类		
	内燃机-液力传动	电动机、汽轮机	内燃机-机械传动
平稳载荷	1.0	1.0	1.2
中等冲击载荷	1.2	1.3	1.4
较大冲击载荷	1.4	1.5	1.7

(2)主要参数的选择

①链轮齿数 z_1，z_2 和传动比 i

链轮齿数不宜过少或过多，过少会使运动不均匀性加剧，过多则会因磨损引起的节距增长而发生跳齿和脱链，缩短链的使用寿命。由图6-13可得出链节距的增长量 Δp 与啮合圆外移量 Δd 间的关系为

$$\Delta p=\Delta d\sin\frac{180^\circ}{z} \tag{6-16}$$

当允许的 Δd 值一定时，链轮齿数越多，Δp 值越小，链的使用寿命越短。

小链轮齿数可根据表6-8选取。大链轮齿数 $z_2=iz_1$，一般 $z_2\leqslant120$，优先选用的齿数为17，19，21，23，25，38，76，95，114，链节数一般为偶数，为使磨齿均匀，两链轮的齿数最好是互为质数的奇数。

表6-8 小链轮齿数 z_1

链速 v/(m/s)	0.6~3	3~8	>8
z_1	≥17	≥21	≥25

传动比 $i<7$，推荐 $i=2\sim3.5$，但在 $v<3$ m/s，载荷平稳、外形尺寸允许时 i 可达到10。

②链节距和排数

链节距的大小直接影响链的尺寸、重量和承载能力，也影响链传动的运动不均匀性，产生冲击、振动和噪声，因此，在满足承载能力的条件下，应尽量选用小节距的单排链；高速重

载时可选用小节距的多排链;低速重载时选用大节距单排链。

先根据式(6-14)算出 P_0 值,再根据 P_0 和小链轮转速 n_1 由图6-11确定链条型号、链节距 p。

③中心距 a 和链节数 L_p

中心距过小,链节数减少,单位时间内应力变化次数增多,使链的疲劳和磨损增加;中心距过大,使结构不紧凑、松边垂度过大及链条颤动。

初选中心距 $a_0=(30\sim50)p$,最大可选 $a_{max}=80p$,最小可按 i 选定

当 $i\leqslant3$ 时

$$a_{min}=\frac{1}{2}(d_{a1}+d_{a2})+30\sim50\quad \text{mm}$$

当 $i>3$ 时

$$a_{min}=\frac{1}{2}(d_{a1}+d_{a2})\times\frac{9+i}{10}\quad \text{mm}$$

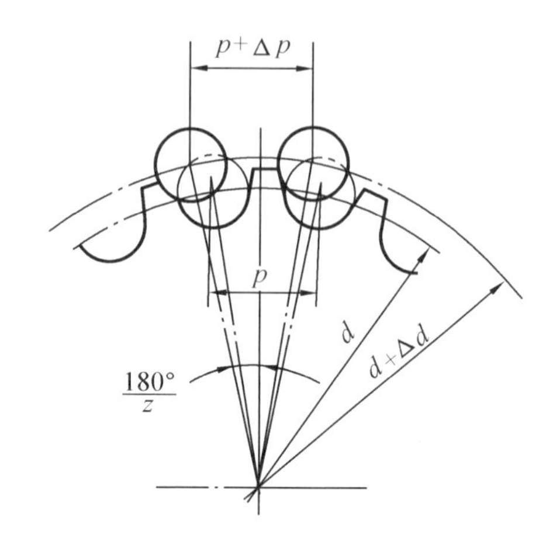

图6-13 Δp 与 Δd 关系

其中,d_{a1},d_{a2}为两链轮的齿顶圆直径。

链的长度可由带传动中带长的计算公式导出

$$L_0=2a_0+\frac{p}{2}(z_1+z_2)+\frac{p^2}{a_0}\left(\frac{z_2-z_1}{2\pi}\right)^2\quad \text{mm} \tag{6-17}$$

当用链节数 L_p 表示链长时,则

$$L_{p0}=\frac{L_0}{p}=\frac{2a_0}{p}+\frac{z_1+z_2}{2}+\frac{p}{a_0}\left(\frac{z_2-z_1}{2\pi}\right)^2\quad \text{mm} \tag{6-18}$$

计算出的 L_{p0}值应圆整为相近的整数,故计算中心距为

$$a=\frac{p}{4}\left[\left(L_p-\frac{z_1+z_2}{2}\right)+\sqrt{\left(L_p-\frac{z_1+z_2}{2}\right)^2-8\left(\frac{z_2-z_1}{2\pi}\right)^2}\right]\quad \text{mm} \tag{6-19}$$

为便于安装和保证链有一定的垂度,实际安装中心距 a'应比计算中心距 a 小0.2%~0.4%。

$$a'=a-\Delta a$$

若两链轮中心距可调时,$\Delta a\geqslant2p$。

6.3.2 链传动的布置和润滑

链传动的布置应遵守以下原则:两链轮的回转平面应在同一铅垂平面内;尽量采用水平或接近水平的布置;尽量使紧边在上。具体布置参看表6-9。

润滑对链传动的工作能力和使用寿命有很大影响。良好的润滑有利于减少磨损、降低摩擦损失、缓和冲击。设计时应注意润滑剂和润滑方式的选择。润滑方式可根据图6-12确定,并在松边供油,润滑油可选用N22,N32,N46号机械油。

表6-9 链传动的布置

传动参数	合理布置	不合理布置	说明
$i>2$ $a=(30\sim50)p$	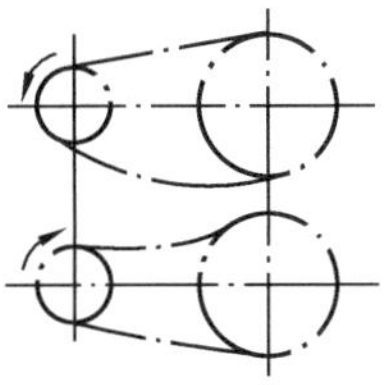		两轮轴线平行,并在同一平面内,紧边在上、在下均不影响工作
$i>2$ $a<30p$	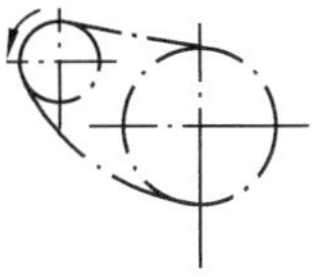	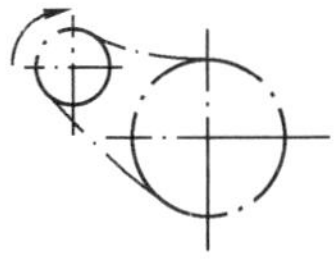	两轮轴线平行而不在同一水平面,松边应在下面,否则松边下垂量增大后,链条易与链轮卡死
$i<1.5$ $a>60p$	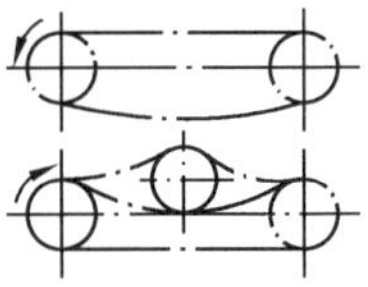		两轮轴线平行,并在同一水平面内,松边应在下面,否则下垂量增大后,松边会与紧边相碰,需经常调整中心距
i,a 为任意值	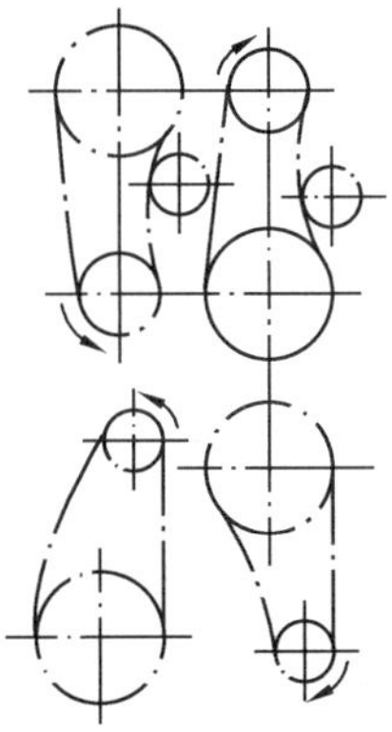	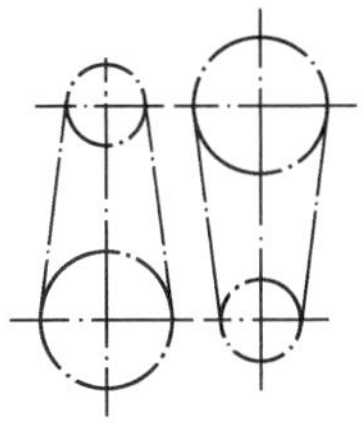	两轮轴线平行,并在同一铅垂面内,下垂量增大时会减少下链轮有效啮合齿数并降低传动能力,为此应采用:①中心距可调;②张紧装置;③上、下两轮偏置,使其轴线不在同一铅垂面内

6.3.3 链传动的张紧

当两轮中心线倾斜角大于60°时,为了避免链条的啮合不良或振动现象,需张紧。若中心距可调时,可改变中心距来控制张紧程度;若中心距不可调时,可设置张紧轮(图6-14),或在链条磨损变长后取掉1~2个链节。张紧轮有自动张紧(图6-14(a)(b))及定期调整(图6-14(c)(d))两种。另外还可用压板和托板张紧(图6-14(e))。

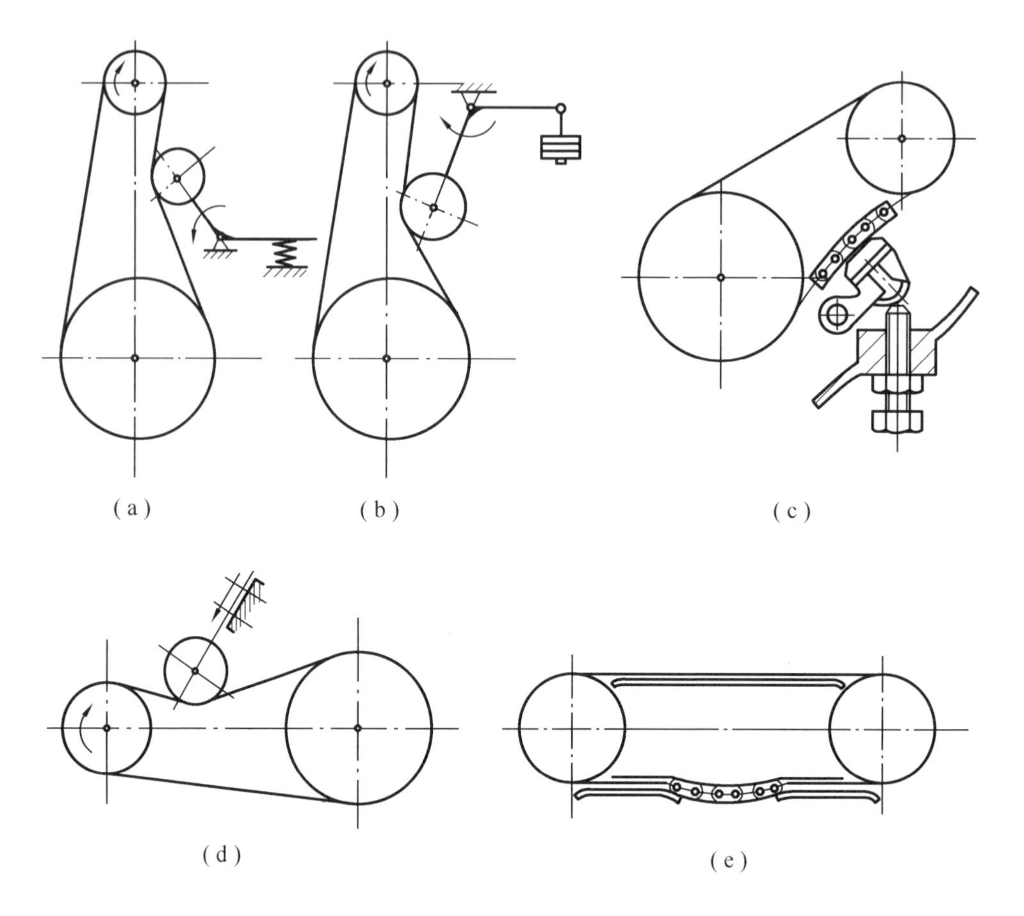

图6-14 链传动的张紧装置

例6-1 设计一带式运输机用的滚子链传动。已知电动机的功率 $P=5.5\ \mathrm{kW}$, $n_1=960\ \mathrm{r/min}$, $n_2=300\ \mathrm{r/min}$,载荷平稳,中心距可调。

解 ①选择链轮齿数

由题意假定 v 在 $3\sim8\ \mathrm{m/s}$ 之间,由表6-8选取小链轮齿数 $z_1=21$,大链轮齿数 $z_2=iz_1=\dfrac{n_1}{n_2}z_1=\dfrac{960}{300}\times21=67.2$,取 $z_2=67<120$,合适。

②定链节数 L_p

初选中心距 $a_0=40p$

$$L_{p0}=\frac{2a_0}{p}+\frac{z_1+z_2}{2}+\frac{p}{a_0}\left(\frac{z_2-z_1}{2\pi}\right)^2$$

$$=2\times40+\frac{21+67}{2}+\frac{1}{40}\left(\frac{67-21}{2\pi}\right)^2$$

$$=125.8$$

取 $L_p=126$ 节。

③定链节距 p

由表 6－7 选 $K_A=1.0$。

假定工作点落在图 6－12 某曲线顶点的左侧，由表 6－5 得

$$K_z=\left(\frac{z_1}{19}\right)^{1.08}=\left(\frac{21}{19}\right)^{1.08}=1.11$$

$$K_L=\left(\frac{L_p}{100}\right)^{0.26}=\left(\frac{126}{100}\right)^{0.26}=1.06$$

选单排链，由表 6－6 得 $K_n=1$，则

$$P_0=\frac{K_A P}{K_z K_L K_n}=\frac{1.0\times5.5}{1.11\times1.06\times1}=4.67\ \text{kW}$$

由图 6－12 选用滚子链 08A，节距 $p=12.7$ mm。

④确实实际中心距 a'

计算中心距

$$\begin{aligned}a&=\frac{p}{4}\left[\left(L_p-\frac{z_1+z_2}{2}\right)+\sqrt{\left(L_p-\frac{z_1+z_2}{2}\right)^2-8\left(\frac{z_2-z_1}{2\pi}\right)^2}\right]\\&=\frac{12.7}{4}\left[\left(126-\frac{21+67}{2}\right)+\sqrt{\left(126-\frac{21+67}{2}\right)^2-8\left(\frac{67-21}{2\pi}\right)^2}\right]\\&=512.1\ \text{mm}\end{aligned}$$

中心距调整量

$$\Delta a\geqslant 2p=2\times12.7=25.4\ \text{mm}$$

实际中心距

$$a'=a-\Delta a=512.1-25.4=486.7\ \text{mm}$$

⑤验算链速 v

$$v=\frac{z_1 p n_1}{60\times1\ 000}=\frac{21\times12.7\times960}{60\times1\ 000}=4.27\ \text{m/s}$$

与原假设相符，z_1 选取合适。

⑥确定润滑方式

据 $p=12.7$ mm，$v=4.27$ m/s，按图 6－13 选取油浴或飞溅润滑方式。

⑦求压轴力 F_Q

工作拉力

$$F=\frac{1\ 000P}{v}=\frac{1\ 000\times5.5}{4.27}=1\ 288\ \text{N}$$

取

$$F_Q=1.2F=1.2\times1\ 288=1\ 545.7\ \text{N}$$

设计结果：滚子链型号 08A 单排链，126 节，链轮齿数 $z_1=21$，$z_2=67$，中心距 $a'=486.7$ mm，压轴力 $F_Q=1\ 545.7$ N。

习　题

6－1　影响链传动速度不均匀性的主要因素是什么？为什么在一般情况下，链传动的瞬时传动比不恒定？

6－2　链传动产生动载荷的原因是什么？如何减小动载荷？

6－3　链传动的主要失效形式有哪些？

6－4　已知一链传动，链号为16A，小链轮齿数 $z_1=19$，转速 $n_1=960$ r/min，求链速 v、最大速度 v_{max} 和最小速度 v_{min}。

6－5　一滚子链传动，已知链节距 $p=25.4$ mm，小链轮齿数 $z_1=21$，传动比 $i=3$，中心距 $a=100$ mm，$n_1=580$ r/min，载荷有轻度冲击。求：

(1)链节数；

(2)链所能传递的最大功率；

(3)链的工作拉力；

(4)判断正常运转时链传动的失效形式。

6－6　设计输送机传动中的链传动，已知传递功率 $P=7$ kW，主动链轮转速 $n_1=125$ r/min，从动链轮转速 $n_2=50$ r/min，由电动机驱动，两班制工作，中等冲击，中心距可调。

第7章　齿轮传动

7.1　概　　述

齿轮传动是应用最广泛的一种传动形式。其主要特点为传动比准确、效率高,传动功率和速度范围广、工作可靠、寿命长、结构紧凑;但齿轮制造成本高,需用专门的机床、刀具和测量仪器等,且精度低时噪声大,不宜用在传动距离过大的场合。

齿轮传动形式多样。按齿轮结构不同,可分为平行轴直齿圆柱齿轮传动、斜齿圆柱齿轮传动、人字齿轮传动,相交轴直齿、斜齿、曲齿锥齿轮传动,交错轴斜齿圆柱齿轮传动、双曲面齿轮传动等。传递动力的齿轮目前广泛应用渐开线齿轮,对于大功率传动,少量采用圆弧齿轮。

按齿轮传动的工作条件不同,可分为闭式传动和开式传动两类。闭式传动的齿轮、轴及轴承等均安装在刚度很好的箱体内,安装精度高,能保证良好的润滑条件,应用最广。开式传动的齿轮完全外露,不能防尘,只能周期润滑,仅用于低速和低精度齿轮传动。故重要的齿轮,多采用闭式传动。

按齿面硬度的不同,可分为软齿面(≤350HBS)和硬齿面(>350HBS)齿轮传动。

7.2　齿轮传动的失效形式和设计准则

7.2.1　失效形式

齿轮传动的失效通常发生在轮齿部位,其主要失效形式有轮齿折断、齿面点蚀、齿面磨损、胶合和塑性变形。

1. 轮齿折断

齿轮传动时,轮齿像悬臂梁一样承受弯曲,其齿根处的弯曲应力最大,再加上齿根过渡部分的截面突变及加工刀痕等引起的应力集中作用,当齿根弯曲应力超过材料的弯曲疲劳极限应力且多次重复作用时,在齿根受拉一侧就会产生疲劳裂纹,并逐步扩展,致使轮齿疲劳折断。

此外,用脆性材料(如铸铁、整体淬火钢等)制成的齿轮,当受到严重过载或很大冲击时,轮齿容易发生突然折断。

直齿轮轮齿的折断,一般是全齿折断(图7-1);斜齿轮和人字齿轮,由于接触线倾斜,一般是局部齿折断(图7-2)。

为避免轮齿折断,设计时要进行齿轮弯曲疲劳强度计算,采用正变位齿轮,加大齿根圆半径,对齿根部位进行强化处理,合理提高齿轮的制造精度和安装精度,正确选择材料和热处理方式等,都可提高轮齿的抗折断能力。

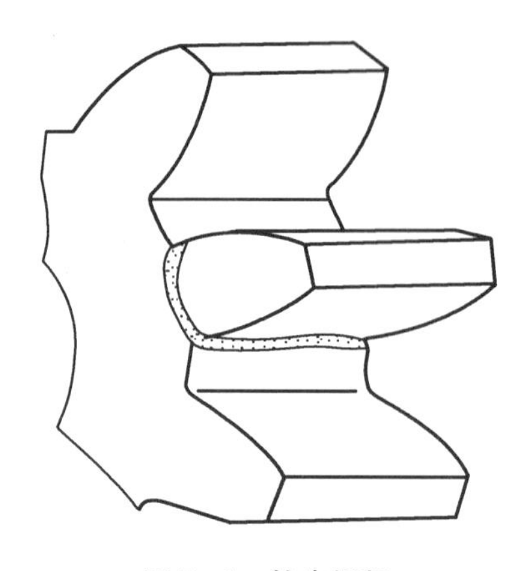

图7-1 轮齿折断

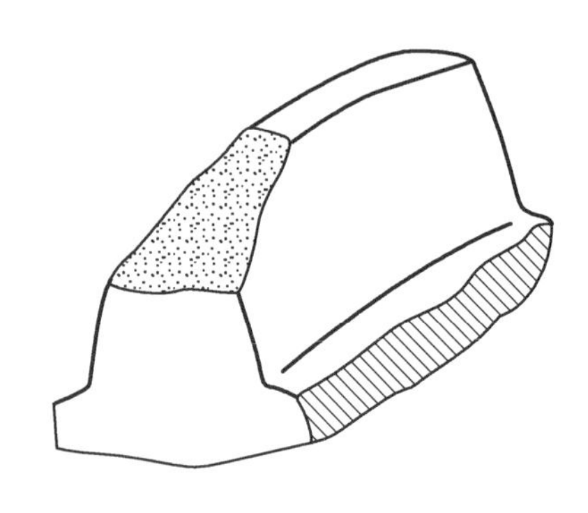

图7-2 轮齿局部折断

2. 齿面点蚀

齿轮传动时,齿面间的接触相当于轴线平行的两圆柱滚子间的接触,在接触处将产生脉动循环变化的接触应力。在接触应力的反复作用下,轮齿表面产生疲劳裂纹,裂纹逐渐发展导致轮齿表面金属小片脱落,形成麻点状凹坑,点蚀首先出现在齿面节线附近的齿根部分(图7-3)。点蚀继续发展,使齿轮产生强烈振动和噪声,以致不能正常工作。

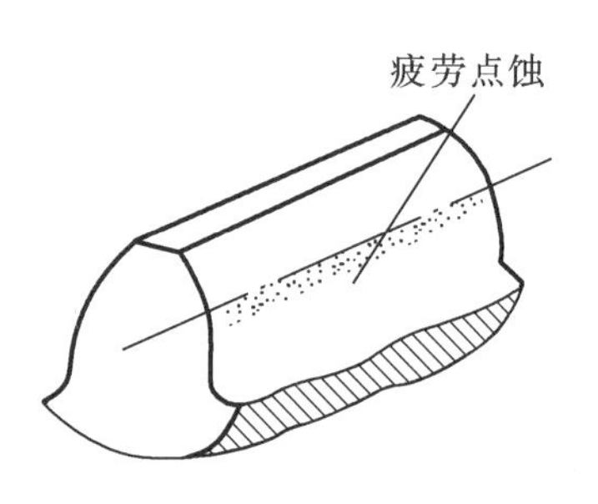

图7-3 齿面点蚀

齿面点蚀是软齿面闭式齿轮传动的主要失效形式。而在开式齿轮传动中,由于磨损较快,接触疲劳裂纹产生后,即被迅速磨去,因此不会发生点蚀。

为避免点蚀失效,应进行齿面接触疲劳强度计算,提高齿面硬度,降低齿面粗糙度值,增加润滑油黏度,都能提高齿面的抗点蚀能力。

3. 齿面磨损

当砂粒、金属屑等磨料性物质落入齿面之间时,会引起齿面磨损,磨损导致齿廓失去正确的形状,从而引起冲击、振动和噪声,严重时会因齿厚减薄而发生轮齿折断。磨损是开式齿轮传动的主要失效形式。

采用闭式齿轮传动,提高齿面硬度,降低齿面粗糙度值,过滤润滑油,均能提高抗磨损能力。

4. 胶合

高速重载齿轮传动,齿面压力大,滑动速度高,因而摩擦发热多。当齿面瞬时温度过高时,润滑失效,致使相啮合两齿面金属尖峰直接接触而发生粘焊现象。在运动时粘焊处被撕破,导致严重的失效。胶合主要发生在齿顶、齿根等滑动速度较大的部位(图7-4)。

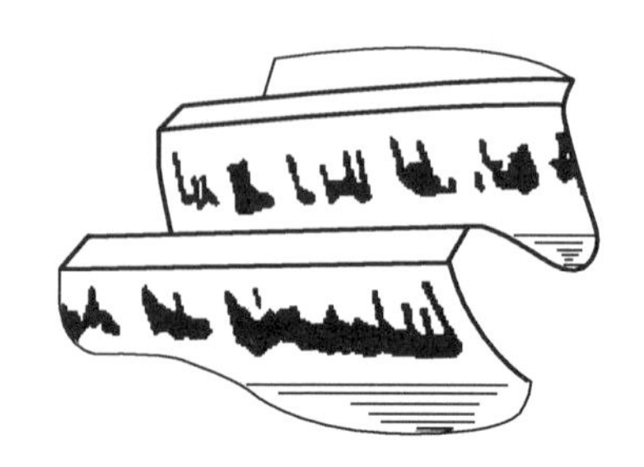

图7-4 齿面胶合

低速重载齿轮传动,因不易形成油膜,虽然温度不高，也可能因重载而形成冷焊粘连。

提高齿面硬度，降低齿面粗糙度值，减小模数和降低齿高以减小滑动速度，采用抗胶合能力强的润滑油和齿轮材料等，均可提高齿面抗胶合的能力。

5. 塑性变形

塑性变形常发生在齿面材料较软、低速重载与频繁启动的传动中。它是由于在过大的应力作用下，轮齿材料处于屈服状态而产生的齿面或齿体塑性流动所形成的。因为突然过载而引起的轮齿歪斜，称为齿体塑性变形（图7－5）；因为重载时摩擦力增大使齿面表层材料沿摩擦力方向流动，在从动轮节线处形成凸棱，而在主动节线处形成凹槽，这种现象称为齿面塑性变形（图7－6）。

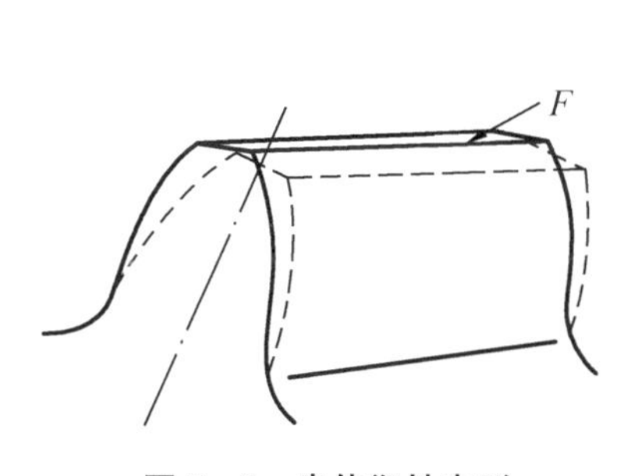

图7－5 齿体塑性变形

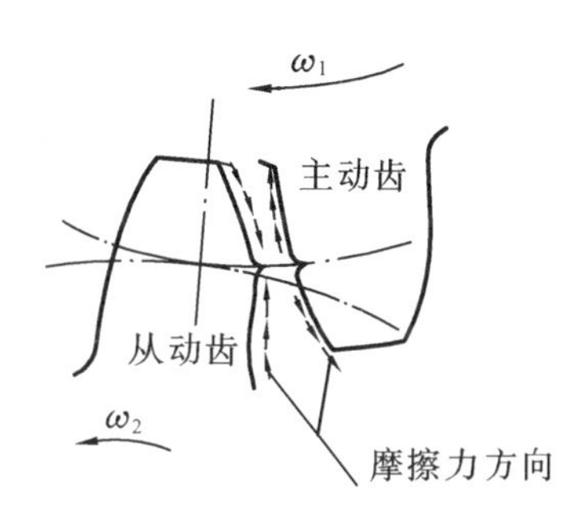

图7－6 齿面塑性变形

提高齿面硬度，采用高黏度润滑油可以防止或减轻轮齿的塑性变形。

7.2.2 设计准则

齿轮的设计准则由可能的失效形式确定。由于齿面磨损、塑性变形还未建立方便工程使用的设计方法和数据，所以目前设计一般用途的齿轮传动时，通常只按保证齿根弯曲疲劳强度及保证齿面接触疲劳强度两准则进行计算；对于高速大功率的齿轮传动还要进行齿面抗胶合计算。

在软齿面闭式齿轮传动中，其主要失效形式为齿面点蚀，故通常先按齿面接触疲劳强度进行设计，然后再按齿根弯曲疲劳强度校核。

在硬齿面闭式齿轮传动中，其齿面接触承载能力较强，故通常先按齿根弯曲疲劳强度计算，然后再按齿面接触疲劳强度校核。

在开式齿轮传动中，其主要失效形式是齿面磨损，而且在轮齿磨薄后往往会发生轮齿折断，故通常只按齿根弯曲疲劳强度进行设计，并考虑到磨损的影响将模数适当增大。

7.3 齿轮的材料和热处理

7.3.1 对齿轮材料的要求

根据轮齿的失效形式，在设计齿轮传动时，应使齿面具有足够的硬度，以获得较高的抗点蚀、抗磨损、抗胶合和抗塑性变形的能力；使轮芯具有足够的强度和韧性，以便在循环载荷和冲击载荷作用下具有足够的齿根弯曲强度。因此,对齿轮材料性能的基本要求为:齿面要硬,齿芯要韧。此外,材料还应具有良好的机械加工和热处理工艺性,以及经济性等。

7.3.2 常用齿轮材料和热处理

制造齿轮常用的材料是钢,其次是铸铁,在某些场合也用非金属材料。

1. 锻钢

锻钢的力学性能比铸钢好,因此锻钢是首选的齿轮材料。常用的碳钢或合金钢,其含碳量(碳的质量分数)在0.15% ~0.6%之间。

(1)软齿面齿轮

软齿面齿轮的材料选用中碳钢或中碳合金钢,热处理方法为调质或正火。一般是在热处理后切齿,切齿后即为成品,其精度一般为8级,精切时可达7级。此类齿轮制造简便,生产率高,但其承载能力低,传动尺寸大。一般用于结构紧凑和精度要求不高,载荷和速度一般或较低的场合。

一对软齿面齿轮啮合时,由于小齿轮的啮合次数比大齿轮的多,为使大小齿轮接近等强度,常采用调质的小齿轮与正火的大齿轮配对,使小齿轮的齿面硬度比大齿轮的齿面硬度高30HBS ~50HBS。

(2)硬齿面齿轮

硬齿面齿轮的材料可以用低碳钢或低碳合金钢及中碳钢或中碳合金钢,热处理方法视所用材料可选择整体淬火、表面淬火、渗碳淬火和氮化等。一般是在正火或调质处理后切齿,再经表面硬化处理,最后进行磨齿等精加工,精度可达5级或4级。此类齿轮精度高,强度大,价格较贵,一般用于高速、重载及要求尺寸紧凑的场合。

由于硬齿面具有力学性能好,结构紧凑等优点,因此,采用硬齿面齿轮传动是当前的发展趋势。

2. 铸钢

铸钢主要用于制造要求有较高力学性能的大齿轮,热处理方法为正火或退火,必要时也可进行调质。

3. 铸铁

灰铸铁的铸造性能和切削性能好,价格便宜,但抗弯强度和冲击韧性较差,通常用于低速、无冲击和大尺寸或开式传动的场合。

球墨铸铁的力学性能和抗冲击性能高于灰铸铁,可替代调质钢制造某些大齿轮。

4. 非金属材料

在高速、轻载,以及要求低噪音而精度要求又不高的齿轮传动中,可采用塑料、夹布胶木和尼龙等非金属材料。

由于非金属材料的导热性差,故要与齿面光洁的金属齿轮配对使用,以利于散热。

常用的齿轮材料及其力学性能见表7-1。

表7-1 常用齿轮材料及其力学性能

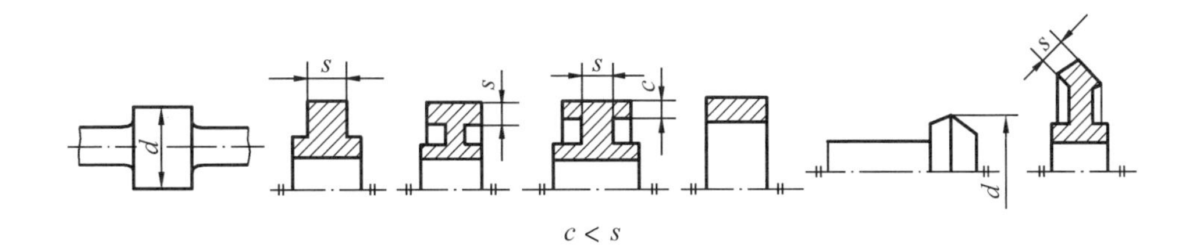

材料牌号	热处理种类	截面尺寸		力学性能		硬度	
		直径 d/mm	壁厚 s/mm	σ_b/MPa	σ_s/MPa	HBS	表面淬火 HRC（渗氮 HV）
调质钢							
45	正火	≤100	≤50	588	294	169~217	40~50
		101~300	51~150	569	284	162~217	
		301~500	151~250	549	275	162~217	
		501~800	251~400	530	265	156~217	
	调质	≤100	≤50	647	373	229~286	
		101~300	51~150	628	343	217~255	
		301~500	151~250	608	314	197~255	
35SiMn	调质	≤100	≤50	785	510	229~286	45~55
		101~300	51~150	735	461	217~269	
		301~400	151~200	686	392	217~255	
		401~500	201~250	637	373	196~255	
42SiMn	调质	≤100	≤50	785	510	229~286	45~55
		101~200	51~100	735	461	217~269	
		201~300	101~150	686	441	217~255	
		301~500	151~250	637	373	196~255	
48MnB	调质	≤200	≤100	735	490	211~286	45~55
		201~300	101~150	686	441	241~286	
38SiMnMo	调质	≤100	≤50	735	588	229~286	45~55
		101~300	51~150	686	539	217~269	
		301~500	151~250	637	490	196~241	

表7-1(续)

材料牌号	热处理种类	截面尺寸		力学性能		硬度	
		直径 d/mm	壁厚 s/mm	σ_b/MPa	σ_s/MPa	HBS	表面淬火 HRC (渗氮 HV)
40Cr	调质	≤100 101～300 301～500 501～800	≤50 51～150 151～250 251～400	735 686 637 588	539 490 441 343	241～286 241～286 229～269 217～255	48～55
渗碳钢、氮化钢							
20Cr	渗碳、淬火、回火	≤60		637	392		渗碳 56～62
20CrMnTi	渗碳、淬火、回火	15		1 079	834		渗碳 56～62
20CrMnMo	渗碳、淬火、回火 两次淬火、回火	15 ≤30 ≤100		1 170 1 079 834	883 786 490	28～33HRC	渗碳 56～62
38CrMoAlA	调质	30		98	834	229	渗氮 >850HV
铸钢							
ZG310-570	正火			570	310	163～197	
ZG340-640	正火			640	340	179～207	
ZG42SiMn	正火、回火 调质			588 637	373 441	163～217 197～248	45～53
ZG35CrMo	正火、回火 调质			588 686	39 539	179～241 190～240	
铸铁							
HT300			>10～20 >20～30 >30～50	290 250 230		182～273 169～255 160～241	
HT350			>10～20 >20～30 >30～50	340 290 260		197～298 182～273 171～257	
QT500-7				500	320	170～230	
QT600-3				600	370	190～270	

注:表中合金钢的调质硬度可提高到320～340HBS。

7.4 齿轮传动的计算载荷

7.4.1 计算载荷

由齿轮传递的额定功率及转速所计算出的载荷为齿轮传动的名义载荷。考虑到原动机和工作机的不平衡，轮齿啮合时产生的动载荷，载荷在同时啮合的齿对间分配的不均匀及沿同一齿面接触线分布不均匀等因素对齿轮强度的不利影响，在计算齿轮传动的强度时，应对名义载荷乘以载荷系数，即按计算载荷计算。

7.4.2 载荷系数

计算齿轮强度用的载荷系数 K，包括使用系数 K_A、动载系数 K_v、齿间载荷分配系数 K_α 及齿向载荷分布系数 K_β，即

$$K = K_A K_v K_\alpha K_\beta \tag{7-1}$$

1. 使用系数 K_A

使用系数 K_A 是考虑原动机和工作机的运转特性、联轴器的缓冲性能等外部因素引起的动载荷影响的系数，可按表 7-2 选取。

表 7-2 使用系数 K_A

载荷状态	工作机	原动机			
		均匀平稳	轻微冲击	中等冲击	严重冲击
		电动机、汽轮机	蒸汽机、电动机（经常启动）	多缸内燃机	单缸内燃机
均匀平稳	发电机、均匀传送的带式运输机或板式运输机、机床进给机构、通风机、均匀密度材料搅拌机等	1.00	1.10	1.25	1.50
轻微冲击	不均匀传送的带式运输机或板式运输机、机床的主传动机构、重型离心泵、变密度材料搅拌机等	1.25	1.35	1.50	1.75
中等冲击	橡胶挤压机、轻型球磨机、木工机械、钢坯初轧机、单缸活塞泵等	1.50	1.60	1.75	2.00
严重冲击	挖掘机、重型球磨机、破碎机、旋转式钻探装置、带材冷轧机等	1.75	1.85	2.00	≥2.25

注：表中所列 K_A 值只适用于减速齿轮传动。对增速齿轮传动，K_A 值应取为表中值的 1.1 倍。当外部机械装置与所计算齿轮间有挠性连接时，K_A 可取为表中较小的值，但不得小于 1。

2. 动载系数 K_v

动载系数 K_v 是考虑由于齿轮制造精度和运转速度而引起的内部动载荷影响的系数。对于6~12级精度(第Ⅱ公差组)的齿轮,K_v 值可按图7-7查取,若为直齿锥齿轮传动,应按锥齿轮平均分度圆处的圆周速度 v_m 及降一级的精度等级查取 K_v 值。

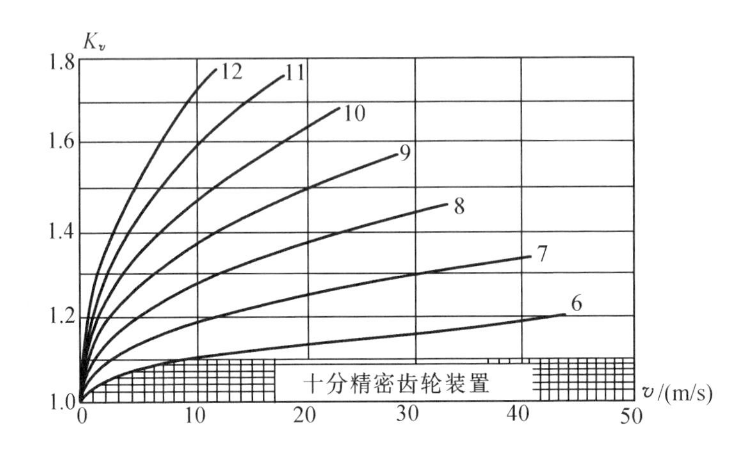

图7-7 动载系数 K_v

注:6~12为齿轮精度等级。

3. 齿间载荷分配系数 K_α

由于制造误差和轮齿变形等原因,载荷在各啮合齿对之间的分配是不均匀的,齿间载荷分配系数 K_α 就是考虑同时啮合的各对轮齿之间载荷分配不均匀的系数。K_α 的大小取决于轮齿啮合的刚度、基圆齿距误差、修缘量、跑合情况等多种因素。

对一般工业用途齿轮传动的 K_α 值可由表7-3查取。

表7-3 齿间载荷分配系数 K_α

$\frac{K_A F_t}{b}$		≥100 N/mm				<100 N/mm
精度等级		5	6	7	8	5~9
直齿轮	齿面未硬化	1.0		1.0	1.1	≥1.2
	齿面硬化	1.0		1.1	1.2	≥1.2
斜齿轮	齿面未硬化	1.0		1.1	1.2	≥1.4
	齿面硬化	1.0	1.1	1.2	1.4	≥1.4

4. 齿向载荷分布系数 K_β

齿轮工作时,由于轴的弯曲变形及齿轮加工误差和安装误差引起的齿轮副相互倾斜及轮齿扭曲,都会导致沿齿宽方向载荷分布不均匀,齿向载荷分布系数 K_β 就是考虑沿齿宽方向载荷分布不均匀的影响系数。对于8级精度(第Ⅱ公差组)的一般工业用途齿轮传动,K_β可由图7-8查取,当精度高于8级时K_β降低5%~10%,反之则增大5%~10%。

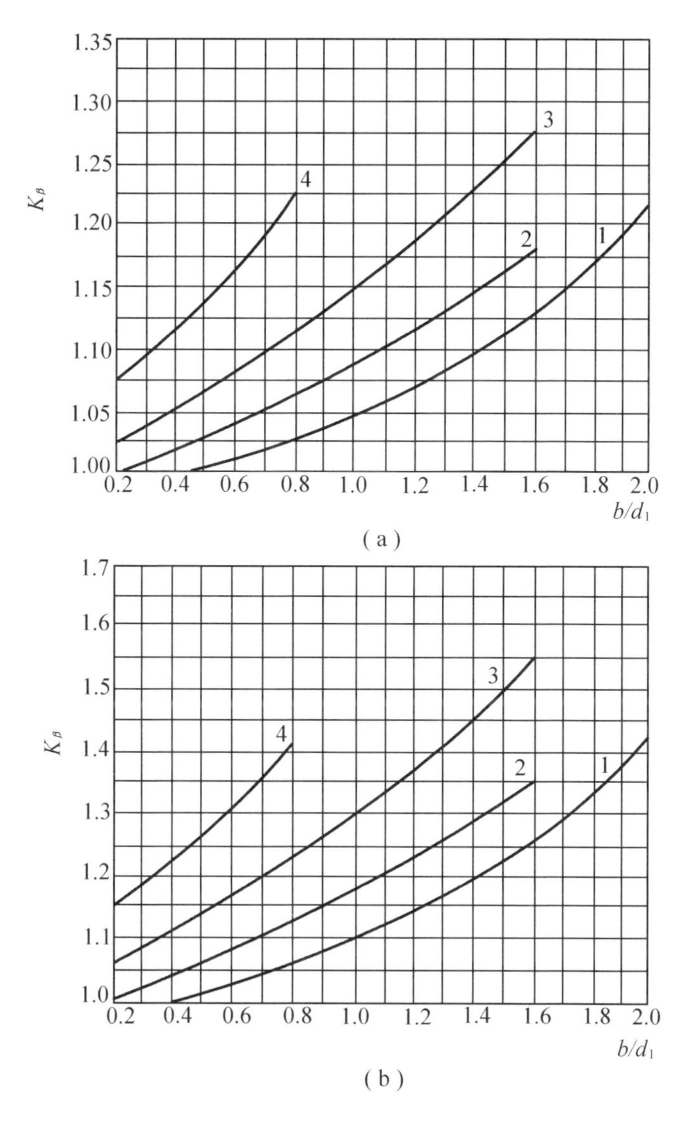

图7-8 齿向载荷分布系数K_β

(a)两轮都是软齿面(≤350HBS)或其中之一是软齿面;(b)两轮都为硬齿面(>350HBS)

1—齿轮在两轴承中间对称布置;2—齿轮在两轴承中间非对称布置,轴的刚度较大;

3—齿轮在两轴承中间非对称布置,轴的刚度较小;4—齿轮悬臂布置

7.5 直齿圆柱齿轮传动的强度计算

7.5.1 轮齿的受力分析

在分析齿轮传动受力时,为简化计算,不计齿面间的摩擦力,并用作用于齿宽中点处的集中力代替沿接触线的分布力,则齿面上只有沿啮合线的法向力 F_n。如图7-9所示,将 F_n 在节点 C 处分解为两个互相垂直的分力,即圆周力 F_t 和径向力 F_r。

$$\left.\begin{aligned}&\text{圆周力}\quad F_t=\frac{2T_1}{d_1}\\&\text{径向力}\quad F_r=F_t\tan\alpha\\&\text{法向力}\quad F_n=\frac{F_t}{\cos\alpha}\end{aligned}\right\}\qquad(7-2)$$

式中 d_1——小齿轮的节圆直径,对标准齿轮即为分度圆直径,mm;

T_1——小齿轮传递的转矩,N·mm;

α——啮合角,对标准齿轮,$\alpha=20°$。

根据作用力与反作用力的关系,作用在主动轮和从动轮上的各力大小相等,方向相反。主动轮所受的圆周力是工作阻力,其方向与力作用点圆周速度方向相反;从动轮所受的圆周力是驱动力,其方向与力作用点圆周速度方向相同。径向力则指向各自的齿轮中心。

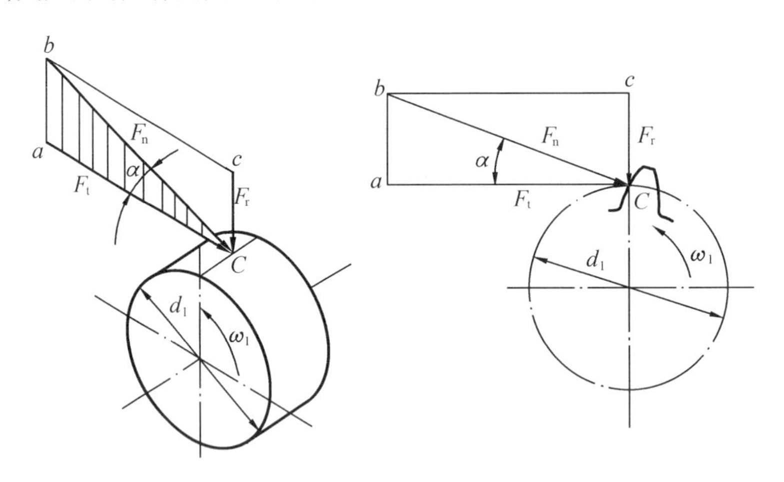

图7-9 直齿圆柱齿轮受力分析

7.5.2 齿根弯曲疲劳强度计算

齿根弯曲疲劳强度计算的目的是防止在预定寿命期限内发生轮齿疲劳折断。其强度条件为

$$\sigma_F\leqslant[\sigma_F]\qquad(7-3)$$

由于齿轮轮缘的刚度较大,因此可将轮齿看作是宽度为 b 的悬臂梁,其齿根处危险截面可用30°切线法确定。如图7-10所示,作与轮齿对称线成30°角并与齿根过渡曲线相切的

两条直线，通过两切点与齿轮轴线平行的截面即为齿根危险截面。为简化计算，假设全部载荷作用于一对齿啮合时的齿顶上。当不计摩擦力时，作用于齿顶的总载荷 F_n 沿啮合线方向，F_n 可分解为互相垂直的两个分力（图 7－10）：切向力 $F_n\cos\alpha_F$ 使齿根产生弯曲应力和切应力，径向力 $F_n\sin\alpha_F$ 使齿根产生正压力。其中弯曲应力起主要作用，其他应力起的作用很小，只在应力校正系数 Y_S 中考虑，此外，在齿根危险截面处的过渡圆角所引起的应力集中，也在 Y_S 中考虑。

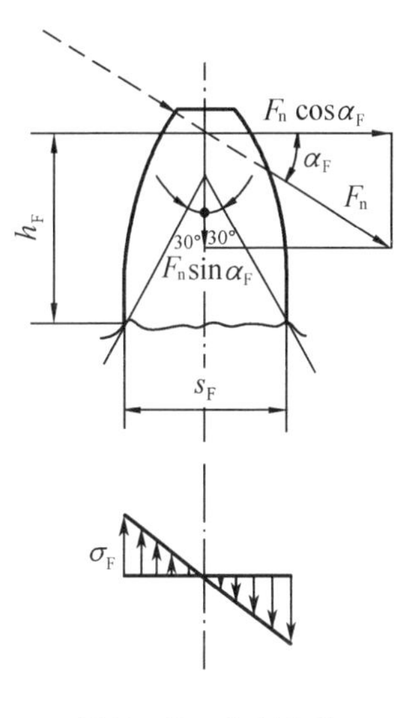

图 7－10 齿根危险截面的弯曲应力

轮齿长期工作后，疲劳裂纹往往从齿根受拉一侧开始发生的，因此齿根弯曲疲劳强度计算以受拉一侧为计算依据。由图 7－10 得齿根弯曲应力

$$\sigma_F=\frac{M}{W}=\frac{F_n\cos\alpha_F h_F}{\dfrac{bs_F^2}{6}}=\frac{F_t}{bm}\cdot\frac{6\left(\dfrac{h_F}{m}\right)\cos\alpha_F}{\left(\dfrac{s_F}{m}\right)^2\cos\alpha}=\frac{F_t}{bm}\cdot Y_F \tag{7-4}$$

其中

$$Y_F=\frac{6\left(\dfrac{h_F}{m}\right)\cos\alpha_F}{\left(\dfrac{s_F}{m}\right)^2\cos\alpha} \tag{7-5}$$

Y_F称为齿形系数，反映了轮齿几何形状对齿根弯曲应力的影响，从式(7－5)可知 h_F 和 s_F 都与模数 m 成正比，因此 Y_F无量纲，其大小只取决于轮齿形状，与齿数 z、变位系数 x、压力角 α 等有关，而与模数 m 无关。对于符合基准齿形的齿轮，齿形系数 Y_F可按表 7－4 选取。

表 7－4 齿形系数 Y_F及应力校正系数 Y_S

$z(z_v)$	17	18	19	20	21	22	23	24	25	26	27	28	29
Y_F	2.97	2.91	2.85	2.80	2.76	2.72	2.69	2.65	2.62	2.60	2.57	2.55	2.53
Y_S	1.52	1.53	1.54	1.55	1.56	1.57	1.575	1.58	1.59	1.595	1.60	1.61	1.62
$z(z_v)$	30	35	40	45	50	60	70	80	90	100	150	200	∞
Y_F	2.52	2.45	2.40	2.35	2.32	2.28	2.24	2.22	2.20	2.18	2.14	2.12	2.06
Y_S	1.625	1.65	1.67	1.68	1.70	1.73	1.75	1.77	1.78	1.79	1.83	1.865	1.97

注：(1) 基准齿形的参数为 $\alpha=20°$，$h_a^*=1$，$c^*=0.25$，$\rho=0.38m$（m 为齿轮模数）；

(2) 对内齿轮：当 $\alpha=20°$，$h_a^*=1$，$c^*=0.25$，$\rho=0.15m$ 时，齿形系数 $Y_F=2.053$；应力校正系数 $Y_S=2.65$。

计入载荷系数 K，应力校正系数 Y_S（数值按表 7－4 选取），得齿根弯曲疲劳强度校核公式

$$\sigma_F=\frac{KF_t}{bm}Y_FY_S\leqslant[\sigma_F]\quad \text{MPa} \tag{7-6}$$

其中,b 为工作齿宽,单位为 mm。

取 $\phi_d=\dfrac{b}{d_1}, F_t=\dfrac{2T_1}{d_1}, d_1=mz_1$ 代入式(7-6),得齿根弯曲疲劳强度设计公式,即

$$m\geqslant\sqrt[3]{\frac{2KT_1}{\phi_d z_1^2}\cdot\frac{Y_F Y_S}{[\sigma_F]}}\quad \text{mm} \tag{7-7}$$

其中,ϕ_d 为齿宽系数,按表7-5选取。

式(7-7)中的$\dfrac{Y_F Y_S}{[\sigma_F]}$应代入$\dfrac{Y_{F1} Y_{S1}}{[\sigma_F]_1}$和$\dfrac{Y_{F2} Y_{S2}}{[\sigma_F]_2}$中的较大者,由于齿轮的参数和尺寸未知,使一些系数难以确定,故试选载荷系数 $K_t=1.2\sim1.4$。

表7-5　齿宽系数 $\phi_d=\dfrac{b}{d_1}$

齿轮相对于轴承的位置	齿面硬度	
	软齿面	硬齿面
对称布置	0.8~1.4	0.4~0.9
非对称布置	0.6~1.2	0.3~0.6
悬臂布置	0.3~0.4	0.2~0.25

注:(1)对于直齿圆柱齿轮宜取小值,斜齿可取大值,人字齿甚至可到2。
(2)载荷稳定,轴刚度大的宜取大些,轴刚度小的宜取小些。

7.5.3　齿面接触疲劳强度计算

齿面接触疲劳强度计算的目的是防止齿面在预定寿命期限内发生疲劳点蚀。其强度条件式为

$$\sigma_H\leqslant[\sigma_H] \tag{7-8}$$

一对齿轮啮合时的齿面接触应力可用式(1-30)计算,即

$$\sigma_H=\sqrt{\frac{F_n}{\pi b}\cdot\frac{\dfrac{1}{\rho_1}\pm\dfrac{1}{\rho_2}}{\dfrac{1-\mu_1^2}{E_1}+\dfrac{1-\mu_2^2}{E_2}}}\leqslant[\sigma_H]$$

为计算方便,取

$$Z_E=\sqrt{\frac{1}{\pi\left[\left(\dfrac{1-\mu_1^2}{E_1}\right)+\left(\dfrac{1-\mu_2^2}{E_2}\right)\right]}}$$

$$\frac{1}{\rho_\Sigma}=\frac{1}{\rho_1}\pm\frac{1}{\rho_2}$$

则

$$\sigma_H=Z_E\sqrt{\frac{F_n}{b\rho_\Sigma}}\leqslant[\sigma_H] \tag{7-9}$$

式中　ρ_Σ——啮合齿面上啮合点的综合曲率半径,mm;

Z_E——弹性系数,数值列于表7-6,$\text{MPa}^{\frac{1}{2}}$。

表7-6 弹性系数 Z_E 单位:$\mathrm{MPa}^{\frac{1}{2}}$

齿轮材料 \ 弹性模量 E/MPa	配对齿轮材料				
	灰铸铁	球墨铸铁	铸钢	锻钢	夹布塑胶
	11.8×10^4	17.3×10^4	20.2×10^4	20.6×10^4	0.785×10^4
锻钢	162.0	181.4	188.9	189.8	56.4
铸钢	161.4	180.5	188.0	—	—
球墨铸铁	156.6	173.9	—		
灰铸铁	143.7	—			

注:表中所列夹布塑胶的泊松比 μ 为0.5,其余材料的 μ 均为0.3。

由于齿廓上各点的曲率半径不同,接触应力 σ_H 也不同。如图7-11所示,在小齿轮的单对齿啮合区最低点 B 处啮合时 σ_H 最大,但当小齿轮的齿数 $z_1\leqslant20$ 时,按单齿对啮合区最低点 B 算得的接触应力与按节点 C 算得的接触应力相差不大。实际上,点蚀也往往先在节线附近的齿根表面产生,因此,接触强度计算通常以节点为计算依据。

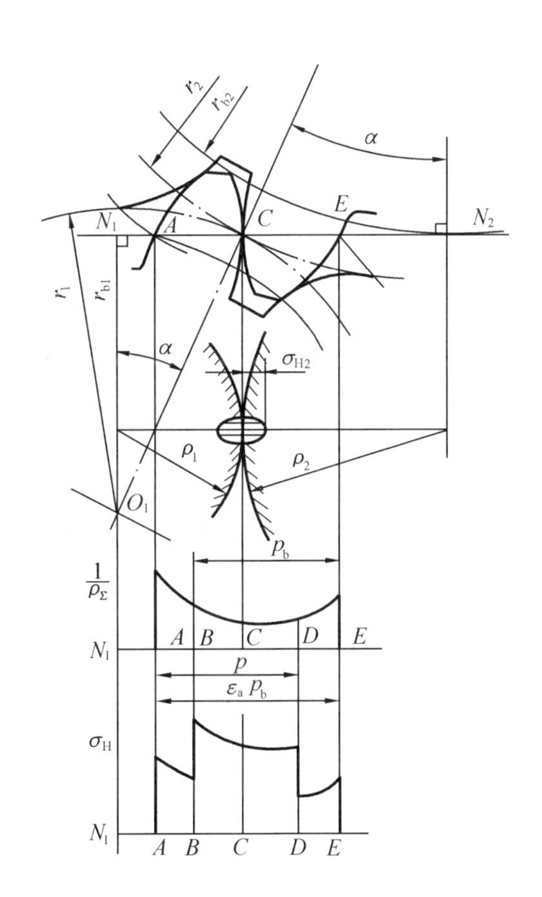

图7-11 齿面接触应力

节点 C 处的参数:

曲率半径

$$\rho_1=\overline{N_1C}=\frac{d_1'}{2}\sin\alpha',\rho_2=\frac{d_2'}{2}\sin\alpha'$$

综合曲率半径

$$\rho_\Sigma=\frac{\rho_1\rho_2}{\rho_2\pm\rho_1}=\frac{d_1'\sin\alpha'}{2}\cdot\frac{u}{u\pm1}$$

式中,齿数比 $u=\frac{d_2'}{d_1'}=\frac{d_2}{d_1}$;节圆直径 $d_1'=d_1\frac{\cos\alpha}{\cos\alpha'}$,代入上式得

$$\rho_\Sigma=\frac{d_1\cos\alpha\tan\alpha'}{2}\cdot\frac{u}{u\pm1}$$

将法向力 $F_n=\frac{F_t}{\cos\alpha}$,$\rho_\Sigma$ 代入式(7-8)并计入载荷系数 K 得

$$\sigma_H=Z_E\sqrt{\frac{2}{\cos^2\alpha\tan\alpha'}}\cdot\sqrt{\frac{KF_t}{bd_1}\cdot\frac{u\pm1}{u}}\leqslant[\sigma_H]$$

令

$$Z_{\mathrm{H}}=\sqrt{\frac{2}{\cos^2\alpha\tan\alpha'}}$$

Z_{H} 称为节点区域系数,其值可由图 7－12 查取(对于标准齿轮传动,$\alpha'=\alpha=20°$,$Z_{\mathrm{H}}=2.5$)。则可得齿面接触疲劳强度的校核公式,即

$$\sigma_{\mathrm{H}}=Z_E Z_{\mathrm{H}}\sqrt{\frac{KF_{\mathrm{t}}}{bd_1}\cdot\frac{u\pm1}{u}}\leqslant[\sigma_{\mathrm{H}}]\quad \mathrm{MPa} \tag{7-10}$$

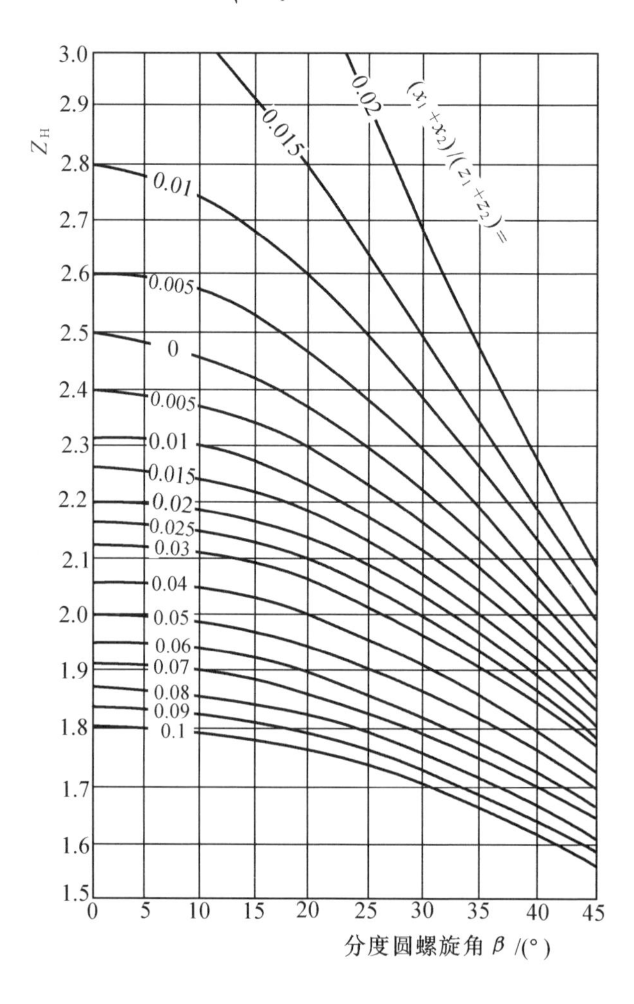

图 7－12　节点区域系数 Z_{H}

将圆周力 $F_{\mathrm{t}}=\dfrac{2T_1}{d_1}$,齿宽系数 $\phi_{\mathrm{d}}=\dfrac{b}{d_1}$,代入上式得齿面接触疲劳强度的设计公式,即

$$d_1\geqslant\sqrt[3]{\frac{2KT_1}{\phi_{\mathrm{d}}}\cdot\frac{u\pm1}{u}\left(\frac{Z_{\mathrm{H}}Z_E}{[\sigma_{\mathrm{H}}]}\right)^2}\quad \mathrm{mm} \tag{7-11}$$

由式(7－10)知,配对齿轮的齿面接触应力是相等的,即 $\sigma_{\mathrm{H1}}=\sigma_{\mathrm{H2}}$,但许用接触应力 $[\sigma_{\mathrm{H}}]_1$ 和 $[\sigma_{\mathrm{H}}]_2$ 分别与齿轮 1 和齿轮 2 的材料、热处理、应力循环次数有关,一般不相等。因此,若按齿面接触疲劳强度设计直齿轮传动时,应将 $[\sigma_{\mathrm{H}}]_1$ 和 $[\sigma_{\mathrm{H}}]_2$ 中的小者代入设计公式进行计算。

7.6　斜齿圆柱齿轮传动的强度计算

7.6.1　轮齿的受力分析

同直齿圆柱齿轮传动一样，一对标准斜齿圆柱齿轮在节点 C 处啮合时，其法向力 F_n 垂直于齿面。如图 7－13 所示，F_n 可分解为三个相互垂直的分力，即

$$\left.\begin{aligned}&\text{圆周力}\quad F_t=\frac{2T_1}{d_1}\quad \mathrm{N}\\&\text{径向力}\quad F_r=F_t\tan\alpha_t=F_t\frac{\tan\alpha_n}{\cos\beta}\\&\text{轴向力}\quad F_a=F_t\tan\beta\\&\text{法向力}\quad F_n=\frac{F_t}{\cos\alpha_n\cos\beta}=\frac{F_t}{\cos\alpha_t\cos\beta_b}\end{aligned}\right\}\tag{7-12}$$

式中　α_t——端面压力角；

α_n——法面压力角，对于标准齿轮传动 $\alpha_n=20°$；

β——节圆螺旋角，对于标准斜齿轮即为分度圆螺旋角；

β_b——基圆螺旋角。

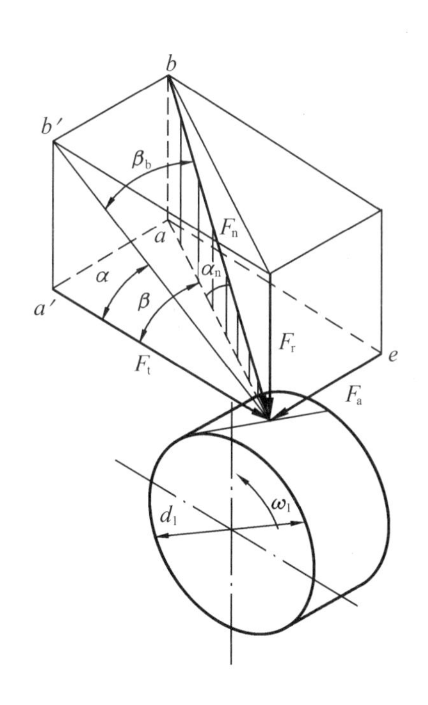

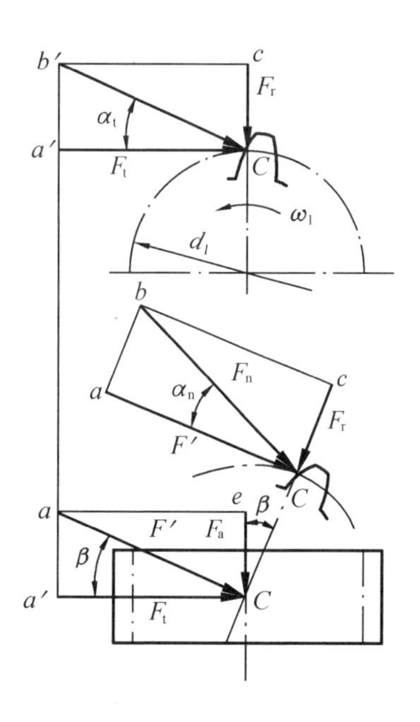

图 7－13　斜齿圆柱齿轮传动受力分析

圆周力 F_t 和径向力 F_r 方向的判断同直齿轮，轴向力 F_a 的方向可用主动轮左、右手法则判断：对主动轮，左旋用左手、右旋用右手握住其轴线，并使握紧的四指代表主动轮的回转

方向,则拇指的指向即为主动轮的轴向力方向。作用在主、从动轮上的各对力大小相等,方向相反。

7.6.2 齿根弯曲疲劳强度计算

斜齿轮的接触线是倾斜的,其轮齿往往是局部折断。其齿根弯曲强度的计算较繁,一般使用直齿圆柱齿轮的弯曲强度公式进行对比计算。

由于载荷作用在法向截面内,故相应的模数应为法面模数 m_n。考虑斜齿轮的接触线长、重合度大及螺旋角 β 对弯曲强度的影响,引入端面重合度 ε_α 和螺旋角系数 Y_β,参照式(7-5)及式(7-6)得斜齿轮齿根弯曲疲劳强度校核公式,即

$$\sigma_F=\frac{KF_t}{bm_n\varepsilon_\alpha}Y_FY_SY_\beta\leqslant[\sigma_F]\quad \text{MPa} \tag{7-13}$$

设计公式

$$m_n\geqslant\sqrt[3]{\frac{2KT_1Y_\beta\cos^2\beta}{\phi_d z_1^2\varepsilon_\alpha}\cdot\frac{Y_FY_S}{[\sigma_F]}}\quad \text{mm} \tag{7-14}$$

式中 Y_F——齿形系数,按当量齿数 $z_v=\dfrac{z}{\cos^3\beta}$由表7-4查取;

Y_S——应力校正系数,按 z_v 由表7-4查取;

Y_β——螺旋角系数,按图7-14查取,图中纵向重合度 $\varepsilon_\beta=\dfrac{b\sin\beta}{\pi m_n}$;

ε_α——端面重合度,按图7-15查取或按《机械原理》所述公式计算。

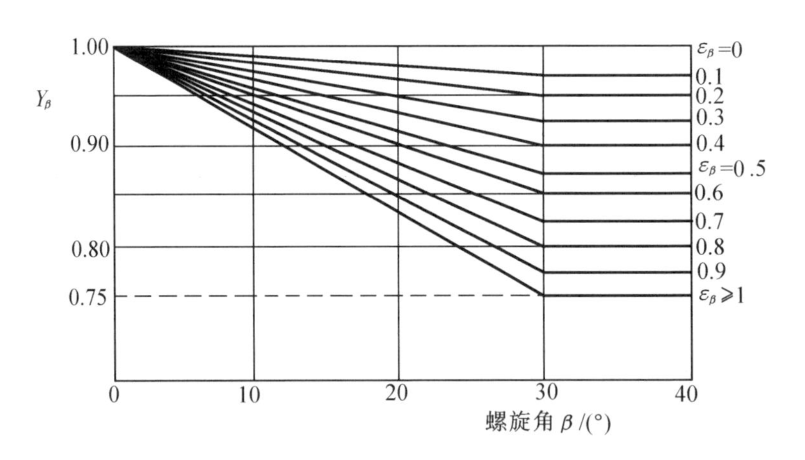

图7-14 螺旋角系数 Y_β

7.6.3 齿面接触疲劳强度计算

斜齿圆柱齿轮齿面接触强度计算的原理和方法与直齿圆柱齿轮基本相同。不同的是:两轮齿廓啮合点的曲率半径应为其法面曲率半径 ρ_{n1} 和 ρ_{n2};接触线长度比直齿轮大,使接触应力减小,对此,引入端面重合度 ε_α 来考虑。参照式(7-10)及式(7-11)得斜齿轮齿面接触疲劳强度校核公式,即

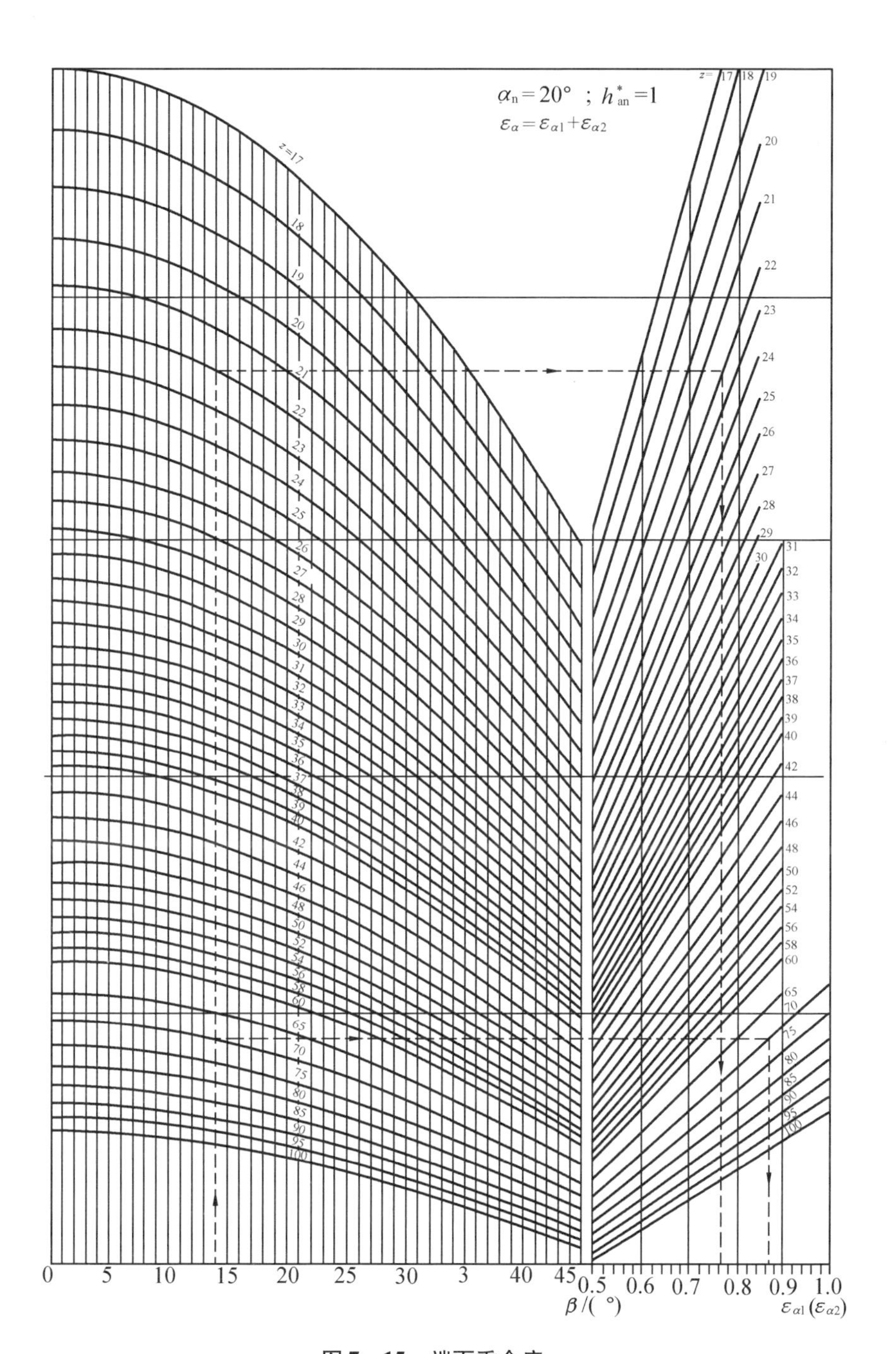

图 7－15 端面重合度 ε_α

图 7－15 使用举例：已知 $z_1=22$，$z_2=70$，$\beta=14°$，求 ε_α 值。

解：由于分别查得 $\varepsilon_{\alpha1}=0.765$，$\varepsilon_{\alpha2}=0.87$，从而得 $\varepsilon_\alpha=\varepsilon_{\alpha1}+\varepsilon_{\alpha_2}=0.765+0.87=1.635$。

$$\sigma_{\mathrm{H}}=Z_E Z_{\mathrm{H}}\sqrt{\frac{KF_{\mathrm{t}}}{bd_1\varepsilon_\alpha}\cdot\frac{u\pm1}{u}}\leqslant[\sigma_{\mathrm{H}}]\quad \mathrm{MPa} \tag{7-15}$$

设计公式

$$d_1 \geqslant \sqrt[3]{\frac{2KT_1}{\phi_d \varepsilon_\alpha} \cdot \frac{u \pm 1}{u} \left(\frac{Z_E Z_H}{[\sigma_H]} \right)^2} \quad \text{mm} \tag{7-16}$$

其中,节点区域系数 $Z_H = \sqrt{\frac{2\cos\beta_b}{\cos^2\alpha_t \tan\alpha_t'}}$,按图7-12查取;其余各符号意义和单位同前。

7.7 圆柱齿轮传动的设计

7.7.1 齿轮传动主要参数的选择

1. 模数 m 和齿数 z

模数 m 主要影响齿根弯曲强度,对齿面接触强度没有直接影响,齿面接触强度主要与 d_1 和齿数比 u 有关。因此,在按齿面接触强度设计时,求得 d_1 后可按齿数 z_1 计算模数 m,并按表7-7取标准值。

表7-7 渐开线齿轮模数(GB/T 1357—2008) 单位:mm

第一系列	1	1.25	1.5	2	2.5	3	4	5	6	8
	10	12	16	20	25	32	40	50		
第二系列	1.75	2.25	2.75	(3.25)	3.5	(3.75)	4.5	5.5	(6.5)	7
	9	(11)	14	18	22	28	(30)	36	45	

注:(1)对斜齿轮指法面模数;对锥齿轮指大端模数。

(2)选用模数时应优先选用第一系列,其次第二系列,括号中模数尽可能不用。

对于闭式齿轮传动,在满足弯曲疲劳强度情况下,宜采用较多的齿数和较小的模数,以增加重合度,提高传动的平稳性,减小冲击振动,可以取小轮齿数 $z_1 = 20 \sim 40$。但对于传递动力的齿轮,为防止轮齿太小引起的意外断齿,模数一般不小于1.5~2 mm。

在按弯曲强度设计时,应取较大的模数,因而齿数应少一些,一般取 $z_1 = 17 \sim 20$。对于开式齿轮传动,为了补偿因齿面磨损使轮齿减薄而造成的强度削弱,通常将计算得到的模数加大10%~15%。

小轮齿数确定后,按齿数比 $u = \frac{z_2}{z_1}$ 确定大轮齿数 z_2,为了防止轮齿的磨损集中于某几个齿上,而造成齿轮过早报废,z_1 与 z_2 一般应互为质数。

2. 齿宽系数 ϕ_d

在一定载荷作用下,增大齿宽可减小齿轮直径和传动中心距,但齿宽越大,齿向的载荷分布越不均匀,因此必须合理选择齿宽系数,可按表7-5选取。

对于圆柱齿轮的齿宽,可按 $b = \phi_d d_1$ 计算后再作适当圆整,而且为了避免安装时大小齿轮轴向错位而使啮合齿宽减小,通常将小轮的齿宽加大5~10 mm。

3. 螺旋角 β

螺旋角 β 越大,斜齿轮传动越平稳、承载能力越大,但轴向力 F_a($F_a = F_t\tan\beta$)也随之增大,影响轴承部件结构。因此,一般常取$\beta=8^\circ\sim20^\circ$,对于人字齿轮,因轴向力可以抵消,故可取到$\beta=15^\circ\sim40^\circ$。

7.7.2 齿轮传动的许用应力

在确定齿轮传动的许用应力时,采用的是齿轮试件进行运转实验获得的持久极限应力,失效概率为1%,试件的参数为$m=3\sim5$ mm,$\alpha=20^\circ$,$b=10\sim50$ mm,$v=10$ m/s,齿面粗糙度参数值平均为3 μm。对一般的齿轮传动,在设计中应作必要的修正,以求得许用应力。

1. 许用弯曲应力$[\sigma_F]$

$$[\sigma_F]=\frac{\sigma_{Flim}Y_N}{S_F} \tag{7-17}$$

式中 S_F——弯曲疲劳强度安全系数,对弯曲疲劳强度来说,一旦断齿后果较为严重,一般取$S_F=1.25$;

σ_{Flim}——实验齿轮的齿根弯曲疲劳极限,按图7-16查取;图中的σ_{Flim}为脉动循环应力的极限应力,对称循环应力的极限应力值仅为脉动循环应力的70%;

Y_N——弯曲疲劳寿命系数,按图7-17查取。

图7-17中的横坐标为应力循环次数N,可由下式计算

$$N=60njL_h \tag{7-18}$$

式中 n——齿轮转速,r/min;

j——齿轮转一圈,同一齿面啮合的次数;

L_h——齿轮的工作寿命,h。

2. 许用接触应力$[\sigma_H]$

$$[\sigma_H]=\frac{\sigma_{Hlim}Z_N}{S_H} \tag{7-19}$$

式中 S_H——接触疲劳强度安全系数,一般取$S_H=1$;

σ_{Hlim}——实验齿轮的齿面接触疲劳极限,按图7-18查取;

Z_N——接触疲劳寿命系数,按图7-19查取,图中横坐标N按式(7-18)计算。

有关图7-16、图7-18的说明:图中*ME*为齿轮材料和热处理质量很高时的疲劳极限值线;*MQ*为齿轮材料和热处理质量达到中等要求时的疲劳极限值线;*ML*为齿轮材料和热处理质量达到最低要求时的疲劳极限值线;*MX*为齿轮材料对淬透性及金相组织有特别考虑的调质合金钢的疲劳强度极限的取值线。

7.7.3 齿轮精度的选择

在渐开线齿轮标准中规定有13个精度等级,依次为0,1,2,…,12。其中0级最高,12级最低。按齿轮的运动准确性、传动平稳性和载荷分布均匀性,精度又相应分为三个公差组:第Ⅰ公差组、第Ⅱ公差组和第Ⅲ公差组。三组公差允许选择不同的精度等级。具体选择时应根据传动的用途、使用条件、传动功率及圆周速度等因素来决定。一般是先按节圆圆周速度,确定第Ⅱ公差组的精度等级,参见表7-8。常见机器所用齿轮传动的精度等级范围参见表7-9。

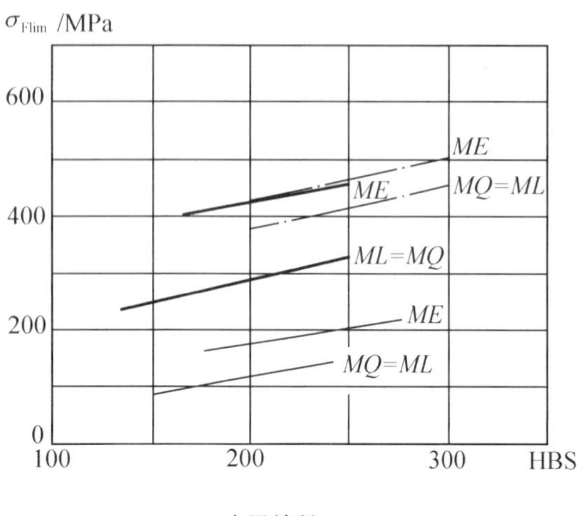

—— 球墨铸铁

—·— 黑色可锻铸铁

—— 灰铸铁

(a)

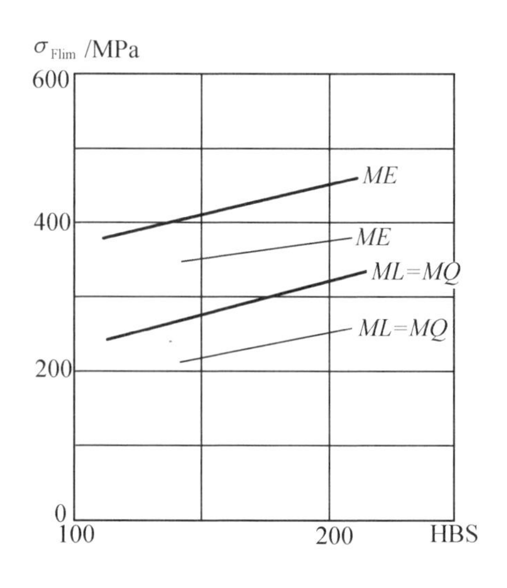

—— 正火处理的结构钢

—— 正火处理的铸钢

(b)

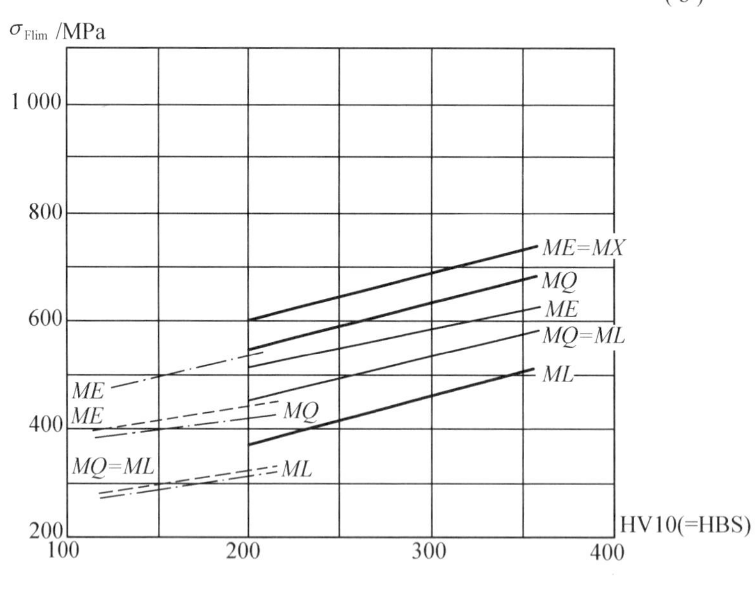

—— 合金钢调质　—·— 碳钢调质

—— 合金铸钢调质　------- 碳素铸钢调质

(c)

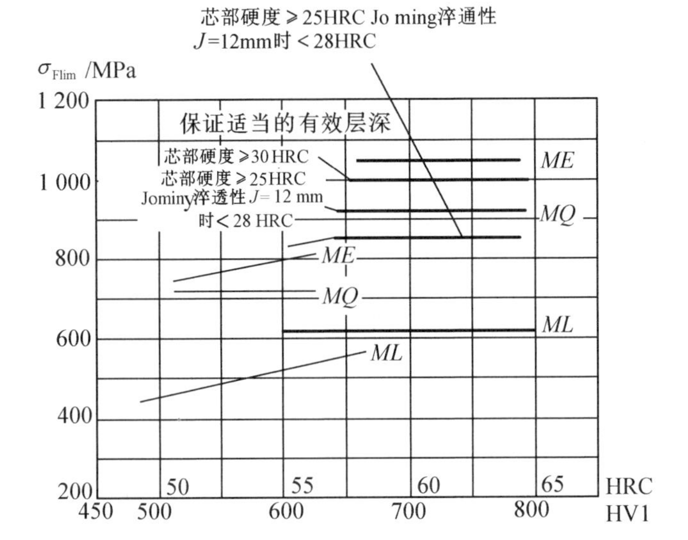

—— 渗碳淬火钢 —— 表面硬化钢

(d)

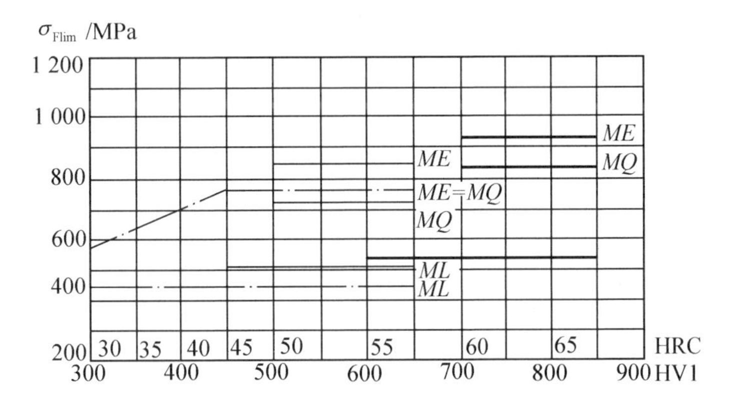

—— 调质、气体氮化处理的氮化钢（不含铝）

—— 调质、气体氮化处理的调质钢

-·- 调质或正火、碳氮共渗处理的调质钢

(e)

图7－16 弯曲疲劳强度极限 σ_{Flim}

(a)铸铁材料的 σ_{Flim}；(b)正火处理钢的 σ_{Flim}；(c)调质处理钢的 σ_{Flim}；

(d)渗碳淬火钢和表面硬化(火焰或感应淬火)钢的 σ_{Flim}；

(e)氮化及碳氮共渗钢的 σ_{Flim}

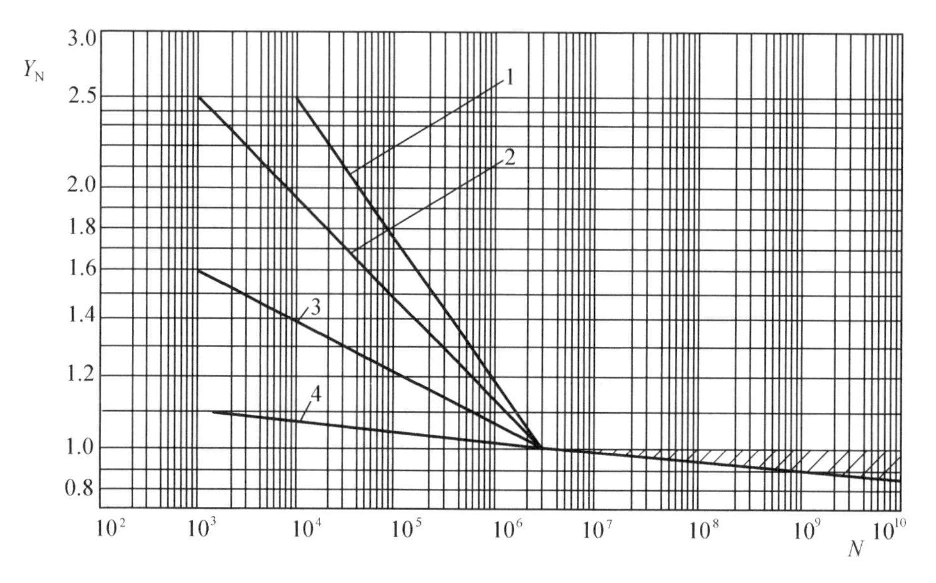

图 7-17 弯曲疲劳寿命系数 Y_N

1—调质钢,球光体、贝氏体球墨铸铁,珠光体黑色可锻铸铁;2—渗碳淬火钢,火焰或感应表面淬火钢;3—氮化的调质钢或氮化钢,铁素体球墨铸铁,结构钢,灰铸铁;4—碳氮共渗的调质钢

表 7-8 齿轮传动的精度选择

精度等级	圆柱齿轮传动节圆圆周速度/(m/s)		锥齿轮传动平均节圆直径圆周速度/(m/s)	
	直 齿	斜 齿	直 齿	曲 线 齿
5 级及其以上	≥15	≥30	≥12	≥20
6 级	<15	<30	<12	<20
7 级	<10	<15	<8	<10
8 级	<6	<10	<4	<7
9 级	<2	<4	<1.5	<3

表 7-9 各类机器所用齿轮传动的精度等级范围

机器名称	精度等级	机器名称	精度等级
汽轮机	3~6	拖拉机	6~8
金属切削机床	3~8	通用减速器	6~8
航空发动机	4~8	锻压机床	6~9
轻型汽车	5~8	起重机	7~10
载重汽车	7~9	农业机器	8~11

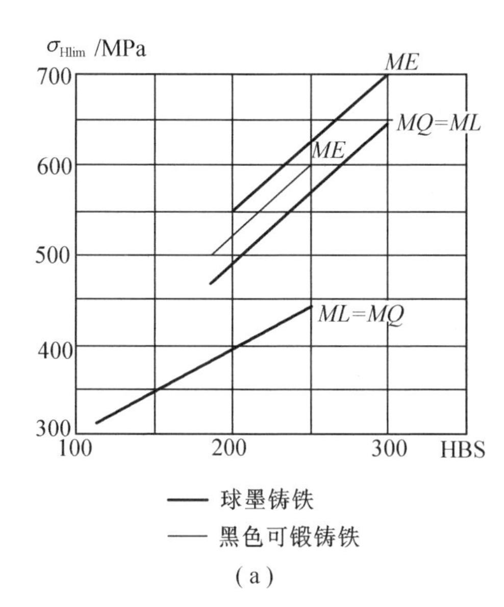
σ_{Hlim} /MPa
700
600
500
400
300
100
200
300
HBS
ME
MQ=ML
ME
ML=MQ
球墨铸铁
黑色可锻铸铁

(a)

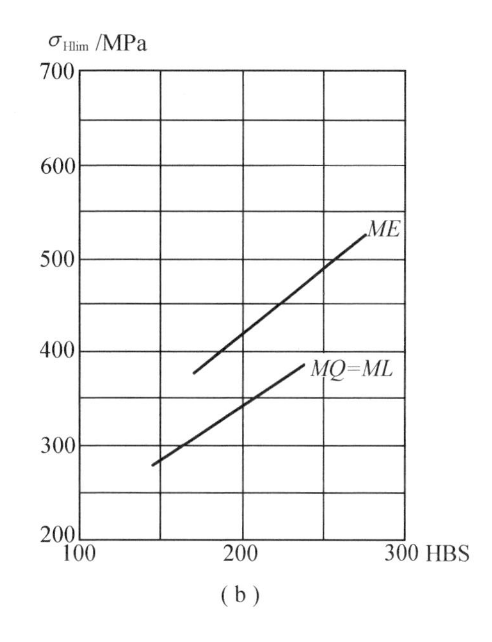
σ_{Hlim} /MPa
700
600
500
400
300
200
100
200
300 HBS
ME
MQ=ML

(b)

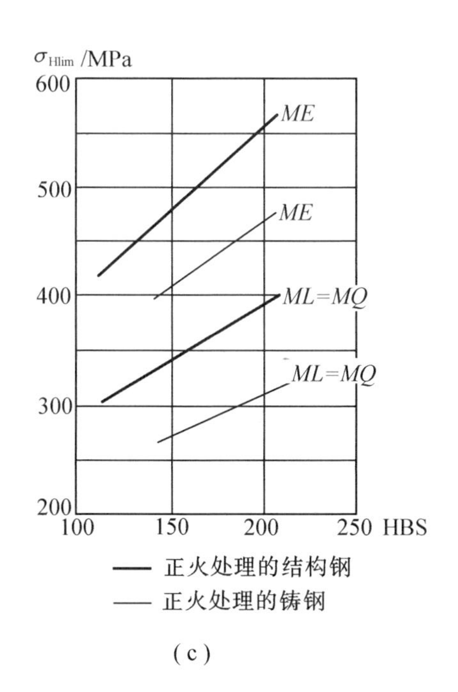
σ_{Hlim} /MPa
600
500
400
300
200
100
150
200
250 HBS
ME
ME
ML=MQ
ML=MQ
正火处理的结构钢
正火处理的铸钢

(c)

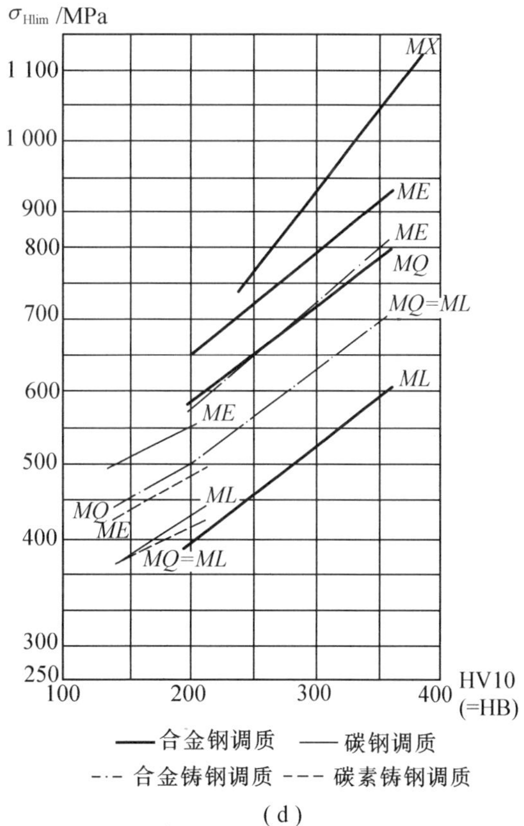
σ_{Hlim} /MPa
1 100
1 000
900
800
700
600
500
400
300
250
100
200
300
400
HV10
(=HB)
MX
ME
ME
MQ
MQ=ML
ML
ME
ML
MQ
ME
MQ=ML
合金钢调质
碳钢调质
合金铸钢调质
碳素铸钢调质

(d)

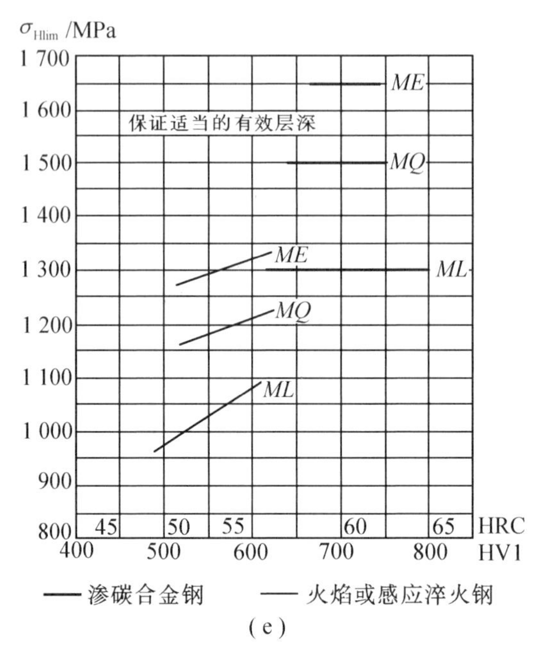

(e)

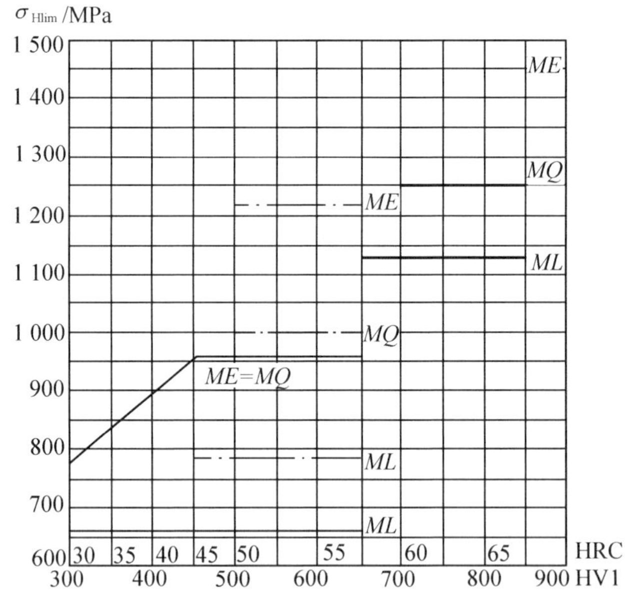

—— 调质－气体渗氮处理的渗氮钢

—·— 调质－气体渗氮处理的调质钢

—— 调质或正火－氮碳共渗处理的调质钢

(f)

图7－18 接触疲劳强度极限 σ_{Hlim}

(a)铸铁材料的 σ_{Hlim};(b)灰铸铁的 σ_{Hlim};(c)正火处理的结构钢和铸钢的 σ_{Hlim};(d)调质处理钢的 σ_{Hlim};(e)渗碳淬火钢和表面硬化(火焰或感应淬火)钢的 σ_{Hlim};(f)渗氮和氮碳共渗钢的的 σ_{Hlim}

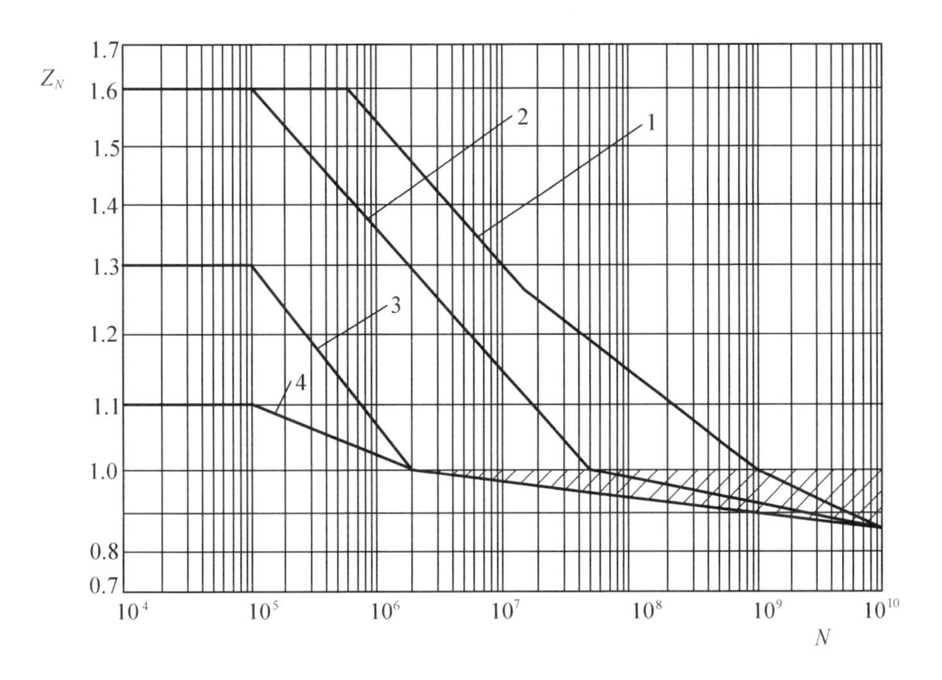

图7－19 接触疲劳寿命系数 Z_N

1—结构钢，调质钢，珠光体、贝氏体球墨铸铁，珠光体黑色可锻铁，渗碳淬火钢（允许一定点蚀）；
2—材料同1，不允许出现点蚀；3—灰铸铁，铁素体球墨铸铁，氮化的调质钢或氮化钢；
4—碳氮共渗的调质钢

例7－1 图7－20为带式输送机中的同轴式二级圆柱齿轮减速器，高速级采用斜齿圆柱齿轮传动，低速级采用直齿圆柱齿轮传动。已知输入功率 $P_1=10$ kW，转速 $n_1=1\ 440$ r/min，高速级减速比 $i_{\mathrm{I}}=6.5$，低速级减速比 $i_{\mathrm{II}}=3.7$。由电动机驱动，单向运转，载荷有轻微冲击，工作寿命10年（每年工作250天），两班制，滚动轴承效率为0.99，齿轮传动的啮合效率为0.98，允许传动比误差5%。试设计此两级齿轮传动。

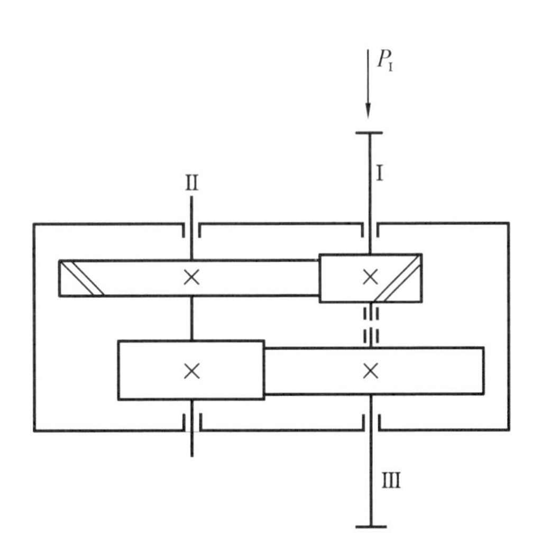

图7－20 同轴式二级圆柱齿轮减速器

解 同轴式减速器的特点是两级中心距相等，即 $a_{\mathrm{I}}=a_{\mathrm{II}}$，但由于低速级传递的转矩大，因此一般是先设计低速级齿轮，然后再计算高速级齿轮。

（1）低速级直齿圆柱齿轮传动设计

①选择材料、热处理方式、精度等级及齿数

由表7－1，选择小齿轮材料40Cr，调质处理，硬度241～286HBS；大齿轮材料ZG35CrMo，调质处理，硬度190～240HBS，精度8级。取 $z_1=22$，则 $z_2=i_1z_1=3.7\times22=81.4$，取 $z_2=81$。

②按齿面接触强度设计

$$d_1 \geqslant \sqrt[3]{\frac{2KT_1}{\phi_d} \cdot \frac{u \pm 1}{u} \cdot \left(\frac{Z_E Z_H}{[\sigma_H]}\right)^2} \quad \text{mm}$$

a. 确定各参数数值

$T_1 = 9.55 \times 10^6 \dfrac{P_1}{n_1}\eta = 9.55 \times 10^6 \times \dfrac{10}{1\ 440} \times 0.99 = 6.57 \times 10^4\ \text{N·mm}$；

$T_2 = T_1 i_1 \eta = 6.57 \times 10^4 \times 6.5 \times 0.99 \times 0.98 = 4.1 \times 10^5\ \text{N·mm}$；

初选载荷系数 $K_t = 1.4$；

由表 7－5，取齿宽系数 $\phi_d = 1$；

由表 7－6，查得弹性系数 $Z_E = 188.9\ \text{MPa}^{\frac{1}{2}}$；

由图 7－12 查取节点区域系数 $Z_H = 2.5$；

由图 7－18 查取接触疲劳强度极限 $\sigma_{Hlim1} = 800\ \text{MPa}$，$\sigma_{Hlim2} = 560\ \text{MPa}$；

小齿轮应力循环次数

$$N_1 = 60 n_1 j L_h = 60 \times \frac{1\ 440}{6.5} \times 1 \times 10 \times 250 \times 16 = 5.32 \times 10^8$$

大齿轮应力循环次数

$$N_2 = 60 \times \frac{1\ 440}{6.5 \times 3.7} \times 1 \times 10 \times 250 \times 16 = 1.44 \times 10^8$$

由图 7－19 查得接触疲劳寿命系数 $Z_{N1} = 1.05$，$Z_{N2} = 1.13$（允许局部点蚀）；

取安全系数 $S_H = 1$，由式（7－18）得许用接触应力

$$[\sigma_H]_1 = \frac{\sigma_{Hlim1} Z_{N1}}{S_H} = \frac{800 \times 1.05}{1} = 840\ \text{MPa}$$

$$[\sigma_H]_2 = \frac{\sigma_{Hlim2} Z_{N2}}{S_H} = \frac{560 \times 1.13}{1} = 632.8\ \text{MPa}$$

b. 确定传动尺寸

初算小轮分度圆直径 d_{1t}

$$d_{1t} \geqslant \sqrt[3]{\frac{2K_t T_2}{\phi_d} \cdot \frac{u+1}{u} \left(\frac{Z_E Z_H}{[\sigma_H]_2}\right)^2}$$

$$= \sqrt[3]{\frac{2 \times 1.4 \times 4.1 \times 10^5}{1} \times \frac{3.7+1}{3.7} \times \left(\frac{188.9 \times 2.5}{632.8}\right)^2} = 93.3\ \text{mm}$$

由圆周速度 $v = \dfrac{\pi dn}{60 \times 1\ 000} = \dfrac{\pi \times 93.3 \times 1\ 440}{60 \times 1\ 000 \times 6.5} = 1.08\ \text{m/s}$，查图 7－7 得动载系数 $K_v = 1.11$；

由表 7－2 查得使用系数 $K_A = 1.25$；

由表 7－3，假设$\dfrac{K_A F_t}{b} < 100\ \text{N/mm}$，得齿间载荷分配系数 $K_\alpha = 1.2$；

由图查取齿向载荷分布系数 $K_\beta = 1.07$（设轴刚性大）；

故载荷系数 $K = K_A K_v K_\alpha K_\beta = 1.25 \times 1.11 \times 1.2 \times 1.07 = 1.78$；

按 K 值对 d_{1t} 修正，即

$$d_1 = d_{1t}\sqrt[3]{\frac{K}{K_t}} = 93.3\sqrt[3]{\frac{1.78}{1.4}} = 101.08\ \text{mm}$$

确定模数 $m = \frac{d_1}{z_1} = \frac{101.08}{22} = 4.595\ \text{mm}$，按表7－7，取 $m = 5\ \text{mm}$；

中心距 $a = \frac{m}{2}(z_1 + z_2) = \frac{5}{2} \times (22 + 81) = 257.5\ \text{mm}$，圆整中心距为5的倍数，取 $z_1 = 22, z_2 = 80$，则 $a = 255\ \text{mm}$，此时，$i'_{\mathrm{II}} = \frac{80}{22} = 3.64$，，$\frac{\Delta i_{\mathrm{II}}}{i_{\mathrm{II}}} = \frac{3.7 - 3.64}{3.7} = 1.6\% < 5\%$；传动比误差在允许范围之内；

分度圆直径 $d_1 = mz_1 = 5 \times 22 = 110\ \text{mm}$，$d_2 = mz_2 = 5 \times 80 = 400\ \text{mm}$；

齿宽 $b = \phi_d d_1 = 1 \times 110\ \text{mm} = 110\ \text{mm}$，取小轮齿宽 $b_1 = 115\ \text{mm}$，大轮齿宽 $b_2 = 110\ \text{mm}$。

③校核齿根弯曲疲劳强度

$$\sigma_F = \frac{KF_t}{bm}Y_F Y_S \leqslant [\sigma_F]\quad \text{MPa}$$

a. 确定各参数

由表7－4查取齿形系数与应力校正系数

$$Y_{F1} = 2.72,\quad Y_{S1} = 1.57;\quad Y_{F2} = 2.22,\quad Y_{S2} = 1.77$$

由图7－17查得弯曲疲劳寿命系数 $Y_{N1} = 0.90$，$Y_{N2} = 0.92$；

由图7－16查得弯曲疲劳极限 $\sigma_{Flim1} = 600\ \text{MPa}$，$\sigma_{Flim2} = 480\ \text{MPa}$；

取 $S_F = 1.25$，由式(7－16)得许用弯曲应力

$$[\sigma_F]_1 = \frac{\sigma_{Flim1}Y_{N1}}{S_F} = \frac{600 \times 0.90}{1.25} = 432\ \text{MPa}$$

$$[\sigma_F]_2 = \frac{\sigma_{Flim2}Y_{N2}}{S_F} = \frac{480 \times 0.92}{1.25} = 353.3\ \text{MPa}$$

b. 验算齿根弯曲疲劳强度

$$\sigma_{F1} = \frac{KF_t}{bm}Y_{F1}Y_{S1} = \frac{2KT_1}{bmd_1}Y_{F1}Y_{S1}$$

$$= \frac{2 \times 1.63 \times 4.1 \times 10^5}{110 \times 5 \times 110} \times 2.72 \times 1.57 = 94.3\ \text{MPa} < [\sigma_F]_1$$

$$\sigma_{F2} = \sigma_{F1}\frac{Y_{F2}Y_{S2}}{Y_{F1}Y_{S1}} = 94.3 \times \frac{2.22 \times 1.77}{2.72 \times 1.57} = 86.8\ \text{MPa} < [\sigma_F]_2$$

弯曲疲劳强度足够。

c. 验算

$\frac{K_A F_t}{b} = \frac{2K_A T_1}{bd_1} = \frac{2 \times 1.25 \times 4.1 \times 10^5}{110 \times 110} = 84.7\ \text{N/mm} < 100\ \text{N/mm}$，合适。

④结构设计及绘制齿轮零件图(略)

(2)高速级斜齿圆柱齿轮传动的设计

①选择材料、热处理方式、精度等级及齿数

选用与低速级相同的材料及热处理和精度等级。

已确定 $a_{\mathrm{I}} = a_{\mathrm{II}} = 255\ \text{mm}$；取 $z_1 = 33$，则 $z_2 = i_{\mathrm{I}} z_1 = 6.5 \times 33 = 214.5$，取 $z_2 = 214$；初选螺旋角 $\beta = 14°$。

②按齿面接触强度设计

$$d_1 \geqslant \sqrt[3]{\frac{2KT_1}{\phi_d \varepsilon_\alpha} \cdot \frac{u+1}{u} \left(\frac{Z_E Z_H}{[\sigma_H]} \right)^2} \quad \text{mm}$$

a. 确定各参数数值

初选载荷系数 $K_t = 1.5$;齿宽系数 $\phi_d = 1.0$;弹性系数 $Z_E = 188.9\ \text{MPa}^{\frac{1}{2}}$;$Z_H = 2.43$;
由图 7-15 查得 $\varepsilon_{\alpha 1} = 0.8$,$\varepsilon_{\alpha 2} = 0.9$,则 $\varepsilon_\alpha = \varepsilon_{\alpha 1} + \varepsilon_{\alpha 2} = 1.7$;
接触疲劳强度极限同前,即 $\sigma_{\text{Hlim1}} = 800\ \text{MPa}$,$\sigma_{\text{Hlim2}} = 560\ \text{MPa}$;
小轮的应力循环次数 $N_1 = 60 n_1 j L_h = 60 \times 1\ 440 \times 1 \times 10 \times 250 \times 16 = 3.46 \times 10^9$;
大轮的应力循环次数 $N_2 = 60 \times \dfrac{1\ 440}{6.5} \times 1 \times 10 \times 250 \times 16 = 5.32 \times 10^8$;
由图 7-19 查得 $Z_{N1} = 0.93$,$Z_{N2} = 1.04$(允许局部点蚀);
取 $S_H = 1$,由式(7-18)得许用应力

$$[\sigma_H]_1 = \frac{\sigma_{\text{Hlim1}} Z_{N1}}{S_H} = \frac{800 \times 0.93}{1} = 744\ \text{MPa}$$

$$[\sigma_H]_2 = \frac{\sigma_{\text{Hlim2}} Z_{N2}}{S_H} = \frac{560 \times 1.04}{1} = 582.4\ \text{MPa}$$

b. 确定传动尺寸

初算小轮分度圆直径 d_{1t}

$$d_{1t} \geqslant \sqrt[3]{\frac{2KT_1}{\phi_d \varepsilon_\alpha} \cdot \frac{u+1}{u} \cdot \left(\frac{Z_E Z_H}{[\sigma_H]_2} \right)^2}$$

$$= \sqrt[3]{\frac{2 \times 1.5 \times 6.57 \times 10^4}{1 \times 1.7} \times \frac{6.5+1}{6.5} \times \left(\frac{188.9 \times 2.43}{582.4} \right)^2} = 43.6\ \text{mm}$$

由 $v = \dfrac{\pi d n}{60 \times 100} = \dfrac{\pi \times 43.6 \times 1\ 440}{60 \times 1\ 000} = 3.29\ \text{m/s}$,查图 7-7 得 $K_v = 1.18$;
使用系数 K_A 同前,即 $K_A = 1.25$;
由表 7-3,假设$\dfrac{K_A F_t}{b} < 100\ \text{N/mm}$,得 $K_\alpha = 1.4$;
齿向载荷分布系数 K_β 同前,即 $K_\beta = 1.07$;
故载荷系数

$$K = K_A K_v K_\alpha K_\beta = 1.25 \times 1.18 \times 1.4 \times 1.07 = 2.21$$

按 K 值对 d_{1t} 修正,即

$$d_1 = d_{1t} \sqrt[3]{\frac{K}{K_t}} = 43.6 \sqrt[3]{\frac{2.21}{1.5}} = 49.6\ \text{mm}$$

c. 确定模数

$$m_n = \frac{d_1 \cos\beta}{z_1} = \frac{49.6 \times \cos 14^\circ}{33} = 1.46\ \text{mm}$$

取 $m_n = 2\ \text{mm}$。

d. 确定螺旋角

$$\beta = \cos^{-1} \frac{m_n (z_1 + z_2)}{2a} = \cos^{-1} \frac{2 \times (33 + 214)}{2 \times 255} = 14^\circ 23' 23''$$

因为β值与初选值相差不大，故与β值有关的参数值不需修正。

$$d_1 = \frac{m_n z_1}{\cos\beta} = \frac{2 \times 33}{\cos 14°23'23''} = 68.138\ \text{mm}$$

$$d_2 = \frac{m_n z_2}{\cos\beta} = \frac{2 \times 214}{\cos 14°23'23''} = 441.862\ \text{mm}$$

由 $b = \phi_d d_1 = 1.0 \times 68.138 = 68.138$ mm，取 $b_1 = 75$ mm，$b_2 = 70$ mm。

③校核齿根弯曲疲劳强度

$$\sigma_F = \frac{KF_t}{bm_n\varepsilon_\alpha} Y_F Y_S Y_\beta \leqslant [\sigma_F] \quad \text{MPa}$$

a. 确定各参数

由表7－4按 $z_v = \frac{z}{\cos^3\beta}$ 查得 $Y_{F1} = 2.44$，$Y_{S1} = 1.65$；$Y_{S2} = 2.06$，$Y_{S2} = 1.97$。

由纵向重合度 $\varepsilon_\beta = \frac{b\sin\beta}{\pi m_n} = 2.70$ 查图7－14得螺旋角系数 $Y_\beta = 0.87$；

由图7－17查得 $Y_{N1} = 0.88$，$Y_{N2} = 0.90$；

弯曲疲劳强度极限同前，即 $\sigma_{Flim1} = 600$ MPa，$\sigma_{Flim2} = 480$ MPa；

取 $S_F = 1.25$，由式（7－16）得

$$[\sigma_F]_1 = \frac{\sigma_{Flim1} Y_{N1}}{S_F} = \frac{600 \times 0.88}{1.25} = 422.4\ \text{MPa}$$

$$[\sigma_F]_2 = \frac{\sigma_{Flim2} Y_{N2}}{S_F} = \frac{480 \times 0.90}{1.25} = 345.6\ \text{MPa}$$

b. 验算齿根弯曲疲劳强度

$$\sigma_{F1} = \frac{KF_t}{bm_n\varepsilon_\alpha} Y_{F1} Y_{S1} Y_\beta$$

$$= \frac{2.21 \times 2 \times 6.57 \times 10^4}{70 \times 2 \times 1.7 \times 68.138} \times 2.44 \times 1.65 \times 0.87 = 62.7\ \text{MPa} < [\sigma_F]_1$$

$$\sigma_{F2} = \frac{\sigma_{F1}}{Y_{F1} Y_{S1}} \cdot Y_{F2} Y_{S2} = 62.7 \times \frac{2.06 \times 1.97}{2.44 \times 1.65} = 63.2\ \text{MPa} < [\sigma_F]_2$$

弯曲强度足够。

c. 验算

$$\frac{K_A F_t}{b} = \frac{2K_A T_1}{bd_1} = \frac{2 \times 1.25 \times 6.57 \times 10^4}{70 \times 68.138} = 34.4\ \text{N/mm} < 100\ \text{N/mm}，合适。$$

④结构设计及绘制齿轮零件图（略）

从两级齿轮计算结果看，弯曲强度有较大余量，可以采取较小的模数，较多的齿数，也可以把齿宽取小点，或材料取差点。

7.8 直齿圆锥齿轮传动的强度计算

圆锥齿轮用于传递相交轴之间的运动和动力，有直齿、斜齿和曲齿之分。直齿锥齿轮制造精度低，振动和噪声大，一般用于低速场合。本书介绍轴交角 $\Sigma = 90°$ 的直齿锥齿轮传动

的强度计算。

7.8.1 几何参数

直齿锥齿轮传动是以大端参数为标准值。图7-21为一对相啮合的直齿圆锥齿轮,由图中可得:

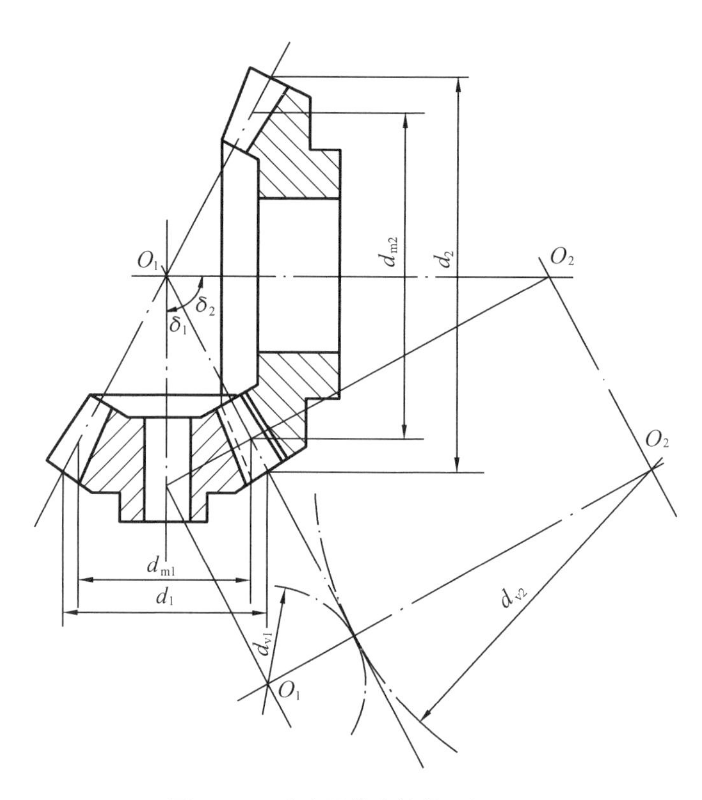

图7-21 直齿圆锥齿轮的几何关系

分度圆直径 $d_1 = mz_1$, $d_2 = mz_2$

齿数比 $u = \frac{z_2}{z_1}$(对减速传动 $u = i = \frac{n_1}{n_2} = \frac{z_2}{z_1}$)

锥距 $R = \frac{1}{2}\sqrt{d_1^2 + d_2^2} = \frac{d_1}{2}\sqrt{1 + u^2}$

锥角 $\tan\delta_1 = \frac{d_1}{d_2} = \frac{1}{u}$, $\tan\delta_2 = \frac{d_2}{d_1} = u$

齿宽 $b = \phi_R R$,取齿宽系数 $\phi_R = 0.25 \sim 0.35$

齿宽中点分度圆直径

$$d_{m1} = d_1 - 2 \times \frac{b}{2}\sin\delta_1 = d_1(1 - 0.5\phi_R)$$

$$d_{m2} = d_2 - 2 \times \frac{b}{2}\sin\delta_2 = d_2(1 - 0.5\phi_R)$$

当量齿轮模数 $m_v = m_m = \frac{d_{m1}}{z_1} = m(1 - 0.5\phi_R)$

当量齿数 $z_{v1}=\dfrac{d_{v1}}{m_v}=\dfrac{z_1}{\cos\delta_1}$， $z_{v2}=\dfrac{d_{v2}}{m_v}=\dfrac{z_2}{\cos\delta_2}$

当量齿数比 $u_v=\dfrac{z_{v2}}{z_{v1}}=\dfrac{z_2}{z_1}\cdot\dfrac{\cos\delta_1}{\cos\delta_2}=\dfrac{z_2}{z_1}\cdot\tan\delta_2=u^2$

7.8.2 轮齿的受力分析

忽略摩擦力，假设法向力 F_n 集中作用在齿宽中点分度圆的法截面内，则 F_n 可分解为互相垂直的三个分力（图7-22）

$$\left.\begin{aligned}&\text{圆周力}\quad F_t=\frac{2T_1}{d_{m1}}\\&\text{径向力}\quad F_{r1}=F_t\tan\alpha\cos\delta_1\\&\text{轴向力}\quad F_{a1}=F_t\tan\alpha\sin\delta_1\\&\text{法向力}\quad F_n=\frac{F_t}{\cos\alpha}\end{aligned}\right\}\tag{7-20}$$

式中 T_1——小齿轮传递的转矩，N·mm；

d_{m1}——小齿轮齿宽中点分度圆直径，mm；

α——分度圆压力角，标准齿轮 $\alpha=20°$。

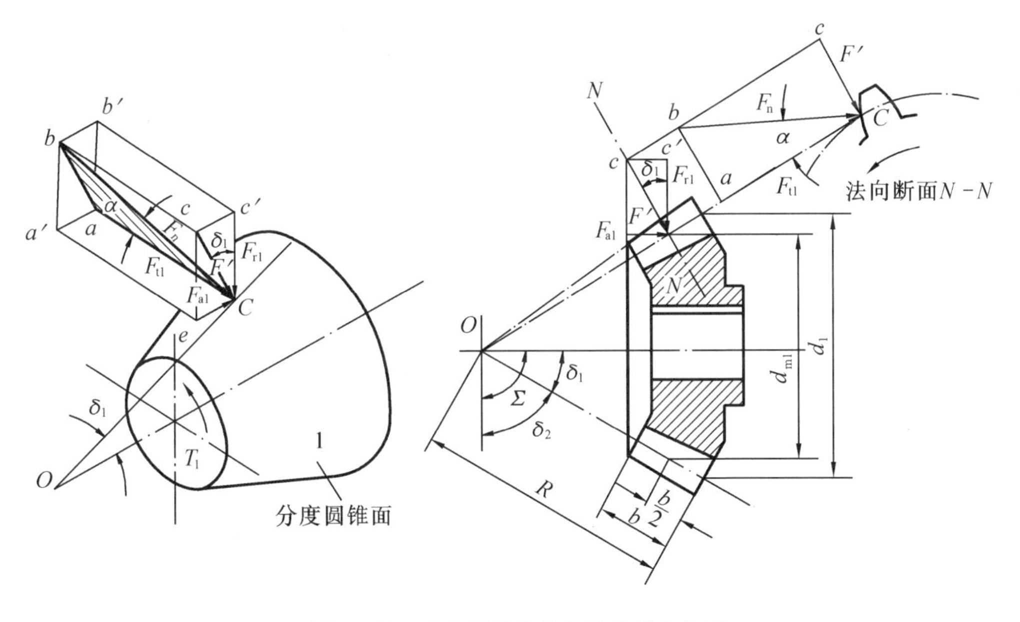

图7-22 直齿圆锥齿轮传动的受力分析

圆周力 F_t 在主动轮上与其作用点圆周速度方向相反，在从动轮上与其作用点圆周速度方向相同；径向力 F_r 分别指向轮心；轴向力 F_a 分别指向大端。且一个轮的轴向力与另一个轮的径向力大小相等、方向相反，即 $F_{r1}=-F_{a2}$，$F_{a1}=-F_{r2}$。

7.8.3 齿根弯曲疲劳强度计算

直齿圆锥齿轮传动的强度可近似地按齿宽中点处的当量齿轮计算,因而可由直齿圆柱齿轮强度计算公式导出圆锥齿轮强度计算公式。

将当量齿轮的有关参数代入式(7-6),经整理得直齿圆锥齿轮齿根弯曲疲劳强度校核公式和设计公式

$$\sigma_F = \frac{KF_t}{bm(1-0.5\phi_R)}Y_F Y_S \leqslant [\sigma_F] \quad \text{MPa} \tag{7-21}$$

$$m \geqslant \sqrt[3]{\frac{4KT_1}{\phi_R(1-0.5\phi_R)^2 z_1^2 \sqrt{u^2+1}} \cdot \frac{Y_F Y_S}{[\sigma_F]}} \quad \text{mm} \tag{7-22}$$

其中,载荷系数 $K=K_A K_v K_\alpha K_\beta$,直齿锥齿轮精度较低,取齿间载荷分配系数 $K_\alpha=1$,使用系数按表7-2查取,动载荷系数 K_v 按图7-7中低一级的精度线查取,齿向载荷分布系数按图7-8查取,但图中所用的 d_1 应代入小锥齿轮的齿宽中点分度圆直径 d_{m1}。

齿型系数 Y_F和应力校正系数 Y_S都按当量齿数查取,许用弯曲应力按式(7-17)计算。

7.8.4 齿面接触疲劳强度计算

将当量齿轮的有关参数代入式(7-10),经整理得直齿圆锥齿轮的齿面接触疲劳强度的校核公式和设计公式,即

$$\sigma_H = Z_E Z_H \sqrt{\frac{KF_t}{bd_1(1-0.5\phi_R)} \cdot \frac{\sqrt{u^2 \pm 1}}{u}} \leqslant [\sigma_H] \quad \text{MPa} \tag{7-23}$$

$$d_1 \geqslant \sqrt[3]{\frac{4KT_1}{\phi_R u(1-0.5\phi_R)^2} \cdot \left(\frac{Z_E Z_H}{[\sigma_H]}\right)^2} \quad \text{mm} \tag{7-24}$$

对标准锥齿轮传动,节点区域系数 $Z_H=2.5$,弹性系数 Z_E 按表7-6查取,许用接触应力按式(7-19)计算。

7.9 齿轮的结构设计

齿轮传动的强度计算和几何尺寸计算,只能确定出齿轮的齿数、模数、齿宽、螺旋角、分度圆直径、齿顶圆直径和齿根圆直径等主要尺寸,而轮缘、轮辐和轮毂的结构形式和尺寸大小,则需由结构设计确定。设计时通常根据齿轮尺寸、材料、制造方法等选择合适的结构形式,再根据经验公式确定具体尺寸。

当齿轮直径很小时,圆柱齿轮齿根圆到键槽底面的径向距离 $e<2m_t$,圆锥齿轮齿根圆到键槽底面的径向距离 $e<1.6m$(图7-23),可将齿轮与轴做成一体,称为齿轮轴(图7-24)。

当齿顶圆直径 $d_a \leqslant 160$ mm 时,可以做成实心结构(图7-25)。

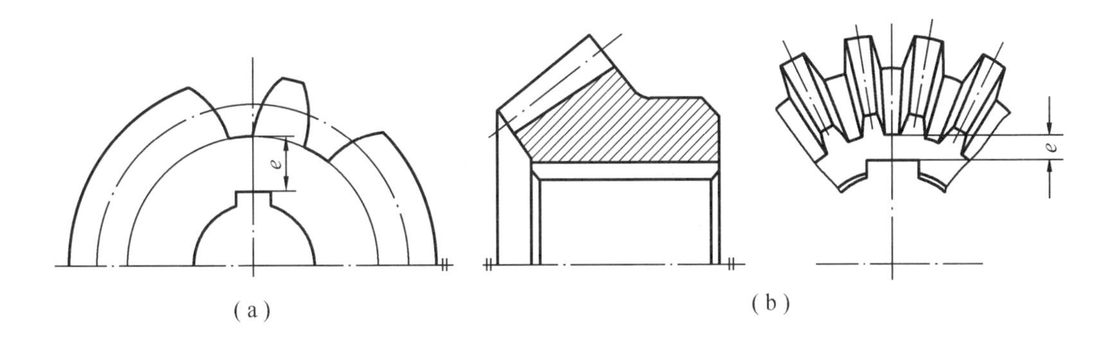

图7-23 齿轮结构尺寸 *e*

(a)圆柱齿轮;(b)圆锥齿轮

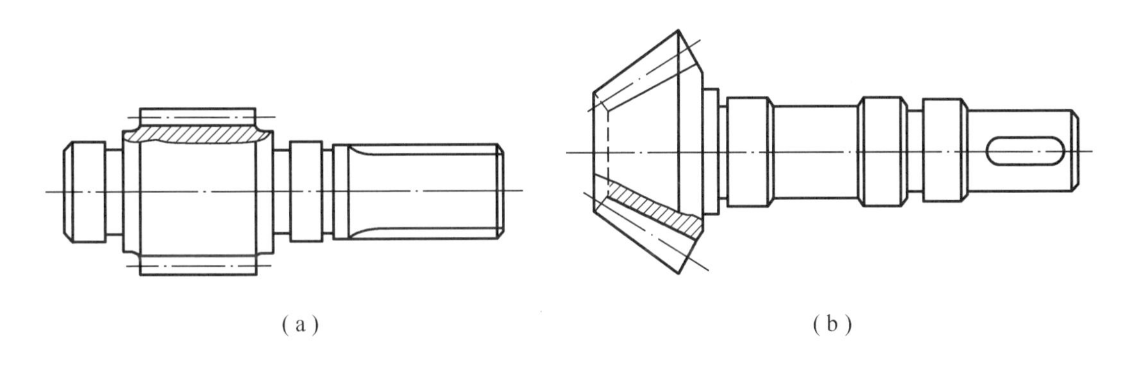

图7-24 齿轮轴

(a)圆柱齿轮轴;(b)圆锥齿轮轴

当齿顶圆直径 $d_a \leqslant 500$ mm 时,为了减少质量和节约材料,通常采用腹板式结构(图7-26)。对于 $d_a > 300$ mm 的铸造锥齿轮,可以做成带加强肋的腹板式结构(图7-27),加强肋的厚度 $C_1 \approx 0.8C$。

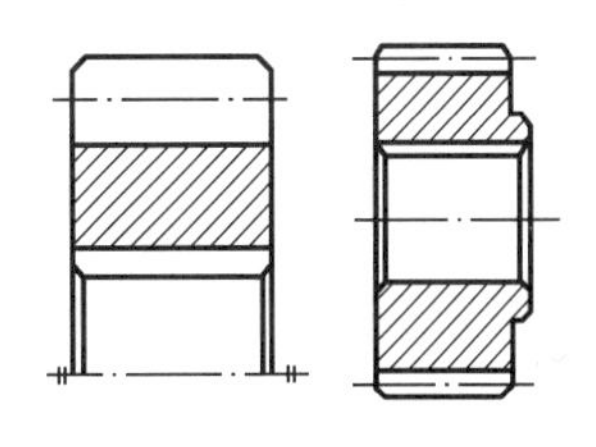

图7-25 实心结构的齿轮

当直径较大,$d_a = 400 \sim 1\ 000$ mm 时,多采用轮辐式的铸造齿轮(图7-28)。

对于大型合金钢齿轮,为了节约贵重材料,可做成装配式结构(图7-29),轮缘采用合金钢制造,腹板及轮毂采用铸铁或铸钢制造。对单件或小批量生产的大型齿轮,还可做成焊接结构(图7-30)。

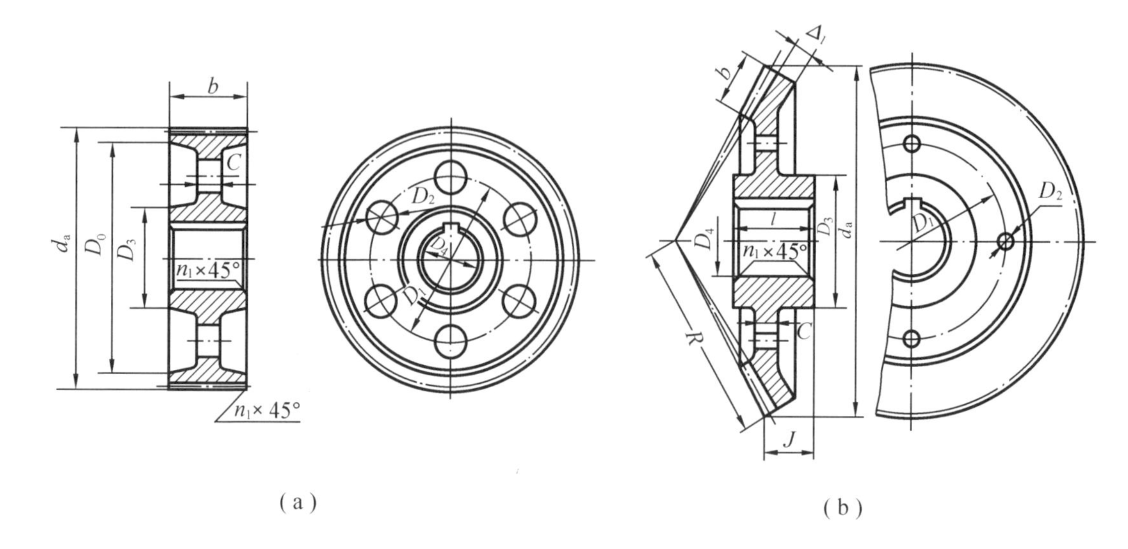

图7-26 腹板式结构的齿轮($d_a \leqslant 500$ mm)

$D_1 \approx \frac{D_0 + D_3}{2}$;$D_2 \approx (0.25 \sim 0.35)(D_0 - D_3)$;$D_3 \approx 1.6D_4$(钢材);$D_3 \approx 1.7D_4$(铸铁);$n_1 \approx 0.5m_n$;$r \approx 5$ mm;

圆柱齿轮:$D_0 \approx d_a - (10 \sim 14)m_n$;$C \approx (0.2 \sim 0.3)b$;

锥齿轮:$l \approx (1 \sim 1.2)D_4$;$C \approx (3 \sim 4)$ m;尺寸 J 由结构设计而定;$\Delta_1 = (0.1 \sim 0.2)b$;

常用齿轮的 C 值不应小于10 mm,航空用齿轮可取 $C \approx 3 \sim 6$ mm

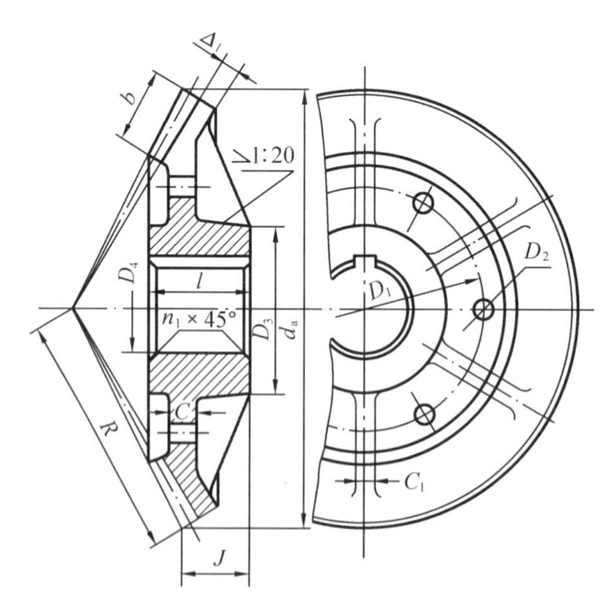

图7-27 带加强肋的腹板式锥齿轮($d_a > 300$ mm)

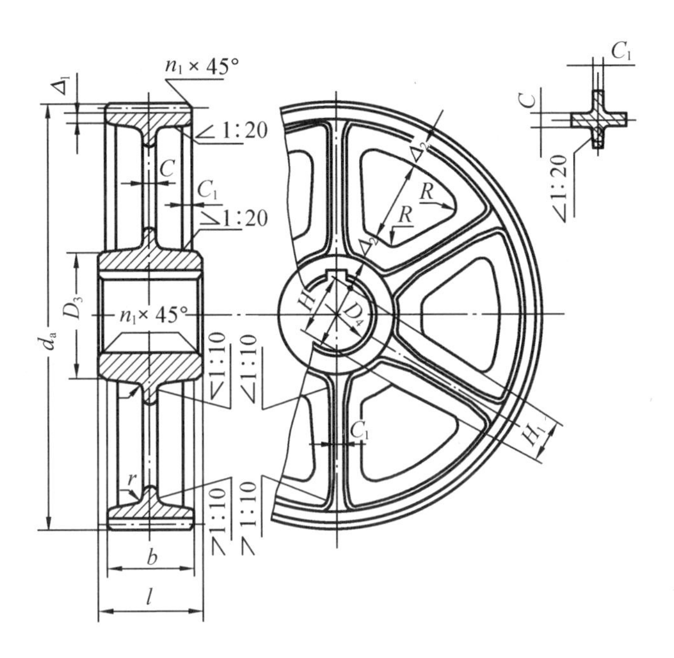

图7-28　轮辐式结构的齿轮（$400<d_a<1\ 000$ mm）

$b<240$ mm；$D_3\approx1.6D_4$（铸钢）；$D_3\approx1.7D_4$（铸铁）；$\Delta_1\approx(3-4)m_n$，但不应小于8 mm；$\Delta_2\approx(1\sim1.2)\Delta_1$；$H\approx0.8D_4$（铸钢）；$H\approx0.9D_4$（铸铁）；$H_1\approx0.8H$；$C\approx\frac{H}{5}$；$C_1\approx\frac{H}{6}$；$R\approx0.5H$；$1.5D_4>l\geqslant B$；轮辐数常取为6

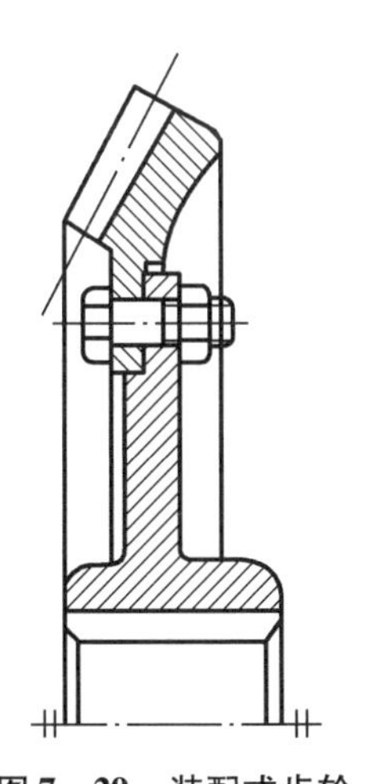

图7-29　装配式齿轮

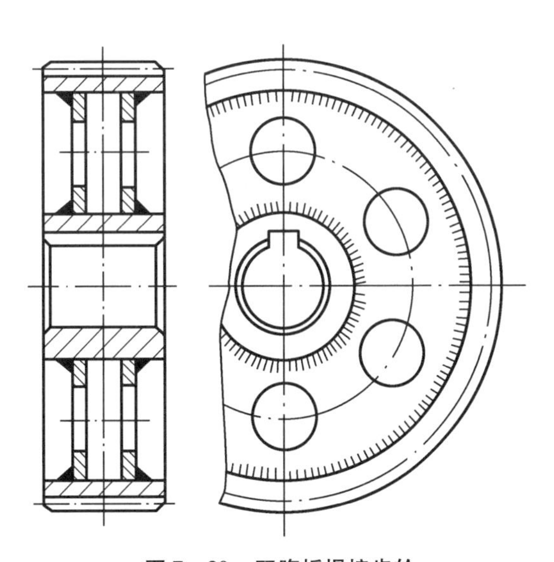

图7-30　双腹板焊接齿轮

7.10 齿轮传动的润滑

齿轮在传动时,相啮合的齿面间有相对滑动,且齿面间接触应力高,重载齿轮的齿面应力可达到1 100 MPa以上,因此,齿轮传动必须进行润滑。适当的润滑不仅可以减小摩擦损失、利于散热及防锈,还可以改善轮齿的工作状况,确保齿轮运转正常及预期的寿命。

7.10.1 齿轮传动的润滑方式

对于开式齿轮传动,因速度低,一般是人工定期加油或在齿面涂抹润滑脂。

对于闭式齿轮传动,润滑方式取决于齿轮的圆周速度 v。当 $v \leq 12$ m/s 时,可采用浸油润滑,见图7-31。将大齿轮浸入油池中,转动时,大齿轮将油带入啮合处进行润滑,同时,还将油甩到箱体内壁上散热。浸油深度一般不超过一个齿高,但一般不应小于10 mm,锥齿轮应浸入全齿宽,至少应浸入齿宽的一半。在多级齿轮传动中,可借油轮将油带到未浸入油池内的齿轮的齿面上。

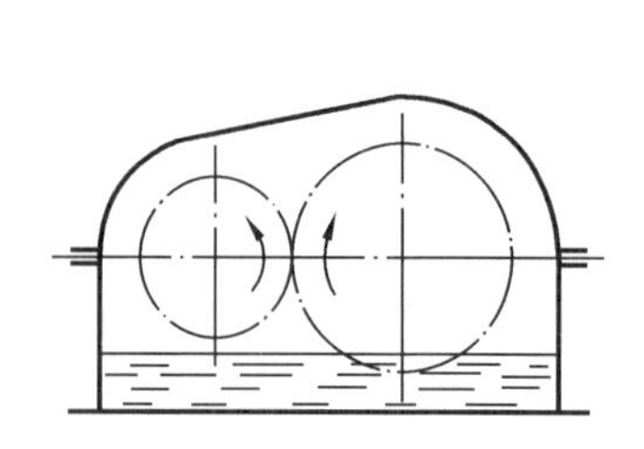

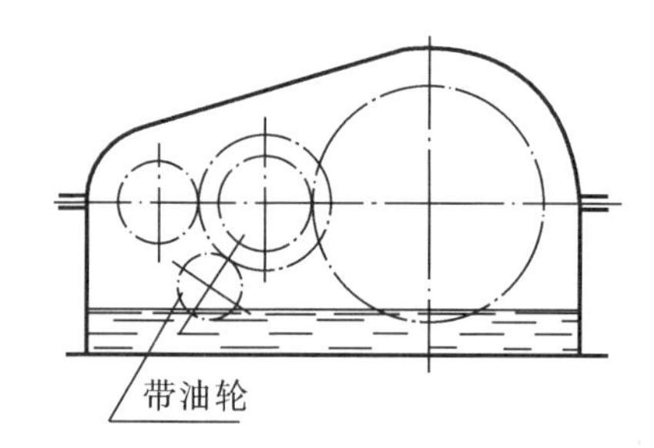

图7-31 浸油润滑

当 $v > 12$ m/s 时,应用喷油润滑,如图7-32所示。用 $0.5 \sim 1.0 \times 10^5$ Pa 的压力把油喷入啮合处。喷油的方向与齿轮的圆周速度及转向有关。当 $v \leq 25$ m/s 时,喷嘴可位于轮齿啮入边,也可位于啮出边。当 $v > 25$ m/s 时,喷嘴应位于轮齿啮出齿的一边,以便借润滑油及时冷却刚啮合过的轮齿。

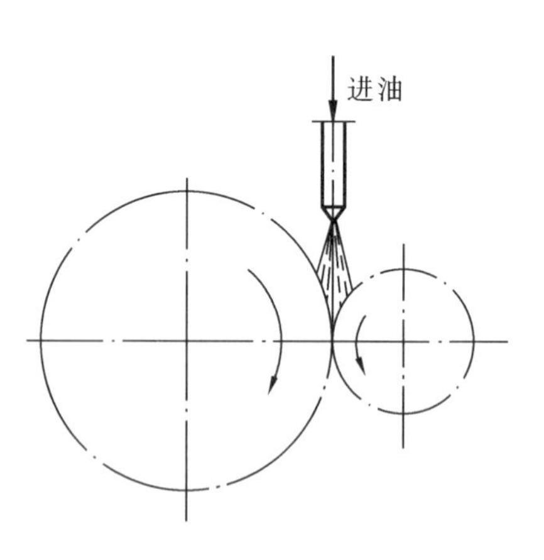

图7-32 喷油润滑

7.10.2 润滑剂的选择

选择润滑剂时,要考虑齿面上的载荷和齿轮的圆周速度及工作温度,以使齿面上能保持一定厚度且能承受一定压力的润滑油膜。一般根据齿轮的圆周速度 v 选择润滑油黏度,再根据黏度选择润滑油的牌号。表7-10为齿轮传动荐用的润滑油黏度。

表7－10　齿轮传动润滑油黏度荐用值

齿轮材料	强度极限 σ_b/MPa	圆周速度 v/(m/s)						
		<0.5	0.5～1	1～2.5	2.5～5	5～12.5	12.5～25	>25
		运动黏度 ν/(mm^2/s)(40 ℃)						
塑料、铸铁、青铜	—	350	220	150	100	80	55	—
钢	45～1 000	500	350	220	150	100	80	55
	1 000～1 250	500	500	350	220	150	100	80
渗碳或表面淬火的钢	1 250～1 580	900	500	500	350	220	150	100

注:(1)多级齿轮传动,采用各级传动圆周速度的平均值来选取润滑油黏度;

(2)对于 σ_b >800 MPa 的镍铬钢制齿轮(不渗碳)的润滑油黏度应取高一档的数值。

习　　题

7－1　在图7－33所示的齿轮传动中,若1,3两轮齿数相同,忽略摩擦损失,问:在1轮主动或2轮主动两种情况下,2轮轮齿的弯曲应力和接触应力的性质如何?

7－2　图7－34所示为两级斜齿圆柱齿轮减速器。已知轮1的螺旋线方向和Ⅲ轴转动方向,齿轮2的参数 m_n =3 mm,z_2 =57,β =14°;齿轮3的参数 m_n =5 mm,z_3 =21,求:

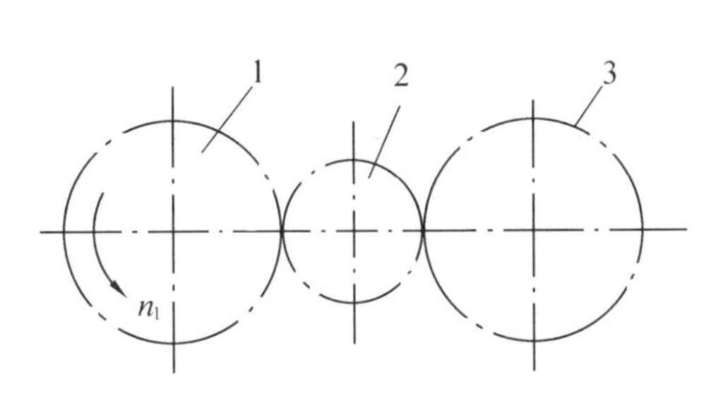

图7－33　应力性质分析

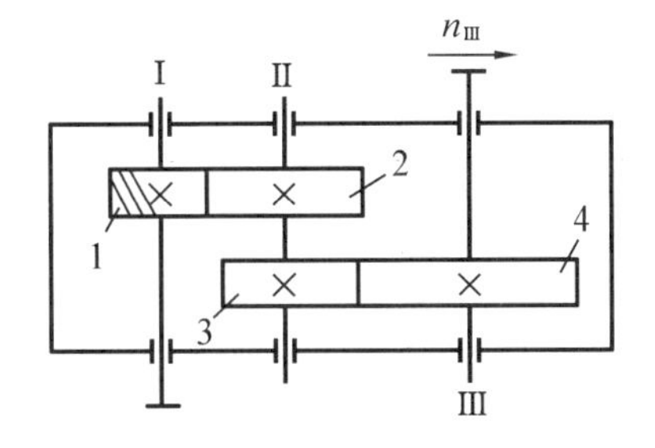

图7－34　齿轮传动力分析

(1)使Ⅱ轴所受轴向力为最小时,齿轮3的螺旋线方向如何?并在图上标出齿轮2,3的旋向。

(2)在图上标出齿轮2,3所受各分力方向。

(3)若使Ⅱ轴的轴承不受轴向力,则齿轮3的螺旋角应取多大值?

7－3　图7－35所示为斜齿圆柱齿轮－圆锥齿轮传动,各齿轮的齿数 z_1 =21,z_2 =54,z_3 =19,z_4 =73,斜齿轮法向模数 m_n =4 mm,中心距 a =190 mm,锥齿轮 m =4 mm,齿宽 b =38 mm,轴Ⅰ转速 n =940 r/min,输入功率 P =7.5 kW,求2,3两齿轮在啮合处所受的力(用分力表示,计算中不考虑效率)。

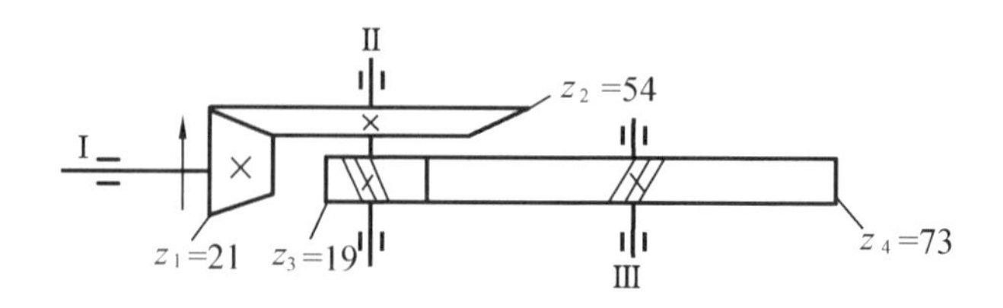

图7-35 力的计算

7-4 一对闭式软齿面直齿轮传动,其齿数与模数有两种方案:

(1) $m=4$ mm, $z_1=20$, $z_2=60$; (2) $m=2$ mm, $z_1=40$, $z_2=120$,其他参数都一样。试问:

(1)两种方案的接触强度和弯曲强度是否相同?

(2)若两种方案的弯曲强度都能满足,则哪种方案比较好?

7-5 闭式齿轮传动的主要失效形式及设计准则是什么?开式齿轮传动的主要失效形式及设计准则又是什么?

7-6 选择齿轮材料时,为何小齿轮的材料要选得比大齿轮好些或小齿轮的齿面硬度取得高些?

7-7 提高轮齿的抗弯曲疲劳折断能力和齿面抗点蚀能力有哪些可能的措施?

7-8 试设计闭式圆柱齿轮传动,已知 $P_1=7.5$ kW, $n_1=1\ 450$ r/min, $n_2=700$ r/min,两班制,工作寿命8年(每年工作300天),齿轮对轴承为不对称布置,传动平稳,齿轮精度为7级。

7-9 已知:一级圆柱齿轮减速器用电机驱动,工作平稳,中心距 $a=230$ mm, $m_n=3$ mm, $\beta=11°58'7''$, $z_1=25$, $z_2=125$, $b=115$ mm。小齿轮材料为40Cr,调质齿面硬度为260~280HBS,大齿轮材料为45钢,调质齿面硬度为230~250HBS;小齿轮转速 $n_1=975$ r/min,大齿轮转速 $n_2=195$ r/min,要求长寿命(可取 $Y_N=Z_N=1$),试求此减速器的许用功率(kW),可不必进行精确检验。

7-10 设计一对由电动机驱动的闭式直齿圆锥齿轮传动($\Sigma=90°$)。已知: $P_1=4$ kW, $n_1=960$ r/min, $u=2.7$,齿轮按7级精度制造,载荷有中等冲击,单向转动,两班制工作,使用寿命6年(每年工作300天)。

第8章　蜗杆传动

8.1　概　　述

8.1.1　蜗杆蜗轮的形成

蜗杆传动是用来传递空间交错轴之间的回转运动和动力的，它由蜗杆和蜗轮组成，如图 8-1 所示。两轴线交错角 Σ 可为任意值，一般采用 $\Sigma=90^\circ$，如图 8-2 所示。

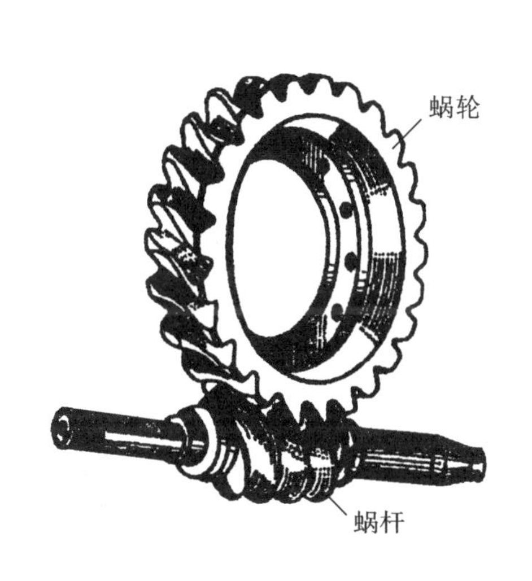

图 8-1　蜗杆蜗轮传动

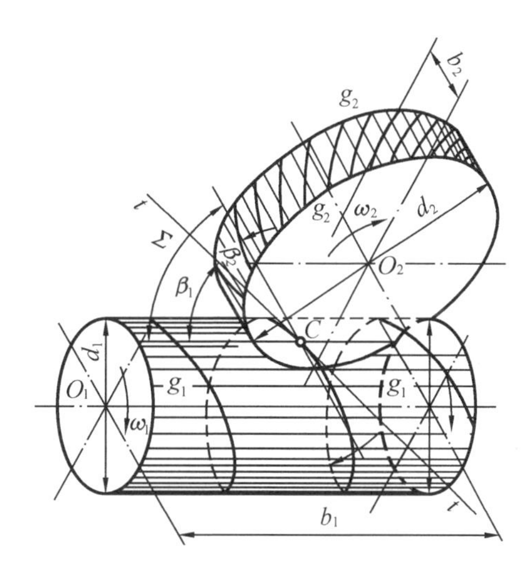

图 8-2　蜗杆的形成

蜗杆蜗轮传动是由交错轴斜齿圆柱齿轮传动演变而来的。在交错角 $\Sigma=\beta_1+\beta_2=90^\circ$ 的交错轴斜齿轮机构中，若小齿轮 1 的螺旋角取得很大，其分度圆柱的直径 d_1 取得较小，且其轴向长度 b_1 较长、齿数 z_1 很少（一般 $z_1=1\sim4$），则其每个轮齿在分度圆柱面上能缠绕一周以上。这样的小齿轮外形像一根螺杆，称为蜗杆，如图 8-2 所示。大齿轮 2 的 β_2 较小，分度圆柱的直径 d_2 很大，轴向长度 b_2 较短，齿数 z_2 很多，它实际上是一个斜齿轮，称为蜗轮。这样的交错轴斜齿轮机构在啮合传动时，其齿廓间仍为点接触。为了改善啮合状况，将蜗轮分度圆柱面的直母线改为圆弧形，使它部分地包住蜗杆（图 8-3(a)），并用与蜗杆形状和参数相同的滚刀范成加工蜗轮。这样加工出来的蜗轮与蜗杆啮合传动时，其齿廓间为线接触，可传递较大的动力。

8.1.2　蜗杆传动的类型

根据蜗杆形状的不同，蜗杆传动可分为圆柱蜗杆传动、环面蜗杆传动和锥蜗杆传动，如

图8-3所示。

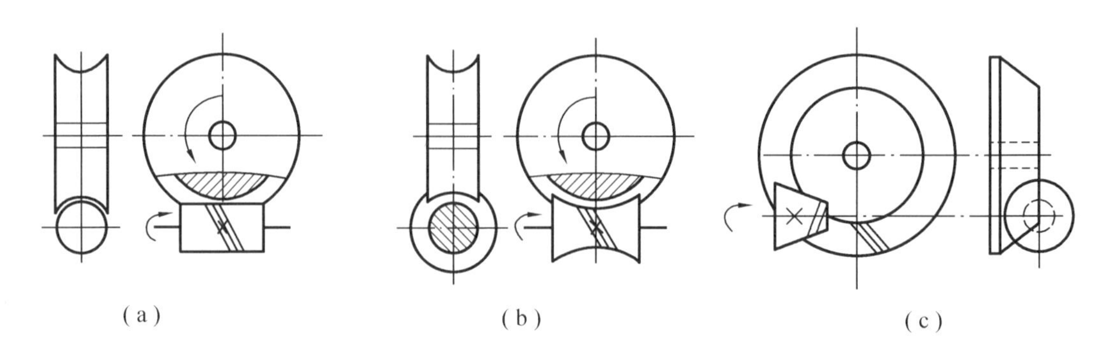

图8-3 蜗杆传动的类型

(a)圆柱蜗杆传动;(b)环面蜗杆传动;(c)锥蜗杆传动

1. 圆柱蜗杆传动

圆柱蜗杆传动又可分为普通圆柱蜗杆传动和圆弧圆柱蜗杆传动两类。

(1)普通圆柱蜗杆传动

普通圆柱蜗杆的齿面(ZK型蜗杆除外)一般是在车床上用直线刀刃的车刀车制的。根据车刀安装位置的不同,所加工出的蜗杆齿面在不同截面中的齿廓曲线也不同。根据不同的齿廓曲线,普通圆柱蜗杆可分为阿基米德蜗杆(ZA蜗杆)、法向直廓蜗杆(ZN蜗杆)、渐开线蜗杆(ZI蜗杆)和锥面包络蜗杆(ZK蜗杆)等四种。GB/T 10085—1988推荐采用ZI蜗杆和ZK蜗杆两种。现分别介绍上述四种普通圆柱蜗杆传动所用的蜗杆及配对的蜗轮齿型。

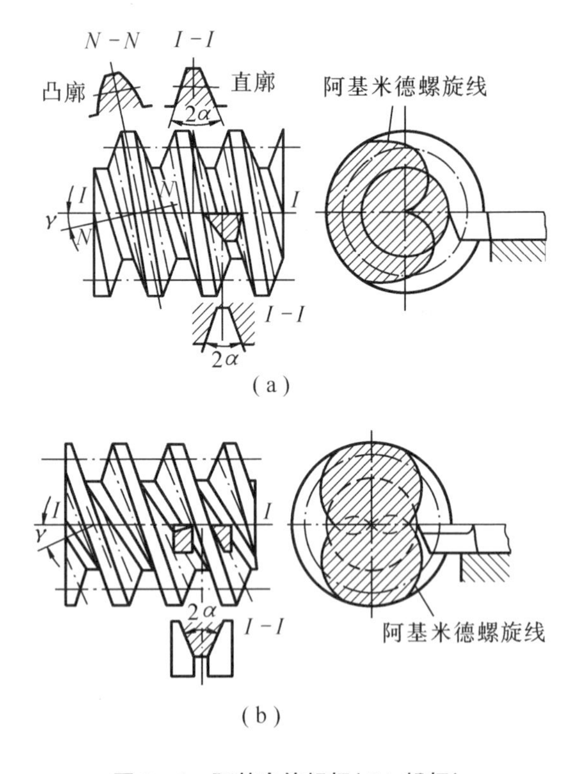

图8-4 阿基米德蜗杆(ZA蜗杆)

(a)单刀加工;(b)双刀加工

①阿基米德蜗杆(ZA蜗杆)

这种蜗杆,在垂直于蜗杆轴线的平面(即端面)上,齿廓为阿基米德螺旋线(图8-4),在包含轴线的平面上的齿廓(即轴向齿廓)为直线,其齿型角$\alpha=20°$,它可在车床上用直线刀刃的单刀(当导程角$\gamma\leqslant3°$时)或双刀(当$\gamma>3°$时)车削加工。安装刀具时,切削刃的顶面必须通过蜗杆的轴线,如图8-4所示。这种蜗杆磨削困难,当导程角γ较大时加工不便。

②法向直廓蜗杆(ZN蜗杆)

这种蜗杆的端面齿廓为延伸渐开线(图8-5),法面($N-N$)齿廓为直线。ZN 蜗杆也是用直线刀刃的单刀或双刀在车床上车削加工。刀具的安装形式如图 8－5 所示。这种蜗杆磨削起来也比较困难。

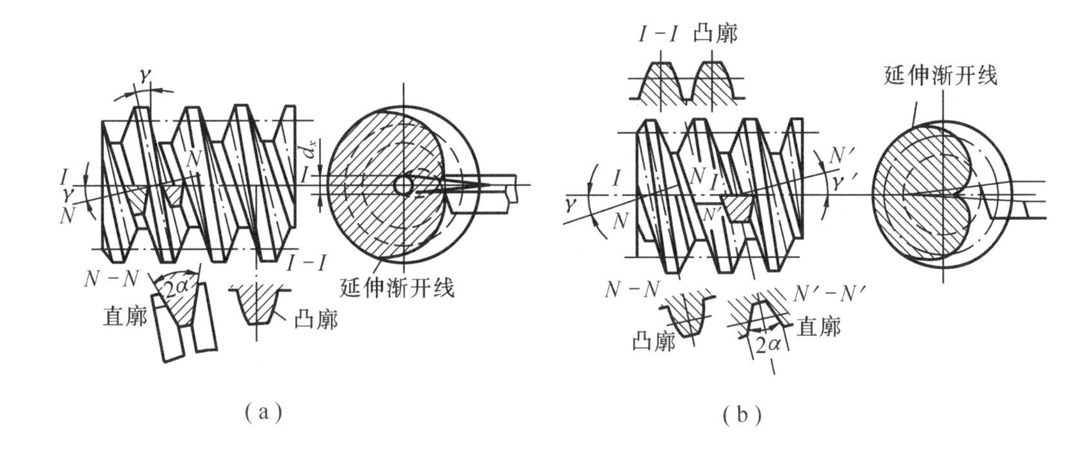

图 8－5 法向直廓蜗杆(ZN 蜗杆)

(a)车刀对中齿厚中线法面;(b)车刀对中齿槽中线法面

③渐开线蜗杆(ZI 蜗杆)

这种蜗杆的端面齿廓为渐开线(图 8－6),所以它相当于一个少齿数(齿数等于蜗杆头数)、大螺旋角的渐开线圆柱斜齿轮。ZI 蜗杆可用两把直线刀刃的车刀在车床上车削加工。刀刃顶面应与基圆柱相切,其中一把刀具高于蜗杆轴线,另一把刀具则低于蜗杆轴线,如图 8－6 所示。刀具的齿型角应等于蜗杆的基圆柱螺旋角。这种蜗杆可以在专用机床上磨削。

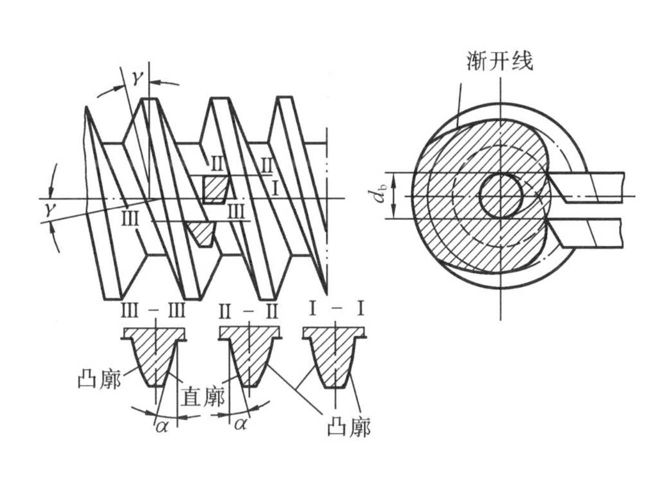

图 8－6 渐开线蜗杆(ZI 蜗杆)

④锥面包络蜗杆(ZK 蜗杆)

这是一种非线性螺旋齿面蜗杆。它不能在车床上加工,只能在铣床上铣制并在磨床上磨削。加工时,除工件做螺旋运动外,刀具同时绕其自身的轴线做回转运动。这时,铣刀(或砂轮)回转曲面的包络面即为蜗杆的螺旋齿面(图 8－7),在 $I-I$ 及 $N-N$ 截面上的齿廓均为曲线(图 8－7(a))。这种蜗杆便于磨削,蜗杆的精度较高,应用日渐广泛。

至于与上述各类蜗杆配对的蜗轮齿廓,则完全随蜗杆的齿廓而异。蜗轮一般是在滚齿机上用滚刀或飞刀加工的。为了保证蜗杆和蜗轮能正确啮合,切削蜗轮的滚刀齿廓,应与蜗杆的齿廓一致;滚切时的中心距,也应与蜗杆传动的中心距相同。

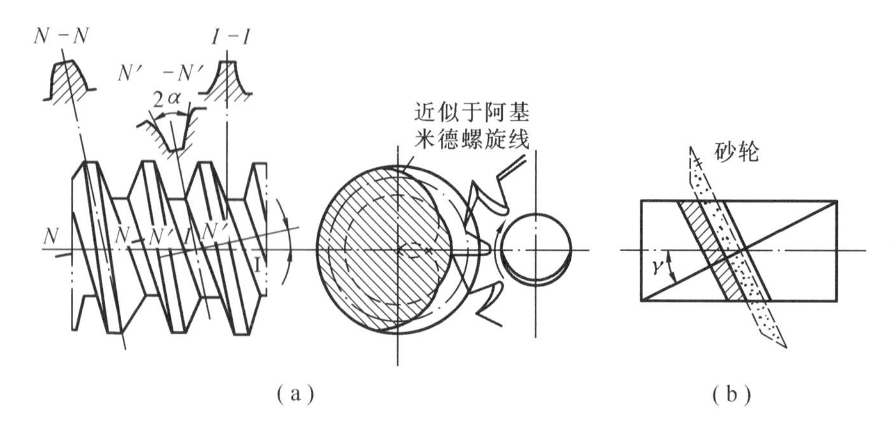

图8－7 锥面包络蜗杆(ZK蜗杆)

(2)圆弧圆柱蜗杆传动(ZC蜗杆)

图8－8所示的圆弧圆柱蜗杆传动和普通圆柱蜗杆传动相似,只是齿廓形状有所区别。这种蜗杆的螺旋面是用刃边为凸圆弧形的刀具切制的。而蜗轮是用范成法制造的。在中间平面(即蜗杆轴线和蜗杆副连心线所在的平面,参看图8－13)上,蜗杆的齿廓为凹弧形(图8－8(b)),而与之相配的蜗轮的齿廓则为凸弧形。所以,圆弧圆柱蜗杆传动是一种凹凸弧齿廓相啮合的传动,也是一种线接触的啮合传动。其主要特点为:效率高,一般可达90%以上;承载能力高,一般可较普通圆柱蜗杆传动高出50%～150%;体积小;质量小;结构紧凑。这种传动已广泛应用到冶金、矿山、化工、建筑、起重等机械设备的减速机构中。

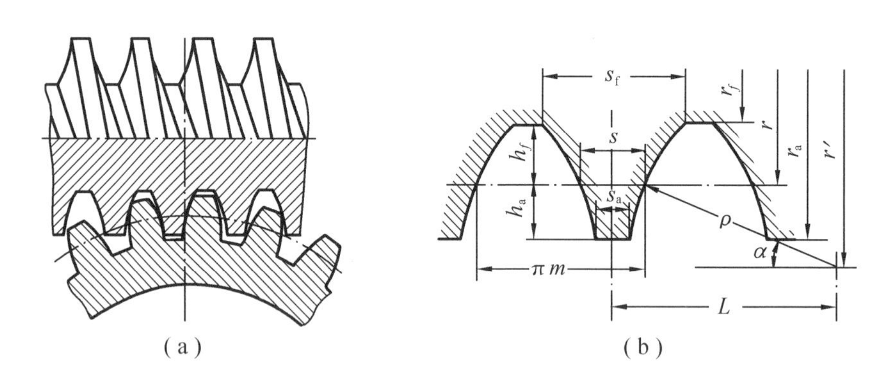

图8－8 圆弧圆柱蜗杆传动

2. 环面蜗杆传动

环面蜗杆传动的特征是,蜗杆体在轴向的外形是以凹圆弧为母线所形成的旋转曲面,所以把这种蜗杆传动叫作环面蜗杆传动(图8－3(b))。在这种传动的啮合带内,蜗轮的节圆位于蜗杆的节弧面上,亦即蜗杆的节弧沿蜗轮的节圆包着蜗轮。在中间平面内,蜗杆和蜗轮都是直线齿廓。由于同时相啮合的齿对多,而且轮齿的接触线与蜗杆齿运动的方向近似于垂直,这就大大改善了轮齿受力情况和润滑油膜形成的条件,因而承载能力约为阿基米德蜗杆传动的2～4倍,效率一般高达0.85～0.9;但它需要较高的制造和安装精度。

除上述环面蜗杆传动外，还有包络环面蜗杆传动。这种蜗杆传动分为一次包络和二次包络（双包）环面蜗杆传动两种。它们的承载能力和效率较上述环面蜗杆传动均有显著的提高。

3. 锥蜗杆传动

锥蜗杆传动也是一种空间交错轴之间的传动，两轴交错角通常为90°（图8－3(c)）。蜗杆是由在节锥上分布的等导程的螺旋所形成的，故称为锥蜗杆。而蜗轮在外观上就像一个曲线齿锥齿轮，它是用与锥蜗杆相似的锥滚刀在普通滚齿机上加工而成的，故称为锥蜗轮。锥蜗杆传动的特点是：同时接触的点数较多，重合度大；传动比范围大（一般为10～360）；承载能力和效率较高；侧隙便于控制和调整；能作离合器使用；可节约有色金属；制造安装简便，工艺性好。但由于结构上的原因，传动具有不对称性，因而正、反转时受力不同，承载能力和效率也不同。

以上都是由蜗杆与蜗轮组成滑动副的一些滑动蜗杆传动，由于它们在传动过程中的摩擦磨损严重，因而也研制出了许多滚动蜗杆传动，有滚动体安装于蜗杆上的，如图8－9及图8－10所示（沿蜗杆的螺旋线安装许多与蜗杆螺旋齿尺寸相当的圆锥滚子，从而组成与取代蜗杆齿），也有滚动体安装于蜗轮上的，如图8－11及图8－12所示。显然，通过以滚代滑，大大减轻了摩擦磨损，提高了工作效率与使用寿命，也节约了有色金属，但结构较为复杂，主要用于功率不太大或以传递运动为主的场合。

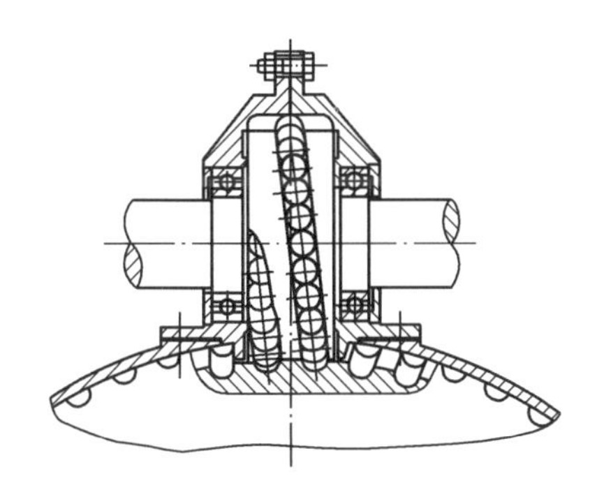

图8－9 滚动蜗杆传动（滚珠齿蜗杆）

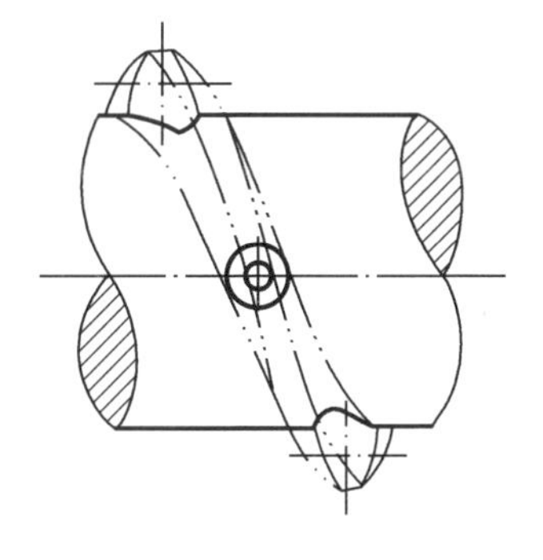

图8－10 滚子齿蜗杆示意图

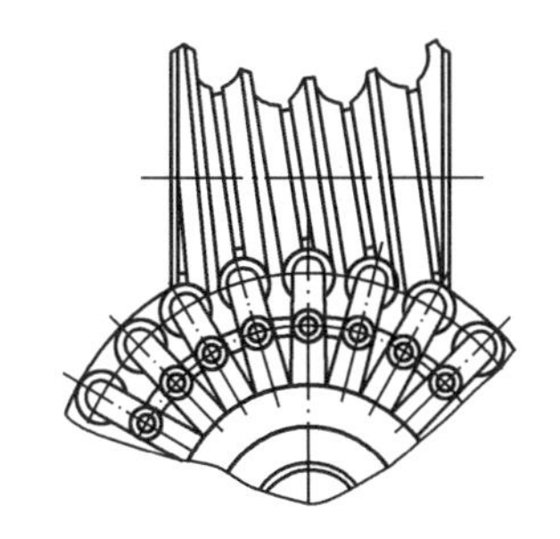

图8－11 滚动蜗杆传动（滚珠齿蜗轮）

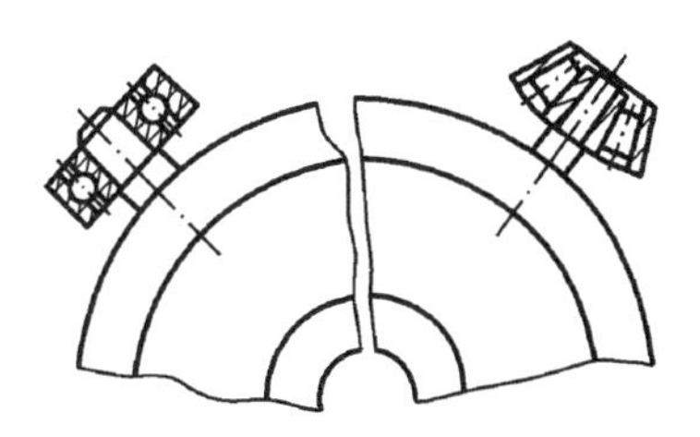

图8－12 滚子齿蜗轮示意图

8.1.3 蜗杆传动的特点和应用

1. 蜗杆传动的特点

(1)当使用单头蜗杆(相当于单线螺纹)时,蜗杆旋转一周,蜗轮只转过一个齿距,因而能实现大的传动比。在动力传动中,一般传动比 $i=5\sim80$;在分度机构或手动机构的传动中,传动比可达300;若只传递运动,传动比可达1 000。由于传动比大,零件数目又少,因而结构很紧凑。

(2)在蜗杆传动中,由于蜗杆齿是连续不断的螺旋齿,它和蜗轮齿是逐渐进入啮合及逐渐退出啮合的,同时啮合的齿对又较多,故冲击载荷小,传动平稳,噪声低。

(3)当蜗杆的螺旋线升角小于啮合面的当量摩擦角时,蜗杆传动便具有自锁性。

(4)蜗杆传动与螺旋齿传动相似,在啮合处有相对滑动。当滑动速度很大,工作条件不够良好时,会产生较严重的摩擦与磨损,从而引起过分发热,使润滑情况恶化。因此摩擦损失较大,效率低;当传动具有自锁性时,效率仅为0.4左右。同时由于摩擦与磨损严重,常需耗用有色金属制造蜗轮(或轮圈),以便与钢制蜗杆配对组成减摩性良好的滑动摩擦副。

2. 蜗杆传动的应用

由于蜗杆传动具有以上特点,故广泛用于两轴交错、传动比较大、传递功率不太大或间歇工作的场合。当要求传递较大功率时,为提高传动效率,常取蜗杆头数 $z_1=2\sim4$。此外,由于具有自锁性,故常用在卷扬机等起重机械中,起安全保护作用。

8.2 普通圆柱蜗杆传动的主要参数及几何尺寸计算

由图8-13可以看出,在中间平面上,普通圆柱蜗杆传动就相当于齿条与齿轮的啮合传动。故在设计蜗杆传动时,均取中间平面上的参数(如模数、压力角等)和尺寸(如齿顶圆、分度圆等)为基准,并沿用齿轮传动的计算关系。

8.2.1 普通圆柱蜗杆传动的主要参数及其选择

普通圆柱蜗杆传动的主要参数有模数 m、压力角 α、蜗杆的直径 d_1、蜗杆头数 z_1 及蜗轮齿数 z_2 等。进行蜗杆传动的设计时,首先要正确地选择参数。

1. 模数 m 和压力角 α

和齿轮传动一样,蜗杆传动的几何尺寸也以模数为主要计算参数。在中间平面内蜗杆蜗轮传动的正确啮合条件为:蜗杆的轴面模数、压力角应与蜗轮的端面模数、压力角相等,即

$$m_{a1}=m_{t2}=m,\quad \alpha_{a1}=\alpha_{t2}$$

ZA蜗杆的轴向压力角 α_a 为标准值(20°),其余三种(ZN,ZI,ZK)蜗杆的法向压力角 α_n 为标准值(20°),蜗杆轴向压力角与法向压力角的关系为

$$\tan\alpha_a=\frac{\tan\alpha_n}{\cos\gamma} \tag{8-1}$$

其中,γ 为导程角。

2. 蜗杆的分度圆直径 d_1 和直径系数 q

在蜗杆传动中,为了保证蜗杆与配对蜗轮的正确啮合,常用与蜗杆具有同样尺寸的蜗轮

滚刀①来加工与其配对的蜗轮。这样,只要有一种尺寸的蜗杆,就得有一种对应的蜗轮滚刀。对于同一模数,可以有很多不同直径的蜗杆,因而对每一模数就要配备很多蜗轮滚刀。显然,这样很不经济。为了限制蜗轮滚刀的数目及便于滚刀的标准化,就对每一标准模数规定了一定数量的蜗杆分度圆直径 d_1,而把比值

$$q=\frac{d_1}{m} \tag{8-2}$$

称为蜗杆的直径系数。d_1 与 q 已有标准值,常用的标准模数 m 和蜗杆分度圆直径 d_1 及直径系数 q 见表8-2。如果采用非标准滚刀或飞刀切制蜗轮,d_1 与 q 值可不受标准的限制。

3. 蜗杆头数 z_1

蜗杆头数 z_1 可根据要求的传动比和效率来选定。单头蜗杆传动的传动比可以较大,但效率较低。如果提高效率,应增加蜗杆的头数。但蜗杆头数过多,又会给加工带来困难。所以,通常蜗杆头数取为1,2,4,6。

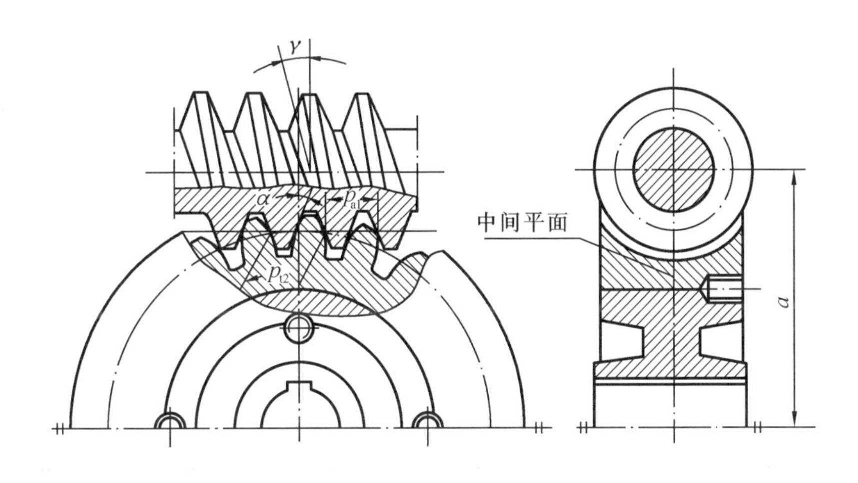

图8-13 普通圆柱蜗杆传动

4. 导程角 γ

蜗杆的直径系数 q 和蜗杆头数 z_1 选定之后,蜗杆分度圆柱上的导程角 γ 也就确定了。由图8-14可知

$$\tan\gamma=\frac{z_1 p_a}{\pi d_1}=\frac{z_1 m}{d_1}=\frac{z_1}{q} \tag{8-3}$$

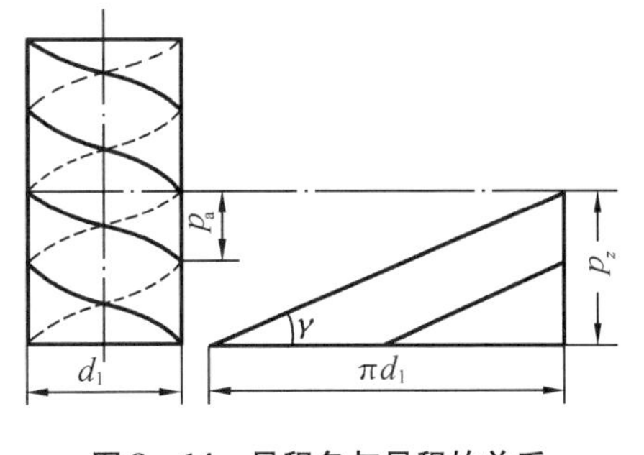

图8-14 导程角与导程的关系

5. 传动比 i 和齿数比 u

传动比

$$i=\frac{n_1}{n_2}$$

① 蜗轮滚刀的齿顶高比与蜗轮相配的蜗杆齿顶高大 c,c 为蜗杆传动的顶隙。

其中,n_1,n_2 分别为蜗杆和蜗轮的转速,单位为 r/min。

齿数比

$$u=\frac{z_2}{z_1}$$

其中,z_2 为蜗轮的齿数。

当蜗杆为主动时

$$i=\frac{n_1}{n_2}=\frac{z_2}{z_1}=u \tag{8-4}$$

6. 蜗轮齿数 z_2

蜗轮齿数 z_2 主要根据传动比来确定。为了避免用蜗轮滚刀切制蜗轮时产生根切与干涉,理论上应使 $z_{2\min}\geqslant 17$。当 $z_2<26$ 时,啮合区要显著减小,将影响传动的平稳性,而在 $z_2\geqslant 30$ 时,则可始终保持有两对以上的齿啮合,所以通常规定 $z_2>28$。对于动力传动,z_2 一般不大于80。这是由于当蜗轮直径不变时,z_2 越大,模数就越小,将使轮齿的弯曲强度削弱;当模数不变时,蜗轮尺寸将要增大,使相啮合的蜗杆支承间距加长,这将降低蜗杆的弯曲刚度,容易产生挠曲而影响正常的啮合。z_1,z_2 的推荐用值见表8-1(具体选择时可考虑表8-2中的匹配关系)。当设计非标准或分度传动时,z_2 的选择可不受限制。

表8-1 蜗杆头数 z_1 与蜗轮齿数 z_2 的推荐用值

$i=\frac{z_2}{z_1}$	z_1	z_2
≈5	6	29~31
7~15	4	29~61
14~30	2	29~61
29~82	1	29~82

7. 蜗杆传动的标准中心距 a

当蜗杆节圆与分度圆重合时称为标准传动,其标准中心距为

$$a=\frac{1}{2}(d_1+d_2)=\frac{1}{2}(q+z_2)m \tag{8-5}$$

标准普通圆柱蜗杆传动的基本尺寸和参数列于表8-2。设计普通圆柱蜗杆减速装置时,在按接触强度或弯曲强度确定了中心距 a 或 m^2d_1 后,一般按表8-2的数据确定蜗杆与蜗轮的尺寸和参数,并按表值予以匹配。如可自行加工蜗轮滚刀或减速器箱体时,也可不按表8-2选配参数。

表8-2 普通圆柱蜗杆基本尺寸和参数及其与蜗轮参数的匹配

<table>
<tr><th>中心距
a/mm</th><th>模数
m/mm</th><th>分度圆直径
d_1/mm</th><th>m^2d_1
/mm^3</th><th>蜗杆头数
z_1</th><th>直径系数
q</th><th>分度圆导程角
γ</th><th>蜗轮齿数
z_2</th><th>变位系数
x_2</th></tr>
<tr><td>40
50</td><td>1</td><td>18</td><td>18</td><td>1</td><td>18.0</td><td>3°10′47″</td><td>62
82</td><td>0
0</td></tr>
<tr><td>40</td><td rowspan="2">1.25</td><td>20</td><td>31.25</td><td rowspan="2">1</td><td>16.00</td><td>3°34′35″</td><td>49</td><td>-0.500</td></tr>
<tr><td>50
63</td><td>22.4</td><td>35</td><td>17.92</td><td>3°11′38″</td><td>62
82</td><td>+0.040
+0.440</td></tr>
<tr><td rowspan="3">50</td><td rowspan="4">1.6</td><td rowspan="3">20</td><td rowspan="3">51.2</td><td>1</td><td rowspan="3">12.50</td><td>4°34′26″</td><td rowspan="3">51</td><td rowspan="3">-0.500</td></tr>
<tr><td>2</td><td>9°05′25″</td></tr>
<tr><td>4</td><td>17°44′41″</td></tr>
<tr><td>63
80</td><td>28</td><td>71.68</td><td>1</td><td>17.50</td><td>3°16′14″</td><td>61
82</td><td>+0.125
+0.250</td></tr>
<tr><td rowspan="4">40

(50)

(63)</td><td rowspan="5">2</td><td rowspan="4">22.4</td><td rowspan="4">89.6</td><td>1</td><td rowspan="4">11.20</td><td>5°06′08″</td><td rowspan="4">29

(39)

(51)</td><td rowspan="4">-0.100

(-0.100)

(+0.400)</td></tr>
<tr><td>2</td><td>10°07′29″</td></tr>
<tr><td>4</td><td>19°39′14″</td></tr>
<tr><td>6</td><td>28°10′43″</td></tr>
<tr><td>80
100</td><td>35.5</td><td>142</td><td>1</td><td>17.75</td><td>3°13′28″</td><td>62
82</td><td>+0.125</td></tr>
<tr><td rowspan="4">50

(63)

(80)</td><td rowspan="5">2.5</td><td rowspan="4">28</td><td rowspan="4">175</td><td>1</td><td rowspan="4">11.20</td><td>5°06′08″</td><td rowspan="4">29

(39)

(53)</td><td rowspan="4">-0.100

(+0.100)

(-0.100)</td></tr>
<tr><td>2</td><td>10°07′29″</td></tr>
<tr><td>4</td><td>19°39′14″</td></tr>
<tr><td>6</td><td>28°10′43″</td></tr>
<tr><td>100</td><td>45</td><td>281.25</td><td>1</td><td>18.00</td><td>3°14′47″</td><td>62</td><td>0</td></tr>
<tr><td rowspan="4">63

(80)

(100)</td><td rowspan="5">3.15</td><td rowspan="4">35.5</td><td rowspan="4">352.25</td><td>1</td><td rowspan="4">11.27</td><td>5°04′15″</td><td rowspan="4">29

(39)

(53)</td><td rowspan="4">-0.134 9

(+0.261 9)

(-0.388 9)</td></tr>
<tr><td>2</td><td>10°03′48″</td></tr>
<tr><td>4</td><td>19°32′29″</td></tr>
<tr><td>6</td><td>28°01′50″</td></tr>
<tr><td>125</td><td>56</td><td>555.66</td><td>1</td><td>17.778</td><td>3°13′50″</td><td>62</td><td>-0.206 3</td></tr>
</table>

表8-2(续)

中心距 a/mm	模数 m/mm	分度圆直径 d_1/mm	m^2d_1 /mm³	蜗杆头数 z_1	直径系数 q	分度圆导程角 γ	蜗轮齿数 z_2	变位系数 x_2
80	4	40	640	1	10.00	5°42′38″	31	-0.500
(100)				2		11°18′36″	(41)	(-0.500)
				4		21°48′05″		
(125)				6		30°57′50″	(51)	(+0.750)
160		71	1 136	1	17.75	30°57′50″	62	+0.125
100	5	50	1 250	1	10.00	5°42′38″	31	-0.500
(125)				2		11°18′36″	(41)	(-0.500)
(160)				4		21°48′05″	(53)	(+0.500)
(180)				6		30°57′50″	(61)	(+0.500)
200		90	22 50	1	18.00	3°10′47″	62	0
125	6.3	63	2 500.47	1	10.00	5°42′38″	31	-0.658 7
(160)				2		11°18′36″	(41)	(-0.103 2)
(180)				4		21°48′05″	(48)	(+0.428 6)
(200)				6		30°57′50″	(53)	(+0.246 0)
200		112	4 445.28	1	17.778	3°13′10″	61	+0.293 7
160	8	80	5 120	1	10.00	5°42′38″	31	-0.500
(200)				2		11°18′36″	(41)	(-0.500)
(225)				4		21°48′05″	(47)	(-0.375)
(250)				6		30°57′50″	(52)	(+0.250)

注:(1)本表中导程角 γ 小于3°30′的圆柱蜗杆均为自锁蜗杆;

(2)括号中的参数不适用于蜗杆头数 $z_1=6$ 时;

(3)本表摘自GB/T 10085—1988。

8.2.2 蜗杆传动变位的特点

蜗杆传动变位的主要目的是为了配凑中心距或提高蜗杆传动的承载能力及传动效率。变位方法与齿轮传动的变位方法相似,也是利用刀具相对于蜗轮毛坯的径向位移来实现变位。但在蜗杆传动中,由于蜗杆的齿廓形状和尺寸要与加工蜗轮的滚刀形状和尺寸相同,所以为了保持刀具尺寸不变,蜗杆尺寸是不能变动的,因而只能对蜗轮进行变位。图8-15表示了几种变位情况(图中 a',z_2' 分别为变位后的中心距及蜗轮齿数,x_2 为蜗轮变位系数)。

变位后，蜗轮的分度圆和节圆依旧重合，只是蜗杆在中间平面上的节线有所改变，不再与其分度线重合。

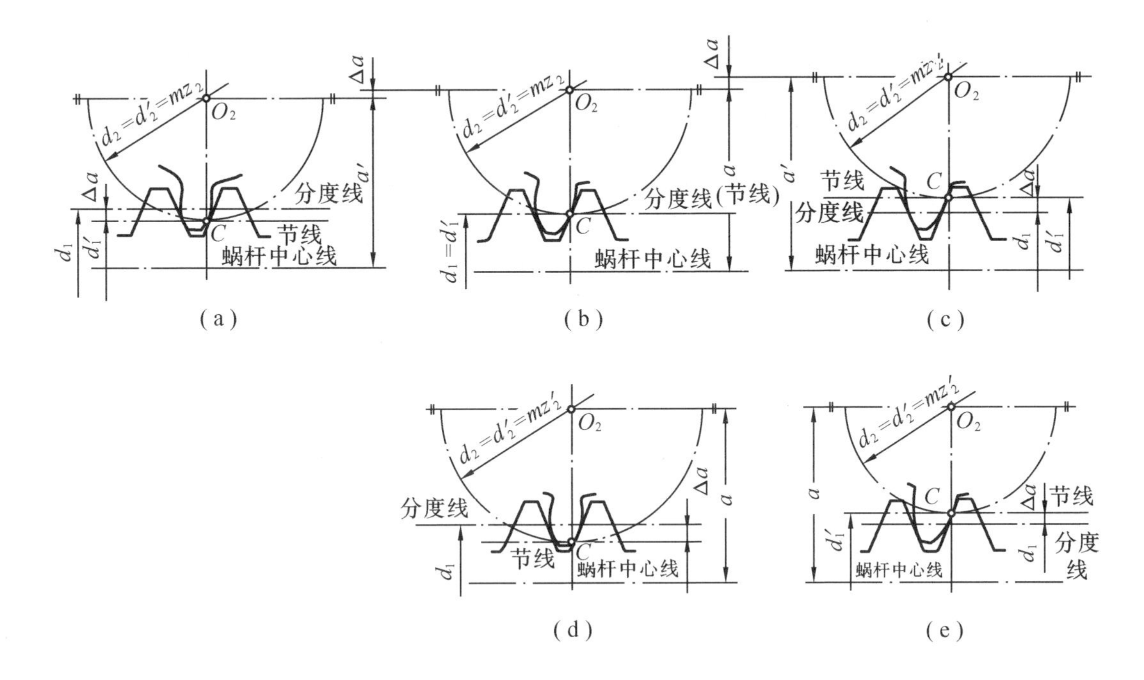

图8-15　蜗杆传动的变位

(a)变位传动 $x_2<0, z_2'=z_2, a'<a$；(b)标准传动 $x_2=0$；(c)变位传动 $x_2>0, z_2'=z_2, a'>a$；
(d)变位传动 $x_2<0, a'=a, z_2'>z_2$；(e)变位传动 $x_2>0, a'=a, z_2'<z_2$

根据变位蜗杆传动使用场合的不同，常用下述两种变位传动。

(1)变位前后，蜗轮的齿数不变($z_2'=z_2$)，蜗杆传动的中心距改变($a'\neq a$)，如图8-15(a)(c)所示，其中心距的计算式为

$$a'=a+x_2m=(d_1+d_2+2x_2m)/2 \tag{8-6}$$

(2)变位前后，蜗杆传动的中心距不变($a'=a$)，蜗轮齿数发生变化($z_2'\neq z_2$)，如图8-15(d)(e)所示，z_2'可计算如下：

因

$$a'=\frac{d_1+d_2+2x_2m}{2}=\frac{m}{2}(q+z_2'+2x_2)=a=\frac{m(q+z_2)}{2}$$

故

$$z_2'=z_2-2x_2 \tag{8-7a}$$

则

$$x_2=\frac{z_2-z_2'}{2} \tag{8-7b}$$

8.2.3　普通圆柱蜗杆传动的几何尺寸计算

普通圆柱蜗杆传动的几何尺寸见图8-16，其计算公式见表8-3及表8-4。

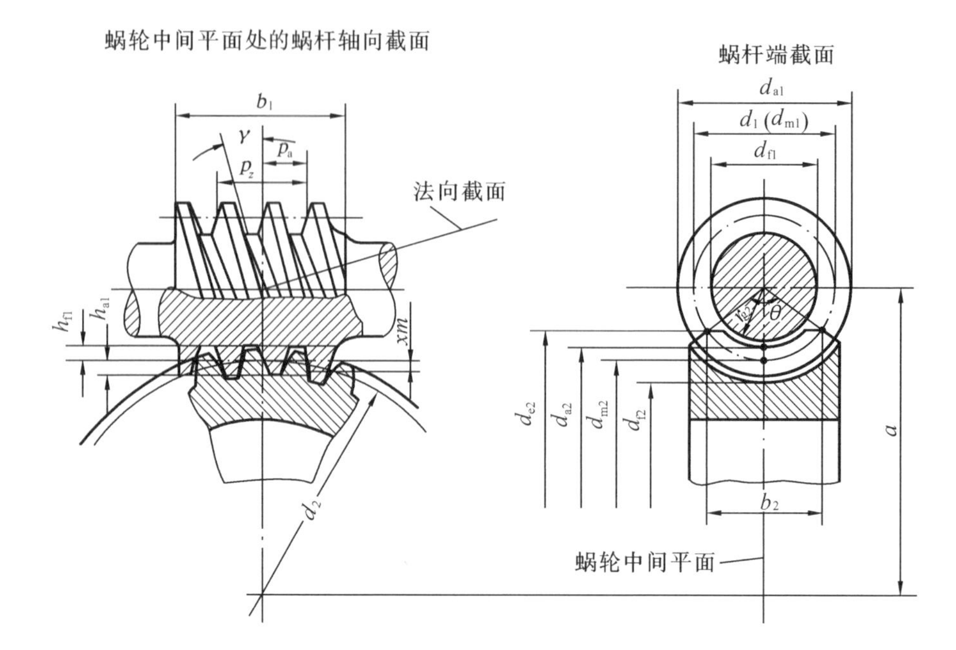

图 8-16 普通圆柱蜗杆传动的基本几何尺寸

表 8-3 普通圆柱蜗杆传动基本几何尺寸计算公式

名称	代号	计算关系式	说明
中心距	a	$a=(d_1+d_2+2x_2m)/2$	按规定选取
蜗杆头数	z_1		按规定选取
蜗轮齿数	z_2		按传动比确定
齿型角	α_a	$\alpha_a=20°$或$\alpha_n=20°$	按蜗杆类型确定
模数	m	$m=m_a=\dfrac{m_n}{\cos\gamma}$	按规定选取
传动比	i	$i=n_1/n_2$	蜗杆为主动,按规定选取
齿数	u	$u=z_2/z_1$,当蜗杆主动时,$i=u$	
蜗轮变位系数	x_2	$x_2=\dfrac{a}{m}-\dfrac{d_1+d_2}{2m}$	
蜗杆直径系数	q	$q=d_1/m$	
蜗杆轴向齿距	p_a	$p_a=\pi m$	
蜗杆导程	p_z	$p_z=\pi mz_1$	
蜗杆分度圆直径	d_1	$d_1=mq$	按规定选取
蜗杆齿顶圆直径	d_{a1}	$d_{a1}=d_1+2h_{a1}=d_1+2h_a^*m$	
蜗杆齿根圆直径	d_{f1}	$d_{f1}=d_1-2h_{f1}=d_1-2(h_a^*m+c)$	

表8－3(续)

名　　称	代号	计算关系式	说　　明
顶隙	c	$c = c^* m$	按规定
渐开线蜗杆基圆直径	d_{b1}	$d_{b1} = d_1 \tan\gamma / \tan\gamma_b = mz_1 / \tan\gamma_b$	
蜗杆齿顶高	h_{a1}	$h_{a1} = h_a^* m = \frac{1}{2}(d_{a1} - d_1)$	按规定
蜗杆齿根高	h_{f1}	$h_{f1} = (h_a^* + c^*)m = \frac{1}{2}(d_1 - d_{f1})$	
蜗杆齿高	h_1	$h_1 = h_{a1} + h_{f1} = \frac{1}{2}(d_{a1} - d_{f1})$	
蜗杆导程角	γ	$\tan\gamma = mz_1 / d_1 = z_1 / q$	
渐开线蜗杆基圆导程角	γ_b	$\cos\gamma_b = \cos\gamma\cos\alpha_n$	
蜗杆齿宽	b_1	见表8－4	由设计确定
蜗轮分度圆直径	d_2	$d_2 = mz_2 = 2a - d_1 - 2x_2 m$	
蜗轮喉圆直径	d_{a2}	$d_{a2} = d_2 + 2h_{a2}$	
蜗轮齿根圆直径	d_{f2}	$d_{f2} = d_2 - 2h_{f2}$	
蜗轮齿顶高	h_{a2}	$h_{a2} = \frac{1}{2}(d_{a2} - d_2) = m(h_a^* + x_2)$	
蜗轮齿根高	h_{f2}	$h_{f2} = \frac{1}{2}(d_2 - d_{f2}) = m(h_a^* - x_2 + c^*)$	
蜗轮齿高	h_2	$h_2 = h_{a2} + h_{f2} = \frac{1}{2}(d_{a2} - d_{f2})$	
蜗轮咽喉母圆半径	r_{g2}	$r_{g2} = a - \frac{1}{2}d_{a2}$	
蜗轮齿宽	b_2		由设计确定
蜗轮齿宽角	θ	$\theta = 2\arcsin\frac{b_2}{d_1}$	
蜗杆轴向齿厚	s_a	$s_a = \frac{1}{2}\pi m$	
蜗杆法向齿厚	s_n	$s_n = s_a\cos\gamma$	
蜗轮齿厚	s_t	按蜗杆节圆处轴向齿槽宽 e'_a 确定	
蜗杆节圆直径	d'_1	$d'_1 = d_1 + 2x_2 m = m(q + 2x_2)$	
蜗轮节圆直径	d'_2	$d'_1 = d_2$	

表 8-4　蜗轮宽度 B、顶圆直径 d_{e2} 及蜗杆齿宽 b_1 的计算公式

<table>
<tr><th>z_1</th><th>B</th><th>d_{e2}</th><th>x_2/mm</th><th colspan="2">b_1</th></tr>
<tr><td>1</td><td rowspan="2">$\leqslant 0.75d_{a1}$</td><td>$\leqslant d_{a2}+2m$</td><td rowspan="2">0
-0.5
-1.0
0.5
1.0</td><td rowspan="2">$\geqslant(11+0.06z_2)m$
$\geqslant(8+0.06z_2)m$
$\geqslant(10.5+z_1)m$
$\geqslant(11+0.1z_2)m$
$\geqslant(12+0.1z_2)m$</td><td rowspan="3">当变位系数 x_2 为中间值时，b_1 取 x_2 邻近两公式所求值的较大者。
经磨削的蜗杆，按左式所求的 b_1 应再增加下列值：
当 $m<10$ mm 时，增加 25 mm；
当 $m=10\sim16$ mm 时，增加 35～40 mm；
当 $m>16$ mm 时，增加 50 mm</td></tr>
<tr><td>2</td><td>$\leqslant d_{a2}+1.5m$</td></tr>
<tr><td>4</td><td>$\leqslant 0.67d_{a1}$</td><td>$\leqslant d_{a2}+m$</td><td>0
-0.5
-1.0
0.5
1.0</td><td>$\geqslant(12.5+0.09z_2)m$
$\geqslant(9.5+0.09z_2)m$
$\geqslant(10.5+z_1)m$
$\geqslant(12.5+0.1z_2)m$
$\geqslant(13+0.1z_2)m$</td></tr>
</table>

8.3　普通圆柱蜗杆传动承载能力计算

8.3.1　蜗杆传动的失效形式、设计准则及常用材料

1. 失效形式和设计准则

和齿轮传动一样，蜗杆传动的失效形式也有点蚀（齿面接触疲劳破坏）、齿根折断、齿面胶合及过度磨损等。由于材料和结构上的原因，蜗杆螺旋齿部分的强度总是高于蜗轮轮齿的强度，所以失效经常发生在蜗轮轮齿上。因此，一般只对蜗轮轮齿进行承载能力计算。由于蜗杆与蜗轮齿面间有较大的相对滑动，从而增加了产生胶合和磨损失效的可能性，尤其在某些条件下（如润滑不良），蜗杆传动因齿面胶合而失效的可能性更大。因此，蜗杆传动的承载能力往往受到抗胶合能力的限制。

在开式传动中多发生齿面磨损及过度磨损引起的轮齿折断，因此应以保证齿根弯曲疲劳强度作为主要设计准则。

在闭式传动中，蜗杆副多因齿面胶合或点蚀而失效。因此，通常是按齿面接触疲劳强度进行设计，而按齿根弯曲疲劳强度进行校核。此外，闭式蜗杆传动，由于散热较为困难，还应做热平衡核算。

2. 常用材料

由上述蜗杆传动的失效形式可知，蜗杆、蜗轮的材料不仅要求具有足够的强度，更重要的是要具有良好的磨合和耐磨性能。

(1) 蜗杆

一般是用碳钢或合金钢制成。高速重载蜗杆常用15Cr或20Cr，并经渗碳淬火；也可用

40 钢、45 钢或 40Cr 并经淬火。这样可以提高表面硬度,增加耐磨性。通常要求蜗杆淬火后的硬度为 40~55HRC,经氮化处理后的硬度为 55~62HRC。对于不太重要的低速中载的蜗杆,可采用 40 钢或 45 钢,经调质处理,其硬度为 220~300HBS。

(2)蜗轮

常用的蜗轮材料为铸造锡青铜(ZCuSn10P1,ZCuSn5Pb5Zn5)、铸造铝铁青铜(ZCuAl10Fe3)及灰铸铁(HT150,HT200)等。锡青铜耐磨性最好,但价格较高,用于滑动速度 $v_s \geq 3$ m/s 的重要传动;铝铁青铜的耐磨性较锡青铜差一些,但价格便宜,一般用于滑动速度 $v_s \leq 4$ m/s 的传动;如果滑动速度不高($v_s < 2$ m/s),对效率要求也不高时,可采用灰铸铁。为了防止变形,常对蜗轮进行时效处理。

8.3.2 蜗杆传动的受力分析和计算载荷

1. 受力分析

蜗杆传动的受力分析和斜齿圆柱齿轮传动相似。在进行蜗杆传动的受力分析时,通常不考虑摩擦力的影响。

图 8-17 所示是以右旋蜗杆为主动件,并沿图示的方向旋转时,蜗杆螺旋面上的受力情

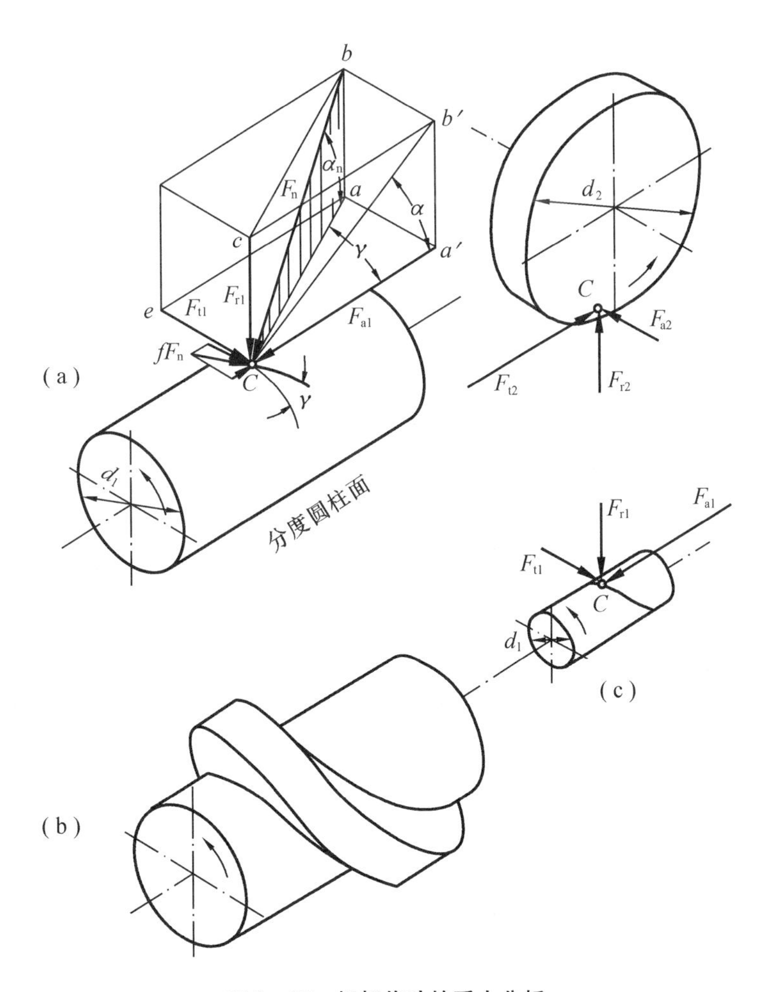

图 8-17 蜗杆传动的受力分析

况。设 F_n 为集中作用于节点 C 处的法向载荷,它作用于法向截面 $Cabc$ 内(图 8-17(a))。F_n 可分解为三个互相垂直的分力,即圆周力 F_t、径向力 F_r 和轴向力 F_a。显然在蜗杆与蜗轮之间,相互作用着 F_{t1} 与 F_{a2},F_{r1} 与 F_{r2} 和 F_{a1} 与 F_{t2} 这三对大小相等、方向相反的力(图 8-17(c))。

在确定各力的方向时,尤其需注意蜗杆所受轴向力方向的确定。因为轴向力的方向是由螺旋线的旋向和蜗杆的转向来决定的。如图 8-17(a)所示,该蜗杆为右旋蜗杆,当其为主动件沿图示方向(由左端视之为逆时针方向)回转时,如图 8-17(b)所示,蜗杆齿的右侧为工作面(推动蜗轮沿图 8-17(c)所示方向转动),故蜗杆所受的轴向力 F_{a1}(即蜗轮齿给它的阻力的轴向分力)必然指向左端(见图 8-17(c)下部)。如果该蜗杆的转向相反,则蜗杆齿的左侧为工作面(推动蜗轮沿图 8-17(c)所示方向的反方向转动),故此时蜗杆所受的轴向力必指向右端。① 至于蜗杆所受的圆周力 F_{t1} 的方向,总是与它的转向相反的;径向力的方向则总是指向轴心的。关于蜗轮上各力的方向,可由图 8-17(c)所示的关系定出。

不计摩擦力的影响时,各力的大小可按下列各式计算,即

$$F_{t1}=F_{a2}=\frac{2T_1}{d_1} \tag{8-8}$$

$$F_{a1}=F_{t2}=\frac{2T_2}{d_2} \tag{8-9}$$

$$F_{r1}=F_{r2}=F_{t2}\tan\alpha \tag{8-10}$$

$$F_n=\frac{F_{a1}}{\cos\alpha_n\cos\gamma}=\frac{F_{t2}}{\cos\alpha_n\cos\gamma}=\frac{2T_2}{d_2\cos\alpha_n\cos\gamma} \tag{8-11}$$

式中 T_1,T_2——分别为蜗杆及蜗轮上的转矩,N·mm;

d_1,d_2——分别为蜗杆及蜗轮的分度圆直径,mm。

2. 计算载荷

计算载荷 p_{ca} 为

$$p_{ca}=\frac{KF_n}{L_0}=\frac{2KT_2}{L_0 d_2\cos\alpha_n\cos\gamma} \tag{8-12}$$

式中 K——载荷系数,$K=K_A K_\beta K_v$,其中 K_A 为使用系数,查表 8-5;K_β 为齿向载荷分布系数,当蜗杆传动在平稳载荷下工作时,载荷分布不均现象将由于工作表面良好的磨合而得到改善,此时可取 $K_\beta=1$;当载荷变化较大,或有中击、振动时,可取 $K_\beta=1.3\sim1.6$;K_v 为动载系数,由于蜗杆传动一般较平稳,动载荷要比齿轮传动小得多,故 K_v 值可取定如下:对于精确制造,且蜗轮圆周速度 $v_2\leqslant 3$ m/s 时,取 $K_v=1.0\sim1.1$;$v_2>3$ m/s 时,$K_v=1.1\sim1.2$;

L_0——蜗轮齿面接触线总长,mm;

F_n——啮合齿面上的法向载荷,N。

---

① 右(左)旋蜗杆所受轴向力的方向也可用右(左)手法则确定。所谓右(左)手法则,是指用右(左)手握拳时,以四指所示的方向表示蜗杆的回转方向,则拇指伸直时所指的方向就表示蜗杆所受轴向力 F_{a1} 的方向。

表8-5 使用系数 K_A

工作类型	I	II	III
载荷性质	均匀、无冲击	不均匀、小冲击	不均匀、大冲击
每小时启动次数	<25	25~50	>50
启动载荷	小	较大	大
K_A	1	1.15	1.2

8.3.3 蜗杆传动强度计算

1. 蜗轮齿面接触疲劳强度计算

蜗轮齿面接触疲劳强度计算仍以赫兹公式为原始公式。接触应力 σ_H（单位为 MPa）为

$$\sigma_H = \sqrt{\frac{KF_n}{L_0\rho_\Sigma}} \cdot Z_E \tag{8-13}$$

式中 ρ_Σ——蜗轮齿面接触线法面综合曲率半径，mm；

Z_E——材料的弹性系数，单位为 $MPa^{1/2}$，对于青铜或铸铁蜗轮与钢蜗杆配对时，取$Z_E = 160\ MPa^{1/2}$。

将式（8-13）中的法向载荷 F_n 换算成蜗轮分度圆直径 d_2 与蜗轮转矩 T_2 的关系式，再将 d_2，L_0，ρ_Σ 等换算成中心距 a 的函数后，即得蜗轮齿面接触疲劳强度的验算公式为

$$\sigma_H = Z_E Z_\rho \sqrt{KT_2/a^3} \leqslant [\sigma_H] \tag{8-14}$$

式中 Z_ρ——蜗杆传动的接触线长度和曲率半径对接触强度的影响系数，简称接触系数，可从图8-18中查得；

σ_H，$[\sigma_H]$——分别为蜗轮齿面的接触应力与许用接触应力，MPa。

当蜗轮材料为灰铸铁或高强度青铜（$\sigma_b \geqslant 300$ MPa）时，蜗杆传动的承载能力主要取决于齿面胶合强度。但因目前尚无完善的胶合强度计算公式，故采用接触强度计算是一种条件性计算，在查取蜗轮齿面的许用接触应力时，要考虑相对滑动速度的大小。由于胶合不属于疲劳失效，$[\sigma_H]$ 的值与应力循环次数 N 无关，因而可直接从表8-6中查出许用接触应力 $[\sigma_H]$ 的值。

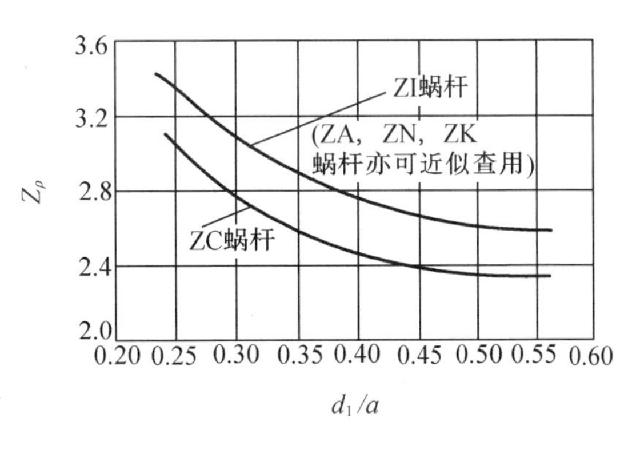

图8-18 圆柱蜗杆传动的接触系数 Z_ρ

若蜗轮材料为强度极限 $\sigma_b < 300$ MPa的锡青铜，因蜗轮主要为接触疲劳失效，故应先从表8-7中查出蜗轮的基本许用接触应力 $[\sigma_H]'$，再按 $[\sigma_H] = K_{HN} \cdot [\sigma_H]'$ 算出许用接触应力的值。上面 K_{HN} 为接触强度的寿命系数，$K_{HN} = \sqrt[8]{\frac{10^7}{N}}$。其中，应力循环次数 $N = 60jn_2L_h$，此处 n_2 为蜗轮转速，单位为 r/min；L_h 为工作寿命，单位为 h；j 为蜗轮

自转一周,每个轮齿啮合的次数。

表 8-6 灰铸铁及铸铝铁青铜蜗轮的许用接触应力[σ_H] 单位:MPa

材料		滑动速度 v_s/(m/s)						
蜗杆	蜗轮	<0.25	0.25	0.5	1	2	3	4
20或20Cr渗碳、淬火,45钢淬火,齿面硬度大于45HRC	灰铸铁 HT150	206	166	150	127	95	–	–
	灰铸铁 HT200	250	202	182	154	115	–	–
	铸铝铁青铜 ZCuAl10Fe3	–	–	250	230	210	180	160
45钢或Q275	灰铸铁 HT150	172	139	125	106	79	–	–
	灰铸铁 HT200	208	168	152	128	96	–	–

表 8-7 铸锡青铜蜗轮的基本许用接触应力[σ_H]′ 单位:MPa

蜗轮材料	铸造方法	蜗杆螺旋面的硬度	
		≤45HRC	>45HRC
铸锡磷青铜 ZCuSn10P1	砂模铸造	150	180
	金属模铸造	220	268
铸锡锌铅青铜 ZCuSn5Pb5Zn5	砂模铸造	113	135
	金属模铸造	128	140

注:锡青铜的基本许用接触应力为应力循环次数 $N=10^7$ 时之值,当 $N\neq10^7$ 时,需将表中数值乘以寿命系数 K_{HN};当 $N>25\times10^7$ 时,取 $N=25\times10^7$;当 $N<2.6\times10^5$ 时,取 $N=2.6\times10^5$。

从式(8-14)中可得到按蜗轮接触疲劳强度条件设计计算的公式为

$$a\geqslant\sqrt[3]{KT_2\left(\frac{Z_E Z_\rho}{[\sigma_H]}\right)^2} \tag{8-15}$$

从上式算出蜗杆传动的中心距 a(单位为 mm)后,可根据预定的传动比 $i(z_2/z_1)$ 从表 8-2 中选择一个合适的 a 值,以及相应的蜗杆、蜗轮的参数。

2. 蜗轮齿根弯曲强度计算

蜗轮轮齿因弯曲强度不足而失效的情况,多发生在蜗轮齿数较多(如 $z_2>90$ 时)或开式传动中。因此,对闭式蜗杆传动通常只做弯曲强度的校核计算,但这种计算是必须进行的。因为校核蜗轮轮齿的弯曲强度决不只是为了判别其弯曲断裂的可能性,对那些承受重载的动力蜗杆副,蜗轮轮齿的弯曲变形量还要直接影响到蜗杆副的运动平稳性精度。

由于蜗轮轮齿的齿型比较复杂,要精确计算齿根的弯曲应力是比较困难的,所以常用的齿根弯曲疲劳强度计算方法就带有很大的条件性。通常是把蜗轮近似地当作斜齿圆柱齿轮来考虑,仿式(7-12)得蜗轮齿根的弯曲应力为

$$\sigma_F=\frac{KF_{t2}}{\widehat{b}_2 m_n}Y_{F2}\cdot Y_{S2}\cdot Y_\varepsilon\cdot Y_\beta=\frac{2KT_2}{\widehat{b}_2 d_2 m_n}Y_{F2}\cdot Y_{S2}\cdot Y_\varepsilon\cdot Y_\beta \tag{8-16}$$

式中 $\widehat{b_2}$——蜗轮轮齿弧长，$\widehat{b_2}=\dfrac{\pi d_1\theta}{360°\cos\gamma}$，其中 θ 为蜗轮齿宽角（参看图8-16），可按100°计算；

m_n——法面模数，$m_n=m\cos\gamma$，mm；

Y_{S2}——齿根应力校正系数，放在 $[\sigma_F]$ 中考虑；

Y_ε——弯曲疲劳强度的重合度系数，取 $Y_\varepsilon=0.667$；

Y_β——螺旋角影响系数，$Y_\beta=1-\dfrac{\gamma}{140°}$。

将以上参数代入式8-16得

$$\sigma_F=\frac{1.53KT_2}{d_1d_2m}Y_{F2}\cdot Y_\beta\leqslant[\sigma_F] \tag{8-17}$$

式中 σ_F——蜗轮齿根弯曲应力，MPa；

Y_{F2}——蜗轮齿型系数，可由蜗轮的当量齿数 $z_{v2}=z_2/\cos^3\gamma$ 及蜗轮的变位系数 x_2 从图8-19中查得；

$[\sigma_F]$——蜗轮的许用弯曲应力，MPa。$[\sigma_F]=[\sigma_F]'\cdot K_{FN}$，其中 $[\sigma_F]'$ 为计入齿根应力校正系数 Y_{S2} 后蜗轮的基本许用应力，由表8-8中选取；K_{FN} 为寿命系数，$K_{FN}=\sqrt[9]{\dfrac{10^6}{N}}$，其中应力循环次数 N 的计算方法同前。

其余符号的意义和单位同前。

式(8-17)为蜗轮弯曲疲劳强度的校核公式，经整理后可得蜗轮轮齿按弯曲疲劳强度条件设计的公式为

$$m^2d_1\geqslant\frac{1.53KT_2}{z_2[\sigma_F]}Y_{F2}\cdot Y_\beta \tag{8-18}$$

计算出 m^2d_1（单位为 mm^3）后，可从表8-2中查出相应的参数。

表8-8 蜗轮的基本许用弯曲应力 $[\sigma_F]'$ 单位：MPa

蜗轮材料		铸造方法	单侧工作 $[\sigma_{0F}]'$	双侧工作 $[\sigma_{-1F}]'$
铸锡青铜 ZCuSn10P1		砂模铸造	40	29
		金属模铸造	56	40
铸锡锌铅青铜 ZCuSn5Pb5Zn5		砂模铸造	26	22
		金属模铸造	32	26
铸铝铁青铜 ZCuAl10Fe3		砂模铸造	80	57
		金属模铸造	90	64
灰铸铁	HT150	砂模铸造	40	28
	HT200	砂模铸造	48	34

注：表中各种青铜的基本许用弯曲应力为应力循环次数 $N=10^6$ 时之值，当 $N\neq10^6$ 时，需将表中数值乘以 K_{FN}；当 $N>25\times10^7$ 时，取 $N=25\times10^7$；$N<10^5$ 时，取 $N=10^5$。

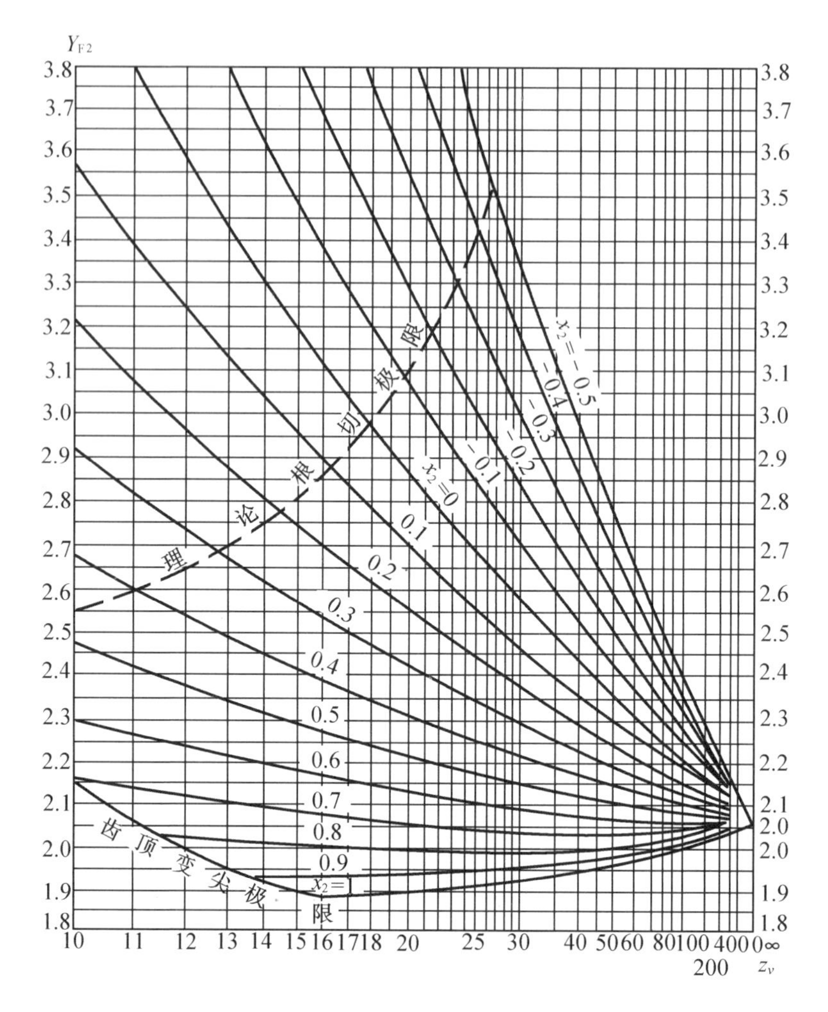

图 8-19 蜗轮的齿型系数 Y_{F2}($\alpha=20°$,$h_a^*=1$,$\rho_{a0}=0.3m_n$)

8.3.4 蜗杆传动的刚度计算

蜗杆受力后如产生过大的变形,就会造成轮齿上的载荷集中,影响蜗杆与蜗轮的正确啮合,所以蜗杆还须进行刚度校核。校核蜗杆的刚度时,通常是把蜗杆螺旋部分看作以蜗杆齿根圆直径为直径的轴段,主要是校核蜗杆的弯曲刚度,其最大挠度 y(单位为 mm)可按下式作近似计算,并得其刚度条件为

$$y=\frac{\sqrt{F_{t1}^2+F_{r1}^2}}{48EI}L'^3\leqslant[y] \tag{8-19}$$

式中 F_{t1}——蜗杆所受的圆周力,N;

F_{r1}——蜗杆所受的径向力,N;

E——蜗杆材料的弹性模量,MPa;

I——蜗杆危险截面的惯性矩,$I=\frac{\pi d_{f1}^4}{64}$,mm^4,其中 d_{f1} 为蜗杆齿根圆直径,mm;

L'——蜗杆两端支承间的跨距,mm,视具体结构要求而定,初步计算时可取 $L' \approx 0.9d_2$,d_2 为蜗轮分度圆直径,mm;

$[y]$——许用最大挠度,$[y]=\frac{d_1}{1\ 000}$,此处 d_1 为蜗杆分度圆直径,mm。

8.3.5 普通圆柱蜗杆传动的精度等级及其选择

GB/T 10089—1988 对蜗杆、蜗轮和蜗杆传动规定了12个精度等级;1级精度最高,依次降低。与齿轮公差相仿,蜗杆、蜗轮和蜗杆传动的公差也分成三个公差组。

普通圆柱蜗杆传动的精度,一般以6~9级应用得最多。6级精度的传动可用于中等精度机床的分度机构、发动机调节系统的传动以及武器读数装置的精密传动,它允许的蜗轮圆周速度 $v_2>5$ m/s。7级精度常用于运输和一般工业中的中等速度($v_2<7.5$ m/s)的动力传动。8级精度常用于每昼夜只有短时工作的次要的低速($v_2 \leqslant 3$ m/s)传动。

8.4 普通圆柱蜗杆传动的效率、润滑及热平衡计算

8.4.1 蜗杆传动的效率

1. 传动效率

闭式蜗杆传动的功率损耗一般包括三部分,即啮合摩擦损耗、轴承摩擦损耗及浸入油池中的零件搅油时的溅油损耗。因此总效率为

$$\eta=\eta_1 \cdot \eta_2 \cdot \eta_3 \tag{8-20}$$

其中,η_1,η_2,η_3 分别为单独考虑啮合摩擦损耗、轴承摩擦损耗及溅油损耗时的效率。而蜗杆传动的总效率,主要取决于计入啮合摩擦损耗时的总效率 η_1。当蜗杆主动时,则

$$\eta_1=\frac{\tan\gamma}{\tan(\gamma+\rho')} \tag{8-21}$$

式中 γ——普通圆柱蜗杆分度圆柱上的导程角;

ρ'——当量摩擦角,$\rho'=\arctan f'$,其值可根据滑动速度 v_s 由表8-9中选取。

2. 滑动速度

滑动速度 v_s(单位为 m/s)由图8-20得

$$v_s=\frac{v_1}{\cos\gamma}=\frac{\pi d_1 n_1}{60\times1\ 000\cos\gamma} \tag{8-22}$$

式中 v_1——蜗杆分度圆的圆周速度,m/s;

d_1——蜗杆分度圆直径,mm;

n_1——蜗杆的转速,r/min。

由于轴承摩擦及溅油这两项功率损耗不大,一般取 $\eta_2 \cdot \eta_3=0.95\sim0.96$,则总效率 η 为

$$\eta=\eta_1 \cdot \eta_2 \cdot \eta_3=(0.95\sim0.96)\frac{\tan\gamma}{\tan(\gamma+\rho')} \tag{8-20a}$$

在设计之初,为了近似地求出蜗轮轴上的转矩 T_2,η 值可由表8-10估取。

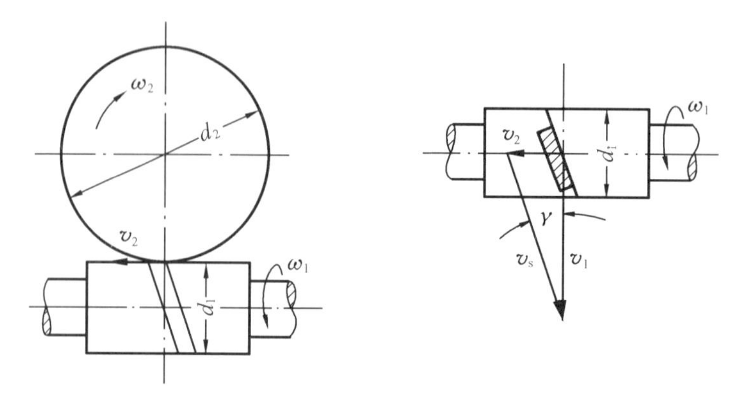

图 8-20 蜗杆传动的滑动速度

表 8-9 普通圆柱蜗杆传动的 v_s, f', ρ' 值

蜗轮齿圈材料	锡青铜				无锡青铜		灰铸铁			
蜗杆齿面硬度	≥45HRC		其他		≥45HRC		≥45HRC		其他	
滑动速度 v_s①/(m/s)	f'②	ρ'②	f'	ρ'	f'②	ρ'②	f'②	ρ'②	f'	ρ'
0.01	0.110	6°17′	0.120	6°51′	0.180	10°12′	0.180	10°12′	0.190	10°45′
0.05	0.090	5°09′	0.100	5°43′	0.140	7°58′	0.140	7°58′	0.160	9°05′
0.10	0.080	4°34′	0.090	5°09′	0.130	7°24′	0.130	7°24′	0.140	7°58′
0.25	0.065	3°43′	0.075	4°17′	0.100	5°43′	0.100	5°43′	0.120	6°51′
0.50	0.055	3°09′	0.065	3°43′	0.090	5°09′	0.090	5°09′	0.100	5°43′
1.0	0.045	2°35′	0.055	3°09′	0.070	4°00′	0.070	4°00′	0.090	5°09′
1.5	0.040	2°17′	0.050	2°52′	0.065	3°43′	0.065	3°43′	0.080	4°34′
2.0	0.035	2°00′	0.045	2°35′	0.055	3°09′	0.055	3°09′	0.070	4°00′
2.5	0.030	1°43′	0.040	2°17′	0.050	2°52′				
3.0	0.028	1°36′	0.035	2°00′	0.045	2°35′				
4	0.024	1°22′	0.031	1°47′	0.040	2°17′				
5	0.022	1°16′	0.029	1°40′	0.035	2°00′				
8	0.018	1°02′	0.026	1°29′	0.030	1°43′				
10	0.016	0°55′	0.024	1°22′						
15	0.014	0°48′	0.020	1°09′						
24	0.013	0°45′								

注:①如滑动速度与表中数值不一致时,可用插入法求得f'和ρ'值。

②蜗杆齿面经磨削或抛光并仔细磨合、正确安装以及采用黏度合适的润滑油进行充分润滑时。

表 8－10 效率初估值

蜗杆头数 z_1	1	2	4	6
总效率 η	0.7	0.8	0.9	0.95

8.4.2 蜗杆传动的润滑

润滑对蜗杆传动来说,具有特别重要的意义。因为当润滑不良时,传动效率将显著降低,并且会带来剧烈的磨损和产生胶合破坏的危险,所以往往采用黏度大的矿物油进行良好的润滑,在润滑油中还常加入添加剂,使其提高抗胶合能力。

蜗杆传动所采用的润滑油、润滑方法及润滑装置与齿轮传动的基本相同。

1. 润滑油

润滑油的种类很多,需根据蜗杆、蜗轮配对材料和运转条件合理选用。在钢蜗杆配青铜蜗轮时,常用的润滑油见表 8－11,也可参照第 7 章有关资料进行选取。

表 8－11 蜗杆传动常用的润滑油

蜗轮螺杆油 L－CKE	220	320	460	680	1 000
运动黏度 ν_{40}/(mm^2/s)	198～ 242	288～ 352	414～ 506	612～ 748	900～ 1 100
黏度指数(不小于)	90				
闪点(开口)/℃(不低于)	200		220		

注:其余指标可参看(SH/T 0094—1998)。

2. 润滑油黏度及给油方法

润滑油黏度及给油方法,一般根据相对滑动速度及载荷类型进行选择。对于闭式传动,常用的润滑黏度及给油方法见表 8－12;对于开式传动,则采用黏度较高的齿轮油或润滑脂。

如果采用喷油润滑,喷油嘴要对准蜗杆啮入端;蜗杆正反转时,两边都要装有喷油嘴,而且要控制一定的油压。

3. 润滑油量

对闭式蜗杆传动采用油池润滑时,在搅油损耗不致过大的情况下,应有适当的油量。这样不仅有利于动压油膜的形成,而且有助于散热。对于蜗杆下置式或蜗杆侧置式的传动,浸油深度应为蜗杆的一个齿高;当蜗杆为上置式时,浸油深度约为蜗轮外径的 1/3。

表 8-12 蜗杆传动的润滑油黏度荐用值及给油方法

蜗杆传动的相对滑动速度 v_s/(m/s)	0~1	0~2.5	0~5	>5~10	>10~15	>15~25	>25
载荷类型	重	重	中	(不限)	(不限)	(不限)	(不限)
运动黏度 ν_{40}/mm^2/s	900	500	350	220	150	100	80
给油方法	油池润滑			喷油润滑或油池润滑	喷油润滑时的喷油压力/MPa		
					0.7	2	3

8.4.3 蜗杆传动的热平衡计算

蜗杆传动由于效率低,所以工作时发热量大。在闭式传动中,如果产生的热量不能及时散逸,将因油温不断升高而使润滑油稀释,从而增大摩擦损失,甚至发生胶合。所以,必须根据单位时间内的发热量 Φ_1 等于同时间内的散热量 Φ_2 的条件进行热平衡计算,以保证油温稳定地处于规定的范围内。

因摩擦损耗的功率 $P_f = P(1-\eta)$,则产生的热流量(单位为 1 W=1 J/s)为

$$\Phi_1 = 1\,000P(1-\eta)$$

其中,P 为蜗杆传递的功率,单位为 kW。

以自然冷却方式,从箱体外壁散发到周围空气中的热流量 Φ_2(单位为 W)为

$$\Phi_2 = \alpha_d S(t_1 - t_0)$$

式中 α_d——箱体的表面传热系数,可取 $\alpha_d = (8.15 \sim 17.45)\,\mathrm{W/(m^2 \cdot ℃)}$,当周围空气流通良好时,取偏大值;

S——内表面能被润滑油所飞溅到,而外表面又可为周围空气所冷却的箱体表面面积,m^2;

t_1——油的工作温度,一般限制在 60~70 ℃,最高不应超过 80 ℃;

t_0——周围空气的温度,常温情况可取为 20 ℃。

按热平衡条件 $\Phi_1 = \Phi_2$,可求得在既定工作条件下的油温 t_1 为

$$t_1 = t_0 + \frac{1\,000P(1-\eta)}{\alpha_d S} \tag{8-23}$$

或在既定条件下,保持正常工作温度所需要的散热面积 S(单位为 m^2)为

$$S = \frac{1\,000P(1-\eta)}{\alpha_d(t_1 - t_0)} \tag{8-24}$$

两式中各符号的意义和单位同前。

在 $t_1 > 80$ ℃或有效的散热面积不足时,则必须采取措施,以提高散热能力。通常采取:

(1)加散热片以增大散热面积,见图 8-21;

(2)在蜗杆轴端加装风扇(图 8-21)以加速空气的流通。

因在蜗杆轴端加装风扇,这就增加了功率损耗。总的功率损耗 P_f(单位为 kW)为

$$P_f = (P - \Delta P_F)(1-\eta) \tag{8-25}$$

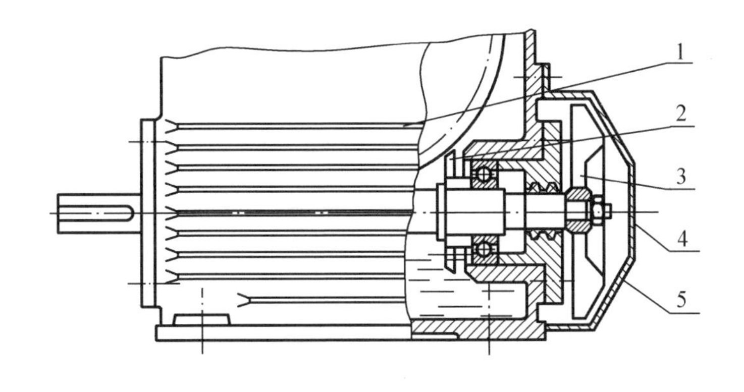

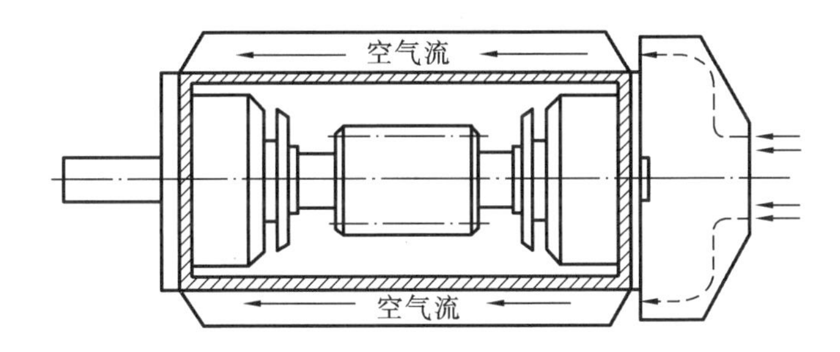

图 8-21 加散热片和风扇的蜗杆传动

1—散热片;2—溅油轮;3—风扇;4—过滤网;5—集气罩

其中,ΔP_F(单位为 kW)为风扇消耗的功率,可按下式计算,即

$$\Delta P_F \approx \frac{1.5 v_F^3}{10^5} \tag{8-26}$$

此处 v_F 为风扇叶轮的圆周速度,单位为 m/s,$v_F = \frac{\pi D_F n_F}{60 \times 1\,000}$,其中,$D_F$ 为风扇叶轮外径,单位为 mm;n_F 为风扇叶轮转速,单位为 r/min。

由摩擦消耗的功率所产生的热流量 Φ_1(单位为 W)为

$$\Phi_1 = 1\,000(P - \Delta P_F)(1 - \eta) \tag{8-27}$$

其中,P,ΔP_F 的单位为 kW。

散发到空气中的热流量 Φ_2(单位为 W)为

$$\Phi_2 = (\alpha_d' S_1 + \alpha_d S_2)(t_1 - t_0) \tag{8-28}$$

式中 S_1,S_2——分别为风冷面积及自然冷却面积,m^2;

α_d'——风冷时的表面传热系数,按表 8-13 选取;

t_1,t_0——分别为油的工作温度及周围空气的温度,℃。

表 8-13 风冷时的表面传热系数 α_d'

蜗杆转速/(r/min)	750	1 000	1 250	1 550
α_d'/[W/(m^2·℃)]	27	31	35	38

(3)在传动箱内装循环冷却管路,如图8-22所示。

图8-22 装有循环冷却管路的蜗杆传动

1—闷盖;2—溅油轮;3—透盖;4—蛇形管;5—冷却水出、入接口

8.5 圆柱蜗杆和蜗轮的结构设计

8.5.1 蜗杆结构

蜗杆螺旋部分的直径不大,所以常和轴做成一个整体,结构形式见图8-23。其中,图8-23(a)所示的结构无退刀槽,加工螺旋部分时只能用铣制的办法;图8-23(b)所示的结构有退刀槽,螺旋部分可以车制,也可以铣制,但这种结构的刚度比前一种差。当蜗杆螺旋部分的直径较大时,可以将蜗杆与轴分开制作。

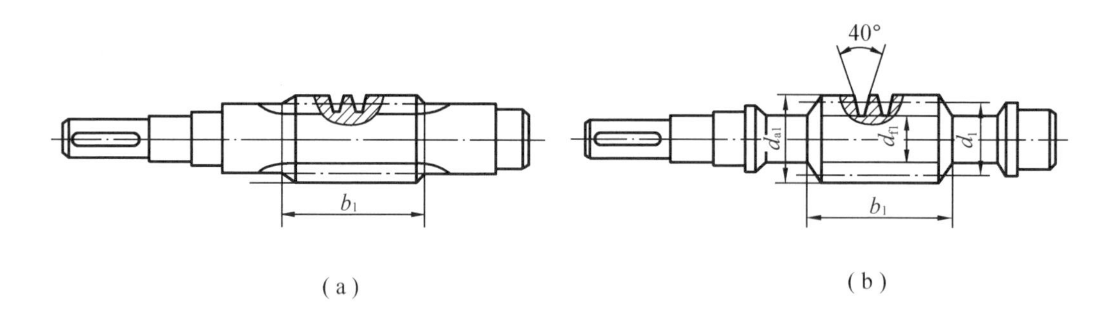

图8-23 蜗杆的结构形式

8.5.2 蜗轮结构

常用的蜗轮结构有如图8-24所示的以下几种形式。

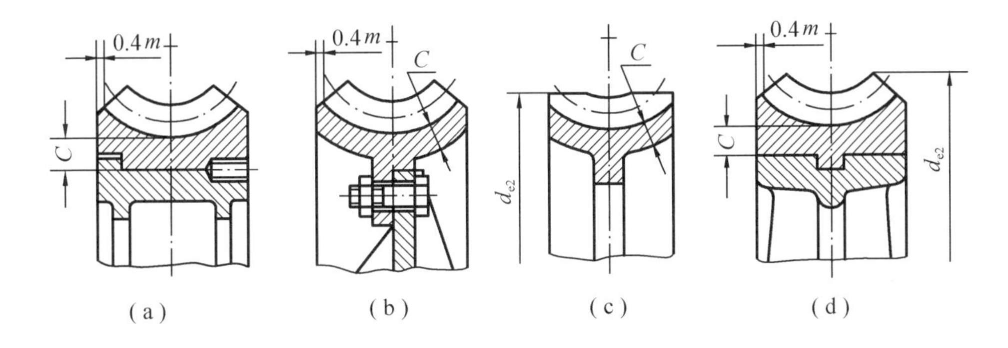

图8-24 蜗轮的结构形式（m 为蜗轮模数，m 和 C 的单位均为 mm）

(a)$C\approx1.6$ m+1.5mm；(b)$C\approx1.5$ m；(c)$C\approx1.5$ m；(d)$C\approx1.6$ m+1.5 mm

1. 齿圈式

这种结构由青铜齿圈及铸铁轮芯所组成。齿圈与轮芯多用H7/r6配合，并加装4～6个紧定螺钉（或用螺钉拧紧后将头部锯掉），以增强连接的可靠性。螺钉直径取作(1.2～1.5)m，m 为蜗轮的模数。螺钉拧入深度为(0.3～0.4)B，B 为蜗轮宽度。为了便于钻孔，应将螺孔中心线由配合缝向材料较硬的轮芯部分偏移2～3 mm。这种结构多用于尺寸不太大或工作温度变化较小的地方，以免热胀冷缩影响配合的质量。

2. 螺栓连接式

可用普通螺栓连接，或用铰制孔用螺栓连接，螺栓的尺寸和数目可参考蜗轮的结构尺寸取定，然后作适当的校核。这种结构装拆比较方便，多用于尺寸较大或容易磨损的蜗轮。

3. 整体浇铸式

主要用于铸铁蜗轮或尺寸很小的青铜蜗轮。

4. 拼铸式

这是在铸铁轮芯上加铸青铜齿圈，然后切齿。只用于成批制造的蜗轮。

蜗轮的几何尺寸可按表8-3和表8-4中的计算公式及图8-16和图8-24所示的结构尺寸来确定；轮芯部分的结构尺寸可参考齿轮的结构尺寸。

例8-1 试设计一搅拌机用的闭式蜗杆减速器中的普通圆柱蜗杆传动。已知：输入功率$P=9$ kW，蜗杆转速 $n_1=1\ 450$ r/min，传动比 $i_{12}=20$，搅拌机为大批量生产，传动不反向，工作载荷较稳定，但有不大的冲击，要求寿命 L_h 为12 000 h。

解 (1)选择蜗杆传动类型

根据GB/T 10085—1988的推荐，采用渐开线蜗杆(ZI)。

(2)选择材料

根据库存材料的情况，并考虑到蜗杆传动传递的功率不大，速度只是中等，故蜗杆用45钢；因希望效率高些，耐磨性好些，故蜗杆螺旋齿面要求淬火，硬度为45～55HRC。蜗轮用铸锡磷青铜ZCuSn10P1，金属模铸造。为了节约贵重的有色金属，仅齿圈用青铜制造，而轮芯用灰铸铁HT100制造。

(3)按齿面接触疲劳强度进行设计

根据闭式蜗杆传动的设计准则，先按齿面接触疲劳强度进行设计，再校核齿根弯曲疲劳强度。由式(8-15)，传动中心距

$$a \geqslant \sqrt[3]{KT_2\left(\frac{Z_E Z_\rho}{[\sigma_H]}\right)^2}$$

①确定作用在蜗轮上的转矩 T_2

按 $z_1=2$,估取效率 $\eta=0.8$,则

$$T_2 = 9.55\times10^6\frac{P_2}{n_2} = 9.55\times10^6\frac{P\eta}{n_1/i_{12}} = 9.55\times10^6\times\frac{9\times0.8}{1\ 450/20}$$
$$= 948\ 400\ \text{N}\cdot\text{mm}$$

②确定载荷系数 K

因工作载荷较稳定,故取载荷分布不均系数 $K_\beta=1$;由表 8-5 选取使用系数 $K_A=1.15$;由于转速不高,冲击不大,可取动载系数 $K_v=1.05$,则

$$K=K_A\cdot K_\beta\cdot K_v=1.15\times1\times1.05\approx1.21$$

③确定弹性影响系数 Z_E

因选用的是铸锡磷青铜蜗轮和钢蜗杆相配,故 $Z_E=160\ \text{MPa}^{1/2}$。

④确定接触系数 Z_ρ

先假设蜗杆分度圆直径 d_1 和传动中心距 a 的比值 $d_1/a=0.35$,从图 8-18 中可查得 $Z_\rho=2.9$。

⑤确定许用接触应力$[\sigma_H]$

根据蜗轮材料为铸锡磷青铜 ZCuSn10Pl,金属模铸造,蜗杆螺旋齿面硬度>45HRC,可从表 8-7 中查得蜗轮的基本许用应力$[\sigma_H]'=268$ MPa。

应力循环次数

$$N=60jn_2L_h=60\times1\times\frac{1\ 450}{20}\times12\ 000=5.22\times10^7$$

寿命系数

$$K_{HN}=\sqrt[8]{\frac{10^7}{5.22\times10^7}}=0.813\ 4$$

则

$$[\sigma_H]=K_{HN}\cdot[\sigma_H]'=0.813\ 4\times268=218\ \text{MPa}$$

⑥计算中心距

$$a\geqslant\sqrt[3]{1.21\times948\ 400\times\left(\frac{160\times2.9}{218}\right)^2}=173.234\ \text{mm}$$

取中心距 $a=200$ mm,因 $i=20$,故从表 8-2 中取模数 $m=8$ mm,蜗杆分度圆直径 $d_1=80$ mm。这时 $d_1/a=0.4$,从图 8-18 中可查得接触系数 $Z'_\rho=2.74$,因为 $Z'_\rho<Z_\rho$,因此以上计算结果可用。

(4)蜗杆与蜗轮的主要参数与几何尺寸

①蜗杆

轴向齿距 $P_a=25.133$ mm;直径系数 $q=10$;齿顶圆直径 $d_{a1}=96$ mm;齿根圆直径 $d_{f1}=60.8$ mm;分度圆导程角 $\gamma=11°18'36''$;蜗杆轴向齿厚 $s_a=12.566\ 4$ mm。

②蜗轮

蜗轮齿数 $z_2=41$;变位系数 $x_2=-0.5$;验算传动比 $i=\frac{z_2}{z_1}=\frac{41}{2}=20.5$,这时传动比误差

为$\frac{20.5-20}{20}=0.025=2.5\%$，是允许的。

蜗轮分度圆直径

$$d_2=mz_2=8\times41=328\ \text{mm}$$

蜗轮喉圆直径

$$d_{a2}=d_2+2h_{a2}=328+2\times8=344\ \text{mm}$$

蜗轮齿根圆直径

$$d_{f2}=d_2-2h_{f2}=328-2\times1.2\times8=308.8\ \text{mm}$$

蜗轮咽喉圆半径

$$r_{g2}=a-\frac{1}{2}d_{a2}=200-\frac{1}{2}\times344=28\ \text{mm}$$

(5)校核齿根弯曲疲劳强度

$$\sigma_F=\frac{1.53KT_2}{d_1d_2m}Y_{F2}Y_\beta\leqslant[\sigma_F]$$

当量齿数　$$z_{v2}=\frac{z_2}{\cos^3\gamma}=\frac{41}{(\cos11.31^\circ)^3}=43.48$$

根据 $x_2=-0.5$，$z_{v2}=43.48$，从图 8-19 中可查得齿形系数 $Y_{F2}=2.87$。

螺旋角系数　$$Y_\beta=1-\frac{\gamma}{140^\circ}=1-\frac{11.31^\circ}{140^\circ}=0.9192$$

许用弯曲应力

$$[\sigma_F]=[\sigma_F]'\cdot K_{FN}$$

从表 8-8 中查得 ZCuSn10P1 制造的蜗轮的基本许用弯曲应力$[\sigma_F]'=56$ MPa。

寿命系数

$$K_{FN}=\sqrt[9]{\frac{10^6}{5.22\times10^7}}=0.644$$

$$[\sigma_F]=56\times0.644=36.086\ \text{MPa}$$

$$\sigma_F=\frac{1.53\times1.21\times948\,400}{80\times328\times8}\times2.87\times0.9192=22.065\ \text{MPa}$$

弯曲强度是满足的。

(6)精度等级公差和表面粗糙度的确定

考虑到所设计的蜗杆传动是动力传动，属于通用机械减速器，从 GB/T 10089—1988 圆柱蜗杆、蜗轮精度中选择 8 级精度，侧隙种类为 f，标准为 8f GB/T 10089—1988。然后由有关手册查得要求的公差项目及表面粗糙度，此处从略。

(7)热平衡核算

(从略)

(8)绘制工作图

(从略)

习　　题

8-1　试分析图8-25所示蜗杆传动中各轴的回转方向、蜗轮轮齿的螺旋方向以及蜗杆、蜗轮所受各力的作用位置及方向。

8-2　如图8-26所示,蜗杆主动,$T_1=20\ \text{N}\cdot\text{m}$,$m=4$ mm,$z_1=2$,$d_1=50$ mm,蜗轮齿数$z_2=50$,传动的啮合效率$\eta=0.75$。试确定:(1)蜗轮的转向;(2)蜗杆与蜗轮上作用力的大小和方向。

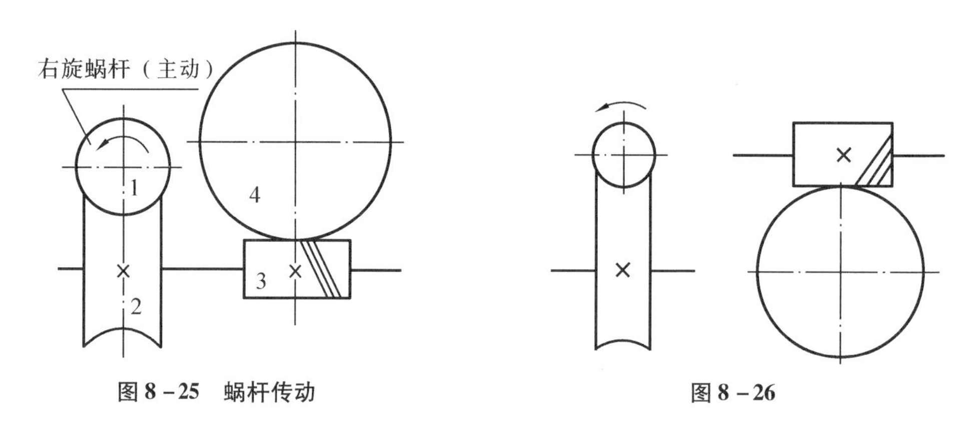

图8-25　蜗杆传动　　　　图8-26

8-3　如图8-27所示为蜗杆传动和圆锥齿轮传动的组合。已知输出轴上的锥齿轮z_4的转向n。(1)欲使中间轴上的轴向力能部分抵消,试确定蜗杆传动的螺旋线方向和蜗杆的转向;(2)在图中标出各轮轴向力的方向。

8-4　如图8-28所示,手动铰车采用圆柱蜗杆传动。已知$m=8$ mm,$z_1=1$,$d_1=80$ mm,$z_2=40$,卷筒直径$D=200$ mm。问:(1)欲使重物W上升1 m,蜗杆应转多少转?(2)蜗杆与蜗轮间的当量摩擦系数$f'=0.18$,该机构能否自锁?(3)若重物$W=5$ kN,手摇时施加的力$F=100$ N,手柄转臂的长度l应是多少?

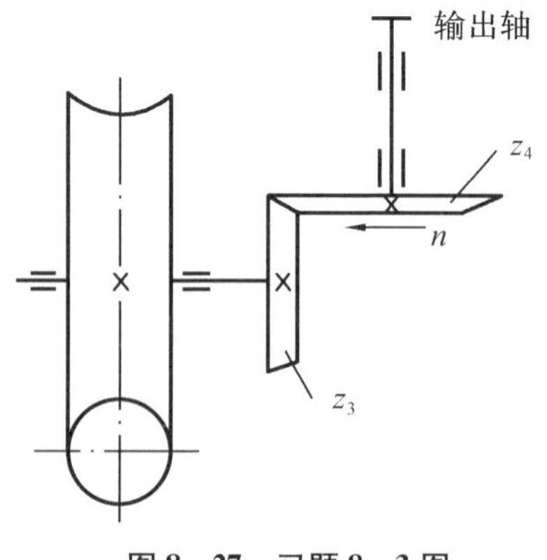

图8-27　习题8-3图

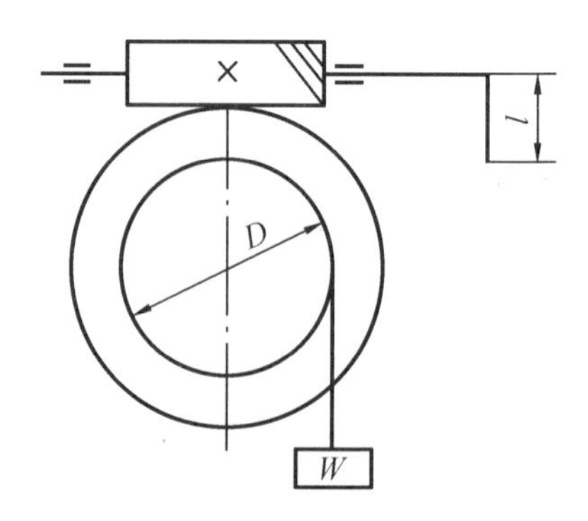

图8-28　习题8-4图

8－5 已知一蜗杆传动，蜗杆为主动，转速 $n_1 = 1\ 440$ r/min，蜗杆头数 $z_1 = 2$，模数 $m = 4$ mm，蜗杆直径系数 $q = 10$，蜗杆材料为钢，齿面硬度大于45HRC，磨削，蜗轮材料为铸锡青铜，求该传动的啮合效率。

8－6 图8－29所示为热处理车间所用的可控气氛加热炉拉料机传动简图。已知：蜗轮传递的转矩 $T_2 = 405$ N·m，蜗杆减速器的传动比 $i_{12} = 20$，蜗杆转速 $n_1 = 480$ r/min，传动较平稳，冲击不大。工作时间为每天8 h，要求工作寿命为5年（每年按300工作日计），试设计该蜗杆传动。

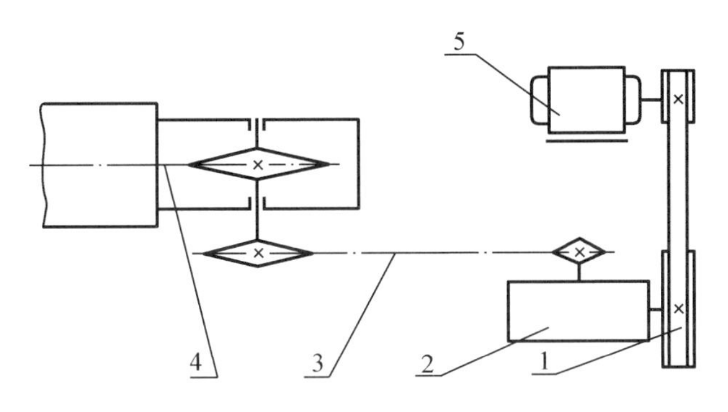

图8－29 加热炉拉料机传动简图

1—V带传动；2—蜗杆蜗轮减速器；3—链传动；
4—链条（用于拉取炉内料盘）；5—电动机

8－7 设计用于带式输送机的普通圆柱蜗杆传动，传递功率 $P_1 = 5.0$ kW，$n_1 = 960$ r/min，传动比 $i = 23$，由电动机驱动，载荷平稳。蜗杆材料为20Cr，渗碳淬火硬度≥58HRC。蜗轮材料为ZCuSn10P1，金属模铸造。蜗杆减速器每日工作8 h，要求工作寿命为7年（每年按300工作日计）。

8－8 设计一起重设备用的蜗杆传动，载荷有中等冲击，蜗杆轴由电动机驱动，传递的额定功率 $P_1 = 10.3$ kW，$n_1 = 1\ 460$ r/min，$n_2 = 120$ r/min，间歇工作，平均约为每日2 h，要求工作寿命为10年（每年按300工作日计）。

8－9 试设计轻纺机械中的一单级蜗杆减速器，传递功率 $P_1 = 8.5$ kW，主动轴转速 $n_1 = 1\ 460$ r/min，传动比 $i = 20$，工作载荷稳定，单向工作，长期连续运转，润滑情况良好，要求工作寿命为15 000 h。

第9章　轴

9.1　概　　述

9.1.1　轴的分类及用途

轴是机械设备中重要的零件之一。轴的主要功用是支承回转运动的传动零件，并传递运动和动力。例如齿轮、蜗轮、凸轮、带轮、链轮、叶轮、车轮、电动机转子、铣刀等都必须安装在轴上才能旋转。

一般常见的轴按其轴线形状分为直轴（图9－1）和曲轴（图9－2）两类，本章只讨论直轴。直轴一直都是做成实心的，若因机器需要（输送润滑油、切削液、安放其他零件等）或为减轻机器质量（航空、汽车及船舶工业等），也可制成空心轴。考虑加工方便，轴的截面多为圆形，为了轴上零件定位及装拆方便，轴多做成阶梯轴。只有一些结构简单或具有特殊要求的轴，才做成等直径轴（光轴）。光轴形状简单，加工容易，应力集中少，但轴上零件不易装配及定位。

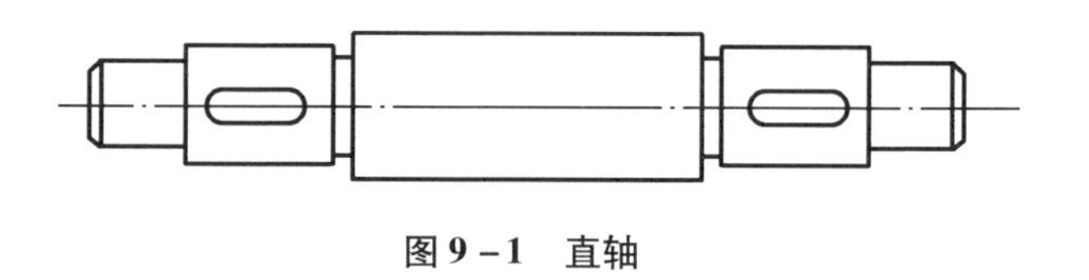

图9－1　直轴

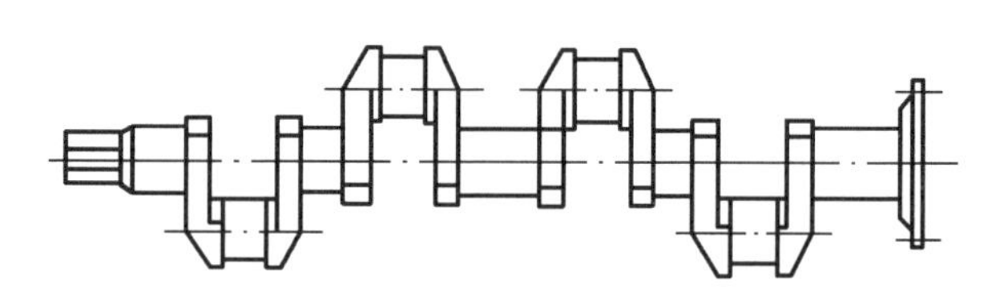

图9－2　曲轴

根据轴的承载情况，可分为转轴、心轴和传动轴三类。转轴是工作中既受弯矩又受转矩的轴（图9－3），这类轴在各种机器中最常见；心轴是工作中只承受弯矩而不承受转矩的轴，心轴有转动心轴和固定心轴两种（图9－4）；传动轴是工作中只传递转矩而不承受弯矩或弯矩很小的轴（图9－5）。

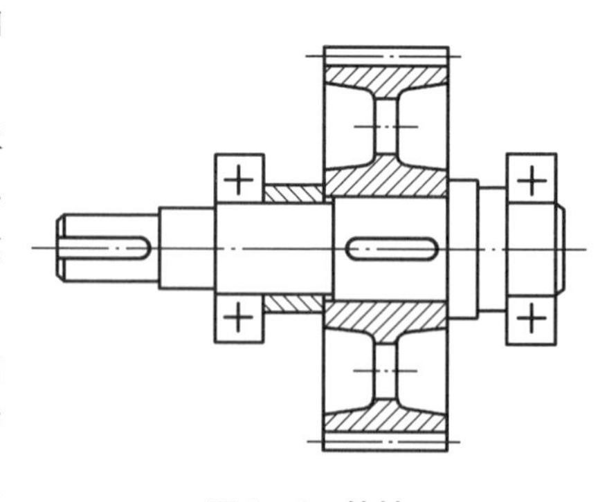

图9－3　转轴

1—滚动轴承；2—半联轴器；3—转轴

图9－6所示为一台起重机的起重机构，分析轴Ⅰ～轴Ⅴ的工作情况得知：轴Ⅰ只传递转矩，不受弯矩的作用（轴自身质量很小，可忽略），故为传动轴。轴Ⅱ～轴Ⅳ同时承受转矩及弯矩作用，为转轴。轴Ⅴ支承着卷筒，但驱动卷筒的动力由与之过盈配合的大齿轮直接传给它，而不通过轴Ⅴ，因此，这根轴只承受弯矩作用，为转动心轴。

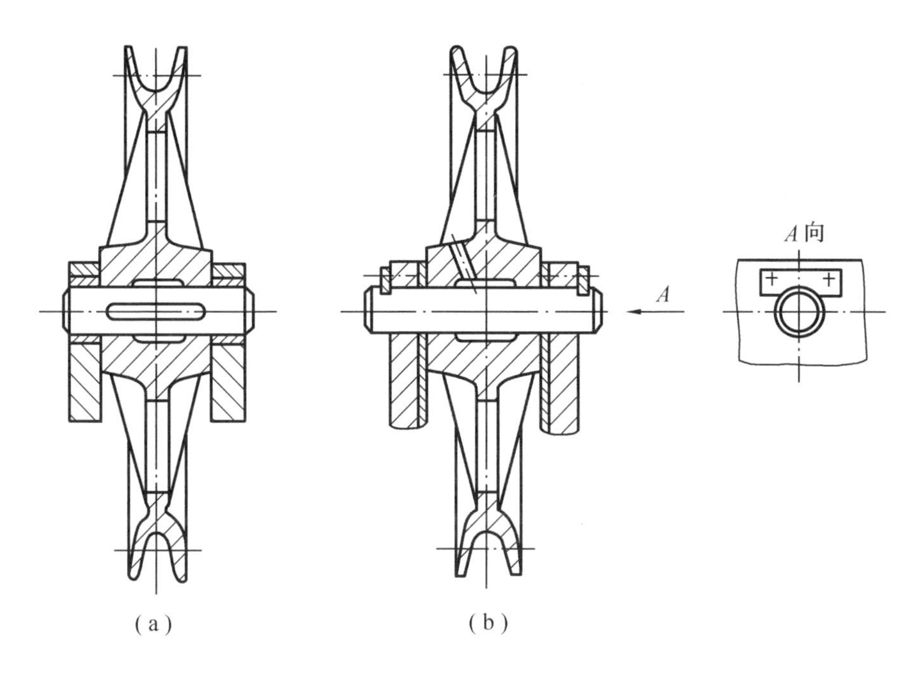

图9-4 心轴

(a)转动心轴;(b)固定心轴

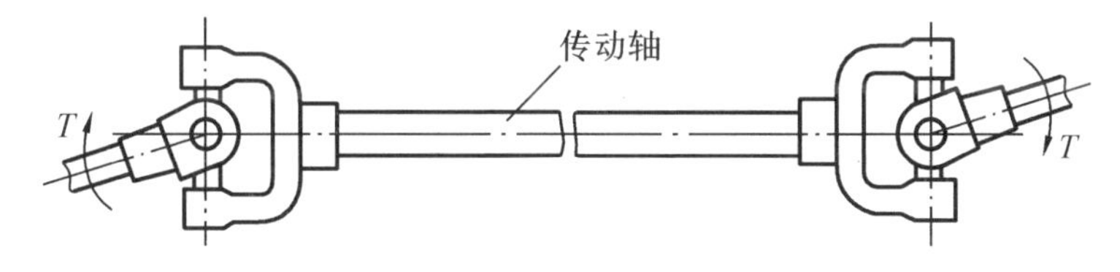

图9-5 传动轴

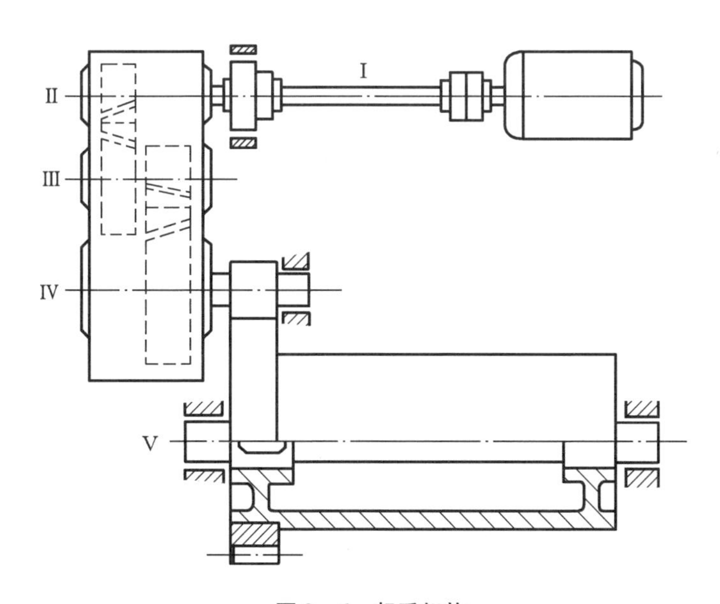

图9-6 起重机构

此外,还有一种钢丝软轴(图9-7),又称钢丝挠性软轴。它是由多组钢丝分层卷绕而成的,它具有良好的挠性,能够把回转运动灵活地传到任意位置。

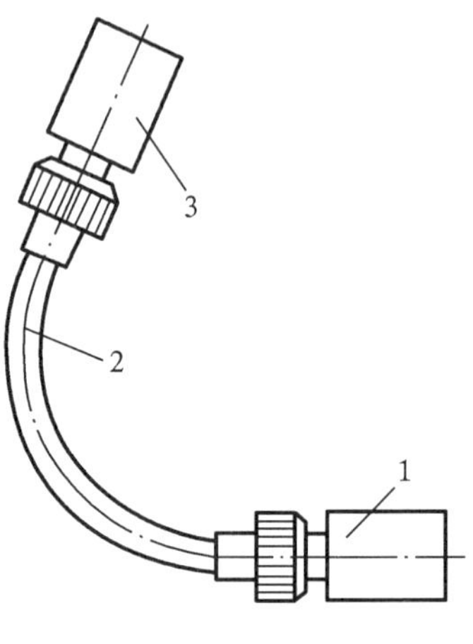

图9-7 钢丝软轴

1—动力机;2—软轴;3—工作机

9.1.2 轴的材料

轴的材料是决定其承载能力的重要因素,制造轴的主要材料是碳素钢及合金钢。

一般机器中的轴常用优质中碳钢制造。因碳钢比合金钢价廉,对应力集中的敏感性较低,其中45钢最为常用。为了提高材料的力学性能,通常进行调质或正火处理。不重要或受力较小的轴,以及一般传动轴也可以使用Q235,Q275等普通碳钢制造。

对于重要的轴,大功率机器中要求尺寸小、质量轻、耐磨性高的轴以及处于高温或低温环境工作的轴应选用合金钢制造。合金钢具有较高的力学性能和良好的热处理性能,但价格较贵,对应力集中敏感。另外,在一般工作温度下(如低于200 ℃),各种碳钢和合金钢弹性模量E的数值相差不多,热处理对它的影响也很小,因此采用合金钢只能提高其强度和耐磨性,对轴的刚度影响甚微。

钢轴可用轧制圆钢或锻件经切削加工制成,对于直径较小的轴,可直接利用冷拔圆钢加工。形状复杂的轴,也可以采用合金铸铁和球墨铸铁铸造成形,易于得到更合理的形状,而且铸铁还有价廉、良好的吸振性、耐磨性及应力集中的敏感性较低等优点,多用于制造外形复杂的轴。但是铸造轴的机械性能不易控制,因此可靠性较差。

轴的常用材料及其主要力学性能见表9-1。

表9-1 轴的常用材料及其主要力学性能

材料牌号	热处理	毛坯直径/mm	硬度(HBS)	抗拉强度 σ_b/MPa	屈服点 σ_s/MPa	弯曲疲劳极限 σ_{-1}/MPa	扭转疲劳极限 τ_{-1}/MPa	备注
				不小于				
Q235		>16~40		418	225	174	100	用于不重要或受力较小的轴
Q275		>16~40		550	265	220	127	
45	正火	25	≤241	600	360	260	150	应用最为广泛
	正火	≤100	170~217	600	300	240	140	
	回火	>100~300	162~217	580	290	235	135	
	调质	≤200	217~255	650	360	270	155	
40Cr	调质	25		1 000	800	485	280	用于载荷较大而无很大冲击的重要轴
		≤100	241~266	750	550	350	200	
		>100~300	241~266	700	550	340	185	
35SiMn 42SiMn	调质	25		900	750	445	255	用于中小型轴,性能接近40Cr
		≤100	229~286	800	520	355	205	
		>100~300	217~269	750	450	320	185	

表 9-1(续)

材料牌号	热处理	毛坯直径/mm	硬度(HBS)	抗拉强度 σ_b/MPa	屈服点 σ_s/MPa	弯曲疲劳极限 σ_{-1}/MPa	扭转疲劳极限 τ_{-1}/MPa	备注
				不小于				
40MnB	调质	25		1 000	800	485	280	用于较重要的轴,性能接近 40Cr
		≤200	241 ~ 286	750	500	335	195	
35CrMo	调质	25		1 000	850	510	285	
		≤100	207 ~ 269	750	650	350	200	
		>100 ~ 300	207 ~ 269	700	500	320	185	
38SiMnMo	调质	≤100	229 ~ 286	750	600	360	210	
		>100 ~ 300	217 ~ 269	700	550	335	195	
38CrMoAlA	调质	30	229	1 000	850	495	285	用于要求高的耐蚀性,高强度用热处理变形很小的轴
20Cr	渗碳淬火并回火	15	50 ~ 60 HRC	850	550	375	215	用于要求强度、韧性均较高的轴(如齿轮、蜗轮轴)
		30		650	400	280	160	
		≤60		650	400	280	160	
2Cr13	调质	≤100	197 ~ 248	660	450	295	170	用于腐蚀条件下工作的轴(如螺旋桨轴等)
1Cr18Ni9Ti	淬火	≤60	≤192	550	200	205	120	用于高、低温及强腐蚀条件下工作的轴
		>60 ~ 100		540	200	195	115	
		>100 ~ 200		500	200	185	105	
QT400 - 18	—	—	156 ~ 197	400	300	145	125	
QT450 - 10	—	—	170 ~ 207	450	330	160	140	
QT500 - 07	—	—	187 ~ 255	500	380	180	155	
QT600 - 03	—	—	197 ~ 269	600	420	215	185	

注:(1)表中疲劳极限数据,除个别数值外,其余按以下关系算出:不锈钢 $\sigma_{-1}\approx 0.27(\sigma_b+\sigma_s)$,$\tau_{-1}\approx 0.156(\sigma_b+\sigma_s)$;球墨铸铁 $\sigma_{-1}\approx 0.36\sigma_b$,$\tau_{-1}\approx 0.31\sigma_b$;碳钢 $\sigma_{-1}\approx 0.43\sigma_b$;合金钢 $\sigma_{-1}\approx 0.2(\sigma_b+\sigma_s)+100$。

(2)其他性能一般可取:$\tau_s=(0.55\sim 0.62)\sigma_b$,$\sigma_0\approx 1.4\sigma_{-1}$,$\tau_0\approx 1.5\tau_{-1}$。

9.1.3 轴设计的主要问题

为了保证轴的正常工作,要对轴的工作能力进行计算,即对轴的强度、刚度和振动稳定性等方面进行计算。对于一般机器的轴,应进行强度校核,以防止因轴的强度不够而断裂;对于刚度要求较高的轴(如机床主轴)和受力大的细长轴(跨度大的蜗杆轴)等,还需进行刚度校核,以防止轴工作中产生过大的变形;对于高速运转的轴(如汽轮机轴),还要进行振动稳定性计算,防止轴发生共振。在设计轴时,除了要按上述设计准则进行设计计算或校核计算以外,在结构设计中还需使轴满足轴上零件的安装、固定及制造工艺性等要求,合理地确定出其各部分的形状及结构尺寸。

9.2 轴的结构设计

轴的结构设计包括定出轴的合理外形和各部分结构尺寸,使轴的各段直径和长度,既要满足承载能力要求,又要符合标准零部件及标准尺寸的规范。另外,还要符合零件的安装、固定、调整原则以及轴的加工工艺规范。总之,影响轴结构的因素很多,所以轴的结构设计灵活多变,没有固定的标准结构。但轴的结构都应该满足:轴和装在轴上的零件要有准确的工作位置;轴上的零件应便于装拆和调整;轴应具有良好的制造工艺性。

9.2.1 轴的各部分名称及其功能

安装轮毂的轴段称轴头(图9-8中①④)。安装轴承的轴段称轴颈(图9-8中③⑦)。为轴向固定零件所制作出的阶梯称为轴肩(图9-8中⑧)或轴环(图9-8中⑤)。连接轴颈和轴头的部分称轴身(图9-8中②⑥)。

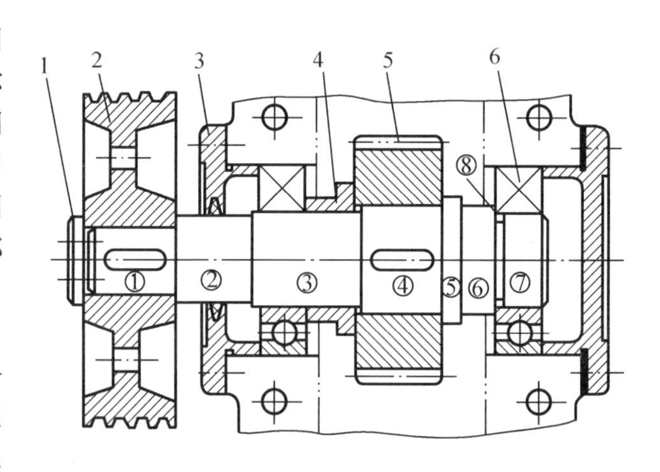

图9-8 轴的结构

1—轴端挡圈;2—带轮;3—轴承盖;4—套筒;5—齿轮;6—滚动轴承

1. 轴头

轴头与回转件的配合性质、公差等级和表面粗糙度,应由传动系统对回转件的技术要求来确定。轴头长度应稍小于轮毂宽度(图9-8①④),否则不能达到回转件的轴向固定目的。

2. 轴颈

用滑动轴承支承的轴,轴颈与轴瓦为间隙配合。轴颈的公差级别和表面粗糙度,应符合滑动轴承的技术要求。用滚动轴承支承的轴,轴颈与轴承内圈多为过渡配合或过盈配合。轴颈的公差级别和表面粗糙度,应按滚动轴承的技术要求设计。

3. 轴肩(或轴环)

轴肩分为定位轴肩和非定位轴肩。轴肩可用作轴向定位面,它是齿轮及滚动轴承等零部件的安装基准。轴肩的圆内半径 r 应小于毂孔的圆角半径 R 或倒角高度 C_1(图9-9),以保证零件安装时,准确到位。滚动轴承轴向定位的轴肩高度,必须小于轴承的内圈厚度并应符合国标规定,以便轴承的拆卸。定位轴肩(或轴环)其尺寸可按经验设计(图9-9)。非定位轴肩的高度,一般可取1.5~2 mm。

9.2.2 零件在轴上的固定

零件在轴上的固定,一般是指回转件如何安装在轴的确定位置并与轴连接成一体,轴上零件有游动或空转要求的除外,因而零件在轴上,既要轴向固定,又要周向固定。

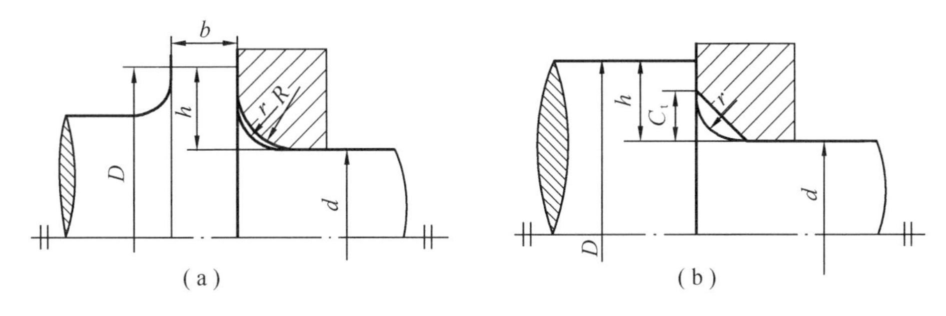

图9－9　轴肩（或轴环）及其圆角设计

$h \approx (0.07d+3) \sim (0.1d+5)$ mm

$b \approx 1.4h$（与滚动轴承相配合的 h 和 b 值，见滚动轴承标准）

1. 零件的轴向定位

轴上零件的轴向定位形式很多，其特点各异，常用的结构有：轴肩、轴环、套筒、圆螺母、弹性挡圈等（图9－10）。轴肩（轴环）结构简单，可以承受较大的轴向力，应用最为普遍；锁紧挡圈用紧定螺钉固定在轴上（图9－10（a）），如在轴上零件两侧各用一个锁紧挡圈时（图9－10（b）），可任意调整轴上零件的位置，装拆方便，但不能承受大的轴向力；利用弹性挡圈（图9－10c）进行轴向定位时，只适用于零件上的轴向力不大之处；当轴上零件一边采用轴肩（轴环）定位时，另一边可采用套筒固定（图9－10（d）），以便装拆，但套筒不宜过长；如要求套筒较长时，可不采用套筒而用圆螺母固定轴上零件（图9－10（e））；轴端挡圈（图9－10（f）（g）（h））常用于轴端上的零件固定，圆锥形轴头多用于同轴度要求较高的场合。

2. 零件的周向定位

周向定位的目的是限制轴上零件与轴发生相对转动。轴上零件的周向固定通常是以轮毂与轴连接的形式出现，轴毂连接是为了可靠地传递运动和转矩。常用的周向定位方法有键、花键、销、紧定螺钉以及过盈配合（图9－11）等，其中紧定螺钉只用在传力不大之处。

9.2.3　各轴段直径和长度的确定

零件在轴上的定位和装拆方案确定后，轴的形状便大体确定。各轴段所需的直径与轴上的载荷大小有关。初步确定轴的直径时，通常还不知道支反力的作用点，不能决定弯矩的大小与分布情况，因而还不能按轴所受的具体载荷及其引起的应力来确定轴的直径。但在进行轴的结构设计前，通常已能求得轴所受的扭矩。因此，可按轴所受的扭矩初步估算轴所需的直径（见9.3节）。将初步求出的直径作为承受扭矩的轴段的最小直径 d_{min}，然后再按轴上零件的装配方案和定位要求，从 d_{min} 处起逐一确定各段轴的直径。在实际设计中，轴的直径亦可凭设计者的经验取定，或参考同类机器用类比的方法确定。

有配合要求的轴段，应尽量采用标准直径。安装标准件（如滚动轴承、联轴器、密封圈等）部位的轴径，应取为相应的标准值及所选配合的公差。

为了使齿轮、轴承等有配合要求的零件装拆方便，并减少配合表面的擦伤，在配合轴段前应采用较小的直径。为了使与轴做过盈配合的零件易于装配，相配轴段的压入端应制出锥度（图9－12）；或在同一轴段的两个部位上采用不同的尺寸公差（图9－13）。

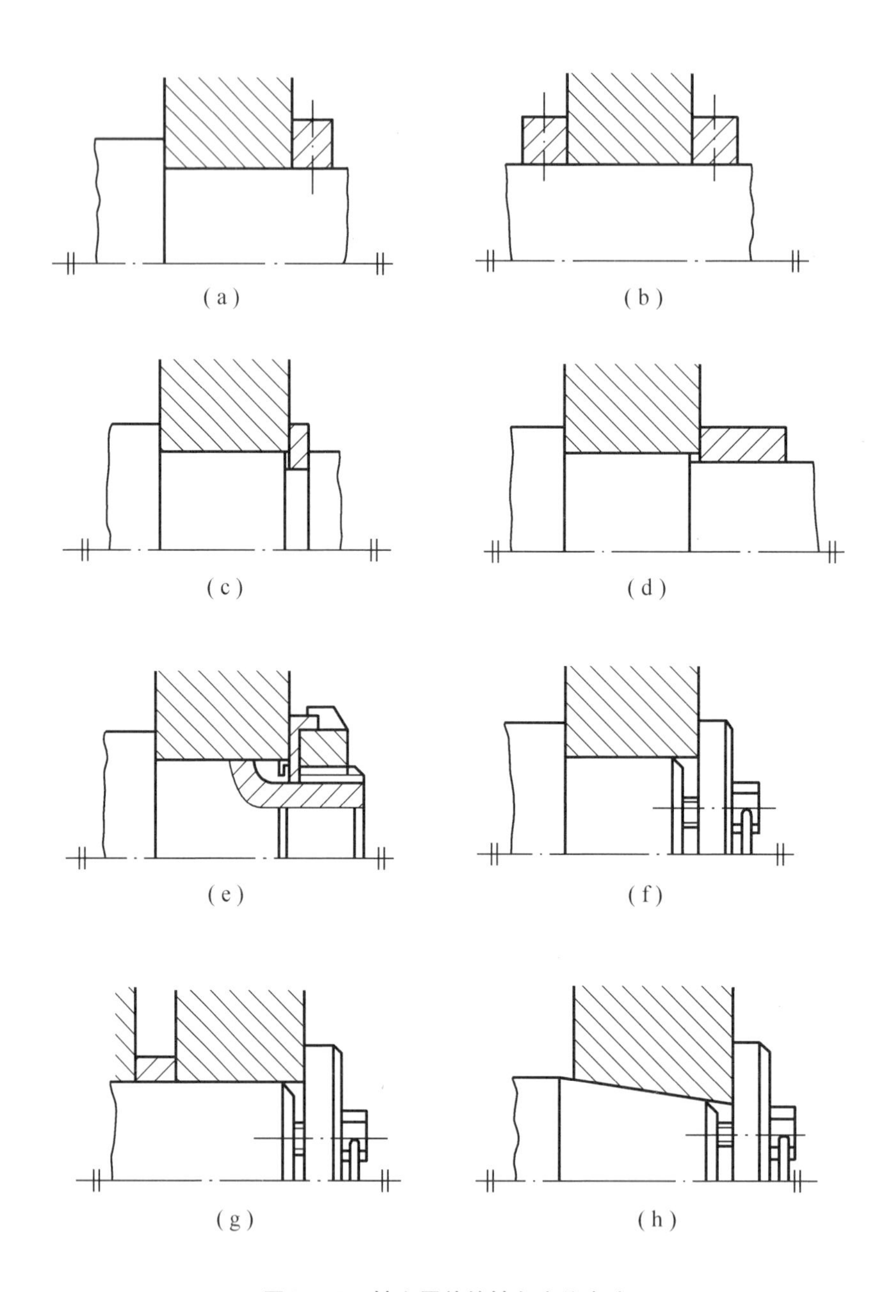

图9-10 轴上零件的轴向定位方法

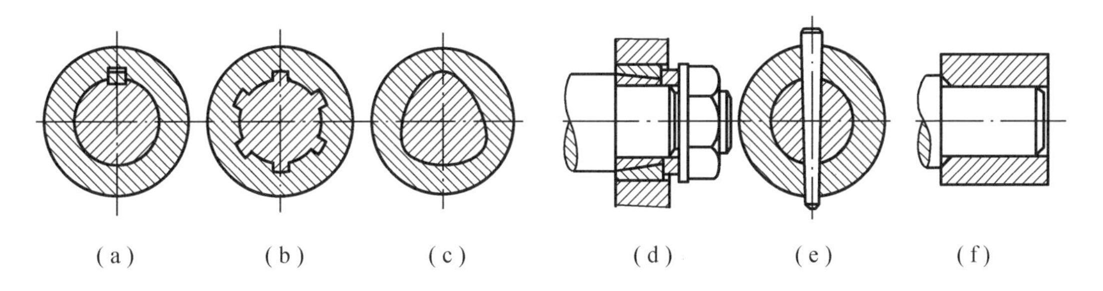

图9-11 轴上零件的周向固定方法

(a)键连接;(b)花键连接;(c)成形连接;(d)弹性环连接;(e)销连接;(f)过盈连接

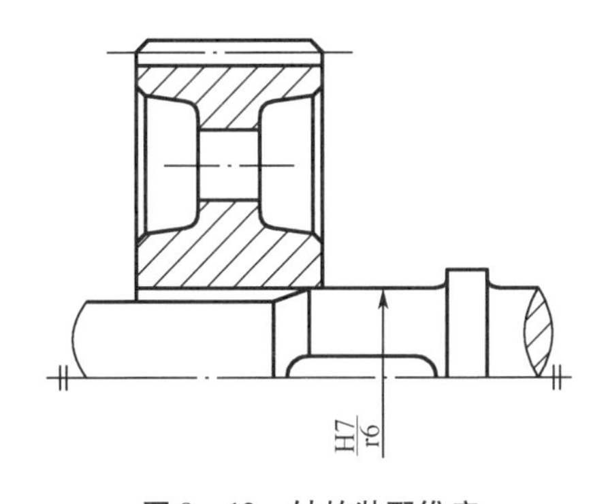

图9-12 轴的装配锥度

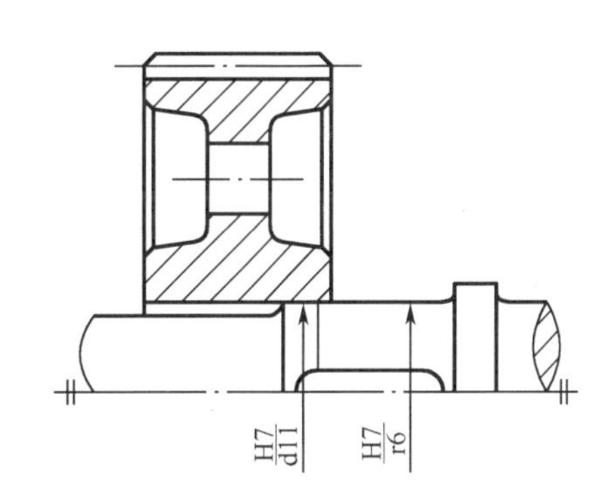

图9-13 采用不同的尺寸公差

9.2.4 提高轴的疲劳强度、刚度的常用措施

可以从结构和工艺两方面采取措施来提高轴的承载能力。轴的尺寸如能减小,整个机器的尺寸也常会随之减小。

1. 合理布置轴上零件,减小轴所受转矩

当转矩由一个传动件输入,而由几个传动件输出时,为了减小轴上的扭矩,应将输入件放在中间,而不是置于一端。例如将图9-14(a)中的输入轮1的位置放置在输出轮2和3之间(图9-14(b)),则轴所受的最大转矩将由 $T_2+T_3+T_4$,降低到 T_3+T_4。

2. 改进轴上零件结构,减小轴所受弯矩

为了减小轴所承受的弯矩,传动件应尽量靠近轴承,并尽可能不采用悬臂的支承形式,力求缩短支承跨距及悬臂长度。

例如,图9-15(a)中的卷筒的轮毂很长,轴的弯曲力矩较大,如把轮毂分成两段(图9-15(b)),不仅可以减小轴的弯矩,提高轴的强度和刚度,而且能得到良好的轴孔配合。

3. 改进轴的结构,减少应力集中

主要措施有:①尽量避免形状的突然变化,宜采用较大的过渡圆角,若圆角半径受到限制,可改用内圆角、凹切圆角(图9-16(a))或肩环以保证圆角尺寸(图9-16(b));②过盈配合的轴,可在轴上或轮毂上开减载槽;③在轴上打孔、紧定螺钉端坑、键槽圆角过小等,都常会引起应力集中而降低轴的疲劳强度。

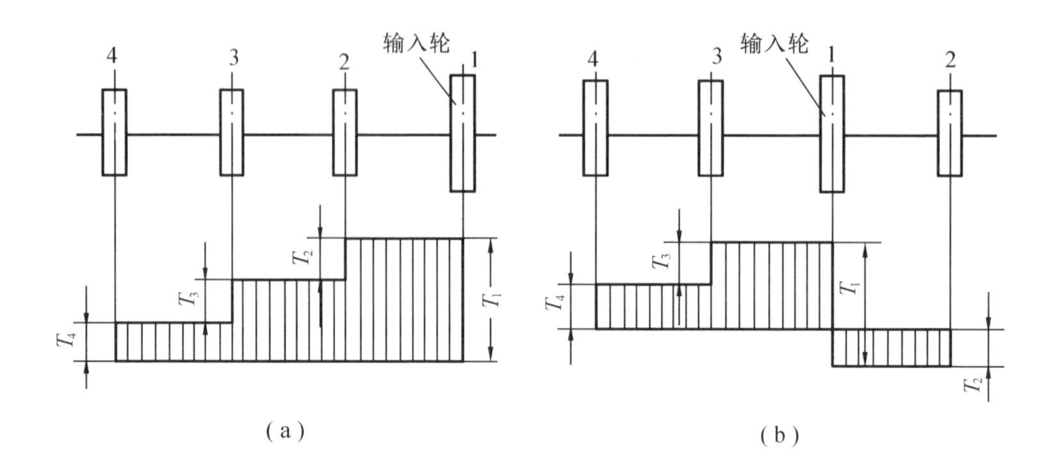

图9-14 轴上零件的合理布置

1—输入轮;2,3,4—输出轮

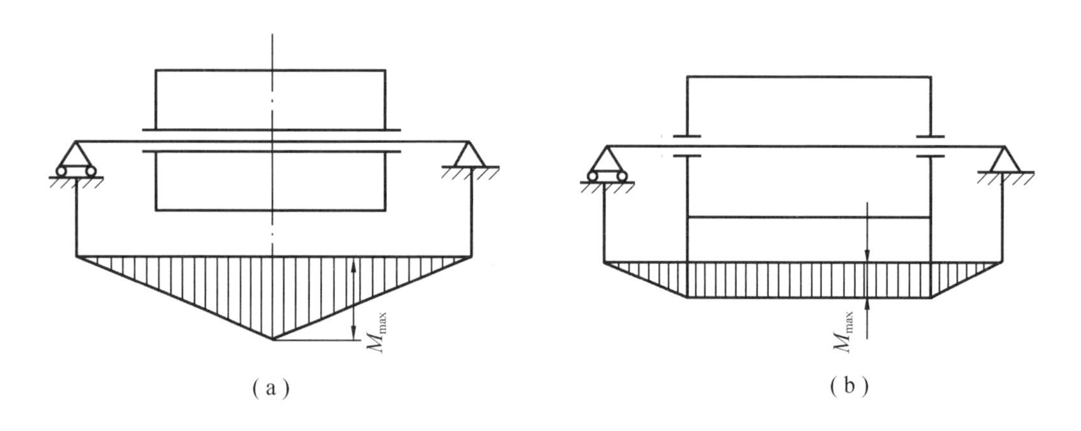

图9-15 卷筒的轮毂结构

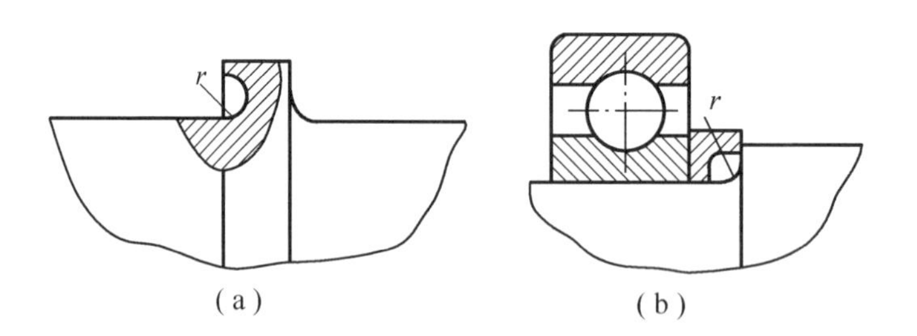

图9-16 减小轴应力集中的措施

(a)凹切圆角;(b)应用肩环增大圆角

4.改善表面品质,提高轴的疲劳强度

实验证明,表面愈粗糙,轴的疲劳强度愈低。采用表面强化处理方法,如辗压、喷丸等强化处理;氰化、氮化、渗碳等化学热处理;高频或火焰表面淬火等热处理方法,可以显著提高轴的承载能力。

9.2.5 轴的结构工艺性

轴的结构工艺性是指轴的结构形式应便于加工和装配轴上的零件,并且生产率高,成本低。一般地说,轴的结构越简单,工艺性就越好。因此,在满足使用要求的前提下,轴的结构形式应尽量简化。

为了便于装配零件并去掉毛刺,轴端应制成45°的倒角;需要磨削加工的轴段,应留有砂轮越程槽;需要切制螺纹的轴段,应留有退刀槽。它们的尺寸可参看机械设计手册。

通过讨论可知,轴上零件的装配方案对轴的结构形式起着决定性的作用。为了强调同时拟定不同的装配方案进行分析对比与选择的重要性,现以圆锥－圆柱齿轮减速器(图9－17)输出轴的两种装配方案(图9－18)为例进行对比。显而易见,图9－18(b)较图9－18(a)多了一个用于轴向定位的长套筒,使机器的零件增多,质量增大。相比之下,图9－18(a)中的装配方案较为合理。

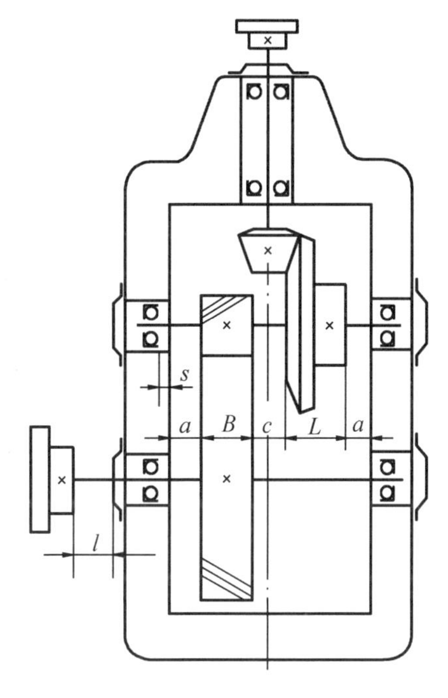

图9－17 圆锥－圆柱齿轮减速器简图

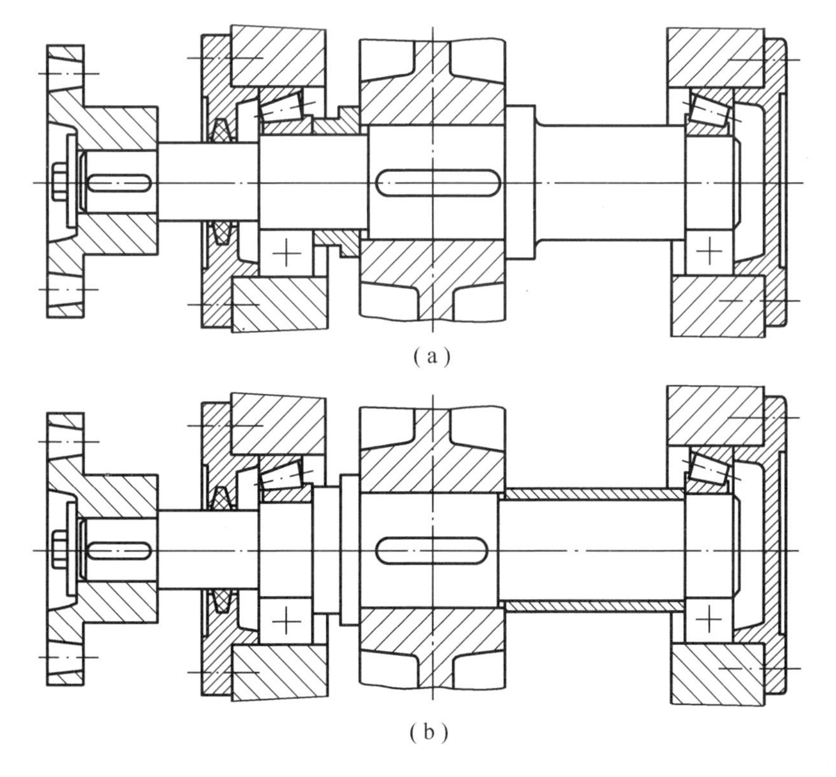

图9－18 输出轴的两种装配方案

9.3 轴的计算

轴的计算通常都是在初步完成结构设计后进行校核计算,计算准则是满足轴的强度或刚度要求,必要时还应校核轴的振动稳定性。进行轴的强度校核计算时,应根据轴的具体受载及应力情况,采取相应的计算方法,并恰当地选取其许用应力。对于仅(或主要)承受转矩的轴(传动轴),应按扭转强度条件计算;对于只受弯矩的轴(心轴),应按弯曲强度条件计算;对于既承受弯矩又承受转矩的轴(转轴),应按弯扭合成强度条件进行计算,需要时还应按疲劳强度条件精确校核。此外,对于瞬时过载很大或应力循环不对称性较为严重的轴,还应按峰尖载荷校核其静强度,以免产生过量的塑性变形。

9.3.1 按扭转强度条件计算

这种方法是按扭转强度条件确定轴的最小直径,亦可用于传动轴的计算。对于转轴,由于跨距未知,无法计算弯矩,在计算中只考虑转矩,用降低许用应力的方法来考虑弯矩的影响。

由材料力学可知,轴受转矩作用时,其强度条件为

$$\tau=\frac{T}{W_T}=\frac{9.55\times10^6P}{0.2d^3n}\leqslant[\tau]\ \mathrm{MPa} \tag{9-1}$$

或

$$d\geqslant\sqrt[3]{\frac{9.55\times10^6}{0.2[\tau]}}\sqrt[3]{\frac{P}{n}}=C\sqrt[3]{\frac{P}{n}}\ \mathrm{mm} \tag{9-2}$$

式中 τ——轴截面中最大扭转剪应力,MPa;

P——轴传递的功率,kW;

n——轴的转速,r/min

$[\tau]$——许用扭转剪应力,见表9-2,MPa;

C——由许用扭转剪应力确定的系数,见表9-2;

W_T——抗扭截面模量;

d——轴的直径,mm。

表9-2 轴的常用材料的许用扭转剪应力$[\tau]$和C值

轴的材料	Q235	45	40Cr 35SiMn 35CrMo
$[\tau]$/MPa	12~20	30~40	40~52
C	158~135	118~106	106~97

注:当轴上的弯矩比转矩小时或只有转矩时,C取较小值。

当轴截面上开有键槽时,应增大轴径以考虑键槽对轴的强度的削弱。对于直径$d>100$ mm的轴,有一个键槽时,轴径增大3%;有两个键槽时,应增大7%。对于直径$d\leqslant100$ mm的轴,有一个键槽时,轴径增大5%~7%;有两个键槽时,应增大10%~15%。然后将轴径圆整为标准直径。应当注意,这样求出的直径,只能作为承受扭矩作用的轴段的最小直径d_{min}。

9.3.2　按弯扭合成强度条件计算

通过轴的结构设计，轴的主要结构尺寸，轴上零件的位置，以及外载荷和支反力的作用位置均已确定，轴上的载荷（弯矩和扭矩）已可以求得，因而可按弯扭合成强度条件对轴进行强度校核计算。一般的轴用这种方法计算即可。其计算步骤如下：

1. 轴的计算简图（力学模型）

为了进行轴的强度和刚度计算，首先要作出计算简图，然后用材料力学方法进行计算。

①将阶梯轴简化为简支梁。

②齿轮、带轮等传动件作用于轴上的分布力，在一般计算中，简化为集中力，并作用在轮缘宽度的中点（图9－19(a)(b)）。这种简化，一般偏于安全。

③作用在轴上的转矩，在一般计算中，简化为从传动件轮缘宽度的中点算起的转矩。

④轴的支承反力的作用点随轴承类型和布置方式而异，可按图9－19(c)(d)确定，其中 a 值参见滚动轴承样本。简化计算时，常取轴承宽度中点为作用点。简化后，将双支点轴当作受集中力的简支梁进行计算。

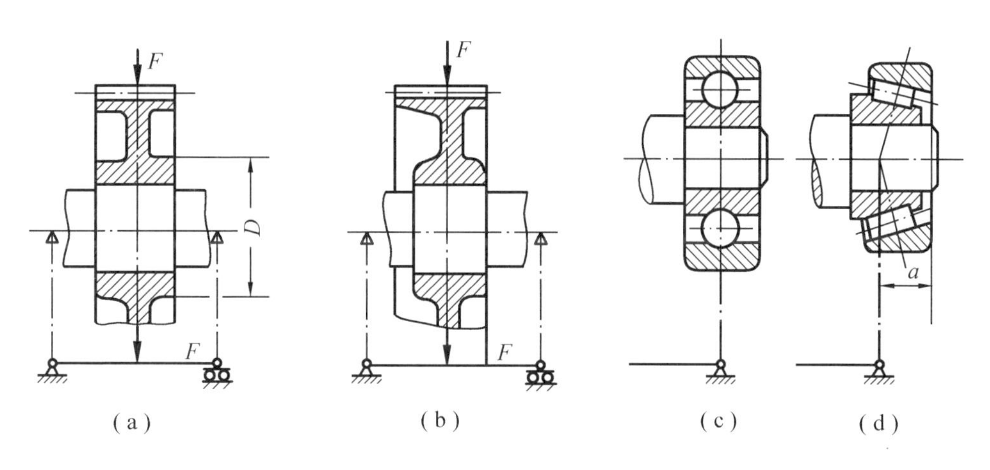

图9－19　轴的受力和支点简化

在作计算简图时，应先求出轴上受力零件的载荷，若为空间力系，应把空间力分解为圆周力、径向力、轴向力，然后把它们全部转化到轴上，并将其分解为水平分力和垂直分力，如图9－20(a)所示。再求出支承处的水平反力 F_h 和垂直反力 F_v（轴向反力可表示在适当的面上，图9－20(c)是表示在垂直面上，故标以 F'_{v1}）。

2. 按弯扭合成强度计算

按弯扭合成强度计算，同时考虑弯矩和转矩的作用，对影响轴的疲劳强度的各个因素则采用降低许用应力值的办法来考虑，因而计算较简单，适用于一般转轴。

(1)作出弯矩图

根据上述简图，分别按水平面和垂直面计算各力产生的弯矩，并按计算结果分别作出水平面上弯矩 M_h 图（图9－20(b)）和垂直面上的弯矩 M_v 图（图9－20(c)）；然后按计算总弯矩并作出 M 图（图9－20(d)）。

$$M=\sqrt{M_h^2+M_v^2}$$

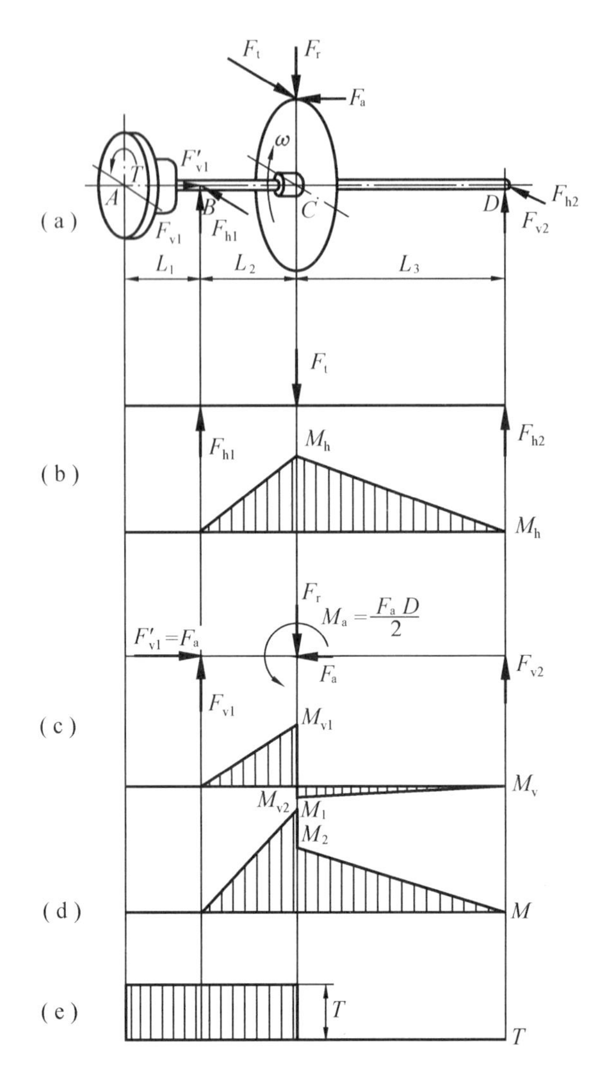

图 9-20　轴的载荷分析图

(2)作出转矩图

转矩图如图 9-20(e)所示。

对于同时承受弯矩和转矩的转轴,假设计算截面上的弯矩为 M,相应的弯曲应力 $\sigma_b = M/W$;转矩为 T,相应的扭转剪应力 $\tau = T/W_T$。根据第三强度理论,求出危险截面的当量应力 σ_e,其强度条件为

$$\sigma_e = \sqrt{\sigma_b^2 + 4\tau^2} \leqslant [\sigma_b] \tag{9-3}$$

由于转轴的弯曲应力 σ_b 为对称循环,而扭转剪应力的循环特征经常与 σ_b 不同,考虑 σ_b 与 τ 的循环特征的不同带来的影响、引入折合系数 α,则

$$\sigma_e = \sqrt{\sigma_b^2 + 4(\alpha\tau)^2} = \sqrt{\left(\frac{M}{W}\right)^2 + 4\left(\frac{\alpha T}{W_T}\right)^2} = \frac{\sqrt{M^2 + (\alpha T)^2}}{W} = \frac{M_e}{W} \leqslant [\sigma_{-1b}] \tag{9-4}$$

式中　W——抗弯截面模量(表 9-3);

　　W_T——抗扭截面模量,对于圆轴 $W_T = 2W$(表 9-3);

α——根据转矩性质而定的折合系数；

M_e——当量弯矩，$M_e=\sqrt{M^2+(\alpha T)^2}$。

表9－3 抗弯抗扭截面模量计算公式

剖面	W	W_T	剖面	W	W_T
	$\frac{\pi d^3}{32}\approx 0.1d^3$	$\frac{\pi d^3}{16}\approx 0.2d^3$		$\frac{\pi d^3}{32}-\frac{bt(d-t)^2}{d}$	$\frac{\pi d^3}{16}-\frac{bt(d-t)^2}{d}$
	$\frac{\pi d^3}{32}(1-\beta^4)$ $\approx 0.1d^3(1-\beta^4)$ $\beta=\frac{d_1}{d}$	$\frac{\pi d^3}{16}(1-\beta^4)$ $\approx 0.2d^3(1-\beta^4)$ $\beta=\frac{d_1}{d}$	齿轮轴	$\frac{\pi d^3}{32}\approx 0.1d^3$	$\frac{\pi d^3}{16}\approx 0.2d^3$
	$\frac{\pi d^3}{32}-\frac{bt(d-t)^2}{2d}$	$\frac{\pi d^3}{16}-\frac{bt(d-t)^2}{2d}$			

对于不变的转矩，$\alpha=\frac{[\sigma_{-1b}]}{[\sigma_{+1b}]}\approx 0.3$；当转矩脉动变化时，$\alpha=\frac{[\sigma_{-1b}]}{[\sigma_{0b}]}\approx 0.6$；对于频繁正反转的轴，$\tau$ 可看成对称循环应力，$\alpha=1$。若转矩的变化规律不清楚，一般可按脉动循环处理。

$[\sigma_{-1b}]$，$[\sigma_{0b}]$，$[\sigma_{+1b}]$分别为对称循环、脉动循环及静应力状态下的许用弯曲应力，见表9－4。

表9-4 轴的许用弯曲应力 单位:MPa

材料	抗拉强度 σ_b	$[\sigma_{+1b}]$	$[\sigma_{0b}]$	$[\sigma_{-1b}]$
碳素钢	400	130	70	40
	500	170	75	45
	600	200	95	55
	700	230	110	65
合金钢	800	270	130	75
	900	300	140	80
	1 000	330	150	90

3. 轴的疲劳强度安全系数的校核计算

轴的疲劳强度的校核计算,是对轴的危险截面进行疲劳强度安全系数校核计算。危险截面是指发生破坏可能性最大的截面。但是,在具体校核计算前,有时很难定出某个截面是危险截面。因为影响轴的疲劳强度的因素多,弯矩和转矩最大的截面不一定就是危险截面。而弯矩和转矩不是最大的截面,但因其直径小,应力集中严重,却有可能是危险截面。在无法确定危险截面的情况下,就必须对可能的危险截面都进行校核,它们的安全系数都应大于许用值。

校核危险截面疲劳强度安全系数的公式为

$$S_{ca}=\frac{S_\sigma \cdot S_\tau}{\sqrt{S_\sigma^2+S_\tau^2}}\geqslant S \tag{9-5}$$

$$S_\sigma=\frac{\sigma_{-1}}{\frac{k_\sigma}{\beta\,\varepsilon_\sigma}\sigma_a+\psi_\sigma\sigma_m} \tag{9-6}$$

$$S_\tau=\frac{\tau_{-1}}{\frac{k_\tau}{\beta\,\varepsilon_\tau}\tau_a+\psi_\tau\tau_m} \tag{9-7}$$

式中 S_σ——只考虑弯矩时的安全系数;

S_τ——只考虑转矩时的安全系数;

σ_{-1},τ_{-1}——分别为材料对称循环的弯曲疲劳极限和扭转疲劳极限,查表9-1;

k_σ,k_τ——分别为弯曲时和扭转时轴的有效应力集中系数,见附表1~附表3;

ε_σ,ε_τ——尺寸系数,见附表4;

ψ_σ,ψ_τ——分别为把弯曲和扭转时轴的平均应力折算为应力幅的等效系数,碳素钢,$\psi_\sigma=0.1\sim0.2$;$\psi_\tau=0.05\sim0.1$;合金钢 $\psi_\sigma=0.2\sim0.3$;$\psi_\tau=0.1\sim0.15$;

σ_a,σ_m——分别为弯曲应力的应力幅和平均应力,MPa;

τ_a,τ_m——分别为扭转剪应力的应力幅和平均应力,MPa;

S_{ca}——计算疲劳强度安全系数;

S——疲劳强度安全系数,见表9-5;

β——表面状态系数。

表 9-5 轴的安全系数 S 和 S_0

<table>
<tr><th colspan="2">疲劳强度安全系数 S</th><th colspan="2">静强度安全系数 S_0</th></tr>
<tr><td>载荷可精确计算,材质均匀</td><td>1.3~1.5</td><td rowspan="2">尖峰载荷作用时间极短,其值可精确计算:
高塑料 $\sigma_s/\sigma_b=0.6$;
中等塑性钢 $\sigma_s/\sigma_b=0.6\sim0.8$;
低塑性钢 $\sigma_s/\sigma_b\geqslant0.8$</td><td rowspan="2">1.2~1.4
1.4~1.8
1.8~2</td></tr>
<tr><td>载荷计算不够精确,材质不够均匀</td><td>1.5~1.8</td></tr>
<tr><td>载荷计算粗略,材料均匀性很差</td><td>1.8~2.5</td><td>铸造轴及脆性材料制的轴
尖峰载荷很难准确计算的轴</td><td>2~3
3~4</td></tr>
</table>

4. 静强度的安全系数校核计算

对瞬时尖峰载荷,应校核轴的静强度

$$S_{0ca}=\frac{S_{0\sigma}\cdot S_{0\tau}}{\sqrt{S_{0\sigma}^2+S_{0\tau}^2}}\geqslant S_0 \tag{9-8}$$

$$S_{0\sigma}=\frac{\sigma_s}{\sigma_{max}} \tag{9-9}$$

$$S_{0\tau}=\frac{\tau_s}{\tau_{max}} \tag{9-10}$$

式中 S_0——静强度安全系数,见表9-5;

σ_s,τ_s——分别为材料的抗拉和抗剪屈服极限(表9-1),MPa;

σ_{max},τ_{max}——分别为尖峰载荷时,轴的最大弯曲应力和扭转剪应力,MPa;

$S_{0\sigma},S_{0\tau}$——分别为只考虑弯矩和只考虑转矩时的静安全系数。

验算后,如发现轴的强度不够,应采取措施,例如减少应力集中、增大尺寸、改换材料、采取工艺措施改善表面物理状态(降低表面粗糙度、表面处理、冷作硬化)等。如算出强度过分富裕,材料没有被充分利用,则影响成本。但是,是否减小轴的直径,还要综合考虑轴的刚度、结构要求、轴上零件的强度以及标准等因素,全面分析以后再作处理。

9.3.3 轴的刚度校核计算

轴受弯矩作用会产生弯曲变形,受转矩作用会产生扭转变形。如果轴的刚度不够,将影响轴上零件的正常工作。例如,安装齿轮的轴的弯曲变形会使齿轮啮合发生偏载。又如,滚动轴承支承的轴的弯曲变形,会使轴承内、外圈相互倾斜,当超过允许值时,将使轴承寿命显著降低。因此,设计时必须根据工作要求限制轴的变形量。即:

挠度 $$y\leqslant[y] \tag{9-11}$$

偏转角 $$\theta\leqslant[\theta] \tag{9-12}$$

扭转角 $$\varphi\leqslant[\varphi] \tag{9-13}$$

其中,$[y]$,$[\theta]$,$[\varphi]$分别为轴的许用挠度、许用偏转角、许用扭转角,见表9-6。

表9-6 轴的许用挠度[y]、许用偏转角[θ]及许用扭转角[φ]

变　形	应用场合	许　用　值
许用挠度 y/mm	一般用途的轴	$(0.003 \sim 0.0005)l$
	刚度要求较高的轴	$0.0002l$
	安装齿轮的轴	$(0.01 \sim 0.05)m_n$
	安装蜗轮的轴	$(0.02 \sim 0.05)m_t$
许用偏转角 θ/rad	滑动轴承	0.001
	向心球轴承	0.005
	向心球面轴承	0.05
	圆柱滚子轴承	0.002 5
	圆锥滚子轴承	0.001 6
	安全齿轮处	0.001 ~ 0.002
许用扭转角 φ/((°)/m)	一般传动	0.5 ~ 1
	较精密的传动	0.25 ~ 0.5
	精密传动	0.25

注:l——轴的跨距,mm;m_n——齿轮法面模数;m_t——蜗轮端面模数。

1. 轴的弯曲刚度校核计算

常见的轴大多可视为简支梁。若是光轴可直接用材料力学中的公式计算其挠度或偏转角,等直径轴的挠曲线近似微分方程为

$$\frac{d^2y}{dx^2} = \frac{M}{EI} \tag{9-14}$$

式中 M——弯矩,N·mm;

E——材料的弹性模量,GPa;

I——轴的惯性矩,mm^4。

若是阶梯轴,如果对计算精度要求不高,则可用当量直径法作近似计算。即把阶梯轴看成是当量直径为 d_e,其计算式为

$$d_e = \sqrt[4]{\frac{L}{\sum_{i=1}^{z} \frac{l_i}{d_i^4}}} \tag{9-15}$$

式中 l_i——阶梯轴第 i 段的长度,mm;

d_i——阶梯轴第 i 段的直径,mm;

L——阶梯轴的计算长度,mm;

z——阶梯轴计算长度内的轴段数。

轴的弯曲刚度校核条件为

$$y \leqslant [y],\theta \leqslant [\theta] \tag{9-16}$$

其中,[y]的单位为mm,[θ]的单位为rad。

2. 轴的扭转刚度校核计算

轴的扭转变形用每米长的扭转角 φ 来表示。圆轴的计算公式为

光轴

$$\varphi = \frac{Tl}{GI_p} \quad \text{rad} \tag{9-17}$$

阶梯轴
$$\varphi = \frac{1}{lG}\sum_{i=1}^{z}\frac{T_i l_i}{I_{pi}} \quad \text{rad} \tag{9-18}$$

式中 T——光轴所受的转矩,N·mm;

l——光轴受扭矩作用的长度,mm;

I_p——光轴的极惯性矩,对于实心圆轴,$I_p=\frac{\pi d^4}{32}$,mm^4;

G——轴的材料的剪切弹性模量,MPa;

T_i,l_i,I_{pi}——分别为阶梯轴第 i 段的转矩、长度、极惯性矩,单位同前。

轴的扭转刚度校核条件为

$$\varphi \leqslant [\varphi] \tag{9-19}$$

其中,$[\varphi]$的单位为 rad。

应指出的是,由于轴的应力与其直径的三次方成反比,而变形与其直径的四次方成反比,因而,按强度条件确定出的小直径的轴,常发生刚度不足的问题;而按刚度条件确定出的大直径的轴,常发生强度不够的问题。

9.3.4 轴的临界转速的概念

由于回转件的结构不对称、材质不均匀、加工有误差等原因,要使回转件的重心精确地位于几何轴线上,几乎是不可能的。实际上,重心与几何轴线间一般总有一微小的偏心距,因而回转时产生离心力,使轴受到周期性载荷的干扰。

若轴所受的外力频率与轴的自振频率一致时,运转便不稳定而发生显著的振动,这种现象称为轴的共振。产生共振时轴的转速称为临界转速。如果轴的转速停滞在临界转速附近,则轴的变形将迅速增大,以至达到使轴甚至整个机器破坏的程度。因此,对于重要的,尤其是高转速的轴必须计算其临界转速,并使轴的工作转速 n 避开临界转速 n_c。

轴的临界转速可以有许多个,最低的一个称为一阶临界转速,其余为二阶、三阶……

工作转速低于一阶临界转速的轴称为刚性轴;工作转速超过一阶临界转速的轴称为挠性轴。对于刚性轴,应使 $n<(0.75\sim0.8)n_{c1}$;对于挠性轴,应使 $1.4n_{c1}\leqslant n\leqslant 0.7n_{c2}$(式中 n_{c1},n_{c2}分别为一阶临界转速、二阶临界转速)。满足上述条件的轴就是具有了弯曲振动的稳定性。

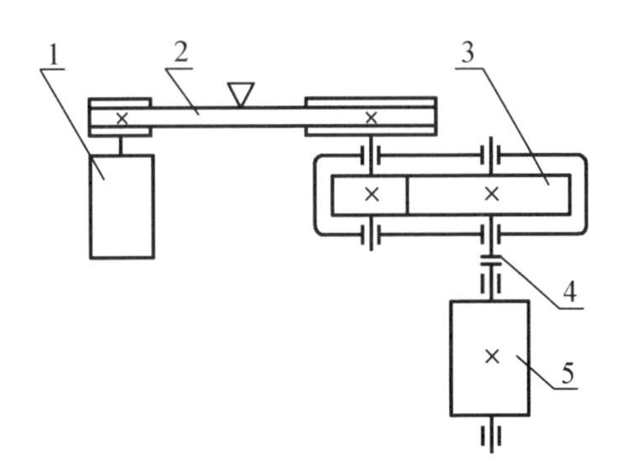

图 9-21 传动装置中的轴

1—电动机;2—带传动;
3—齿轮传动;4—联轴器;5—滚筒

例 9-1 试按许用弯曲应力计算法求图 9-21 中小齿轮轴的直径,并用安全系数法校核轴的强度。传动功率 $P=4$ kW,电动机转速 1 440 r/min,用 A 型 V 带三根,大带轮直径 $D=355$ mm,大带轮轮毂宽度 $L=50$ mm。斜齿圆柱齿轮传动,齿轮齿数$z_1=18$,$z_2=80$,$m_n=3$ mm,$a=150$ mm。小齿轮轴转速 $n=450$ r/min,小齿轮宽度 $b=60$ mm。带轮作用在轴上的力 $F_Q=1$ 100 N,水平方向。轴的结构见图 9-22(a)。

解 轴材料选用45钢调质处理,$\sigma_b = 650$ MPa,$\sigma_s = 360$ MPa。轴的计算步骤如下:

(1)计算齿轮受力

斜齿轮螺旋角 $\beta = \arccos\dfrac{m_n(z_1 + z_2)}{2a} = \arccos\dfrac{3\times(18+80)}{2\times150} = 11°28'42''$

齿轮直径 $d_1 = \dfrac{m_n z_1}{\cos\beta} = \dfrac{3\times18}{\cos11°28'42''} = 55.102$ mm(小轮)

$$d_2 = \frac{m_n z_2}{\cos\beta} = \frac{3\times80}{\cos11°28'42''} = 244.898 \text{ mm(大轮)}$$

小齿轮受力:转矩 $T_1 = 9.55\times10^6\dfrac{P}{n} = 9.55\times10^6\times\dfrac{4}{450} = 84\ 890$ N·mm

圆周力 $F_t = \dfrac{2T_1}{d_1} = \dfrac{2\times84\ 890}{55.102} = 3\ 080$ N

径向力 $F_r = \dfrac{F_t\tan\alpha_n}{\cos\beta} = \dfrac{3\ 080\times\tan20°}{\cos11°28'42''} = 1\ 140$ N

轴向力 $F_a = F_t\tan\beta = 3\ 080\times\tan11°28'42'' = 625$ N

画小齿轮轴受力图见图9-22(b)。

(2)计算支承反力

水平面反力 $F'_{H1} = \dfrac{1\ 100\times89 + 625\times\dfrac{55.102}{2} - 1\ 140\times64}{128} = 330$ N

$$F'_{H2} = \frac{1\ 100\times217 + 625\times\dfrac{55.102}{2} + 1\ 140\times64}{128} = 2\ 570 \text{ N}$$

垂直面反力 $F''_{V1} = F''_{V2} = \dfrac{3\ 080}{2} = 1\ 540$ N

水平面受力图见图9-22(c);垂直面受力图见图9-22(e)。

(3)画轴弯矩图

水平面弯矩图见图9-22(d)M_h图;垂直面弯矩图见图9-22(f)M_v图;合成弯矩图见图9-22(g),合成弯矩 $M = \sqrt{M_h^2 + M_v^2}$。

(4)画轴转矩图

轴受转矩 $T = T_1$

转矩图见图9-22(h)。

(5)许用应力

许用应力值用插入法,由表9-4查得$[\sigma_{0b}] = 102.5$ MPa,$[\sigma_{-1b}] = 60$ MPa,则折合系数为

$$\alpha = \frac{[\sigma_{-1b}]}{[\sigma_{0b}]} = \frac{60}{102.5} = 0.59$$

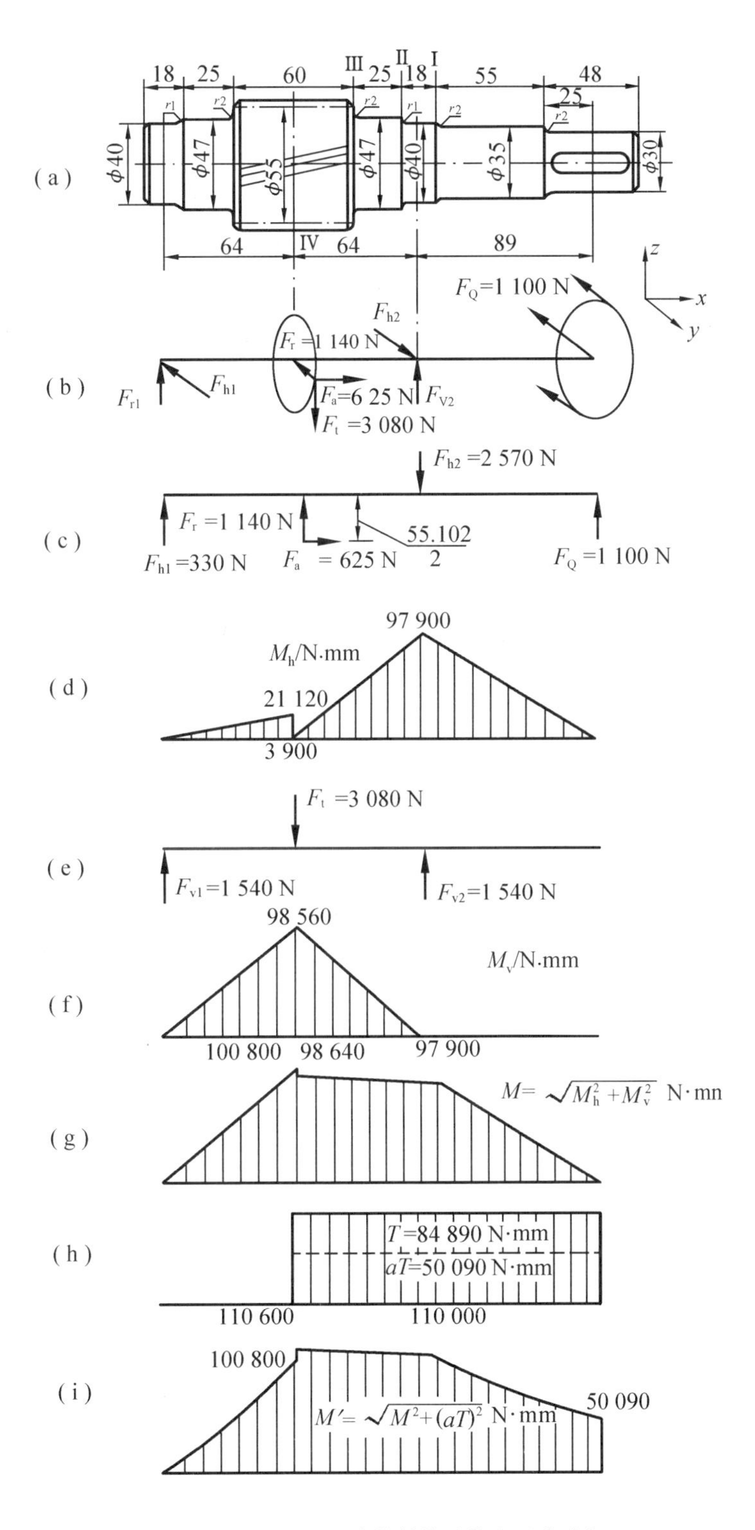

图9－22　减速器小齿轮轴的结构和受力分析

(a)轴结构图;(b)轴受力图;(c)水平面受力图;(d)水平面弯矩图;(e)垂直面受力图;(f)垂直面弯矩图;(g)合成弯矩图;(h)转矩图;(i)当量弯矩图

(6)画当量弯矩图

当量转矩 $\alpha T = 0.59 \times 84\ 890 = 50\ 090\ \text{N·mm}$，见图 9-22(h)。

当量弯矩在小齿轮中间截面处

$$M_{e\text{Ⅳ}} = \sqrt{M^2 + (\alpha T)^2} = \sqrt{98\ 640^2 + 50\ 090^2} = 110\ 600\ \text{N·mm}$$

当量弯矩在右轴颈中间截面处

$$M_{e\text{Ⅰ-Ⅱ}} = \sqrt{M^2 + (\alpha T)^2} = \sqrt{97\ 900^2 + 50\ 090^2} = 110\ 000\ \text{N·mm}$$

当量弯矩图见图 9-22(i)。

(7)校核轴径

齿根圆直径 $d_{f1} = d_1 - 2(h_a^* + c^*)m_n = 55.102 - 2(1 + 0.25) \times 3 = 47.602\ \text{mm}$

轴径 $$d_{\text{Ⅳ}} = \sqrt[3]{\frac{M_{e\text{Ⅳ}}}{0.1[\sigma_{-1b}]}} = \sqrt[3]{\frac{110\ 600}{0.1 \times 60}} = 26.4 < d_{f1}$$

$$d_{\text{Ⅰ-Ⅱ}} = \sqrt[3]{\frac{M_{e\text{Ⅰ-Ⅱ}}}{0.1[\sigma_{-1b}]}} = \sqrt[3]{\frac{110\ 000}{0.1 \times 60}} = 26.4 < d_{f1}$$

(8)判断危险截面

初步分析Ⅰ,Ⅱ,Ⅲ,Ⅳ四个截面有较大的应力和应力集中,下面以截面Ⅰ为例进行安全系数校核。

由 1.4 节得材料的特性系数

$$\psi_\sigma = 0.1 \sim 0.2，取\ \psi_\sigma = 0.1$$

$$\psi_\tau = 0.05 \sim 0.1，取\ \psi_\tau = 0.05$$

(9)截面Ⅰ上的应力

弯矩(截面Ⅰ) $M_{\text{Ⅰ}} = 1\ 100 \times (25 + 55) = 88\ 000\ \text{N·mm}$

弯曲应力幅 $$\sigma_a = \sigma = \frac{M_{\text{Ⅰ}}}{W} = \frac{88\ 000}{0.1 \times 35^3} = 20.5\ \text{MPa}$$

弯曲平均应力 $$\sigma_m = 0$$

扭转切应力 $$\tau = \frac{T}{W_T} = \frac{84\ 890}{0.2 \times 35^3} = 9.9\ \text{MPa}$$

扭转切应力幅和平均切应力 $$\tau_a = \tau_m = \frac{\tau}{2} = \frac{9.9}{2} = 4.95\ \text{MPa}$$

(10)应力集中系数

因在此截面处,有轴直径变化,过渡圆角半径 $r = 2$ mm,由 $D/d = 40/35 = 1.14$，$r/d = 2/35 = 0.057$ 和 $\sigma_b = 650$ MPa,从附表 3 中查出(插值法)$k_\sigma = 1.77$，$k_\tau = 1.31$。

如果一个截面上有多种产生应力集中的结构,则分别求出其有效应力集中系数,从中取最大值。

由附录表 4 中查得 $\varepsilon_\sigma = 0.88$，$\varepsilon_\tau = 0.81$

(11)安全系数

弯曲安全系数

$$S_\sigma = \frac{\sigma_{-1}}{\dfrac{k_\sigma}{\beta\,\varepsilon_\sigma}\sigma_a + \psi_\sigma \sigma_m} = \frac{286}{\dfrac{1.77}{0.92 \times 0.88} \times 20.5} = 6.38$$

扭转安全系数

$$S_\tau = \frac{\tau_{-1}}{\frac{k_\tau}{\beta \varepsilon_\tau}\tau_a + \psi_\tau \tau_m} = \frac{195}{\frac{1.31}{0.92 \times 0.81} \times 4.95 + 0.05 \times 4.95} = 21.79$$

复合安全系数

$$S_{ca} = \frac{S_\sigma \cdot S_\tau}{\sqrt{S_\sigma^2 + S_\tau^2}} = \frac{6.38 \times 19.62}{\sqrt{6.38^2 + 19.62^2}} = 6.12 > S = 1.5$$

根据校核,截面Ⅰ足够安全,其他截面还需要进一步分析与校核。

习　　题

9-1　若轴的强度不足或刚度不足,可分别采取哪些措施?

9-2　为提高轴的刚度,把轴的材料由45钢改为合金钢是否有效,为什么?

9-3　结构设计确定轴的各段直径和长度时,应考虑哪些问题?

9-4　按照轴所受载荷类型的不同,轴分为哪几种类型?并分别举例说明。

9-5　按当量弯矩计算轴的强度时,公式 $M_e = \sqrt{M^2 + (\alpha T^2)}$ 中,α 的含义是什么,如何取值?

9-6　指出图9-23中轴的结构设计有哪些不合理,并画出改正后的轴结构图。

9-7　齿轮轴上各零件的结构及位置如图9-24所示,试设计该轴的外形并定出各段轴的直径。

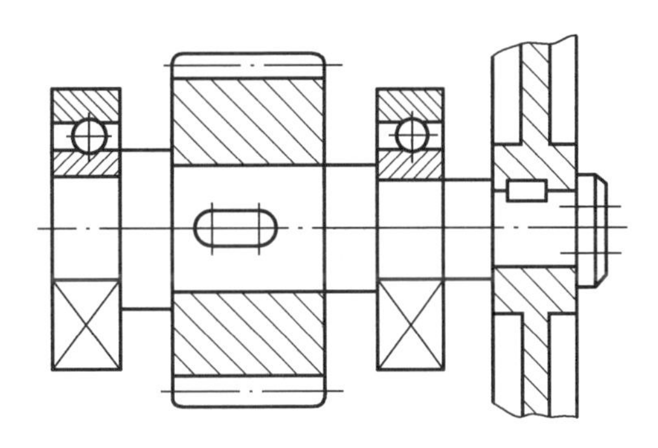

图9-23　结构错误分析图

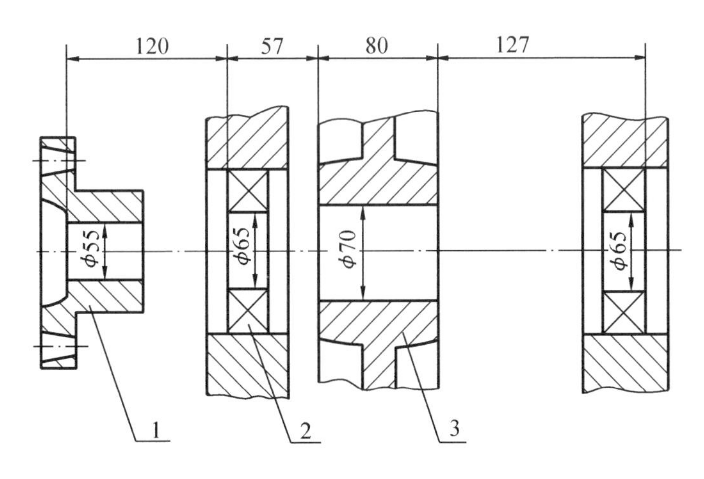

图9-24　结构设计图

1—联轴器;2—圆锥滚子轴承;3—圆柱齿轮

9－8　已知一传动轴直径 $d=32$ mm,转速 $n=900$ r/min,如果轴上的切应力不允许超过 70 MPa,问该轴能传递多大功率?

9－9　试确定一传动轴的直径。已知:轴的材料为 45 钢,传递功率 $P=15$ kW,转速 $n=80$ r/min。(1)按扭转强度计算;(2)按扭转刚度计算。(设其扭转变形在 1 000 mm 长度上不允许超过 0.5°)

9－10　已知一单级直齿圆柱齿轮减速器,其主动轴材料为 45 钢调质处理,轴单向转动,载荷平稳,传递转矩 $T=143\times10^3$ N·mm,齿轮的模数 $m=4$ mm,齿数 $z_1=20$,若支承间跨距 $l=160$ mm(齿轮位于跨距中央),试确定与齿轮配合处轴径。

9－11　两级展开式斜齿圆柱齿轮减速器的中间轴(图 9－25(a)),尺寸和结构如图 9－25(b)所示。已知:中间轴转速 $n_2=180$ r/min,传递功率 $P=5.5$ kW,有关的齿轮参数见表 9－7。

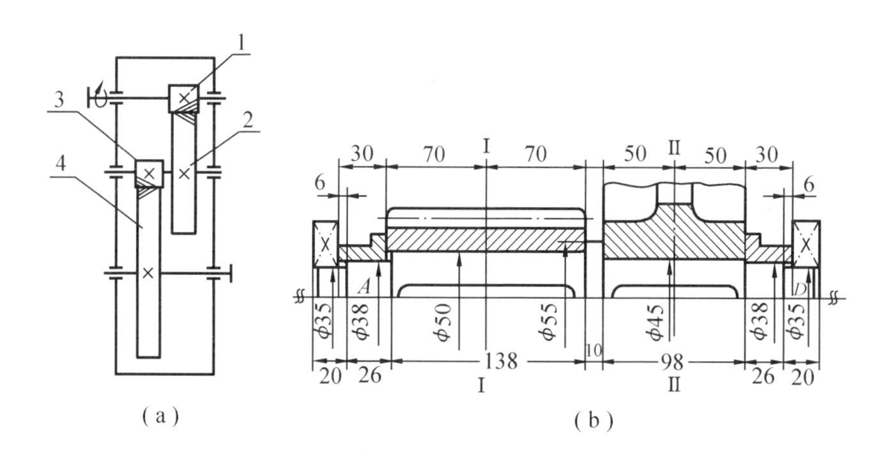

图 9－25　二级减速器中间轴

表 9－7　齿轮参数

	m_n/mm	α_n	z	β	旋向
齿轮 2	3	20°	112	10°44′	右
齿轮 3	4	20°	23	9°22′	右

图 9－25 中 A,D 为圆锥滚子轴承的载荷作用中心,轴的材料为 45 钢(正火),试按弯扭合成理论验算截面Ⅰ和截面Ⅱ的强度。

第10章 滚动轴承

10.1 概　　述

滚动轴承是机械中广泛应用的支承件，工作时依靠主要元件间的滚动接触来支承转动零件，由专门的轴承工厂大量制造及供给各种常用规格的轴承，多数滚动轴承已标准化。

10.1.1 滚动轴承的组成

滚动轴承一般由内圈、外圈、滚动体和保持架等四部分组成，如图10-1所示。

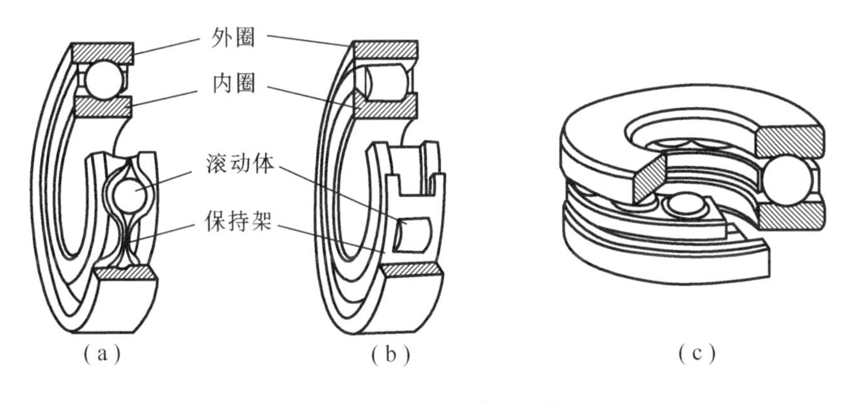

图10-1 滚动轴承的组成

通常内圈装配在轴上并与轴一起旋转，外圈与轴承座孔装配在一起，起支承作用。但也有轴承外圈旋转、内圈固定的，少数情况下还有内、外圈分别按不同转速旋转的使用情况。

滚动体是滚动轴承的核心元件，它使相对运动表面间的滑动摩擦变为滚动摩擦。图10-2为滚动体的不同形状，有球、圆柱滚子、滚针、圆锥滚子、球面滚子等。保持架将滚动体等距离排列隔开，以避免滚动体直接接触，减少发热和磨损。

滚动轴承除了上述四个基本元件外，有些轴承还根据使用要求附加各种特殊元件或结构，如外圈上加止动环等。

10.1.2 滚动轴承的材料及特点

滚动轴承的内圈、外圈和滚动体使用强度高、耐磨性好的轴承钢（铬锰合金钢）制造，常用牌号有GCr15，GCr15SiMn等。淬火后硬度一般不低于60HRC，工作表面要求磨削抛光，从而达到很高的精度。

轴承保持架有冲压的和实体的两种，冲压保持架一般用低碳钢板冲压制成，它与滚动体间有较大的间隙。实体保持架常用铜合金、铝合金或塑料经切削加工制成，有较好的定心

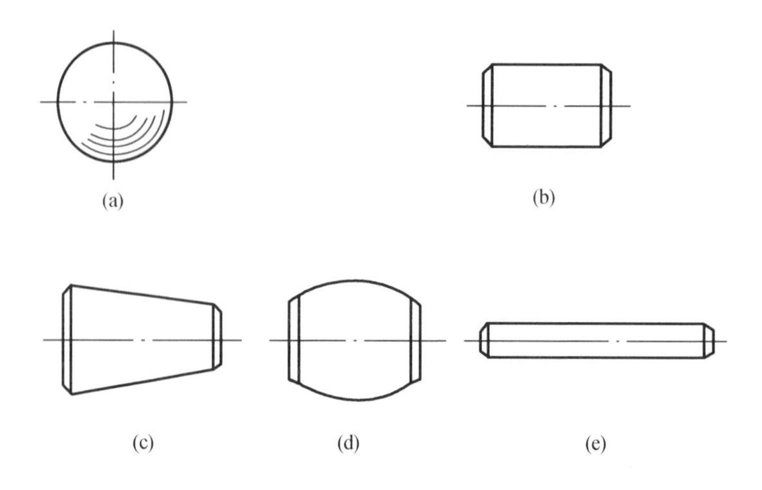

图 10-2 滚动体的形状

(a)球形;(b)圆柱滚子;(c)圆锥滚子;(d)球面滚子;(e)滚针

作用。

与滑动轴承相比,滚动轴承具有滚动摩擦的特点,因此它的摩擦阻力小,启动及运转力矩小,启动灵敏,功率损耗小且轴承单位宽度承载能力较大,润滑、安装及维修方便等。与滑动轴承相比,滚动轴承的缺点是径向轮廓尺寸大,接触应力高,高速重载下轴承寿命较低且噪声较大,抗冲击能力较差。

在机械设计中,设计者只需要根据工作条件正确选择轴承的类型和尺寸并进行滚动轴承的组合设计,包括固定、安装、润滑、密封等结构设计。

10.2 滚动轴承的类型及其代号

10.2.1 滚动轴承的类型

滚动轴承类型繁多,可以适应各种机械装置的多种要求。滚动轴承可以从不同角度进行分类。按滚动体的形状可分为球轴承和滚子轴承。球形滚动体与内、外圈是点接触,运转时摩擦损耗小,承载能力和抗冲击能力弱;滚子滚动体与内、外圈是线接触,承载能力和抗冲击能力强,但运转时摩擦损耗大。按滚动体的列数,滚动轴承又分为单列、双列及多列。

如图 10-3 所示,滚动轴承的滚动体与外圈滚道接触点的法线和轴承半径方向的夹角 α,称为轴承公称接触角。

按轴承所承受载荷的方向或公称接触角的不同,滚动轴承可分为以下几种。

1. 向心轴承

向心轴承主要用于承受径向载荷,$0° \leqslant \alpha \leqslant 45°$。向心轴承又分为:

①径向接触轴承($\alpha = 0°$,如图 10-3(a)所示);

②向心角接触轴承($0° < \alpha \leqslant 45°$,如图 10-3(c)所示)。

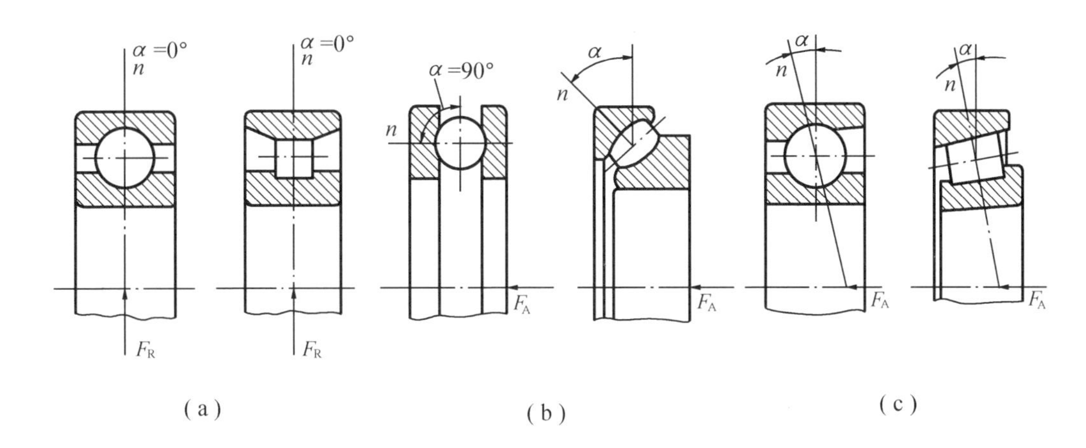

图 10－3 滚动轴承接触角

2. 推力轴承(图 10－3(b))

推力轴承主要用于承受轴向载荷,$45° < \alpha < 90°$。推力轴承又可分为:

①轴向接触轴承($\alpha = 90°$);

②推力角接触轴承($45° < \alpha < 90°$)。

在国标 GB/T 271—2008 中,滚动轴承是按轴承所承受的载荷的方向及结构的不同进行分类。常用的滚动轴承类型及特性如表 10－1 所示。

表 10－1 滚动轴承的主要类型和特性

轴承名称 类型代号	结构简图及承载方向	极限转速	允许偏转角	主要特性和应用
双列调心 球轴承 1		中	2°～3°	主要承受径向载荷,同时也能承受少量的轴向载荷,不易承受纯轴向载荷; 因为外圈滚道表面是以轴承中点为中心的球面,故能调心,适用于轴的刚性较差的场合; 允许偏转角是在保证轴承正常工作条件下内、外圈轴线间的最大夹角
双列调心 滚子轴承 2		低	0.5°～2°	能承受很大的径向载荷和少量轴向载荷,承载能力较大; 滚动体为鼓形,外圈滚道为球面,因而具有调心性能
推力调心 滚子轴承 2		低	2°～3°	能同时承受很大的轴向载荷和不大的径向载荷; 滚子呈腰鼓形,外圈滚道是球面,故能调心

表 10-1(续1)

轴承名称 类型代号	结构简图及承载方向	极限转速	允许偏转角	主要特性和应用
圆锥滚子 轴承 3	α	中	2′	能同时承受较大的径向、轴向联合载荷,因系线接触、承载能力大于“7”类轴承。内、外圈可分离,装拆方便,成对使用
推力球轴承 5	(a)单列 (b)双列	低	不允许	只能承受轴向载荷,而且载荷作用线必须与轴线相重合,不允许有角偏差。具体有两种类型: 单列—承受单向推力; 双列—承受双向推力。 高速时,因滚动体离心力大,球与保持架摩擦发热严重,寿命降低,适用于轴向载荷大、转速不高之处。 紧圈内孔直径小,装在轴上;松圈内孔直径大,与轴之间有间隙,装在机座上
深沟球轴承 6		高	8′~16′	主要承受径向载荷,同时也可承受一定量的轴向载荷。当转速很高而轴向载荷不太大时,可代替推力球轴承受纯轴向载荷
角接触球 轴承 7	α	较高	2′~10′	能同时承受径向、轴向联合载荷,公称接触角越大,轴向承载能力也越大。公称接触角 α 有 15°,25°,40°三种,内部结构代号分别为 C,AC 和 B。通常成对使用,可以分装于两个支点或同装于一个支点上
圆柱滚子 轴承 N		较高	2′~4′	能承受较大的径向载荷,不能承受轴向载荷。因系线接触,内、外圈只允许有极小的相对偏转。 轴承内、外圈可分离

表 10-1(续2)

轴承名称 类型代号	结构简图及承载方向	极限转速	允许偏转角	主要特性和应用
滚针轴承 NA	(a) (b)	低	不允许	只能承受径向载荷,承载能力大,径向尺寸特小,一般无保持架,因而滚针间有摩擦,轴承极限转速低。这类轴承不允许有角偏差。 轴承内、外圈可分离。 可以不带内圈

10.2.2 滚动轴承的代号

国标 GB/T 4662—2003 规定了一般用途的滚动轴承代号的编制方法。滚动轴承代号由字母和数字表示,并由前置代号、基本代号和后置代号三部分构成,如表 10-2 所示。基本代号是轴承代号的主体,表示轴承的基本类型、结构和尺寸。前置代号和后置代号是轴承在结构形状、尺寸、公差、技术要求等方面有改变时,在基本代号左右增加的补充代号。下面介绍常用代号。

表 10-2 滚动轴承代号的构成

<table>
<tr><th>前置代号</th><th colspan="5">基本代号</th><th colspan="8">后置代号</th></tr>
<tr><td rowspan="3">轴承分部件代号</td><td>五</td><td>四</td><td>三</td><td>二</td><td>一</td><td rowspan="3">内部结构代号</td><td rowspan="3">密封与防尘结构代号</td><td rowspan="3">保持架及其材料代号</td><td rowspan="3">特殊轴承材料代号</td><td rowspan="3">公差等级代号</td><td rowspan="3">游隙代号</td><td rowspan="3">多轴承配置代号</td><td rowspan="3">其他代号</td></tr>
<tr><td rowspan="2">类型代号</td><td colspan="2">尺寸系列代号</td><td colspan="2" rowspan="2">内径代号</td></tr>
<tr><td>宽度系列代号</td><td>直径系列代号</td></tr>
</table>

注:基本代号下面的一至五表示代号自右向左的位置序数。

1. 类型代号

类型代号用数字或字母表示,其代号如表 10-1 所示。

2. 尺寸系列代号

对于同一内径的轴承,在承受大小不同的载荷时,可使用大小不同的滚动体,从而使轴承的外径和宽度相应地也发生了变化。显然,使用的滚动体越大,承载能力越大,轴承的外径和宽度也越大。宽度系列是指相同内外径的轴承有几个不同的宽度,当宽度系列为 0 系列(正常系列)时,对多数轴承在代号中不标出宽度系列代号 0,但对于调心滚子轴承和圆锥滚子轴承,宽度系列代号0应该标出。直径系列是指相同内径的轴承有几个不同的外径,直径系列代号有7,8,9,0,1,2,3,4和5,对应于相同内径轴承的外径尺寸依次递增。部分直径系列之间的尺寸对比如图10-4所示。其中,0和1为特轻系列,2为轻系列,3为中系列,4为重系列。

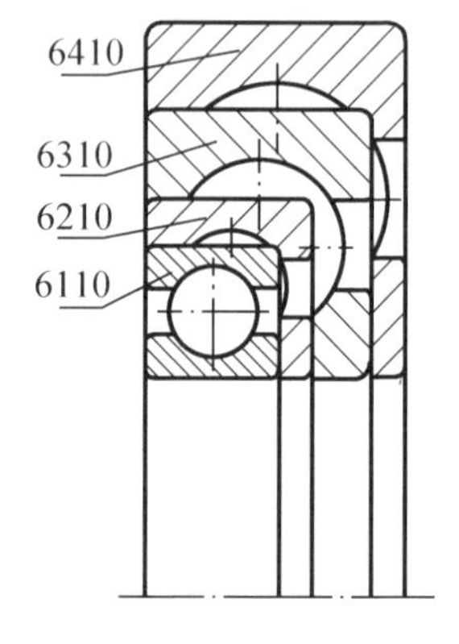

图10-4 直径系列的对比

3. 内径代号

内径代号表示轴承内圈孔径的大小,滚动轴承内径可以从1 mm到几百毫米变化,如表10-3所示。对常用内径 d = 20 ~ 495 mm的轴承,内径一般为5的倍数,这两位数字表示轴承内径尺寸被5除得的商数,如04表示 d = 20 mm;12表示 d = 60 mm,等等。对于内径为10 mm,12 mm,15 mm,17 mm的轴承,内径代号依次为00,01,02和03。

4. 内部结构代号

内部结构代号表示轴承内部结构变化。代号含义随不同类型、结构而异,如表10-4所示。如接触角为15°,25°和40°的角接触轴承分别用C,AC,B表示内部结构的不同。

表10-3 内径代号

轴承内径 d/mm		内径代号	示　　例
10 ~ 17	10	00	深沟球轴承6201 内径 d = 12 mm
	12	01	
	15	02	
	17	03	
20 ~ 495 (22,28,32除外)		用内径除以5得的商数表示。当商只有个位数时,需在十位数处用0占位	深沟球轴承6210 内径 d = 50 mm
≥500 以及22,28,32		用内径毫米数直接表示,并在尺寸系列代号与内径代号之间用"/"号隔开	深沟球轴承 62/500,内径 d = 500 mm 62/22,内径 d = 22 mm

表10-4 内部结构代号

代　　号	示　　例
C	角接触球轴承　公称接触角 $\alpha = 15°$　7210C
AC	角接触球轴承　公称接触角 $\alpha = 25°$　7210AC
B	角接触球轴承　公称接触角 $\alpha = 40°$　7210B
	圆锥滚子轴承　接触角　$\alpha = 40°$　32310B
E	加强型,改进结构设计,增大承载能力 NU207E

5. 公差等级代号

公差等级代号表示轴承的精度等级,如表10-5所示。分为2级、4级、5级、6级、6X和

0 级,共 6 个级别,依次由高级到低级,其代号分别为/P2,/P4,/P5,/P6,/P6X 和/P0。公差等级中,6X 级仅适用于圆锥滚子轴承;0 级为普通级,在轴承代号中不标出。

表 10-5　公差等级代号

	精度低——→精度高					示例
代号	/P0	/P6	/P5	/P4	/P2	6206/P5
公差等级	0	6	5	4	2	5 级

6. 配置代号

配置代号表示一对轴承的配置,见表 10-6。

表 10-6　轴承的配置代号

代号	/DB	/DF	/DT
含义	背对背安装方式	面对面安装方式	串联安装方式

7. 游隙组代号

常用的轴承径向游隙系列分为 1 组、2 组、0 组、3 组、4 组和 5 组,共 6 个组别,依次由小到大。0 组游隙是常用的游隙组别,在轴承代号中不标出,其余的游隙组别在轴承代号中分别用/C1,/C2,/C3,/C4,/C5 表示,见表 10-7。

表 10-7　游隙组代号

代号	/C1	/C2	—	/C3	/C4	/C5
含义	游隙符合标准规定的 1 组	游隙符合标准规定的 2 组	游隙符合标准规定的 0 组	游隙符合标准规定的 3 组	游隙符合标准规定的 4 组	游隙符合标准规定的 5 组

轴承代号 7210C/P5/DF 的意义如图 10-5 所示。

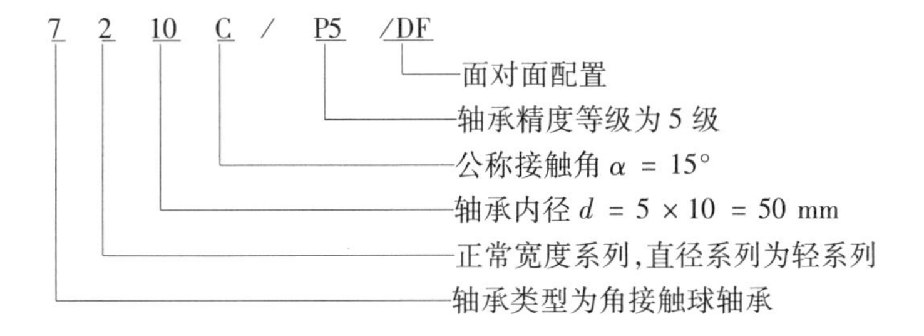

图 10-5　轴承代号 7210C/P5/DF 的意义

10.3 滚动轴承的选择

滚动轴承的选用,包括类型、尺寸、精度、游隙、配合以及支承形式的选择与寿命计算,通常可按以下步骤进行:

①根据工作条件确定轴承部件的结构形式;

②根据支承形式及轴承的工作特性确定轴承类型、精度;

③通过轴承部件的结构设计、强度与寿命计算,确定具体的轴承型号;

④验算轴承的负载能力与极限转速。

各种轴承的结构形式、外形尺寸及其基本性能参数见轴承手册。

10.3.1 滚动轴承的工作特性

1. 负载能力

滚动轴承的负载能力与轴承类型和尺寸有关。外形尺寸相同时,滚子轴承的负载能力约为球轴承的1.5~3倍。角接触轴承的轴向负载能力随接触角的增大而增大。深沟球轴承的公称接触角 $\alpha=0°$,但由于球与滚道间存在微量间隙,有轴向负载作用时内、外圈产生相对位移,形成不大的接触角,故也能承受较小的轴向负载。

2. 速度特性

滚动轴承的工作转速上升到一定限度后,滚动体和保持架的惯性力以及极小的形状偏差,不仅导致运转状态的恶化,而且造成摩擦面间温度升高和润滑剂的性能变化,从而引起滚动体回火或轴承元件的胶合失效。

在一定载荷和润滑条件下,滚动轴承所能允许的最高转速称为轴承的极限转速。它与轴承的类型、尺寸、载荷大小及方向、润滑剂的种类及用量、润滑方式以及散热条件等因素有关。在轴承样本或手册中给出了各种型号轴承在脂润滑和油润滑条件下的极限转速 $n_{\lim}$ 值。这个转速是指载荷不太大时,即当量动载荷 $P\leqslant0.1C$(C 为额定动载荷)、润滑与冷却条件正常,且为0级公差轴承时的最大允许转速。

当轴承在 $P>0.1C$ 情况下工作时,因接触应力增大、润滑状态变差;而且向心轴承受轴向载荷时,将使轴承内受负载的滚动体增加,增大了接触表面间的摩擦也使润滑状态变坏。因而,所允许的最高转速降低,其值可由下式计算求得,即

$$n_{\max}\leqslant f_1 f_2 n_{\lim} \tag{10-1}$$

式中 f_1——承载系数,见图10-6;

f_2——载荷分布系数,见图10-7。

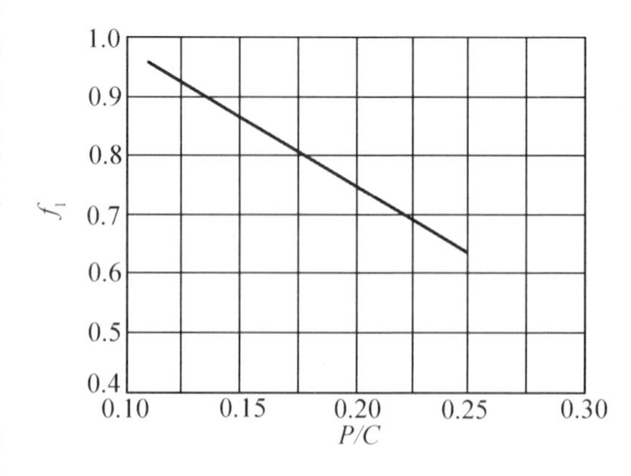

图10-6 承载系数

如果极限转速不能满足要求,需另选轴承,如球轴承与滚子轴承相比较,有较高的极限转速,所以高速时,优先选用球轴承。若工作转速高时,或轴向载荷不大,可采用角接触球轴承承受纯轴向力;或采取改进措

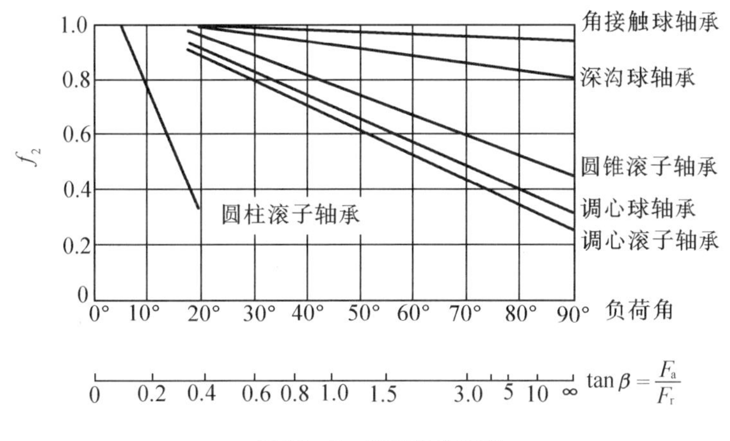

图10-7 载荷分布系数

施,如提高轴承精度、加大球轴承的游隙、采用青铜或夹布胶木保持架、采用喷油或油雾润滑等。综合使用以上各项措施,可使极限转速提高一倍以上。

3. 调心性

由于外壳孔、轴的加工与安装误差,以及受载后轴的挠曲变形,轴和内外圈轴线在工作中不可能保持重合,必将产生一定的偏斜。轴线的偏斜将引起轴承内部接触应力的不均匀分布,造成轴承的早期失效。

轴承能够自动补偿轴和外壳孔中心线的相对偏斜,从而保证轴承正常工作状态的能力称为轴承的调心性。调心球轴承和调心滚子轴承都具有良好的调心性能,它们所允许的轴线偏斜角分别为3°和0.5°~2°。

圆柱滚子轴承和滚针轴承对轴承的偏斜最为敏感,这类轴承在偏斜状态下的承载能力可能低于球轴承。因此,在轴的刚度和轴承座孔的支承刚度较低时,应尽量避免使用这类轴承。

4. 运转精度

用滚动轴承支承的轴,其轴向及径向运转精度既与轴承零件的精度及弹性变形有关,也与相邻部件的精度及弹性变形有关。如轴承与轴和外壳孔的配合间隙会导致轴的中心偏移,影响轴承与轴的运转精度。因此,对于运转精度要求高的轴承,需选用过盈配合。对于游动支承常使用圆柱滚子轴承,因为这种轴承的两个套圈在安装时都可采用过盈配合。轴承的套圈一般比较薄,因此与轴承相配合的轴和外壳孔的形状误差也会影响轴承的运转精度,故配合件的精度必须与轴承相一致。

10.3.2 滚动轴承的类型选择

选择滚动轴承类型时应考虑轴承所受载荷(大小、方向及性质)、转速与工作环境、经济性及其他特殊要求等多种因素的影响,下述原则可供参考。

(1)转速较高、负载不大,而旋转精度要求较高时,宜用球轴承;转速较低、负载较大或有冲击载荷时宜用滚子轴承。

(2)当径向载荷和轴向载荷都比较大时,若转速高宜用角接触球轴承,若转速不高宜用圆锥滚子轴承;当径向载荷比轴向载荷大得多并且转速较高时宜用向心球轴承。当轴向载荷比径向载荷大得多并且转速较低时,常用两种不同类型轴承的组合,让它们分别承受轴向及径向载荷。

(3)支承刚度要求较高时,可成对采用角接触型轴承。

(4)需调整径向间隙时宜采用带内锥孔的轴承。

(5)支点跨距大、轴的变形大或多支点轴,宜采用调心轴承。

(6)在满足使用要求的情况下,优先选用价格低的轴承。一般来说球轴承的价格低于滚子轴承;精度愈高价格愈高;同精度的轴承中深沟球轴承最便宜。

10.4 滚动轴承的载荷分析、失效形式和设计准则

10.4.1 滚动轴承的工作情况分析

1. 滚动轴承工作时各元件间的运动关系

滚动轴承是承受载荷而又旋转的支承件。作用于轴承上的载荷通过滚动体由一个套圈(指内圈或外圈)传递给另一个套圈。内、外圈相对回转,滚动体既自转又绕轴承中心公转。

2. 滚动轴承中的载荷分布

以向心轴承为例,在径向载荷作用下向心轴承中载荷的分布可参看图10-8。为了简化受力分析,假定轴承仅受径向载荷;内、外圈不变形;滚动体与滚道的变形在弹性变形范围内;径向游隙为零。考虑有一个滚动体的中心位于径向载荷的作用线上,上半圈的滚动体不承受载荷,下半圈滚动体受载荷,且滚动体在不同位置承受的载荷大小也在变化。

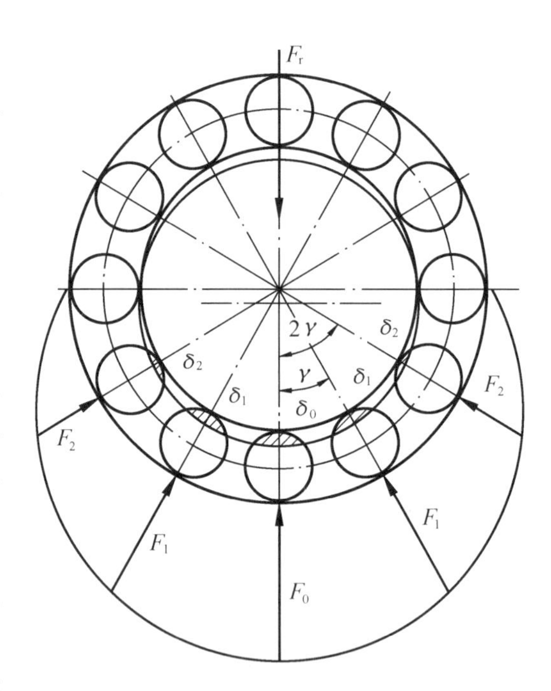

图10-8 滚动体间的载荷分布简图

在载荷 F_r 作用下,内圈中心相对于外圈中心下沉了 δ_0(图10-8)。最下边一个滚动体受力最大,其内圈滚道上最大变形量为 $\delta_{max}=\delta_0$,下半圈其余各滚动体与内圈滚道接触处的变形量由几何关系可得 $\delta_i=\delta_0\cos i\gamma$,$i=1,2,\cdots$,$\gamma$ 是各滚动体的中心角。图中 $F_0,F_1,\cdots,F_i$ 是各滚动体所受的力,其中 F_0 为滚动体所受的最大载荷,其他载荷向两边逐渐减小。各滚动体从开始受力到受力终止所对应的区域叫作承载区。实际上由于轴承内存在间隙,故由径向载荷 F_r 产生的承载区的范围将小于180°。根据力的平衡原理,所有滚动体作用在内圈上的反力 F_i 的向量和等于径向载荷 F_r。

3. 轴承元件上的载荷及应力变化

由轴承的载荷分布可知,滚动轴承工作时,滚动体所处位置不同,轴承各元件所受的载荷和应力随时都在变化。在承载区内,滚动体所受的载荷由零逐渐增加到最大值,然后再逐

渐减小到零。滚动体受的是变载荷和变应力。

轴承工作时,假设内圈旋转、外圈固定。进入承载区的内圈上某一点与滚动体接触一次,就受一次载荷作用,载荷由零到最大值再变到零,内圈该点上的载荷和接触应力也是周期性地不稳定变化(图10-9)。

对于固定的外圈上某一定点,每当一个滚动体滚过时,便受一次载荷,其承受载荷的最大值是固定的,该点受稳定的脉动循环载荷作用,接触应力的变化如图10-10所示。

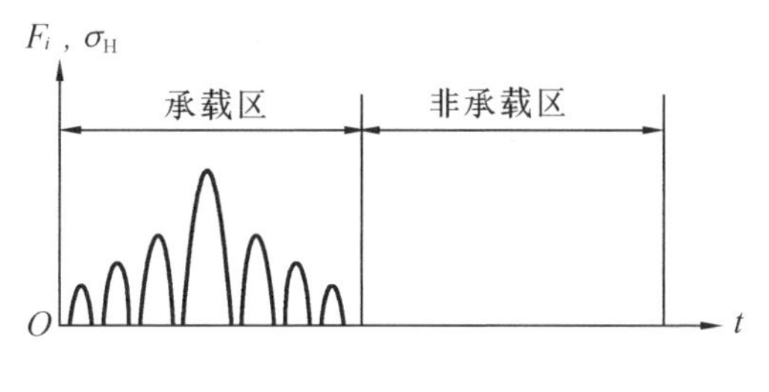

图10-9 轴承内圈上一点载荷及应力变化

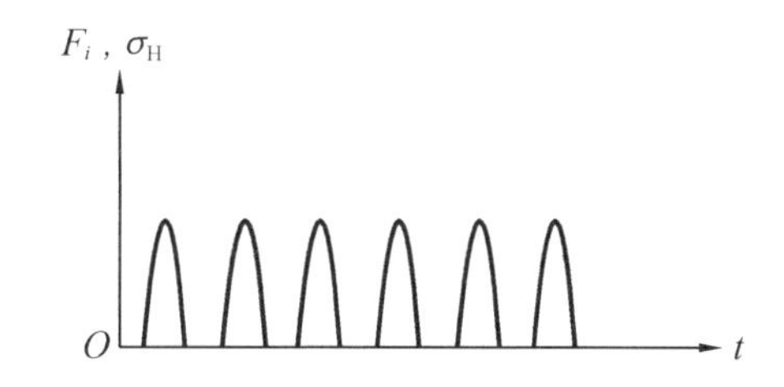

图10-10 轴承外圈上一点载荷及应力变化

10.4.2 滚动轴承的失效形式及设计准则

1. 滚动轴承的主要失效形式

(1)疲劳点蚀

滚动轴承在工作时,滚动体或套圈的滚动表面反复受接触应力的作用,工作一段时间后,出现疲劳裂纹并继续发展,使金属表层产生麻坑或片状剥落,造成疲劳点蚀,致使轴承不能正常工作。通常疲劳点蚀是滚动轴承的主要失效形式。

(2)塑性变形

对于低速、摆动或不转动的轴承,在较大的静载荷及冲击载荷作用时,在滚动接触表面上将产生永久性的凹坑,或由于不正确的安装、外来硬物质的侵入等原因造成套圈或滚动体表面产生压痕。以上这些都会增大摩擦力矩,在轴承运转中产生强烈振动和噪声,降低运转精度,即轴承因塑性变形而失效。

(3)磨损

由于密封不好、灰尘及杂质侵入轴承造成滚动体和滚道表面产生磨粒磨损,或由于润滑不良引起轴承早期磨损或烧伤。

(4)其他失效形式

由于装拆操作、维护不当引起元件破裂,如滚子轴承因内、外圈偏斜引起挡边破裂,还有电腐蚀、化学腐蚀也会造成失效。

2. 滚动轴承设计准则

选定轴承类型后,决定轴承尺寸时应针对主要失效形式进行计算。疲劳点蚀失效是疲劳寿命计算的主要依据,塑性变形是静强度计算的依据。对一般工作条件下的滚动轴承应进行接触疲劳寿命计算,有冲击时还应做静强度计算。高速轴承由于发热易造成黏着磨损和烧伤,除进行寿命计算外,还要核验极限转速。

此外,决定轴承工作能力的因素还有轴承组合的合理结构、润滑和密封等,它们对保证轴承正常工作起重要作用。

10.5 滚动轴承尺寸的选择

10.5.1 基本额定寿命 L

大量实验表明,滚动轴承的疲劳寿命是相当离散的。一个滚动轴承的寿命是指轴承中任一个滚动体或滚道首次出现疲劳扩展之前,一个套圈相对于另一个套圈的转数,或在一定转速下的工作小时数。

同一批轴承在完全相同的工况下运转,各轴承的寿命也不可能相等,寿命长短间相差可达几十倍。对一个具体轴承很难预知其确切寿命,但对一批轴承可用数理统计方法,分析计算一定可靠度 R 或失效概率 n 下的轴承寿命。一般在计算中取 $R=0.9$,此时 $L_n=L_{10}$,称为基本额定寿命。即基本额定寿命是指一批相同的轴承,在相同运转条件下,其中90%的轴承在发生疲劳点蚀前所能运转的总转数或在一定转速下所能运转的总工作小时数。

10.5.2 基本额定动载荷 C

把基本额定寿命 $L=10^6$ 转时轴承所能承受的最大载荷取为基本额定动载荷。基本额定动载荷指的是大小和方向恒定的载荷,是向心轴承承受纯径向载荷或推力轴承承受纯轴向载荷的能力。

各类轴承的基本额定动载荷 C_r(径向基本额定动载荷)或 C_a(轴向基本额定动载荷)可在产品目录中查得,本书附表5、附表6、附表7中列举了少量轴承的 C 值供参考。

10.5.3 当量动载荷 P

滚动轴承的实际运转条件,一般与确定额定动载荷的条件不同,为了进行寿命计算,须将实际载荷换算成一个与 C 载荷性质相同的假定载荷。在这个假定载荷作用下,轴承的寿命与实际载荷作用下的寿命相同,称该假定载荷为当量动载荷,用 P 表示。

在恒定的径向载荷 F_r 和轴向载荷 F_a 作用下,当量动载荷为

$$P=XF_r+YF_a \tag{10-2}$$

其中,X,Y 为径向系数和轴向系数,可由表10-8查取。

向心轴承只承受径向载荷时

$$P=F_r \tag{10-3}$$

推力轴承只能承受轴向载荷时

$$P=F_a \tag{10-4}$$

表10-8中 e 为判断系数(即界限值)。单列向心轴承当 $\dfrac{F_a}{F_r}\leqslant e$ 时:$Y=0$,$P=F_r$,即轴向载荷对当量动载荷的影响可以不计。深沟球轴承和角接触球轴承的 e 值将随 $\dfrac{iF_a}{C_0}$ 的增加而增大(C_0 为轴承的额定静载荷),$\dfrac{iF_a}{C_0}$ 反映轴向载荷的相对大小,它通过接触角的变化而影响 e 值。

表 10－8 径向系数 X 和轴向系数 Y

轴承类型		$\frac{iF_a}{C_0}$	单列轴承				双列轴承				界限值 e
			$\frac{F_a}{F_r}\leqslant e$		$\frac{F_a}{F_r}>e$		$\frac{F_a}{F_r}\leqslant e$		$\frac{F_a}{F_r}>e$		
			X	Y	X	Y	X	Y	X	Y	
深沟球轴承		0.014				2.30					0.19
		0.028				1.99					0.22
		0.056				1.71					0.26
		0.084				1.55					0.28
		0.11	1	0	0.56	1.45					0.30
		0.17				1.31					0.34
		0.28				1.15					0.38
		0.42				1.04					0.42
		0.56				1.00					0.44
调心球轴承							1	$0.42\cot\alpha$	0.65	$0.65\cot\alpha$	$1.5\tan\alpha$
调心滚子轴承							1	$0.45\cot\alpha$	0.67	$0.67\cot\alpha$	$1.5\tan\alpha$
角接触球轴承	$\alpha=15°$	0.015				1.47		1.65		2.39	0.38
		0.029				1.40		1.57		2.28	0.40
		0.058				1.30		1.46		2.11	0.43
		0.087				1.23		1.38		2.00	0.46
		0.12	1	0	0.44	1.19	1	1.34	0.72	1.93	0.47
		0.17				1.12		1.26		1.82	0.50
		0.29				1.02		1.14		1.66	0.55
		0.44				1.00		1.12		1.63	0.56
		0.58				1.00		1.12		1.63	0.56
	$\alpha=25°$		1	0	0.41	0.87	1	0.92	0.67	1.41	0.68
	$\alpha=40°$		1	0	0.35	0.57	1	0.55	0.57	0.93	1.14
圆锥滚子轴承			1	0	0.40	$0.4\cot\alpha$	1	$0.45\cot\alpha$	0.67	$0.67\cot\alpha$	$1.5\tan\alpha$

注：(1) C_0 是轴承的额定静载荷；i 是滚动体的列数；α 是接触角。

(2) 对于深沟球轴承及角接触球轴承，先根据算得的 $\frac{iF_a}{C_0}$ 值查出对应的 e 值，然后再查出对应的 X，Y 值。对于表中未列出的 $\frac{iF_a}{C_0}$ 值，可按线性插值法求出对应的 e，X，Y 值。

(3) 两套相同的角接触球轴承(或圆锥滚子轴承)安装在同一支点上“背靠背”或“面对面”配置作为一个整体(成对安装)运转时，这时轴承的当量动载荷按一套双列角接触球轴承(或圆锥滚子轴承)计算，并用双列轴承的 X，Y 值。

(4) 调心轴承和圆锥滚子轴承中计算 e 和 Y 所需的接触角 α 由滚动轴承样本或机械设计手册查得。

10.5.4 寿命计算

在大量试验研究的基础上,得出的代号为6207轴承的载荷-寿命曲线如图10-11所示。该曲线表示了轴承的载荷 P 与基本额定寿命 L_{10} 之间的关系。其他型号轴承的载荷-寿命曲线的函数规律也与此类似,其方程为

$$P^{\varepsilon}L_{10}=C^{\varepsilon}\times 1=常数$$

式中 P——当量动载荷,N;

L_{10}——基本额定寿命,10^6 r;

C——基本额定动载荷,N;

ε——寿命指数,对于球轴承 $\varepsilon=3$,滚子轴承 $\varepsilon=\frac{10}{3}$。

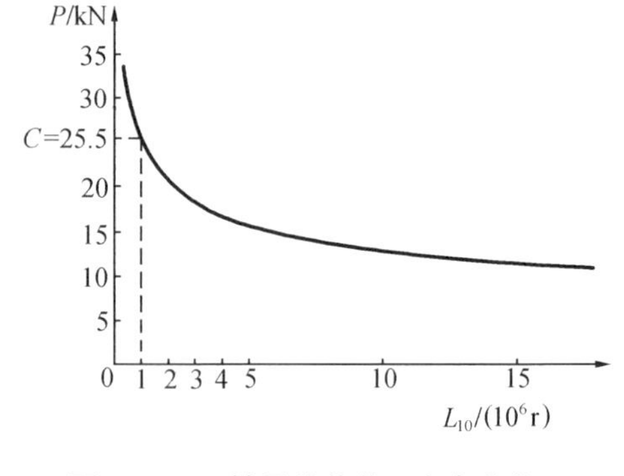

图10-11 轴承的载荷-寿命曲线

由上式可得滚动轴承的基本额定寿命 L_{10} 为

$$L_{10}=\left(\frac{C}{P}\right)^{\varepsilon} \tag{10-5}$$

在实际工程计算中,轴承寿命常用小时表示,此时基本额定寿命 L_h(单位为小时)为

$$L_h=\frac{10^6}{60n}\left(\frac{C}{P}\right)^{\varepsilon} \tag{10-6}$$

其中,n 为轴承转速,单位为r/min。

通常取机器的中修或大修年限作为轴承的设计寿命。实际上,达到设计寿命时只有少数轴承需要更换,多数仍能正常工作。轴承的预期寿命值可参考表10-9。

表10-9 轴承预期寿命的荐用值

机器种类		预期寿命/h
不经常使用的仪器设备		500
航空发动机		500~2 000
间断使用的机器	中断使用不致引起严重后果的手动机械、农业机械等	4 000~8 000
	中断使用会引起严重后果,如升降机、输送机、吊车等	8 000~10 000
每天工作8小时的机器	利用率不高的齿轮传动,电动机等	12 000~20 000
	利用率较高的通风设备,机床等	20 000~30 000
连续工作24小时的机器	一般可靠性的空气压缩机,电动机,水泵等	50 000~60 000
	高可靠性的电站设备,给排水装置等	>100 000

如果载荷 P 和转速 n 已知,预期计算寿命 L'_h,也已确定,则所需轴承应具有的基本额定动载荷 C'(单位为N)可根据式(10-3)计算得出

$$C' = P\sqrt[\varepsilon]{\frac{60nL_h'}{10^6}} \tag{10-7}$$

据此可以从轴承手册中查出已选定轴承的型号，该型号轴承的基本额定动载荷 $C \geqslant C'$。

在较高温度下工作的轴承应该采用经过高温回火处理的高温轴承。由于在轴承样本中列出的基本额定动载荷值是对一般轴承而言的，因此，如果要将该数值用于高温轴承，需要将 C 乘以温度系数 f_t（由表10－10选取），即对 C 值进行修正。

表10－10　温度系数 f_t

轴承工作温度/℃	≤120	125	150	175	200	225	250	300	350
温度系数 f_t	1.00	0.95	0.90	0.85	0.80	0.75	0.70	0.6	0.5

考虑机械工作时的冲击、振动对轴承载荷的影响，应将 P 乘以载荷系数 f_P（由表10－11选取），对当量动载荷进行修正。

表10－11　载荷系数 f_P

负荷性质	机械举例	载荷系数 f_P
平稳运转或轻微冲击	电动机、空调机、水泵等	1.0～1.2
轻度冲击的运转	机床、起重机、传动装置、风机、造纸机等	1.2～1.5
剧烈冲击、振动的运转	破碎机、轧钢机、振动筛、工程机械等	1.5～3.0

修正后，式（10－2）、式（10－3）、式（10－4）变为

$$L_{10} = \left(\frac{f_t C}{f_P P}\right)^{\varepsilon} \tag{10-8}$$

$$L_h = \frac{10^6}{60n}\left(\frac{f_t C}{f_P P}\right)^{\varepsilon} \quad \text{h} \tag{10-9}$$

$$C' = \frac{f_P P}{f_t}\left(\frac{60n}{10^6}L_h'\right)^{1/\varepsilon} \quad \text{N} \tag{10-10}$$

值得指出的是，随着科技的发展，机器可靠性要求也不断提高，建立在可靠度为90%的基本额定寿命公式已不能满足设计要求，对于可靠度要求高于90%的特殊性能材料及特殊运转条件下的轴承寿命计算，需要对现有公式进行修正。这时，须引入寿命修正系数 a_1，于是修正额定寿命为

$$L_n = a_1 L_{10} \tag{10-11}$$

式中　L_{10}——可靠度为90%（破坏概率为10%）时的寿命，即基本额定寿命；

　　a_1——可靠度不为90%时的额定寿命修正系数，其值见表10－12。

表 10-12 可靠度不为 90% 时的额定寿命修正系数 a_1(GB/T 6391—1995)

可靠度/%	90	95	96	97	98	99
L_n	L_{10}	L_5	L_4	L_3	L_2	L_1
a_1	1	0.62	0.53	0.44	0.33	0.21

将式(10-3)代入式(10-8),得

$$L_n=\frac{10^6a_1}{60n}\left(\frac{C}{P}\right)^{\varepsilon} \tag{10-12}$$

式中修正额定寿命 L_n 的单位为 h。

当给定可靠度以及在该可靠度下的预期寿命 L_n'(单位为 h)时,可以利用下式计算所需的基本额定动载荷 C',然后,按 $C\geqslant C'$ 的原则选取轴承型号。

$$C'=P\left(\frac{60L_n'n}{10^6a_1}\right)^{\frac{1}{\varepsilon}} \tag{10-13}$$

10.5.5 角接触向心轴承轴向载荷的计算

当角接触向心轴承承受径向载荷 F_r 时,如图 10-12 所示,由于滚动体与滚道的接触线与轴承轴线之间夹一个接触角 α,因而作用在承载区内第 i 个滚动体上的法向力 F_i 可分解为径向分力 F_i'' 和轴向分力 F_i'。所有轴向分力 F_i' 之和组成轴承的内部轴向力 F'。内部轴向力 F' 的大小可按照表 10-13 中的公式计算。

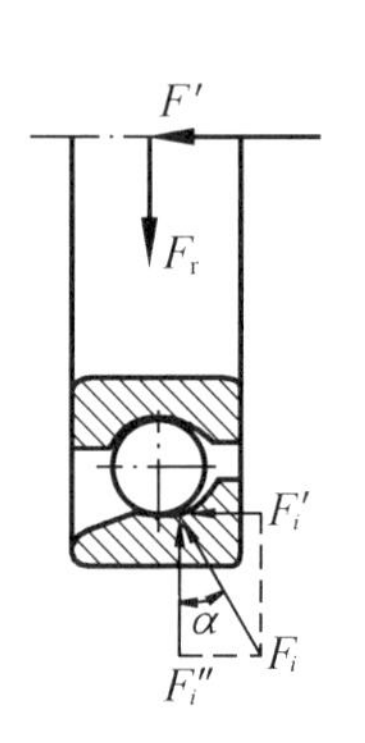

图 10-12 径向载荷产生的轴向分量

表 10-13 内部轴向力 F'

圆锥滚子轴承	角接触球轴承		
	70000C($\alpha=15°$)	70000AC($\alpha=25°$)	70000B($\alpha=40°$)
$F'=\frac{F_r}{2Y}$ ①	$F'=eF_r$ ②	$F'=0.68F_r$	$F'=1.14F_r$

注:①Y 是对应表 10-8 中 $\frac{F_a}{F_r}>e$ 的 Y 值;

②e 值由表 10-8 查出,初算时可取 $e\approx0.4$。

为了使角接触向心轴承的内部轴向力得到平衡,以免轴窜动,通常这种轴承都要成对使用,对称安装。安装方式有两种:图 10-13(a)为两外圈窄边相对(正安装),图 10-13(b)为两外圈宽边相对(反安装)。图中 F_A 为轴向外载荷。计算轴承的轴向载荷 F_a 时还应将径向载荷 F_r 产生的内部轴向力 F' 考虑进去。图中 O_1,O_2 点分别为轴承 1 和轴承 2 的压力中心,即支反力作用点。O_1,O_2 与轴承端面的距离 a_1,a_2,可由轴承样本或有关手册查得,但为了简化计算,通常可认为支反力作用在轴承宽度的中点。

如图 10-13 所示,把内部轴向力的方向与外加轴向载荷 F_A 的方向一致的轴承标为 2,另一端标为轴承 1。取轴和与其相配合的轴承内圈为分离体,如达到轴向平衡时,应满足

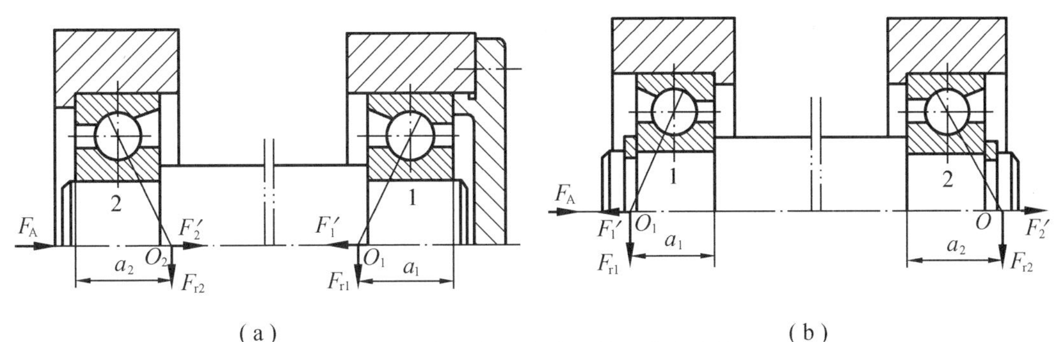

图 10－13 角接触向心轴承轴向载荷的分析

(a)正安装;(b)反安装

$$F_A + F_2' = F_1'$$

如果按表 10－13 中的公式求得的 F_1' 和 F_2' 不满足上面的关系式时,就会出现下面两种情况:

(1)当 $F_A + F_2' > F_1'$ 时,则轴有向右窜动的趋势,相当于轴承 1 被“压紧”,轴承 2 被“放松”,但实际上轴必须处于平衡位置(即轴承座必然要通过轴承元件施加一个附加的轴向力来阻止轴的窜动),所以被“压紧”的轴承 1 所受的总轴向力 F_{a1} 必须与 $F_A + F_2'$ 相平衡,即

$$F_{a1} = F_A + F_2' \tag{10-14}$$

而被“放松”的轴承 2 只受其本身内部轴向力 F_2',即

$$F_{a2} = F_2' \tag{10-15}$$

(2)当 $F_A + F_2' < F_1'$ 时,同前理,被“放松”的轴承 1 只受其本身内部轴向力 F_1',即

$$F_{a1} = F_1' \tag{10-16}$$

而被“压紧”的轴承 2 所受的总轴向力为

$$F_{a2} = F_1' - F_A \tag{10-17}$$

综上可知,计算角接触向心轴承所受轴向力的方法可以归结为:先通过内部轴向力及外加轴向载荷的计算与分析,判定被“放松”或被“压紧”的轴承;然后确定被“放松”轴承的轴向力仅为其本身内部轴向力,被“压紧”轴承的轴向力则为除去本身内部轴向力后其余各轴向力的代数和。

10.5.6 滚动轴承的静载荷

1. 基本额定静载荷 C_0

对于在工作载荷作用下基本不旋转的轴承,或者慢慢地摆动以及转速极低的轴承,如果滚动接触面上的接触应力过大,将产生塑性变形才是轴承的失效形式。所以这时应按轴承的静强度来选择轴承的尺寸。为此,必须对每个型号的轴承规定一个不能超过的外载荷界限。GB/T 4662—2003 规定,轴承受力最大的滚动体与滚道接触中心处引起的接触应力达到一定值的载荷,作为轴承静载荷的界限,称为基本额定静载荷,以 C_0 表示。对向心轴承来说,基本额定静载荷是指使轴承套圈仅产生相对纯径向位移的载荷的径向分量,称之为径向基本额定静载荷,用 C_{0r} 表示。对推力轴承,基本额定静载荷是指中心轴向载荷,称为轴向基本额定静载荷,用 C_{0a} 表示。各类轴承的基本额定静载荷 C_0 值由制造厂根据轴承的参数和尺寸算出列于产品目录或有关手册中。

2. 当量静载荷 P_0

如果轴承的实际载荷情况与基本额定静载荷的假定情况不同时,要将实际载荷换算为一个假想载荷。在该假想载荷作用下轴承中受载最大的滚动体与滚道接触处产生的永久变形量与实际载荷作用下的相同,把这个假想载荷叫作当量静载荷。其计算式为

$$P_0 = X_0 F_r + Y_0 F_a \tag{10-18}$$

其中,X_0 及 Y_0 分别为当量静载荷的径向系数和轴向系数,其值可查轴承手册。

3. 按静载荷选择轴承

按轴承静载能力选择轴承的公式为

$$C_0 \geqslant S_0 P_0 \tag{10-19}$$

式中 S_0——静强度安全系数,见表10-14。

P_0——当量静载荷,N。

S_0 的取值取决于轴承的使用条件,当要求轴承转动很平稳时,则 S_0 应取大于1,以避免轴承滚动表面的局部塑性变形量过大;当对轴承转动平稳性要求不高时,或轴承仅做摆动运动时,则 S_0 可取1或小于1,以尽量使轴承在保证正常运行条件下发挥最大的静载能力。

表10-14 滚动轴承静强度安全系数 S_0

轴承使用情况	使用要求、载荷性质和使用场合	S_0
旋转轴承	对旋转精度和运转平稳性要求较高,或承受较大的冲击载荷	1.2~2.5
	正常使用	0.8~1.2
	对旋转精度和运转平稳性要求较低,没有冲击振动	0.5~0.8
不旋转或摆动轴承	水坝闸门装置	0.5~0.8
	附加动载荷较小的大型起重机吊钩	≥1
	附加动载荷较大的小型装卸起重机吊钩	≥1.6

例10-1 某传动装置的一轴上装有两个角接触球轴承。已知轴承所受的径向载荷分别为 $F_{r1}=2\ 100$ N,$F_{r2}=810$ N,轴向外载荷 $F_A=230$ N。该轴的转速 $n=1\ 460$ r/min,常温下工作,载荷平稳,安装形式如图10-14所示。要求轴颈直径 $d=40$ mm,轴承寿命不低于30 000 h,试确定轴承型号。

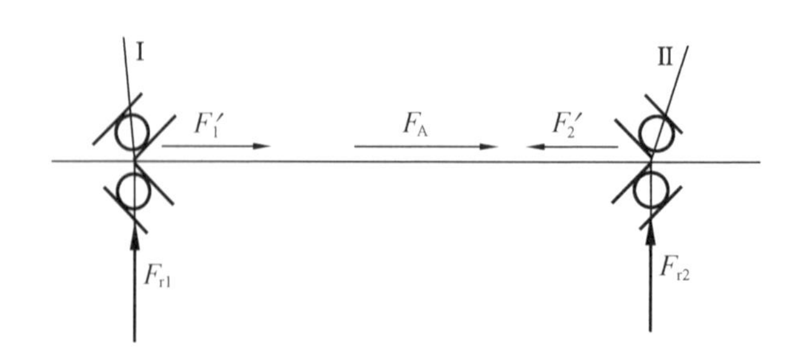

图10-14 例10-1图

解 根据轴颈直径、载荷性质,初选轴承型号为7208AC,由手册查得基本额定动载荷 $C=35\ 200\ \text{N}$。

(1)计算内部轴向力

由表10-13知:7208AC型轴承($e\approx0.68$)$F'=0.68F_r$,则

$$F'_1=0.68\times2\ 100\ \text{N}=1\ 428\ \text{N},\quad F'_2=0.68\times810\ \text{N}=550.8\ \text{N}$$

(2)计算单个轴承的轴向载荷

比较 F'_1+F_A 与 F'_2,即

$$F'_1+F_A=1\ 428+230>F'_2$$

由图示结构知,Ⅰ轴承"放松",Ⅱ轴承"压紧"。因此

$$F_{a1}=F'_1=1\ 428\ \text{N}$$

$$F_{a2}=F'_1+F_A=1\ 428+230=1\ 658\ \text{N}$$

(3)计算当量动载荷

$$P=XF_r+YF_a$$

由表10-8,得

$$\frac{F_{a1}}{F_{r1}}=\frac{1\ 428}{2\ 100}=0.68=e,\quad X_1=1,\quad Y_1=0$$

$$\frac{F_{a2}}{F_{r2}}=\frac{1\ 658}{810}=2.05>e,\quad X_2=0.41,\quad Y_2=0.87$$

则

$$P_1=1\times2\ 100+0\times1\ 428=2\ 100\ \text{N}$$

$$P_2=0.41\times810+0.87\times1\ 658=1\ 774.6\ \text{N}$$

(4)计算寿命

取 P_1,P_2 中的较大值代入寿命计算公式。

由表10-11,得 $f_P=1.1$,则

$$L_h=\frac{10^6}{60n}\left(\frac{f_tC}{f_PP}\right)^{\varepsilon}=\frac{16\ 670}{1\ 460}\left(\frac{1\times35\ 200}{1.1\times2\ 100}\right)^3=40\ 399\ \text{h}>30\ 000\ \text{h}$$

结论:所选轴承7208AC符合要求。

10.6 滚动轴承装置的设计

为了保证滚动轴承在预定期限内正常工作,除了正确地选择轴承类型和确定轴承的尺寸以外,还应合理地设计轴承组合。分析和设计轴承组合时,一般须考虑下列几个方面的问题。

10.6.1 轴承的配置

合理的轴承配置应保证轴和轴上零件在工作中的正确位置,防止轴向窜动,固定其轴向位置,当受到轴向力时,能将力传到机体上;但是,为了避免轴因受热伸长致使轴承受过大的附加载荷,甚至卡死,又须允许它有一定的轴向游动量。为此,采取的配置办法有下列三种。

1. 两端固定支承

这种方法是由两个支承各限制一个方向的轴向移动。图10-15所示的两个支点上均为内部游隙不能调整的深沟球轴承,考虑到轴受热伸长,在一端的轴承外圈与轴承盖端面之间留有一定的间隙(间隙大小根据跨距和温升情况取值,因很小通常不画出)。

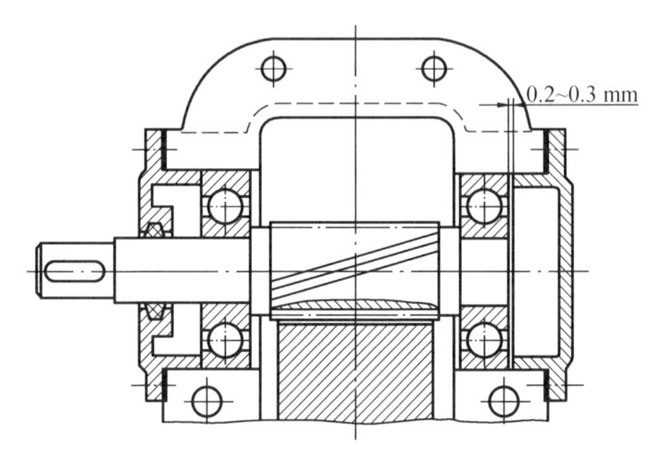

图10-15 两端固定式支承

对于可调游隙式轴承,如70000型,则在装配时将间隙留在轴承内部,例如靠垫片组来调整间隙。

这种固定方法简单,便于安装调整,适于支承跨距较短、轴与支承外圈的箱体温差不大的场合。

对于两个反向安装的角接触轴承或圆锥滚子轴承,两个轴承各限制一个方向的轴向移动,如图10-16和图10-17所示。安装时,通过调整轴承外圈(图10-16)或内圈(图10-17)的轴向位置,可使轴承达到理想的游隙或所要求的预紧程度。图10-16和图10-17所示的结构均为悬臂支承的小锥齿齿轮轴。两图对比可知,在支承距离 b 相同的情况下,压力中心距离 $L_1<L_2$,故前者悬臂较长,支承刚性较差。在受热变形方面,因轴转动时温度一般高于外壳的温度,轴的轴向和径向热膨胀将大于外壳的热膨胀,由于图10-16的结构减小了预紧的间隙,可能导致卡死,而图10-17的结构可以避免这种情况。

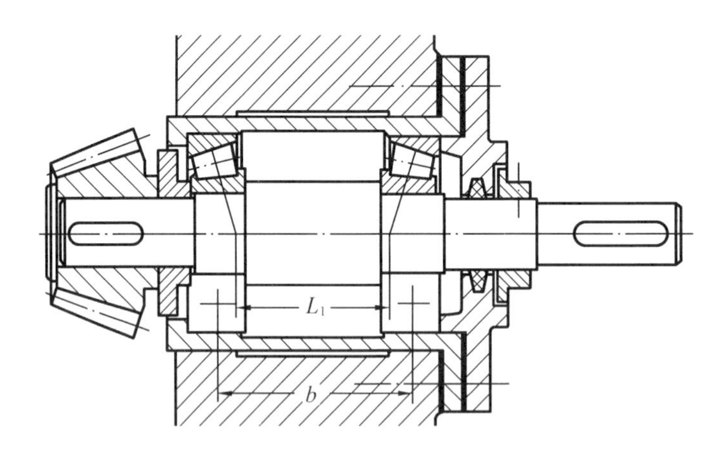

图10-16 小锥齿轮轴支承结构之一

2. 一端固定支承和一端游动支承

一端为固定支承,限制轴在两个方向的轴向移动;另一端为游动支承,这样就可以适应轴伸缩的要求,适用于温度变化大、支承跨距长的场合。若游动支承采用内外圈不可分离型轴承,只需固定内圈,其外圈就不应固定,以便轴与此轴承一起在孔内能轴向游动,如图10-18所示。若游动支承采用可分离型圆柱滚子轴承或滚针轴承,其内外圈都应固定,如图

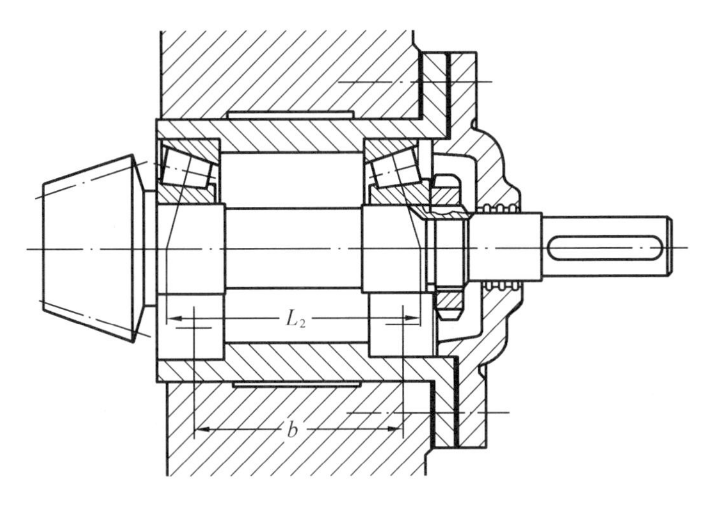

图 10－17 小锥齿轮轴支承结构之二

10－19 所示。当轴向载荷较大时，作为固定的支点可以采用向心轴承和推力轴承组合在一起的结构，如图 10－20 所示。也可以采用两个角接触球轴承（或圆锥滚子轴承）“背对背”或“面对面”组合在一起的结构，如图 10－21 所示（左端两轴承“面对面”安装）。

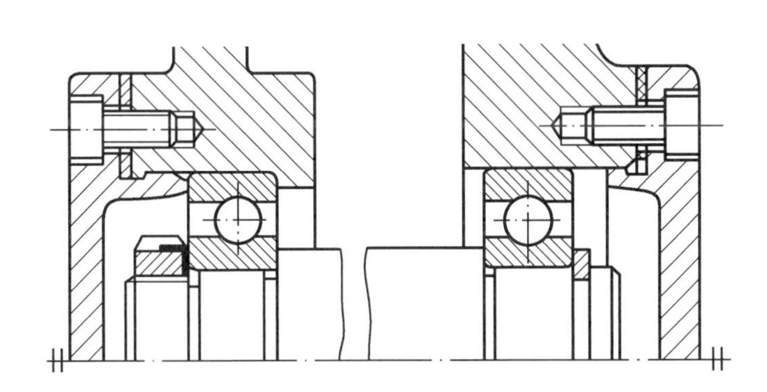

图 10－18 一端固定，另一端游动支承方案之一

3. 两端游动支承

当轴和轴上零件已从其他方面得到轴向固定时，两个支承就应该全是游动的。人字齿轮传动轴承组合的结构如图 10－22 所示。大人字齿轮的轴已双向固定，由于人字齿轮的啮合作用，小人字齿轮的轴向位置亦随之固定，因此，这时小人字齿轮轴的两个轴承必须是游动的，否则将发生超定位现象。

10.6.2 滚动轴承内、外圈的轴向固定方法

轴承内、外圈都应可靠固定，固定方法的选择取决于轴承上的载荷性质、大小及方向，以及轴承类型和其在轴上的位置等。当冲击振动愈严重，轴向载荷愈大，转速愈高时，所用的固定方法应愈可靠。

轴承内圈轴向固定的常用方法有：

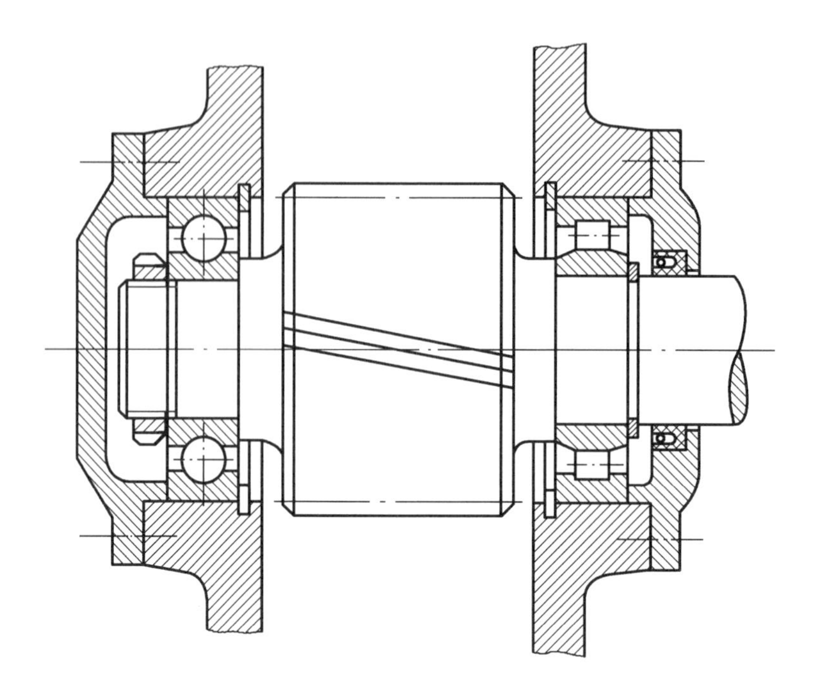

图 10－19　一端固定,另一端游动支承方案之二

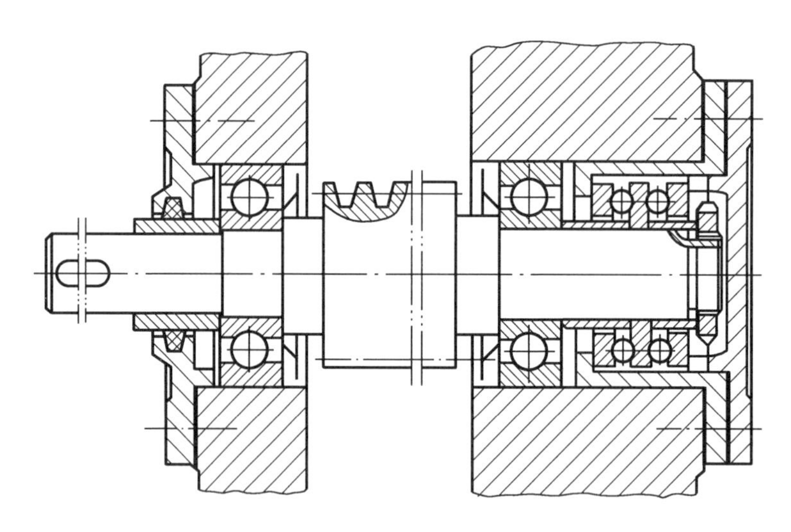

图 10－20　一端固定,另一端游动支承方案之三

①用弹性挡圈和轴肩固定(图 10－23(a)),它结构简单、轴向尺寸小,主要用于承受轴向载荷不大及转速不很高的单列向心球轴承。

②用轴端挡圈和轴肩固定(图 10－23(b)),可用于轴径较大的场合,能在高转速下承受较大的轴向载荷。

③用锁紧螺母和轴肩固定(图 10－23(c)),它拆装方便,用于轴向载荷大、转速高的场合。

④用紧定衬套、止动垫圈和圆螺母紧固,用于光轴上轴向力和转速都不大的、内圈为圆

锥孔的轴承，如图10－23(d)所示。

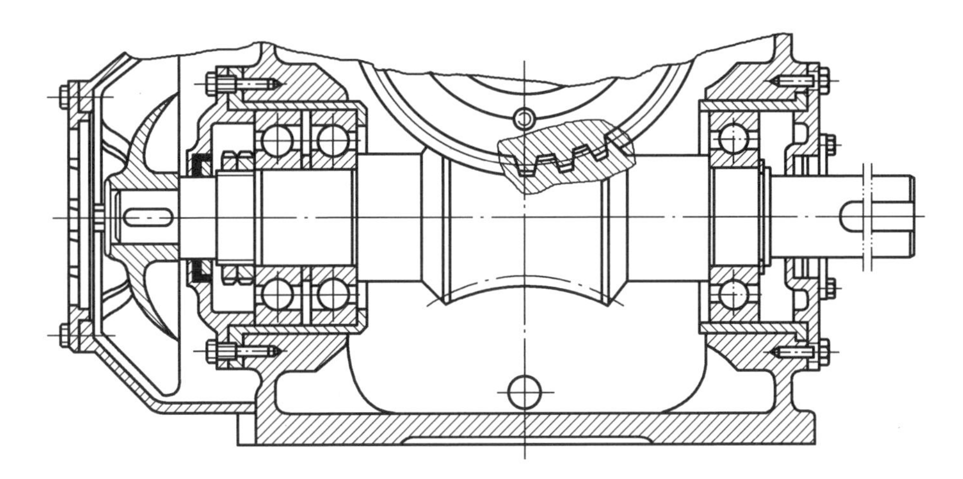

图10－21 一端固定，另一端游动支承方案之四

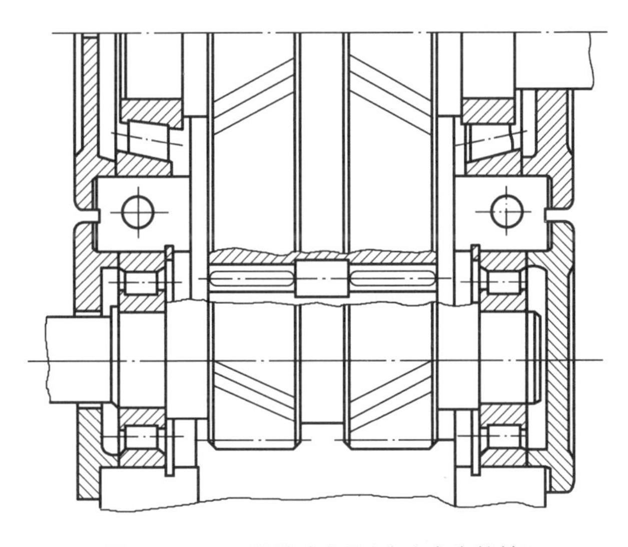

图10－22 两端游动支承(小人字齿轮轴)

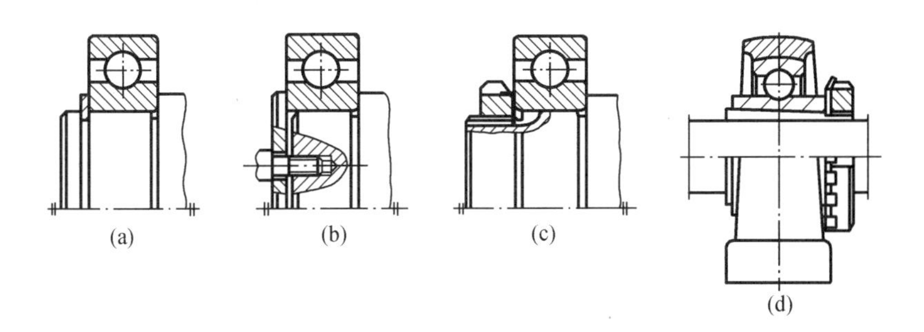

图10－23 轴承内圈的轴向固定方法

轴承外圈轴向固定的常用方法有:

①用弹性挡圈和凸台固定(图10－24(a)),这种方法所占轴向尺寸小,常用于单列向心球轴承;

②用止动环嵌入轴承外圈的止动槽内而固定(图10－24(b)),它适用于箱体不便设置凸台且外圈带有止动槽的轴承;

③用轴承端盖和凸台固定(图10－24(c)),适用于高速及承受很大轴向载荷的各类向心和向心推力轴承;

④用轴承盖和套杯的凸台固定(图10－24(d)),适用于不宜在箱体上设置凸台等场合。

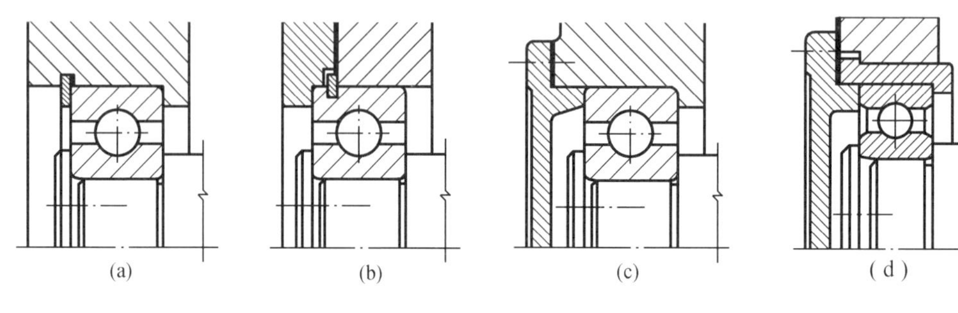

图10－24 轴承外圈的轴向固定方法

10.6.3 轴与轴承座孔的刚度和同轴度

轴和安装轴承的箱体或轴承座以及轴承组合中受力的其他零件,必须有足够的刚度。因为这些零件的变形都要阻碍滚动体的滚动而导致轴承的提前失效。箱体壁在安装轴承的附近应当加厚或使用加筋的方法来增大刚度。

为了保证轴承正常工作,应保证轴的两轴颈的同轴度和箱体上两轴承孔的同轴度。保证同轴度最有效的办法是采用整体结构的箱体,并将安装轴承的两个孔一次加工而成。如在一根轴上装有不同尺寸的轴承时,外壳上的轴承孔仍应一次镗出,这时可利用衬筒来安装尺寸较小的轴承。当两个轴承孔分在两个外壳上时,则应把两个外壳组合在一起进行镗孔。

10.6.4 滚动轴承游隙的调整方法

为保持轴承正常工作,应使轴承内部留有一定的间隙,称为轴承游隙。游隙大小对轴承寿命、摩擦力矩、旋转精度、温升和噪声都有很大的影响,因此,安装时应正确调整。

调整游隙的常用方法有:

①加厚或减薄端盖与箱体间垫片的方法来调整游隙,如图10－25(a)所示;

②靠轴上的圆螺母来调整,但这种方法由于必须在轴上制出应力集中严重的螺纹,削弱了轴的强度;

③通过调整螺钉,经过轴承外圈压盖,移动外圈来实现,在调整后应拧紧防松螺母,如图10－25(b)所示。

当轴上有圆锥齿轮或蜗轮等零件时,为了获得正确的啮合位置,在安装时或工作中需要有适当调整轴承的游隙和位置的装置。图10－16、图10－17所示的结构有两组调整垫片,

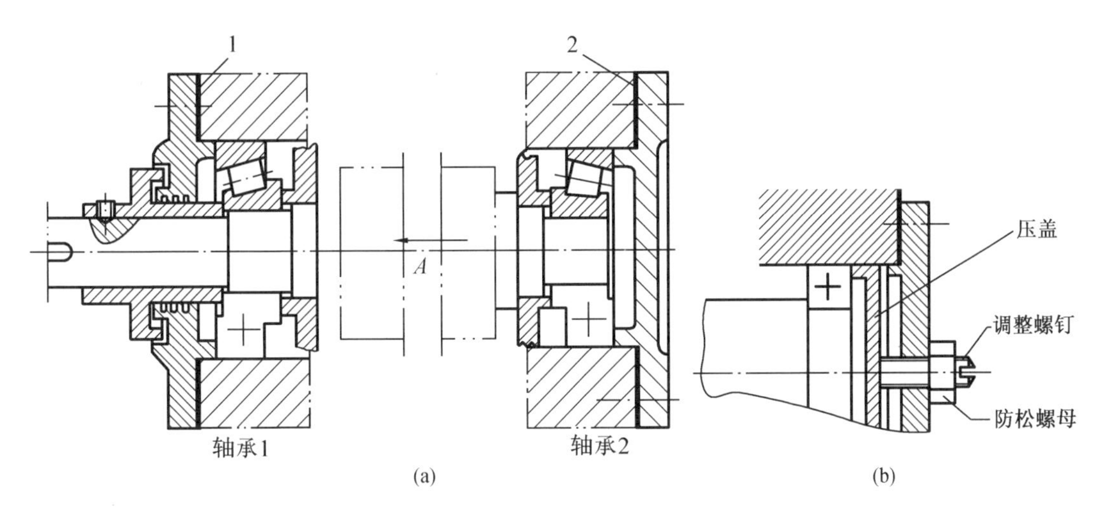

图 10－25 两圆锥滚子轴承支承的轴

衬筒和端盖之间的垫片用来调整轴承游隙；衬筒和箱体之间的垫片用来调整轴承组合的位置，以保证圆锥齿轮获得正确的啮合。

10.6.5 滚动轴承的预紧

滚动轴承的预紧，就是在安装时用某种方法使滚动体和内、外圈的接触处产生一定的预紧变形，并保持这种压紧状态。由于消除了轴承的原始游隙，而且轴承的接触弹性变形量与载荷不成正比（载荷增大，变形增量相应减小），所以，轴承预紧以后，当它受到工作载荷时，内、外圈径向或轴向的相对位移比不预紧的轴承大大减小。因此，预紧轴承可以增加支承的刚度，提高旋转精度以及减少振动和噪声，但会增大摩擦力矩，降低轴承的寿命。

常用的预紧装置有：

①夹紧一对圆锥滚子轴承的外圈而预紧，如图 10－26（a）所示；

②在一对轴承中间装入长度不等的套筒而预紧，如图 10－26（b）所示，预紧力可由两套筒的长度差控制；

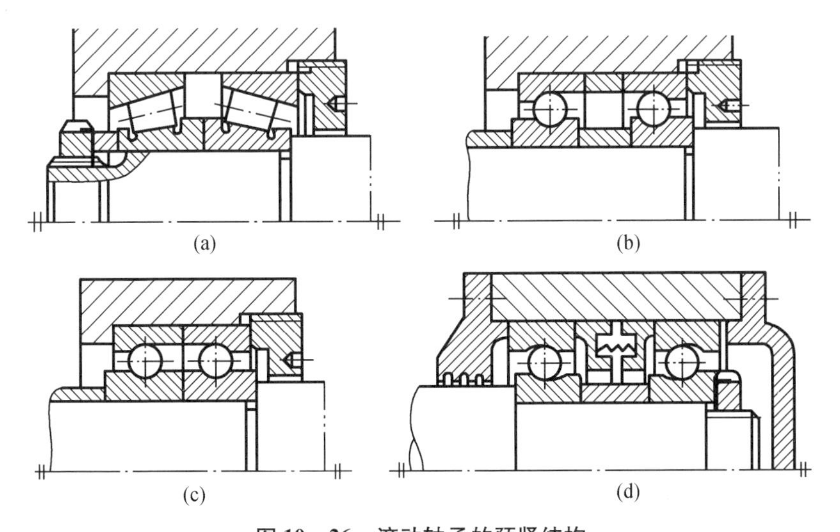

图 10－26 滚动轴承的预紧结构

③夹紧一对磨窄了的轴承内圈或外圈而预紧,如图10-26(c)所示,亦可在两个内圈或外圈间加装金属衬垫而预紧;

④上述三种装置由于工作时的温升而使各零件间的尺寸关系发生变化时,预紧力的大小也随之而改变,采用预紧弹簧,如图10-26(d)所示,则可以得到稳定的预紧力。

预紧力应适当,预紧力过小,达不到提高支承刚度的要求;预紧力过大,会使轴承中摩擦力矩增大,温度升高,轴承寿命降低。预紧力的大小一般应根据工作要求由实验确定。如预紧的主要目的是为了消除游隙、减小振动和提高旋转精度,预紧力应取小些;如主要目的是为了提高刚度,预紧力应取大些。

10.6.6 滚动轴承的配合

为了防止轴承内圈与轴、外圈与外壳孔在机器运转时产生不应有的相对滑动,应注意滚动轴承的配合。

滚动轴承是标准件,其内圈的孔为基准孔,与轴的配合采用基孔制;外圈的外圆柱面为基准轴,与轴承座孔的配合采用基轴制。通常,回转轴和机座孔与轴承配合的常用公差及配合情况如图10-27所示。

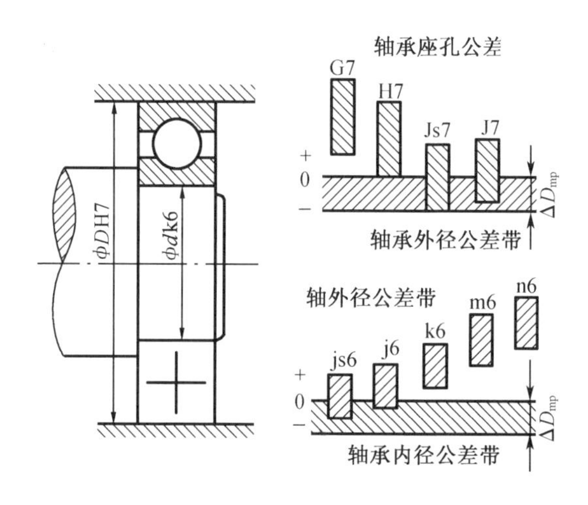

图10-27 滚动轴承配合的常用公差及配合情况

在选择轴承配合种类时,一般的原则是对于转速高、载荷大、温度高、有振动的轴承应选用较紧的配合,而经常拆卸的轴承或游动支承的外圈,则应选用较松的配合。

需要注意的是,当外载荷方向固定不变时,内圈随轴一起转动,内圈与轴的配合应选紧一些的有过盈的过渡配合;而装在轴承座孔中的外圈静止不转时,半圈受载,外圈与轴承座孔的配合常选用较松的过渡配合,以使外圈作极缓慢的转动,从而使受载区域有所变动,发挥非承载区的作用,延长轴承的寿命。

10.6.7 滚动轴承的润滑

滚动轴承润滑的主要目的是降低摩擦阻力、减轻磨损。此外,润滑还有降低接触应力、散热、吸振、防锈等作用。

轴承的润滑剂有润滑脂和润滑油两类。此外,也有使用固体润滑剂润滑的。

1. 脂润滑

轴颈圆周速度不大于4～5 m/s时，一般采用润滑脂润滑。采用脂润滑的结构简单，润滑脂不易流失，受温度影响不大，对载荷性质、运动速度的变化有较大的适应性，使用时间较长。由于润滑脂的摩擦阻力大和冷却效果差，过多的润滑脂会引起轴承发热，所以填充量一般为轴承空间的1/3～2/3。

常用润滑脂为钙基润滑脂和钠基润滑脂。钙基润滑脂的耐水性好，滴点低，故适用于温度较低，环境潮湿的轴承部件中。钠基润滑脂易溶于水，滴点高，故适用于温度较高，环境干燥的轴承部件中。温度较高或速度较高时（例如，$d \cdot n > 4 \times 10^6$ mm·r/min，$d \cdot n$ 称为速度因数，d——轴承内径（mm），n——转速（r/min）），可用二硫化钼锂基润滑脂或其他高温润滑脂。每一类脂随锥入度的不同有几种牌号：中速、中等载荷球轴承常用2号润滑脂（锥入度265～295），重载轴承则选用3号以上较稠的润滑脂。

2. 油润滑

从滚动轴承润滑和散热效果看，采用油润滑较好，但需要较复杂的供油系统和密封装置。一般齿轮箱中的轴承可利用齿轮将油飞溅起来，得到较经济的油润滑。速度很高时，则应采取喷油润滑或油雾润滑。表10－15可作为选择润滑方式的参考。滚动轴承常用的润滑油有机械油、汽油、机油、汽轮机油、汽缸油等。润滑油最重要的性能指标是黏度，当载荷大和温度高时，选用黏度较大的油。具体选择可参看机械设计手册。

油润滑时，常用的润滑方法有下列几种。

（1）油浴润滑

把轴承局部浸入润滑油中，当轴承静止时，油面应不高于最低滚动体的中心。这种方法不适于高速，因为搅动油液剧烈时要造成很大的能量损失，以致引起油液和轴承的严重过热。

（2）滴油润滑

适用于需要定量供应润滑油的轴承部件，滴油量应适当控制，过多的油量将引起轴承温度的增高。为使滴油通畅，常使用黏度较小的全损耗系统用油L－AN15。

表10－15　不同润滑方式下滚动轴承容许的*dn*值　　单位：$\times 10^3$ mm·r/min

润滑方式 轴承类型	油浴润滑 飞溅润滑	滴油润滑	压力循环 喷油润滑	油雾润滑
深沟球轴承 调心球轴承 角接触球轴承 圆柱滚子轴承	250	400	600	>600
圆锥滚子轴承	160	230	300	—
推力角接触球轴承	600	120	150	—
注释	适用于低中、速。浸油不超过轴承最低滚动体中心	适用于中速小轴承，控制油量使轴承温度不超过70～90 ℃	高速轴承周围空气对流，只有高压喷射油才能进入轴承	可用于 $n >$ 50 000 r/min的高速轴承

(3)飞溅润滑

这是一般闭式齿轮传动装置中的轴承常用的润滑方法,即利用齿轮的转动把润滑齿轮的油甩到箱体四周壁面上,然后通过适当的沟槽把油引入轴承中去。

(4)喷油润滑

喷油润滑适用于转速高,载荷大,要求润滑可靠的轴承。用油泵将润滑油增压,通过油管或机体上特制的油孔,经喷嘴将油喷射到轴承中去;流过轴承后的润滑油,经过过滤冷却后再循环使用。为了保证油能进入高速转动的轴承,喷嘴应对准内圈和保持架之间的间隙。

(5)油雾润滑

当轴承滚动体的线速度很高(如 $d \cdot n \geqslant 6 \times 10^5$ mm·r/min)时,常采用油雾润滑,以避免其他润滑方法由于供油过多,油的内摩擦增大而增高轴承的工作温度。润滑油在油雾发生器中变成油雾,其温度较液体润滑油的温度低,这对冷却轴承来说也是有利的。但润滑轴承的油雾可能部分地随空气散逸,污染环境。故必要时,应该用油气分离器来收集油雾,或者采用通风装置来排除废气。

3. 固体润滑

在一些特殊条件下,如果使用脂润滑和油润滑达不到可靠的润滑要求时,则可采用固体润滑方法。例如在高温中使用的轴承(如工业焙烧炉用轴承)、真空环境中工作的轴承等等。常用固体润滑方法有:

①用黏接剂将固体润滑剂黏接在滚道和保持架上;

②把固体润滑剂加入工程塑料和粉末冶金材料中,制成有自润滑性能的轴承零件;

③用电镀、高频溅射、离子镀层、化学沉积等技术使固体润滑剂或软金属(金、银、铟、铅等)在轴承零件摩擦表面形成一层均匀致密的薄膜。

常用的固体润滑剂有二硫化钼、石墨、聚四氟乙烯等。

10.6.8 滚动轴承的密封

密封是为防止灰尘、水分及其他杂质进入轴承,并阻止轴承内润滑剂的流失。

轴承的密封方法很多,通常可归纳成三类,即接触式密封、非接触式密封和组合式密封。

1. 接触式密封

这类密封的密封件与轴接触。工作时轴旋转,密封件与轴之间有摩擦与磨损,故轴的转速较高时不宜采用。

(1)毡圈式密封(图10-28)

将矩形截面毡圈安装在轴承端盖的梯形槽内,利用毡圈与轴接触起密封作用。适用于环境清洁,轴的圆周速度 $v<5$ m/s,工作温度低于90 ℃脂润滑的轴承。

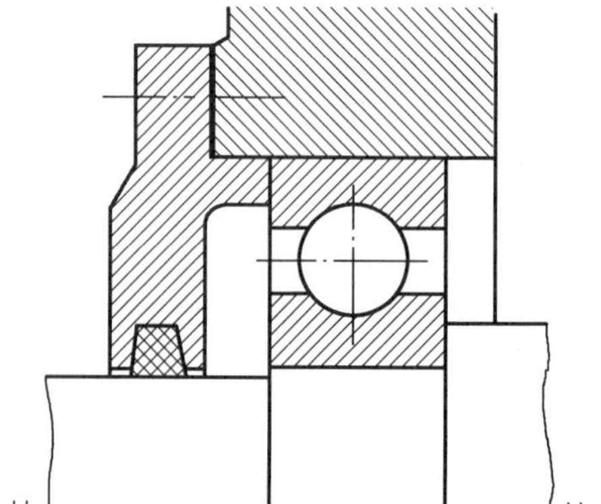

图10-28 毡圈式密封

(2)密封圈式密封(图10-29)

密封圈由耐油橡胶、皮革或塑料制成。安装时用螺旋弹簧把密封唇口箍紧在轴上,有较好的密封效果,适用于轴的圆周速度 $v<7$ m/s,工作温度在 -40~100 ℃范围内用脂或油润滑的轴承。

图 10－29(a)密封圈的唇口朝里,封油效果好。图 10－29(b)密封圈的唇口朝外,防尘性能好。

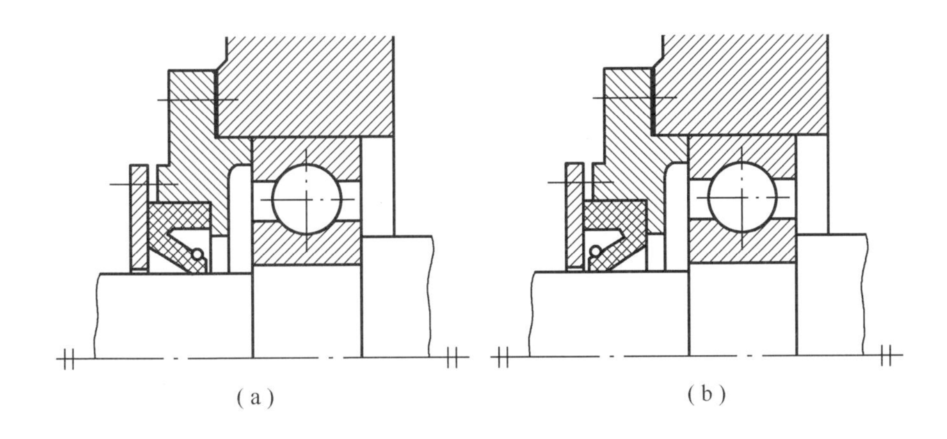

图 10－29 密封圈密封

(3)密封环

密封环是一种带有缺口的环状密封件,把它放置在套筒的环槽内,套筒与轴一起转动,密封环靠缺口被压拢后所具有的弹性而抵紧在静止件的内孔壁上,即可起到密封作用。

2. 非接触式密封

这类密封是利用间隙(或加甩油环)密封,转动件与固定件不接触。故允许轴有很高的速度。

(1)间隙密封

如图 10－30(a)所示,在轴承端盖与轴间留有很小的径向间隙(0.1～0.3 mm)而获得密封,间隙愈小,轴向宽度愈宽,密封效果愈好。若在端盖上再制出几个环形槽(图 10－30(b)),并填充润滑脂,可提高密封效果,这种密封适用于干燥清洁环境、用脂润滑的轴承。

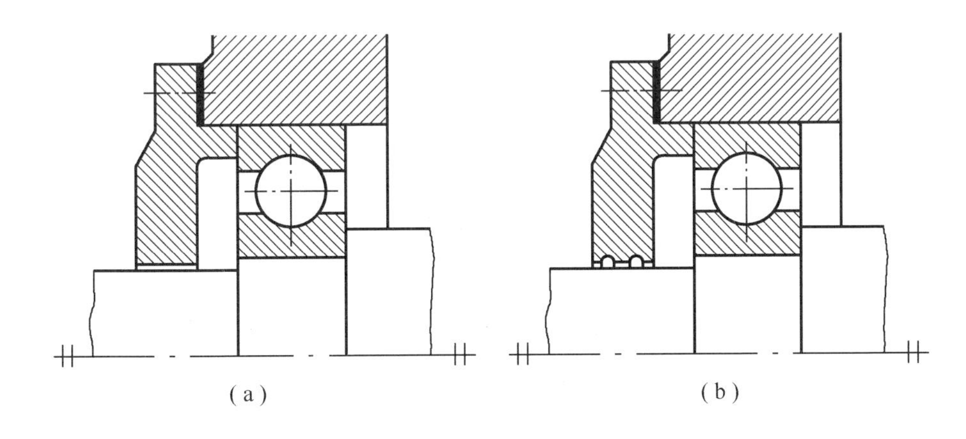

图 10－30 间隙密封

(2)迷宫式密封

在轴承端盖和固定于轴上转动件间制出曲路间隙而获得密封,有径向迷宫式(图 10－

31(a))和轴向迷宫式(图 10－31(b))两种,曲路中的径向间隙取 0.1～0.2 mm,轴向间隙取 1.5～2 mm;若在曲路中填充润滑脂可提高密封效果。这种密封可靠,适用于油或脂润滑的轴承,轴的最高圆周速度可达 30 m/s。

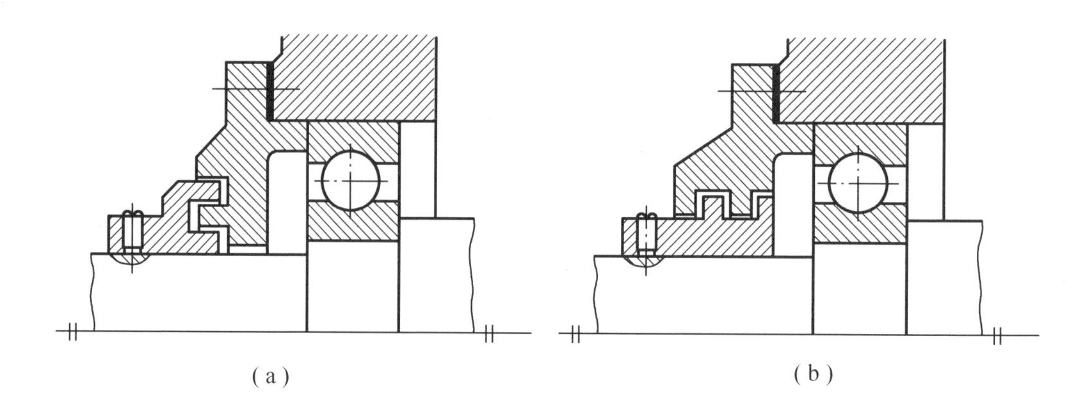

图 10－31 迷宫式密封

(3)挡油环密封

如图 10－32 所示,挡油环与轴承座孔间有小的径向间隙,且挡油环外突出轴承座孔端面 $\Delta=1\sim2$ mm。工作时挡油环随轴一同转动,利用离心力甩去落在挡油环上的油和杂物,起密封作用。挡油环常用于减速器内的齿轮用油润滑,轴承用脂润滑时轴承的密封。

3. 组合密封

将上述各种密封方式组合在一起,以充分发挥其密封性能,提高整体密封效果。如毡圈密封与间隙密封的组合,间隙密封和迷宫密封的组合等。

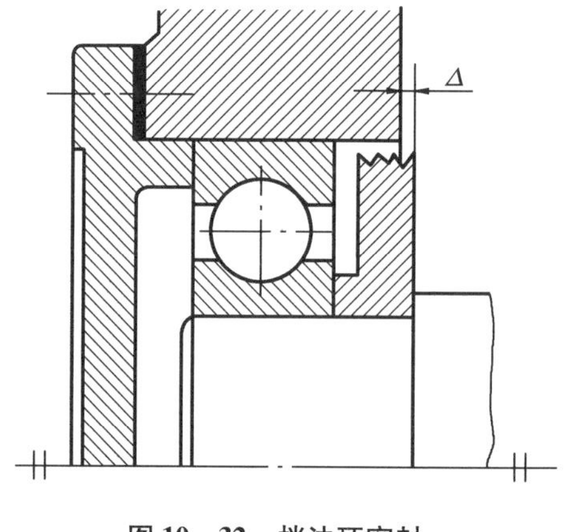

图 10－32 挡油环密封

习 题

10－1 试说明下列各轴承的内径有多大？哪个轴承公差等级最高？哪个允许的极限转速最高？哪个承受径向载荷能力最高？哪个不能承受径向载荷？

N307/P4　　6207/P2　　30207　　51307/P6

10－2 滚动轴承的支承结构形式有哪几种？它们分别适用于什么场合？

10－3 在设计滚动轴承组合结构装置时,应如何考虑补偿轴受热后的伸长？试举例说明。

10－4 某深沟球轴承需在径向载荷 $F_r=7\ 150$ N 作用下,以转速 $n=1\ 800$ r/min 工作 3 800 h。试求此轴承应有的径向基本额定动载荷 C_r 值。

10－5 以下各轴承受径向载荷 F_r 和轴向载荷 F_a 作用，试计算当量载荷。

（1）2207 轴承，$F_r = 355$ N，$F_a = 0$；

（2）8210 轴承，$F_r = 0$，$F_a = 5\ 000$ N；

（3）7313 轴承，$F_r = 8\ 700$ N，$F_a = 5\ 310$ N；

（4）8215 轴承，$F_r = 6\ 500$ N，$F_a = 1\ 100$ N；

10－6 圆锥滚子轴承 7208 的额定动载荷是 $C_r = 34\ 000$ N。

（1）若当量动载荷 $P = 6\ 200$ N，工作转速 $n = 730$ r/min，试计算轴承的寿命。

（2）若当量载荷 $P = 6\ 200$ N，而要求 $L_h = 10\ 000$ h，允许最高转速 n 是多少？

10－7 一农用水泵，决定选用深沟球轴承，轴颈直径 $d = 35$ mm，转速 $n = 2\ 900$ r/min。已知径向载荷 $F_r = 1\ 810$ N，轴向外载荷 $F_A = 740$ N，预期寿命 $L_h' = 6\ 000$ h，试选择轴承型号。

10－8 某轴的一端支点上原采用 6308 轴承，其工作可靠度为 90%。现需将该支点轴承在寿命不降低的条件下将可靠度提高到 99%，试确定可能用来替换的轴承型号。

10－9 根据工作条件，决定在某传动轴上安装一对 7210AC 角接触球轴承，支承如图 10－33 所示。已知径向载荷 $F_{r1} = 1\ 470$ N，$F_{r2} = 2\ 650$ N，轴向外载荷 $F_A = 1\ 000$ N，转速 $n = 5\ 000$ r/min，常温下工作，有中等冲击，预期寿命 $L_h' = 2\ 000$ h，问轴承是否适用。

10－10 某轴由一对 30206 轴承支承（图 10－34）。已知径向载荷 $F_{r1} = 1\ 600$ N，$F_{r2} = 1\ 530$ N，轴向外载荷 $F_A = 865$ N，轴的转速 $n = 384$ r/min，载荷平稳，无冲击，常温下工作，试求轴承的基本额定寿命。

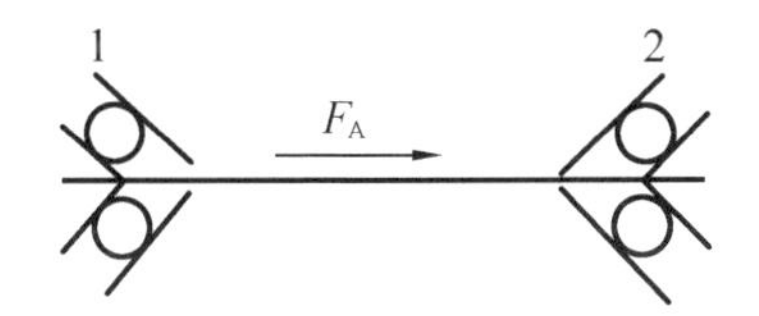

图 10－33 习题 10－9 图

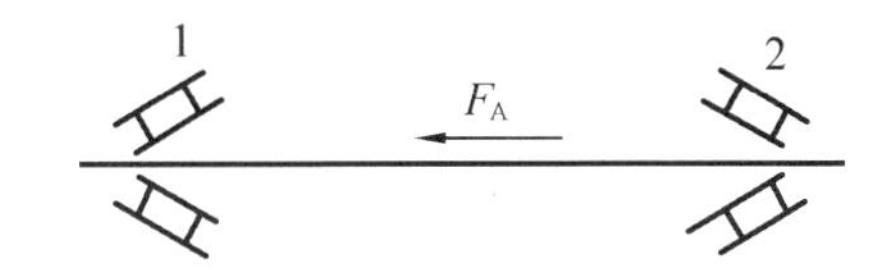

图 10－34 习题 10－10 图

第11章 滑动轴承

11.1 概 述

滑动轴承是用来支承轴的一种重要部件。虽然滚动轴承具有一系列优点,在一般机器中获得了广泛的应用,但是在高速、高精度、重载、结构上要求剖分等场合下,滑动轴承就显示出它的优异性能。因而在汽轮机、内燃机、轧钢机,及仪表、雷达、天文望远镜中多采用滑动轴承。此外,在低速而带有冲击的机器中,如水泥搅拌机、滚筒清砂机、破碎机等也常采用滑动轴承。

按承载方向的不同,滑动轴承分为径向滑动轴承和推力滑动轴承两大类,其中承受径向载荷的称为径向滑动轴承,承受轴向载荷的称为推力滑动轴承。

按轴承工作时的润滑状态,滑动轴承可分为流体润滑轴承和非流体润滑轴承。滑动表面完全被油膜分开的轴承称为流体润滑轴承,它按油膜形成方式不同,又可分为流体动力润滑轴承(简称流体动压轴承)和流体静力润滑轴承(简称流体静压轴承);而滑动表面不能完全被油膜分开的轴承,称为非流体润滑轴承。本章主要讨论流体动力润滑轴承和非流体润滑轴承的工作原理和设计问题,包括以下一些内容:确定轴承的结构形式;选择轴瓦的材料;选择润滑剂和润滑方法;计算轴承的工作能力。

11.2 滑动轴承的结构形式

11.2.1 径向滑动轴承的结构形式

1. 整体式

图11-1所示为整体式径向滑动轴承的典型结构,它由轴承座、减摩材料制成的整体轴瓦等组成。轴承座上面设有安装润滑油杯的螺纹孔,在轴瓦上开有油孔,并在轴瓦的内表面上开有油槽。这种轴承结构简单,在低速、轻载条件下工作的轴承和不重要的机器或手动机械中经常采用。它的缺点是磨损后间隙过大时无法调整;轴颈只能从轴承端部安装和拆卸,很不方便,无法用于中间轴颈上。

2. 剖分式

图11-2所示为一种普通的剖分式轴承结构,它由轴承盖、轴承座、剖分轴瓦和双头螺柱组成。为了安装时容易对中,轴承盖和轴承座的剖分面常做出阶梯形的止口。润滑油通过轴承盖上的油孔和轴瓦上的油沟流入轴承间隙润滑摩擦面,轴承剖分面最好与载荷方向近于垂直,以防剖分面位于承载区出现泄漏,降低承载能力。多数轴承的剖分面是水平的,也有做成倾斜的,如倾斜45°。这种轴承装拆方便,还可以通过增减剖分面上的调整垫片的

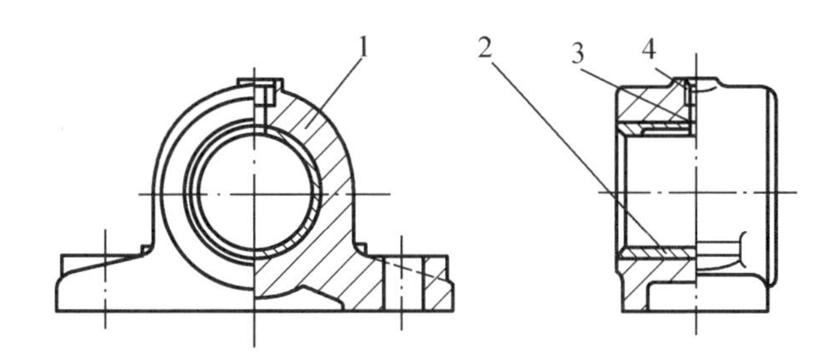

图11-1　整体式径向滑动轴承

1—轴承座；2—整体轴瓦；3—油孔；4—螺纹孔

厚度来调整间隙，对于正、斜剖分式滑动轴承，已分别制定了标准 JB/T 2561—2007，JB/T 2562—2007。另外，还可将轴瓦的瓦背做成凸球面，并将其支承面制成凹球面，从而组成调心滑动轴承，用于支承挠度较大或多支点的长轴。

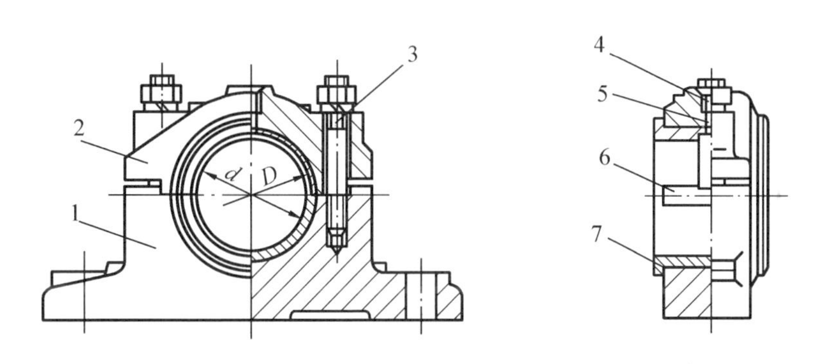

图11-2　剖分式径向滑动轴承

1—轴承座；2—轴承盖；3—双头螺柱；4—螺纹孔；5—油孔；6—油槽；7—剖分式轴瓦

11.2.2　推力滑动轴承的结构形式

推力轴承由轴承座和推力轴颈组成，其常用的结构形式与尺寸如表11-1所示。

表11-1　推力滑动轴承的结构形式与尺寸

形式	简　图	基本特点及应用	结构尺寸
实心式		支承面上压强分布极不均匀，中心处压强最大，线速度为零，对润滑很不利，导致支承面磨损极不均匀，使用较少	d 由轴的结构确定

表 11-1(续)

形式	简　图	基本特点及应用	结构尺寸
空心式		支承面上压强分布较均匀,润滑条件有所改善	d 由轴的结构确定; $d_0=(0.4\sim0.6)d$
单环式		利用轴环的端面止推,结构简单,润滑方便,广泛用于低速、轻载的场合	d_1 由轴的结构确定; $d\approx d_1+2s$; $s=(0.1\sim0.3)d_1$; $d_0=(0.4\sim0.6)d$
多环式		特点同单环式,可承受较单环式更大的载荷,也可承受双向轴向载荷	d_1 由轴的结构确定; $d\approx d_1+2s$; $d_0=(0.4\sim0.6)d$; $s=(0.1\sim0.3)d_1$; $s_1=(2\sim3)s$

11.3 轴瓦的材料和结构

滑动轴承工作时,轴瓦与轴颈构成摩擦副,轴瓦的磨损和胶合是其主要的失效形式,因此对轴瓦的材料和结构有些特殊要求。

11.3.1 对轴瓦材料的要求

(1)有足够的疲劳强度和抗压强度;

(2)摩擦系数小,具有良好的耐磨性,耐腐蚀性,抗胶合性、跑合性和嵌入性;

(3)热膨胀系数小,具有良好的导热性和润滑性;

(4)具有良好的加工工艺性,经济性等。

任何一种轴瓦材料都不可能同时满足上述各项要求,设计时应根据具体条件选择能满足主要要求的材料。

11.3.2 常用的轴瓦材料

轴瓦材料可分为三类:金属材料、粉末冶金材料和非金属材料,一般条件下常用的是金属材料,包括轴承合金、铜合金、铝合金和铸铁(表11-2)。

表11-2 常用金属轴瓦材料及其性能

<table>
<tr><th colspan="2" rowspan="2">轴瓦材料</th><th colspan="4">最大许用值</th><th rowspan="2">轴颈硬度HBS</th><th rowspan="2">特点及应用</th></tr>
<tr><th>[p]/MPa</th><th>[v]/(m/s)</th><th>[pv]/(MPa·m/s)</th><th>t/℃</th></tr>
<tr><td rowspan="4">锡基轴承合金</td><td rowspan="2">ZSnSb11Cu6</td><td colspan="3">平稳载荷</td><td rowspan="4">150</td><td rowspan="4">150</td><td rowspan="4">强度低,其他综合性能好,用于高速重载轴承的轴承衬</td></tr>
<tr><td>25</td><td>80</td><td>20</td></tr>
<tr><td rowspan="2">ZSnSb8Cu4</td><td colspan="3">冲击载荷</td></tr>
<tr><td>20</td><td>60</td><td>15</td></tr>
<tr><td rowspan="2">铅基轴承合金</td><td>ZPbSb16Sn16Cu2</td><td>15</td><td>12</td><td>10</td><td rowspan="2">150</td><td rowspan="2">150</td><td rowspan="2">综合性能仅次于锡基轴承合金,用于中等速度轴承的轴承衬</td></tr>
<tr><td>ZPbSb15Sn5Cu3Cd2</td><td>5</td><td>6</td><td>5</td></tr>
<tr><td rowspan="2">锡青铜</td><td>ZCuSn10P1</td><td>15</td><td>10</td><td>15</td><td rowspan="2">280</td><td rowspan="2">300~400</td><td rowspan="2">跑合性能差,抗胶合能力较强,承载能力强,用于中速重载轴瓦</td></tr>
<tr><td>ZCuSn5Pb5Zn5</td><td>8</td><td>3</td><td>12</td></tr>
<tr><td>铅青铜</td><td>ZCuPb30</td><td>21~28</td><td>12</td><td>30</td><td>250~285</td><td>300</td><td>承受变载荷和冲击载荷能力强,抗胶合能力差,用于重载轴承</td></tr>
<tr><td>铝青铜</td><td>ZCuAl10Fe3</td><td>15</td><td>4</td><td>12</td><td></td><td>280</td><td>强度高,抗胶合能力差,用于低速重载轴承</td></tr>
<tr><td>锌铝合金</td><td>ZZnAl10Cu5</td><td>20</td><td>1</td><td>10</td><td>80</td><td>80~100</td><td>强度高,导热好,不耐磨,用于低速轴承</td></tr>
<tr><td rowspan="3">灰铸铁</td><td>HT150</td><td>4</td><td>0.5</td><td></td><td rowspan="3"></td><td rowspan="3">163~241</td><td rowspan="3">价格便宜,用于轻载不重要轴承</td></tr>
<tr><td>HT200</td><td>2</td><td>1</td><td></td></tr>
<tr><td>HT250</td><td>0.1</td><td>2</td><td></td></tr>
</table>

1. 轴承合金

轴承合金又称巴氏合金,它以锡或铅作为基体,加入适量的锑和铜。软基体材料可增加材料的塑性和嵌入性,锑锡或铜锡硬晶粒起耐磨作用。轴承合金具有较好的跑合性、耐磨性和抗胶合性,但它强度低,价格贵,不能单独作轴瓦,只能贴附在青铜、钢或铸铁轴瓦上作轴承衬,适于重载、中高速场合。

2. 铜合金

铜合金具有较高的强度,较好的减摩性和耐磨性。常用的铜合金有锡青铜、铅青铜和铝青铜等。锡青铜硬度高,但跑合性及嵌入性差,适用于中速重载场合;铅青铜抗黏附能力强,适用于高速重载轴承;铝青铜的强度及硬度较高,但抗黏附能力较差,适用于低速、重载轴承。

3. 铝合金

铝合金强度高,导热性好,耐腐蚀性好,价格低,但抗胶合能力差,耐磨性差。铝合金可以制成单金属轴瓦,也可以制成双金属轴瓦的轴承衬,它是轴承合金和青铜较好的替代品。

4. 铸铁

铸铁中的片状或球状石墨成分在轴承表面上可起润滑作用,减小摩擦,且它是廉价的轴承材料,用于低速、轻载或不重要的轴承。

5. 粉末冶金材料

粉末冶金材料是用不同金属粉末经压制、烧结而成的轴承材料,其孔隙约占体积的10% ~35%,可存储润滑油,故又称为含油轴承。它具有自润性,但韧性小,适用于平稳无冲击载荷及中低速场合。我国已有专门制造含油轴承的工厂,需要时可根据设计手册选用。

6. 非金属材料

非金属轴瓦材料以塑料用得最多,其优点是,摩擦系数小,可承受冲击载荷,可塑性、跑合性良好,耐磨、耐腐蚀,具有一定的自润性,但它的导热性差,耐热性低,易变形。它适用于温度不高、载荷不大的场合。

11.3.3 轴瓦的结构

轴瓦是滑动轴承中的重要零件,它应具有一定的强度和刚度,在轴承中应定位可靠,便于输入润滑剂,容易散热,并且装、拆调整方便。因此,设计轴瓦时应根据不同的工作条件采用不同的结构。

常用的轴瓦有整体式(图 11-3)和剖分式(图 11-4)两种,为了改善轴瓦表面的摩擦性质,常在其内表面上浇铸或轧制一层或两层减摩材料,即轴承衬,故轴瓦又分为单金属轴瓦、双金属轴瓦和三金属轴瓦。

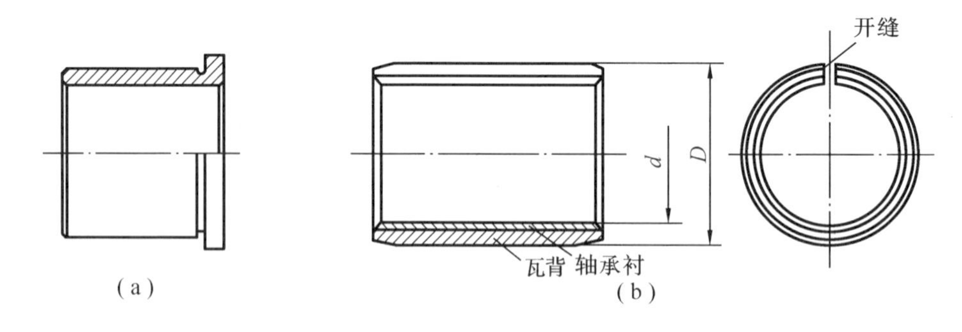

图 11-3 整体式轴瓦

(a)单金属轴瓦;(b)双金属轴瓦

轴瓦和轴承座不允许有相对移动,可将轴瓦的两端做成凸缘,实现轴向定位,或用紧定螺钉或销钉将其固定在轴承座上(图 11-5)。

为了使滑动轴承获得良好的润滑，轴瓦和轴颈上需开设油孔及油沟。油孔用于供应润滑油，油沟用于输送和分布润滑油。通常油孔应设置在油膜压力最小的位置，油沟应开在轴承不受力或油膜压力较小的区域，要求既便于供油又不降低轴承的承载能力。图 11－6 为几种常见的油沟形状，油沟的长度一般为轴承长度的 80%。

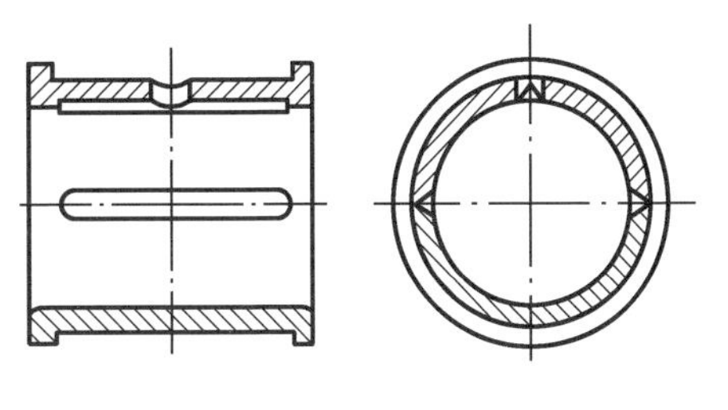

图 11－4　剖分式轴瓦

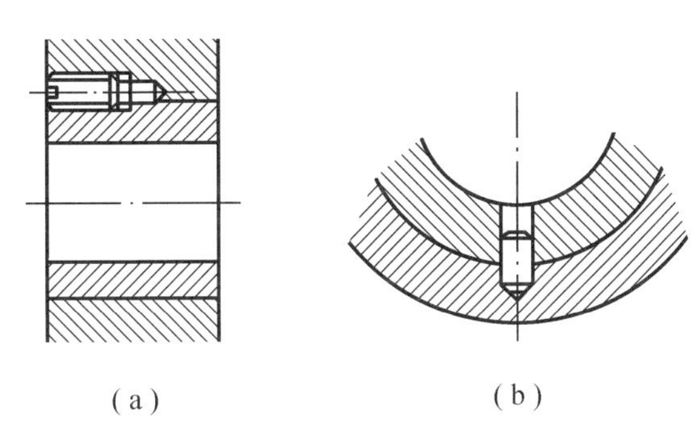

(a)　　(b)

图 11－5　轴瓦的固定

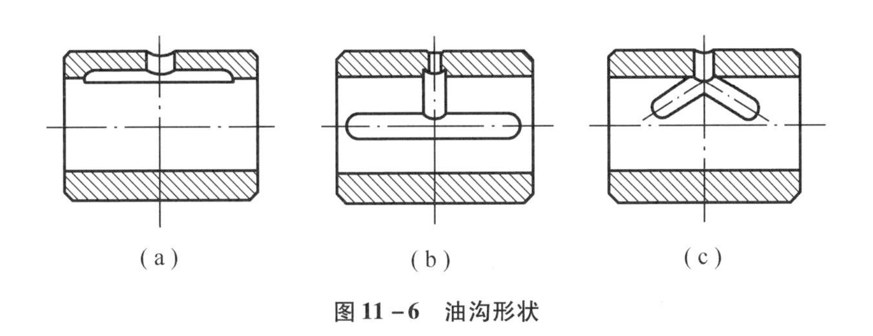

(a)　　(b)　　(c)

图 11－6　油沟形状

11.4　滑动轴承的润滑

11.4.1　滑动轴承润滑剂的选择

滑动轴承常用的润滑剂为润滑脂和润滑油，其中以润滑油应用最广。

对于要求不高，难以经常供油，或者低速重载以及做摆动运动的非流体润滑滑动轴承，可采用润滑脂。当轴承压力高和滑动速度低时，应选用锥入度小一些的润滑脂；润滑脂的滴点应高于轴承工作温度 20～30 ℃；在水淋或潮湿的环境下，应选择防水性强的钙基或铝基润滑脂；在温度高时应选用钠基或复合钙基润滑脂，选择润滑脂牌号时可参考表 11－3。

表11-3 滑动轴承润滑脂的选择

压强 p/MPa	轴颈圆周速度 v/(m/s)	最高工作温度/℃	选用的牌号
≤1.0	≤1	75	3号钙基脂
1.0~6.5	0.5~5	55	2号钙基脂
≥6.5	≤0.5	75	3号钙基脂
≤6.5	0.5~5	120	2号钠基脂
>6.5	≤0.5	110	1号钙钠基脂
1.0~6.5	≤1	-50~100	锂基脂
>6.5	0.5	60	2号压延机脂

对于流体润滑轴承均采用润滑油润滑。当转速高、压力小时,应选黏度较低的润滑油,当工作温度高于60 ℃时,所选润滑油的黏度应比通常的高一些。黏度选好后,再确定润滑油牌号,具体选择时可参考润滑油产品手册。

非流体润滑轴承可采用润滑脂润滑,也可采用润滑油润滑,选择润滑油牌号时可参考表11-4。

表11-4 非流体润滑轴承润滑油的选择

轴颈圆周速度 v/(m/s)	平均压强 $p<3$ MPa	轴颈圆周速度 v/(m/s)	平均压强 $p=3\sim7.5$ MPa
<0.1	L-AN68,100,150	<0.1	L-AN150
0.1~0.3	L-AN68,100	0.1~0.3	L-AN100,150
0.3~2.5	L-AN46,68	0.3~0.6	L-AN100
2.5~5.0	L-AN32,46	0.6~1.2	L-AN68,100
5.0~9.0	L-AN15,22,32	1.2~2.0	L-AN68
>9.0	L-AN7,10,15		

注:表中润滑油是以40 ℃时运动黏度为基础的牌号。

11.4.2 润滑方式及装置

润滑方式及装置的选择主要应根据机器零部件的用途和特点、工作条件、采用的润滑剂及供油量要求等来决定。

润滑方式有连续润滑和间歇润滑两种。

用润滑脂时,一般采用间歇润滑,图11-7为旋盖式油脂杯,杯内储满润滑脂,定期旋转杯盖即可将润滑脂挤入轴承中。

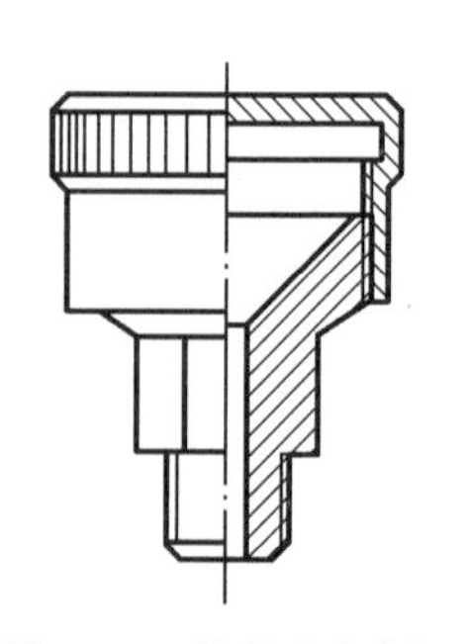

图11-7 旋盖式油脂杯

用润滑油时,对于低速和间歇工作的轴承采用间歇润滑,可以定期用油枪向轴承的油孔内注油。为防止污物进入轴承,可以在油孔上加装注油杯。如图11-8所示,(a)为压配式注油杯,(b)为旋套式注油杯。对于中速中载的轴承应采用连续润滑。图11-9为针阀式油杯,扳起手柄使之直立,针阀被提起,润滑油便从油孔中自动缓慢地流入轴承;手柄平放,针阀即往下堵住油孔,供油量的大小可通过螺母进行调节。图11-10为油绳式油杯,通过绳芯毛细管的虹吸作用进行供油,这种油杯供油连续均匀,但油量不易调节。

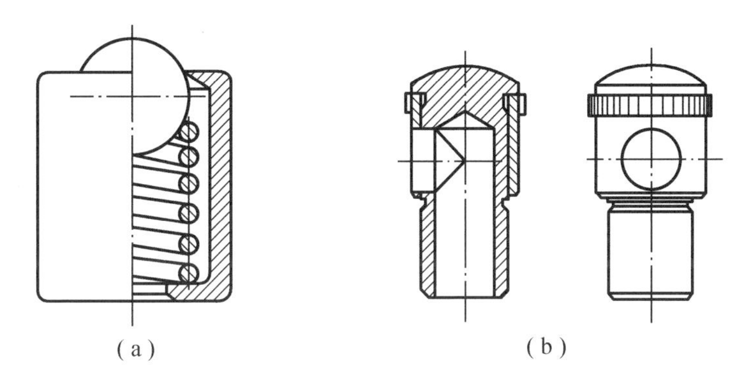

图11-8 压注式油杯与旋套式油杯

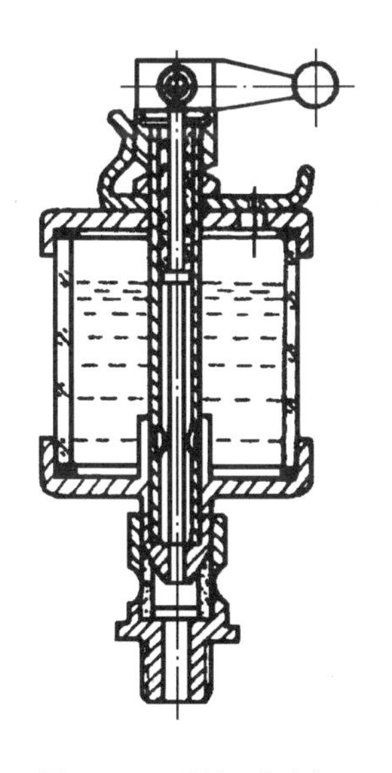

图11-9 针阀式油杯

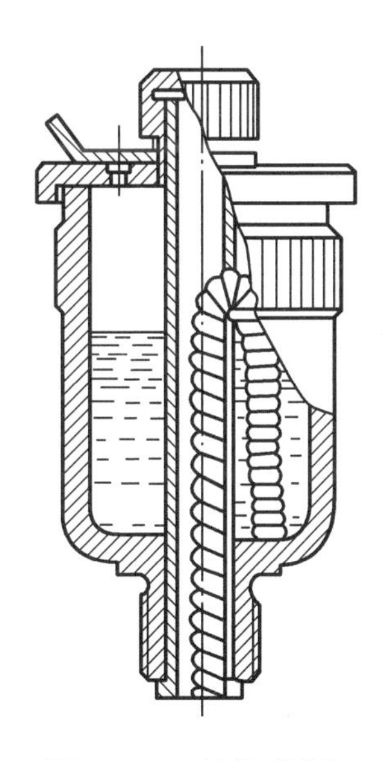

图11-10 油绳式油杯

对于高速、重载的轴承应采用压力循环润滑。它是利用油泵经油路系统将一定压力的润滑油压送到轴承表面,供油量充分可靠且易于控制,润滑油可带走摩擦热起冷却作用,润滑效果好,但结构复杂,需专门的供油系统,成本较高。

11.5 非流体润滑滑动轴承的设计计算

11.5.1 主要失效形式和设计准则

非流体润滑滑动轴承的工作表面不能被润滑油完全隔开,只能形成边界油膜,存在局部金属表面的直接接触。故工作表面磨损和因边界油膜破裂而导致的胶合是其主要失效形式。因此设计准则为维持边界油膜不遭破裂。但是促使边界油膜破裂的因素较复杂,所以目前仍采用简化的条件性计算。

1. 限制平均压强

限制轴承的平均压强 p 就是保证润滑油不被挤出,避免工作表面的磨损。即

$$p \leqslant [p] \tag{11-1}$$

对于径向轴承

$$p = \frac{F}{dB} \leqslant [p] \quad \text{MPa} \tag{11-2}$$

式中 F——径向载荷,N;

B——轴承宽度,mm;

d——轴颈直径,mm;

$[p]$——轴承材料的许用压强,其数值见表11-2。

对于推力轴承

$$p = \frac{F_a}{k\dfrac{\pi}{4}(d^2 - d_0^2)z} \leqslant [p] \tag{11-3}$$

式中 F_a——轴向载荷,N;

d, d_0——推力环的内径和外径,mm;

z——推力环的数目;

k——考虑承载面积因油沟而减小的系数,通常 $k = 0.8 \sim 0.9$。

2. 限制 pv 值

由于轴承的发热量与摩擦功耗成正比,限制 pv 值就是限制轴承的温升,以防止出现胶合破坏。即

$$pv \leqslant [pv] \tag{11-4}$$

对于径向轴承

$$pv = \frac{F}{dB} \cdot \frac{\pi dn}{60 \times 1\,000} = \frac{Fn}{19\,100B} \leqslant [pv] \quad \text{MPa} \cdot \text{m/s} \tag{11-5}$$

式中 v——轴颈的圆周速度,即滑动速度,m/s;

n——轴颈转速,r/min;

$[pv]$——轴承材料的 pv 许用值,其数值见表11-2。

对于推力轴承

$$pv = \frac{Fn}{k \cdot 30\,000(d - d_0)z} \leqslant [pv] \tag{11-6}$$

其中，v 为推力轴颈平均直径上的圆周速度，单位为 m/s。

3. 限制滑动速度 v

对于 p 和 pv 的数值都在许用范围内，但由于滑动速度 v 过大，也会加速磨损，故要求：

$$v \leqslant [v] \quad \text{m/s} \tag{11-7}$$

11.5.2　设计步骤

1. 选择轴承的结构及材料

根据滑动轴承的使用要求、所受载荷、轴颈转速及轴颈直径，按表 11－2 初选轴瓦材料，并确定轴承和轴瓦的结构。

2. 初定轴承的基本参数

根据宽径比（其数值见表 11－6）、轴颈直径，确定轴承宽度 B 及轴承座外形尺寸。

3. 校核计算

按以上各式验算 p，pv 及 v 值，若条件不满足，则需修改设计，如另选材料改变各许用值或增大轴承宽度，重新计算。

4. 选取配合

为了保证滑动轴承具有足够的间隙，又有一定的旋转精度，应合理地选择配合。选择轴承配合时，要考虑轴的精度等级和使用要求，一般可选$\frac{\mathrm{H9}}{\mathrm{d9}}$，$\frac{\mathrm{H8}}{\mathrm{f7}}$或$\frac{\mathrm{H7}}{\mathrm{f6}}$。

5. 选择润滑剂和润滑装置

（从略）

11.6　流体动力润滑径向滑动轴承设计计算

11.6.1　流体动力润滑的承载机理

图 11－11(a)所示 A，B 两板平行，板间充满有一定黏度的润滑油，其中板 B 静止不动，板 A 以速度 v 沿 x 方向运动。由于润滑油的黏性及吸附作用，与板 A 紧贴的流层其流速 u 等于板速 v，与板 B 紧贴的流层其流速为零，其他各流层的流速 u 则按直线规律分布。此时，润滑油虽能维持连续流动，但油膜对外载荷并无承载能力。

图 11－11(b)所示两平板相互倾斜，形成楔形间隙，且移动件的运动方向是从间隙较大的一方移向间隙较小的一方。设流体不可压缩，通过楔形间隙任一垂直截面的流量皆相等。因而入口端油的速度梯度曲线呈内凹形，出口端则呈外凸形。只要连续充分地提供一定黏度的润滑油，并且 A，B 两板相对速度 v 值足够大，楔形收敛间隙中流体产生的动压力就能稳定存在。若此压力不小于外载荷 F，则两板之间就会保持一定的间隙，从而维持流体润滑状态。

11.6.2　流体动力润滑的基本方程

流体动力润滑的基本方程是从黏性流体动力学的基本方程出发，作了一些假设条件而简化后得出的。

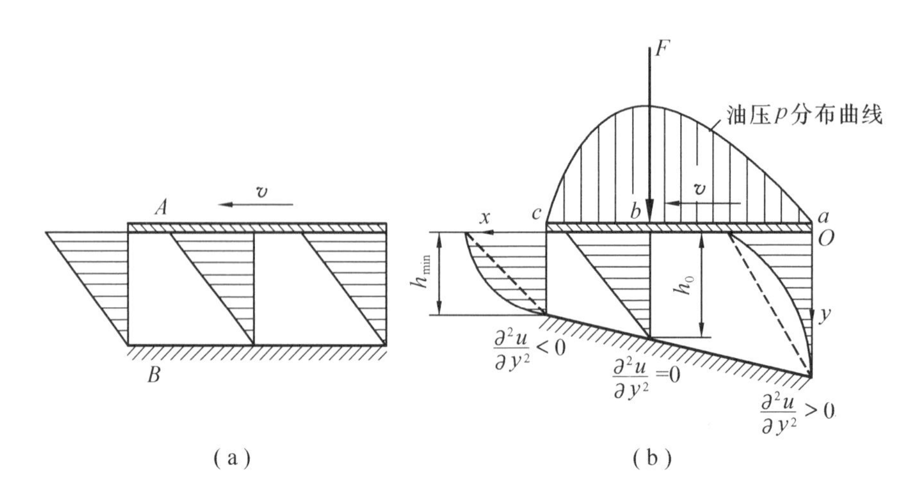

图 11－11　两相对运动平板间油层中的速度分布和压力分布

1. 假设条件

(1)忽略重力、磁力、惯性力的影响;

(2)流体为牛顿流体;

(3)流体膜中流体的流动是层流;

(4)流体不可压缩;

(5)沿油膜厚度方向上,不计油膜压力的变化;

(6)忽略压力对流体黏度的影响。

2. 基本方程

如图 11－12 所示,从层流运动的油膜中取一微单元体,作用在此单元体右面和左面的压力分别为 p 和$\left(p+\frac{\partial p}{\partial x}\right)\mathrm{d}x$,作用在单元体上、下两面的剪切应力分别为 τ 和$(\tau+\frac{\partial \tau}{\partial y}\mathrm{d}y)$,根据 x 方向的平衡条件,得

$$p\mathrm{d}y\mathrm{d}z+\tau\mathrm{d}x\mathrm{d}z-(p+\frac{\partial p}{\partial x}\mathrm{d}x)\mathrm{d}y\mathrm{d}z-(\tau+\frac{\partial \tau}{\partial y}\mathrm{d}y)\mathrm{d}x\mathrm{d}z=0$$

整理后得

$$\frac{\partial p}{\partial x}=-\frac{\partial \tau}{\partial y} \tag{11-8}$$

根据牛顿流体黏性定律 $\tau=-\eta\frac{\partial u}{\partial y}$,得$\frac{\partial \tau}{\partial y}=-\eta\frac{\partial^2 u}{\partial y^2}$,代入上式得

$$\frac{\partial p}{\partial x}=\eta\frac{\partial^2 u}{\partial y^2} \tag{11-9}$$

式(11－9)表示了压力沿 x 轴方向的变化与速度沿 y 轴方向的变化关系。

对上式积分,并利用 $y=0$ 和 $y=h$(所取单元体处的油膜厚度)处的速度边界条件,即可求出油层速度分布,再根据润滑油流经任意截面的流量相等可得

$$\frac{\partial p}{\partial x}=6\eta v\frac{h-h_0}{h^3} \tag{11-10}$$

其中，h_0 为油压最大处的油膜厚度。

该式为一维雷诺方程，它是计算流体动力润滑滑动轴承的基本方程。

3. 形成流体动力润滑的条件

由雷诺方程可以看出，油膜压力的变化与润滑油的黏度、表面滑动速度和油膜厚度及其变化有关。故形成流体动力润滑（即形成动压油膜）的必要条件是：

（1）相对运动的两表面间必须形成收敛的楔形间隙；

（2）被油膜分开的两表面必须有一定的相对滑动速度，其运动方向必须使润滑油从大口流进、小口流出；

（3）润滑油必须有一定的黏度，供油要充分。

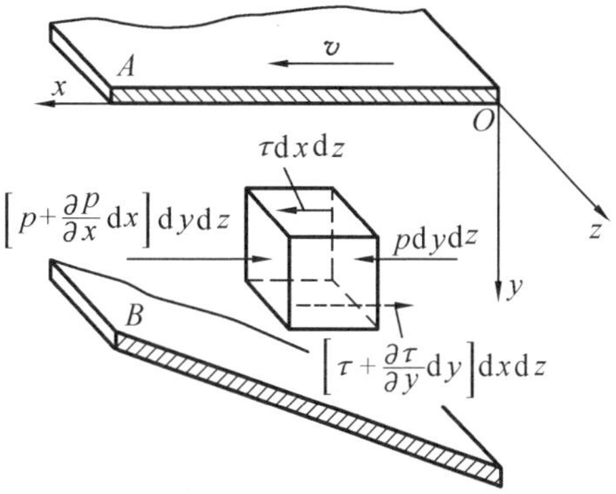

图 11－12　被油膜隔开的两平板的相对运动情况

11.6.3　径向滑动轴承形成流体动力润滑的过程

流体径向滑动轴承的轴瓦内孔和轴颈间是间隙配合，在外载荷的作用下轴颈在轴瓦孔中偏向一侧，两表面形成楔形间隙。如图 11－13（a）所示，当轴颈静止时，轴颈处于轴承孔的最低位置。当轴颈按图示方向开始转动时，速度较低，带入间隙的油量少，此时轴颈在摩擦力作用下沿孔壁向右爬升（图 11－13（b））。随着轴颈转速及其表面圆周速度的逐渐增大，带入楔形空间的油量也逐渐加多，右侧楔形油膜产生了一定的动压力，将轴颈向左浮起，最终，轴颈稳定在某一偏心位置上（图 11－13（c））。这时，轴承处于流体动力润滑状态，油膜产生的动压力与外载荷 F 相平衡。

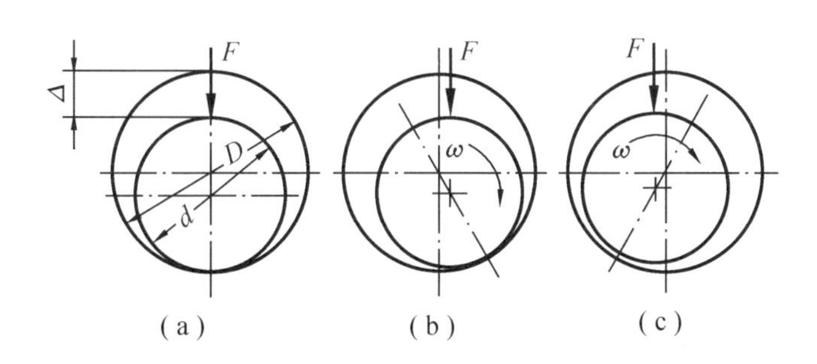

图 11－13　径向滑动轴承形成流体动力润滑的过程

（a）$n=0$；（b）$n\approx0$；（c）形成油膜

11.6.4　径向滑动轴承的几何关系和承载量系数

建立如图 11－14 所示的极坐标。以轴心 O 为坐标原点，连心线 OO_1 为极轴，它与外载荷 F 作用线的夹角为 φ_a。

径向滑动轴承的几何参数如下：

D,d——轴承孔和轴颈的直径；

$\Delta = D - d$——直径间隙；

$\delta = R - r = \dfrac{\Delta}{2}$——半径间隙；

$\psi = \dfrac{\Delta}{d} = \dfrac{\delta}{r}$——相对间隙；

$e = \overline{OO_1}$——偏心距；

$\chi = \dfrac{e}{\delta}$——偏心率；

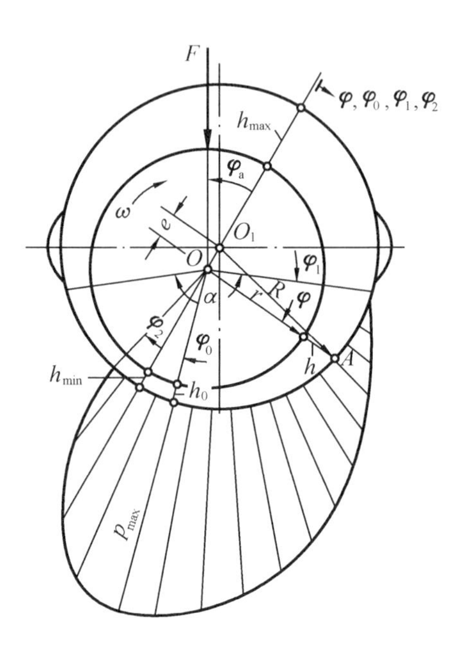

图 11-14 径向滑动轴承的几何参数和油压分布

h——任意极角 φ 处的油膜厚度，由图 11-14 可知

$$h = \delta(1 + \chi\cos\varphi) \tag{11-11}$$

h_0——压力最大处的油膜厚度，可用 $\varphi = \varphi_0$ 代入上式求得

$$h_0 = \delta(1 + \chi\cos\varphi_0) \tag{11-12}$$

h_{min}——最小油膜厚度，即当 $\varphi = \pi$ 时对应的油膜厚度，故

$$h_{min} = \delta(1 - \chi) = r\psi(1 - \chi) \tag{11-13}$$

将 $dx = rd\varphi$，$v = r\omega$ 及 h，h_0 之值代入式(11-10)，得极坐标形式的雷诺方程

$$\frac{dp}{d\varphi} = 6\eta \frac{\omega}{\psi^2} \cdot \frac{\chi(\cos\varphi - \cos\varphi_0)}{(1 + \chi\cos\varphi)^3} \tag{11-14}$$

将式(11-14)从油膜起始角 φ_1 到任意角 φ 进行积分，得任意 φ 角处的压力

$$p_\varphi = 6\eta \frac{\omega}{\psi^2} \int_{\varphi_1}^{\varphi} \frac{\chi(\cos\varphi - \cos\varphi_0)}{(1 + \chi\cos\varphi)^3} d\varphi \tag{11-15}$$

压力 p_φ 在外载荷方向上的分量

$$p_{\varphi y} = p_\varphi \cos[180° - (\varphi_a + \varphi)] = -p_\varphi \cos(\varphi_a + \varphi) \tag{11-16}$$

再将上式在油膜起始角 φ_1 到油膜终止角 φ_2 区间内积分，就得出在轴承单位宽度上的油膜承载力

$$\begin{aligned} p_y &= \int_{\varphi_1}^{\varphi_2} p_{\varphi y} r d\varphi = -\int_{\varphi_1}^{\varphi_2} p_\varphi \cos(\varphi_a + \varphi) r d\varphi \\ &= 6 \frac{\eta\omega r}{\psi^2} \int_{\varphi_1}^{\varphi_2} \left[\int_{\varphi_1}^{\varphi_2} \frac{\chi(\cos\varphi - \cos\varphi_0)}{(1 + \chi\cos\varphi)^3} d\varphi \right] [-\cos(\varphi_a + \varphi)] d\varphi \end{aligned} \tag{11-17}$$

理论上，求轴承全宽的油膜承载力，只需将 p_y 乘以轴承宽度 B 即可得到。但有限宽轴承的端泄是不能忽略的，这时，压力沿轴承宽度的变化呈抛物线分布，故其油膜压力比无限宽轴承的油膜压力低(图 11-15)。由于端泄造成的压力损失可用系数 C' 来修正，C' 的值取决于宽径比 B/d 和偏心率 χ 的大小，因此在距轴承中线为 z 处的油膜压力为

$$p_y' = p_y C' \left[1 - \left(\frac{2z}{B}\right)^2\right] \tag{11-18}$$

因此，有限宽轴承的总承载能力为

$$F = \int_{-B/2}^{+B/2} p'_y \mathrm{d}z = \frac{6\eta\omega r}{\psi^2}\int_{-B/2}^{+B/2}\int_{\varphi_1}^{\varphi_2}\int_{\varphi_1}^{\varphi}\left[\frac{\chi(\cos\varphi - \cos\varphi_0)}{(1+\chi\cos\varphi)^3}\mathrm{d}\varphi\right]\cdot$$

$$[-\cos(\varphi_a + \varphi)\mathrm{d}\varphi]\cdot C'\left[1 - \left(\frac{2z}{B}\right)^2\right]\mathrm{d}z \tag{11-19}$$

上式可表示为

$$F = \frac{\eta\omega dB}{\psi^2}C_p \tag{11-20}$$

式中

$$C_p = 3\int_{-B/2}^{+B/2}\int_{\varphi_1}^{\varphi_2}\int_{\varphi_1}^{\varphi}\left[\frac{\chi(\cos\varphi - \cos\varphi_0)}{B(1+\chi\cos\varphi)^3}\mathrm{d}\varphi\right]\cdot$$

$$[-\cos(\varphi_a + \varphi)\mathrm{d}\varphi]\cdot C'\left[1 - \left(\frac{2z}{B}\right)^2\right]\mathrm{d}z \tag{11-21}$$

C_p 称为承载量系数，是一个无量纲的量。由于 C_p 的积分非常困难，因而常采用数值积分的方法进行计算，并做成相应的线图或表格供设计使用。由式(11－21)可知，在给定边界条件时，C_p 是轴颈在轴承中位置的函数，其值取决于轴承的包角 α(指轴承表面上的连续光滑部分包围轴颈的角度，即入油口到出油口间所包轴颈的夹角)、偏心率 χ 和宽径比 B/d。当轴承的包角 α($\alpha = 120°, 180°$ 或 $360°$)给定时，经过一系列换算，C_p 可以表示为

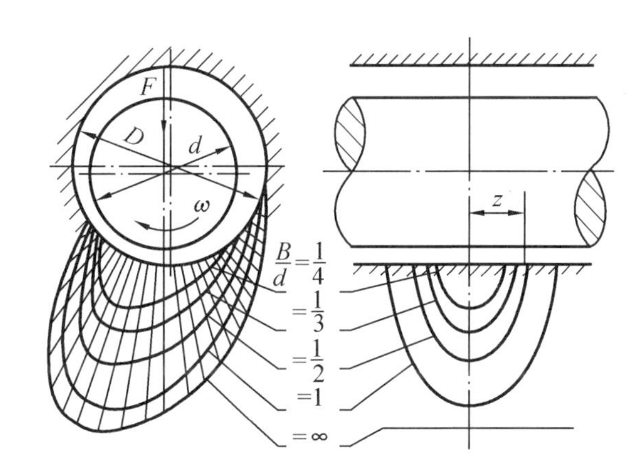

图 11－15　不同宽径比沿轴承周向和轴向的压力分布

$$C_p \propto (\chi, B/d) \tag{11-22}$$

若轴承是在非承载区内进行无压力供油，且设流体动压力是在轴颈与轴承衬的 180°的弧内产生时，则不同 χ 和 B/d 的 C_p 值见表 11－5。

表 11－5　有限宽轴承的承载量系数 C_p

B/d	χ													
	0.3	0.4	0.5	0.6	0.65	0.7	0.75	0.80	0.85	0.90	0.925	0.95	0.975	0.99
	承载量系数 C_p													
0.3	0.052 2	0.082 6	0.128	0.203	0.259	0.347	0.475	0.699	1.122	2.074	3.352	5.73	15.15	50.52
0.4	0.089 3	0.141	0.216	0.339	0.431	0.573	0.776	1.079	1.775	3.195	5.055	8.393	21.00	65.26
0.5	0.133	0.209	0.317	0.493	0.622	0.819	1.098	1.572	2.428	4.261	6.615	10.706	25.62	75.86
0.6	0.182	0.283	0.427	0.655	0.819	1.070	1.418	2.001	3.036	5.214	7.956	12./64	29.17	83.21
0.7	0.234	0.361	0.538	0.816	1.014	1.312	1.720	2.399	3.580	6.029	9.072	14.14	31.88	88.90

表 11-5 (续)

B/d	χ													
	0.3	0.4	0.5	0.6	0.65	0.7	0.75	0.80	0.85	0.90	0.925	0.95	0.975	0.99
	承载量系数 C_p													
0.8	0.287	0.439	0.647	0.972	1.199	1.538	1.965	2.754	4.053	6.721	9.992	15.37	33.99	92.89
0.9	0.339	0.515	0.754	1.118	1.371	1.745	2.248	3.067	4.459	7.294	10.753	16.37	35.66	96.35
1.0	0.391	0.589	0.853	1.253	1.528	1.929	2.469	3.372	4.808	7.772	11.38	17.18	37.00	98.95
1.1	0.440	0.658	0.947	1.377	1.669	2.097	2.664	3.580	5.106	8.186	11.91	17.86	38.12	101.15
1.2	0.487	0.723	1.033	1.489	1.796	2.247	2.838	3.787	5.364	8.533	12.35	18.43	39.04	102.90
1.3	0.529	0.784	1.111	1.590	1.912	2.379	2.990	3.968	5.586	8.831	12.73	18.91	39.81	104.42
1.5	0.610	0.891	1.248	1.763	2.099	2.600	3.242	4.266	5.947	9.304	13.34	19.68	41.07	106.84
2.0	0.763	1.091	1.483	2.070	2.446	2.981	3.671	4.778	6.545	10.091	14.34	20.97	43.11	110.79

11.6.5 最小油膜厚度 h_{min}

由式(11-13)及表 11-5 中知,若其他条件不变,h_{min}愈小则偏心率χ愈大,轴承的承载能力就愈大。然而,最小油膜厚度受到轴颈和轴承表面粗糙度、轴的刚性及轴颈与轴承的几何形状等因素的限制。为了保证轴承处于流体润滑状态,避免轴颈与轴瓦的直接接触,最小油膜厚度必须等于或大于许用油膜厚度$[h]$,即

$$h_{min} \geq [h] = S(R_{z1} + R_{z2})\ \mu\text{m} \tag{11-23}$$

式中 R_{z1}——轴颈表面粗糙度,对一般轴承,可取 3.2 μm 或 1.6 μm,对重要轴承可取 0.8 μm或 0.2 μm;

R_{z2}——轴瓦孔表面粗糙度,对一般轴承,可取6.3 μm或 3.2 μm,对重要轴承可取 1.6 μm或 0.4 μm;

S——安全系数,考虑表面几何形状误差和轴的变形等,一般取 $S \geq 2$。

11.6.6 热平衡计算

流体动压滑动轴承的功耗主要是内摩擦产生的热量,它会使润滑油温度升高,从而使其黏度降低,轴承的承载能力下降,且在外载荷不变的情况下,使最小油膜厚度减小。因此,要控制轴承的温升,对轴承进行热平衡计算。

滑动轴承工作中产生的热量一部分通过流动的润滑油带走,另一部分通过热对流和辐射从轴承座扩散到空气中。轴承达到热平衡状态的条件是:单位时间内产生的摩擦热量等于同一时间内由润滑油带走的热量与轴承散发的热量之和,其数学表达式为

$$fFv = q\rho c(t_o - t_i) + \alpha_s \pi dB(t_o - t_i) \tag{11-24}$$

达到热平衡时润滑油的温度差为

$$\Delta t = t_o - t_i = \frac{\left(\frac{f}{\psi}\right)p}{c\rho\left(\frac{q}{\psi vBd}\right) + \frac{\pi\alpha_s}{\psi v}} \tag{11-25}$$

式中 f——摩擦系数，$f=\frac{\pi}{\psi}\cdot\frac{\eta\omega}{p}+0.55\psi\xi$，式中 ξ 为随轴承宽径比而变化的系数，对于 $B/d<1$ 的轴承，$\xi=(d/B)^{1.5}$；$B/d\geqslant 1$ 时，$\xi=1$；ω 为轴颈角速度，单位为 rad/s；

p——轴承的平均压强，Pa；

v——轴颈圆周速度，m/s；

q——润滑油流量，按润滑油流量系数求出，m^3/s；

ρ——润滑油的密度，对矿物油为 850 ~ 900 kg/m^3；

c——润滑油的比热容，对矿物油为 1 675 ~ 2 090 J/(kg·℃)；

t_o——油的出口温度，℃；

t_i——油的入口温度，℃；

α_s——轴承的散热系数，轻型轴承或散热困难的环境，$\alpha_s=50$ W/(m^2·℃)；中型轴承或一般通风条件，$\alpha_s=80$ W/(m^2·℃)；重型轴承或散热条件良好时，$\alpha_s=140$ W/(m^2·℃)。

式(11-25)中的$\frac{q}{\psi vBd}$是润滑油流量系数，是一个无量纲数，可根据轴承的宽径比 B/d 及偏心率 χ 查找(图11-16)。

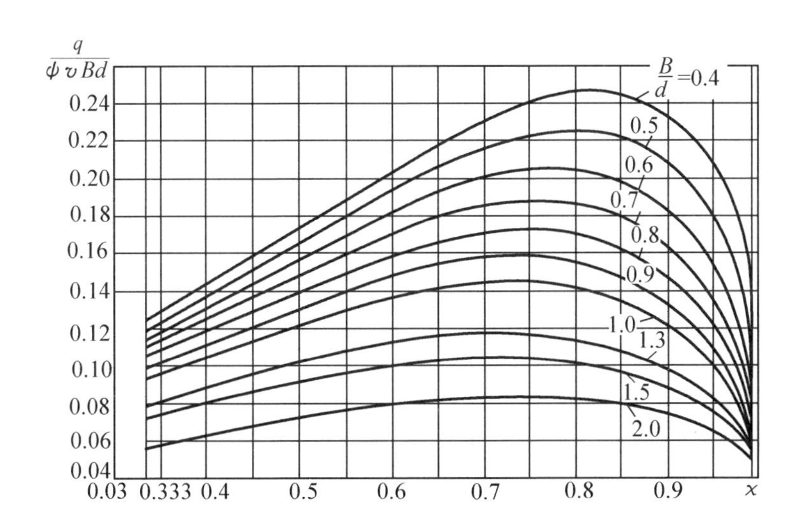

图11-16 润滑油流量系数线图

式(11-25)求出的只是润滑油的平均温差。实际上，润滑油从入口至出口，温度是逐渐升高的，因而各处油的黏度不等。计算轴承承载能力时，应采用润滑油平均温度下的黏度。平均温度

$$t_m = t_i + \frac{\Delta t}{2} \tag{11-26}$$

平均温度一般不应超过 75 ℃，入口温度 t_i 一般控制在 30 ~ 45 ℃。

11.6.7 参数选择及设计步骤

1. 参数选择

(1)宽径比 B/d

宽径比 B/d 对轴承承载能力、耗油量和轴承温升影响很大。B/d 小,承载能力小,耗油量大,温升小。通常 B/d 控制在 0.3 ~ 1.5 范围内。高速重载轴承温度高,B/d 宜取小值;低速重载轴承为提高轴承刚度,B/d 宜取大值;高速轻载轴承,如对刚性无过高要求,B/d 取小值。常用机器的宽径比 B/d 见表 11 - 6。

表 11 - 6 常用机器的宽径比 B/d

机器	汽轮机	发动机 发电机	压缩机 离心泵	轧钢机	减速器	机床	传动轴	车辆轴承箱
B/d	0.25 ~ 1.0	0.6 ~ 1.5	0.5 ~ 1.2	0.6 ~ 0.9	0.6 ~ 1.2	0.8 ~ 1.2	0.8 ~ 1.5	1.4 ~ 2.0

注:优先选用下限值。

(2)相对间隙 ψ

相对间隙是影响工作性能的一个主要参数,从式(11 - 20)知,轴承的承载能力与 ψ^2 成反比。ψ 愈小,轴承承载能力愈高。但 ψ 小会使轴承温度升高,润滑油的黏度降低,使轴承承载能力下降,一般高速轻载的轴承,ψ 取值较大,有利于散热;低速重载时,ψ 取小值,以提高承载能力;旋转精度要求高的轴承 ψ 取小值。设计时,可按下面的公式初取 ψ,即

$$\psi \approx \frac{\left(\frac{n}{60}\right)^{\frac{4}{9}}}{10^{\frac{31}{9}}} \tag{11-27}$$

各种常用机器的相对间隙 ψ 值见表 11 - 7。

表 11 - 7 常用机器的相对间隙 ψ

机器	汽轮机、电动机、发电机	轧钢机、铁路机车	机床、内燃机	鼓风机、离心泵
相对间隙 ψ	0.001 ~ 0.002	0.000 2 ~ 0.001 5	0.000 2 ~ 0.001 25	0.001 ~ 0.003

(3)润滑油黏度 η

润滑油黏度 η 对轴承的承载能力和温升有重要的影响,通常低速重载时选用黏度大的润滑油;高速轻载时选用黏度小的润滑油。另外,在工作环境温度高时应选用黏度大的润滑油,以减少温度对润滑油黏度的影响。

选用润滑油可以按照现有机器的使用经验,用类比法确定,流体润滑轴承一般需经过计算确定,表 11 - 8 给出一些参考资料。

表11-8 滑动轴承润滑油的选择

轴颈圆周速度 $v/(\mathrm{m/s})$	$p<3$ MPa 工作温度 $t=10\sim60$ ℃		$p=3\sim7.5$ MPa 工作温度 $t=10\sim60$ ℃		$p>7.5\sim30$ MPa 工作温度 $t=20\sim80$ ℃	
	100 ℃时的运动黏度 $/(\mathrm{mm^2/s})$	适用油牌号	40 ℃时的运动黏度 $/(\mathrm{mm^2/s})$	适用油牌号	100 ℃时的运动黏度 $/(\mathrm{mm^2/s})$	适用油牌号
<0.1	80~150	L-AN68 L-AN100 L-AN150 30号汽油机油	130~190	L-AN150 40号汽油机油	30~50	HJ3-28轧钢机油 HG-38 HG-52汽缸油
0.1~0.3	65~120	L-AN68 L-AN100 30号汽油机油	105~160	L-AN100 L-AN150 40号汽油机油	20~35	HJ3-28轧钢机油 HG-38汽缸油
0.3~1.0	48~80	L-AN46 L-AN68 20号汽油机油	100~120	L-AN100 30号汽油机油	10~20	L-AN100 L-AN150 30,40号汽油机油 15,22号压缩机油
1.0~2.5	40~80	L-AN46 L-AN68 20号汽油机油	65~90	L-AN100 L-AN150 20号汽油机油		
2.5~50	40~55	L-AN46 20号汽油机油				
5.0~9.0	15~50	L-AN15 L-AN22 L-AN32 L-AN46 20号汽油机油				
>9.0	5~22	L-AN7 L-AN10 L-AN15				

2. 设计步骤

(1)初步确定设计方案

根据轴颈直径 d、转速 n 及外载荷 F 等工作条件,初步确定:

①轴承的结构形式;

②主要参数,如 $B/d,\psi,\eta$ 等;

③选择轴瓦结构和材料;

④选择轴承配合和润滑油牌号。

(2)校核计算

除了校核平均压强 p,pv 值及轴颈圆周速度 v 外,还要校核最小油膜厚度 h_{min} 和润滑油温升 Δt。

例 11-1 设计汽轮机转子的径向动压滑动轴承,已知:轴颈直径 $d=100$ mm,径向载荷 $F=28\ 000$ N,轴颈转速 $n=600$ r/min,载荷垂直向下,工作情况稳定,要求径向安装。

解 (1)选取轴承宽径比

根据汽轮机轴承,初选 $B/d=1.0$,则轴承宽度 $B=100$ mm。

(2)轴承工作性能的条件性计算

平均压强

$$p=\frac{F}{Bd}=\frac{28\ 000}{100\times100}=2.8\ \text{MPa}$$

轴颈的圆周速度

$$v=\frac{\pi dn}{60\times1\ 000}=\frac{\pi\times100\times600}{60\times1\ 000}=3.14\ \text{m/s}$$

pv 值

$$pv=2.8\times3.14=8.792\ \text{MPa}\cdot\text{m/s}$$

(3)选择轴承材料

根据轴承条件性计算的结果,参考表 11-2,选用铅基轴承合金 ZPbSb16Sn16Cu2,其相应的许用值为 $[p]=15$ MPa,$[v]=12$ m/s,$[pv]=10$ MPa·m/s。

(4)确定轴承的相对间隙 ψ

由式(11-27),$\psi=\dfrac{(n/60)^{\frac{4}{9}}}{10^{\frac{31}{9}}}=\dfrac{(600/60)^{\frac{4}{9}}}{10^{\frac{31}{9}}}=0.001$,取为 0.001 25。

(5)选择轴颈与轴承的公差配合

根据直径间隙 $\Delta=\psi d=0.001\ 25\times100=0.125$ mm,按 GB/T 1801—1999 选配合 $\frac{\text{H6}}{\text{d7}}$,查得孔的公差为 $\phi100^{+0.022}_{0}$,轴的公差为 $\phi100^{-0.120}_{-0.155}$,故:

最大直径间隙

$$\Delta_{max}=0.022-(-0.155)=0.177\ \text{mm}$$

最小直径间隙

$$\Delta_{min}=0-(-0.120)=0.12\ \text{mm}$$

因 $\Delta=0.125$ mm 在 Δ_{max} 与 Δ_{min} 之间,故所选配合适用。

(6)选择润滑油牌号

根据表 11-8 推荐使用的润滑油,选择全损耗系统用油 L-AN46,并取其密度

$\rho = 880\ kg/m^3$，比热容 $c = 1\ 800\ J/(kg\cdot℃)$，散热系数 $\alpha_s = 80\ W/(m^2\cdot℃)$。

(7)验算最小油膜厚度

按 $t_m = 50$ ℃查出 L－AN46 的运动黏度，由图 2－5 查得 $\nu_{50} = 40\ mm^2/s$，则动力黏度

$$\eta_{50} = \rho\nu_{50} \times 10^{-6} = 880 \times 40 \times 10^{-6} = 0.035\ 2\ Pa\cdot s$$

按加工精度要求取轴颈表面粗糙度 $R_{z1} = 1.6\ \mu m$，轴瓦孔表面粗糙度 $R_{z2} = 3.2\ \mu m$，安全系数 $S = 2$，由式(11－23)

$$[h] = S(R_{z1} + R_{z2}) = 2 \times (1.6 + 3.2) = 9.6\ \mu m$$

①最大间隙时，$\psi = \dfrac{\Delta_{max}}{d} = \dfrac{0.177}{100} = 0.001\ 7$，由式(11－20)得承载量系数为

$$C_p = \frac{F\psi^2}{2\eta vB} = \frac{28\ 000 \times 0.001\ 7^2}{2 \times 0.035\ 2 \times 3.14 \times 100 \times 10^{-3}} = 3.661$$

根据 C_p 及 B/d 的值查表 11－5，经插算求出偏心率 $\chi = 0.81$。

由式(11－13)得 $h_{min} = \dfrac{d}{2}\psi(1-\chi) = \dfrac{100}{2} \times 0.001\ 7 \times (1 - 0.81) = 16\ \mu m$，因 $h_{min} > [h]$，故满足工作要求。

②最小间隙时，$\psi = \dfrac{\Delta_{min}}{d} = \dfrac{0.12}{100} = 0.001\ 2$，从而得

$$C_p = \frac{F\psi^2}{2\eta vB} = \frac{28\ 000 \times 0.001\ 2^2}{2 \times 0.352 \times 3.14 \times 100 \times 10^{-3}} = 1.824$$

查表 11－5 得 $\chi = 0.687$。

由式(11－13)得 $h_{min} = \dfrac{d}{2}\psi(1-\chi) = \dfrac{100}{2} \times 10^3 \times 0.001\ 2 \times (1 - 0.687) = 18.78\ \mu m$，因 $h_{min} > [h]$，故也能满足工作要求。

(8)校核轴承的温升

因 $\dfrac{B}{d} = 1$，取随宽径比变化的系数 $\xi = 1$，由摩擦系数计算式

$$f = \frac{\pi}{\psi}\cdot\frac{\eta\omega}{p} + 0.55\psi\xi$$

①最大间隙时

$$f = \frac{\pi \times 0.035\ 2 \times \dfrac{2\pi \times 600}{60}}{0.001\ 7 \times 2.8 \times 10^6} + 0.55 \times 0.001\ 7 \times 1 = 0.002\ 39$$

由 B/d 及 χ 的值查图 11－16，得润滑油流量系数

$$\frac{q}{\psi vBd} = 0.14$$

由式(11－25)

$$\Delta t = \frac{\left(\dfrac{f}{\psi}\right)p}{c\rho\left(\dfrac{q}{\psi vBd}\right) + \dfrac{\pi\alpha_s}{\psi v}} = \frac{\left(\dfrac{0.002\ 39}{0.001\ 7}\right) \times 2.8 \times 10^6}{1\ 800 \times 880 \times 0.14 + \dfrac{\pi \times 80}{0.001\ 7 \times 3.14}} = 14.642\ ℃$$

由式(11－26)

$$t_i = t_m - \frac{\Delta t}{2} = 50 - \frac{14.642}{2} = 42.679\ ℃$$

因一般取 $t_i=30\sim45$ ℃,故满足入口温度条件。

②最小间隙时

$$f=\frac{\pi\times0.0352\times\frac{2\pi\times600}{60}}{0.0012\times2.8\times10^6}+0.55\times0.0012\times1=0.00273$$

查图 11-16 得 $\frac{q}{\psi vBd}=0.142$,则

$$\Delta t=\frac{\left(\frac{0.00273}{0.0012}\right)\times2.8\times10^6}{1800\times880\times0.142+\frac{\pi\times80}{0.0012\times3.14}}=21.843\ ℃$$

$$t_i=50-\frac{21.843}{2}=39.079\ ℃$$

因 t_i 数值也在 30~45 ℃之间,满足入口温度条件。

11.7 其他滑动轴承简介

11.7.1 多油楔滑动轴承

前述动压径向滑动轴承只有一个油楔产生油膜压力,称为单油楔滑动轴承。这类轴承在高速条件下,轴心容易偏离平衡位置做有规律或无规律的运动,难于自动返回原来的平衡位置,这种状态称为轴承失稳。轴承失稳的机理比较复杂,一般转速越高,越容易失稳。为了提高高速滑动轴承的工作稳定性和旋转精度,常采用多油楔轴承(图 11-17)。

图 11-17(a)所示为椭圆轴承,在轴颈上下各有一个收敛的油楔,可形成上下两个动压油膜,有利于提高稳定性。图 11-17(b)为固定瓦三油楔轴承,工作时,各油楔同时产生油膜压力,以助于提高轴的旋转精度及轴承的稳定性,固定瓦三油楔轴承只能单向运转。图 11-17(c)所示为摆动瓦多油楔轴承,轴瓦由三块或多块(通常为奇数)扇形块组成,扇形瓦块的背面由调整螺钉的球面支承。各支点不在轴瓦正中而偏向同一侧,由于支承面是球面,使瓦块的倾角可随轴承工作情况的改变而改变,以适应轴承在不同转速、不同载荷以及轴因变形而偏斜的工作状况,保持动压油膜的承载能力。

11.7.2 流体静压滑动轴承

流体静压滑动轴承是利用外部供油装置,将有一定压力的液体通过进油孔送入轴承的油腔,使轴颈与轴承表面分开,形成承载油膜的一种轴承。它具有启动力矩小,使用寿命长,回转精度高,油膜刚度大,阻尼性能好,对轴承材料无特殊要求等优点。其缺点是必须有一套复杂的供给压力油系统,成本高。

图 11-18 为流体静压径向轴承系统,轴承有 4 个完全相同的油腔,分别通过各自的节流器与供油管路相连接。在轴承外载荷 F 为零时,轴与轴颈同心,各油腔的油压相等。当轴承受到外载荷 F 时,轴颈的轴线下移了 e,各油腔附近的间隙发生变化,受力较大的下油腔间隙减小,节流器流量减少,节流器中的压力也随之减小。但因为油泵供油压力 P_b 保持

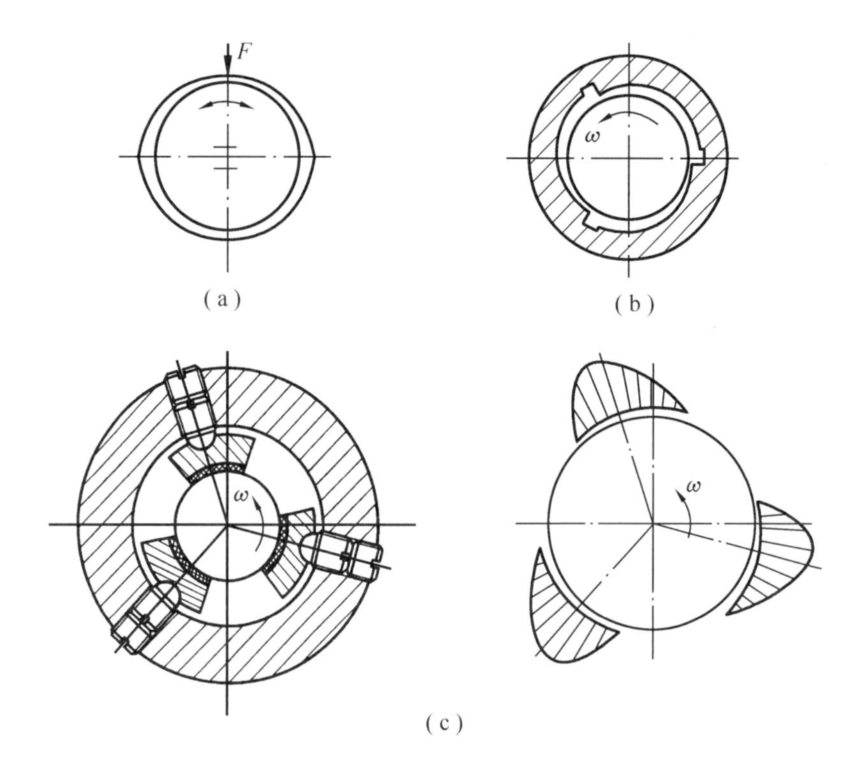

图 11－17 多油楔滑动轴承

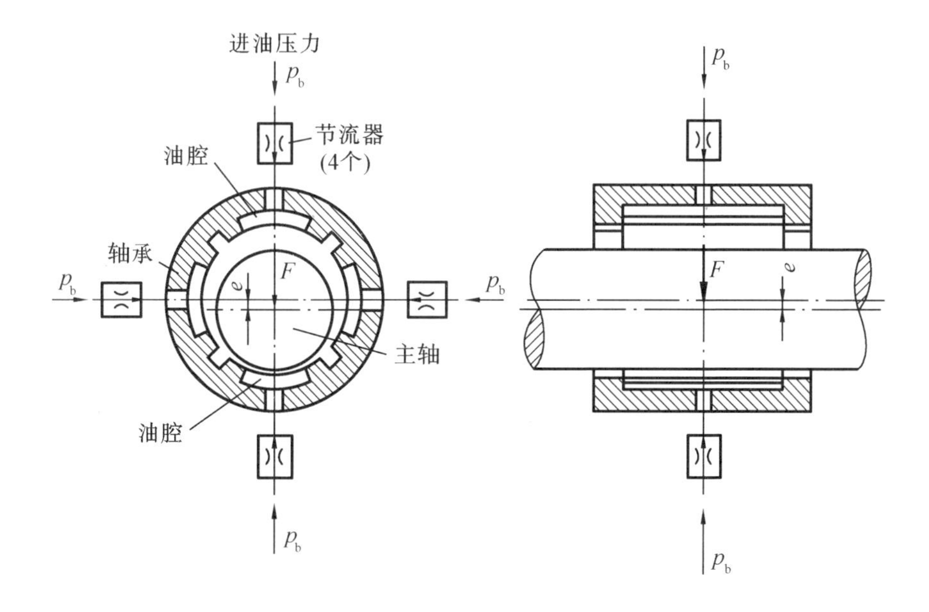

图 11－18 流体静压径向滑动轴承

不变，所以下腔压力增大。同理，上腔间隙增大，其压力减小。因此，在轴承的上下两油腔产生压力差，由此压力差所产生的向上的力来平衡载荷 F。

11.7.3 气体润滑轴承

当轴颈转速达到每分钟几十万转时,用液体润滑剂的轴承即使在流体润滑状态下工作,摩擦损失还是很大的。如改用气体润滑剂,可极大地降低摩擦损失,因气体的黏度仅为液体的1/4 000,且受温度变化的影响小。气体润滑轴承也分为动压轴承和静压轴承两大类。动压气体轴承形成的气膜很薄,最大不超过20 μm ,故制造要求十分严格,常用于高速磨头、陀螺仪表、医疗设备、电子计算机等设备中。

习　　题

11-1　离心泵径向滑动轴承,轴颈直径 $d=60$ mm,转速 $n=1\ 500$ r/min,轴承径向载荷 $F=2\ 600$ N,轴瓦材料为 ZCuSn10P1,根据非流体润滑轴承计算方法校核该轴承是否可用?

11-2　有一非流体润滑径向滑动轴承,轴颈直径 $d=100$ mm,轴承宽度 $B=100$ mm,轴颈转速 $n=300$ r/min,轴瓦材料为 ZCuAl10Fe3,试问它可以承受的最大径向载荷是多少?

11-3　某剖分式径向滑动轴承,已知径向载荷 $F=35\ 000$ N,轴颈直径 $d=200$ mm,轴承宽度 $B=200$ mm,轴颈转速 $n=1\ 000$ r/min,选用 L-AN32 全损耗系统用油,设平均温度 $t_m=50$ ℃,轴承的相对间隙 $\psi=0.001$,轴颈、轴瓦表面粗糙度分别为 $R_{z1}=1.6$ μm,$R_{z2}=3.2$ μm,试校验此轴承能否实现流体动压润滑。

11-4　设计某汽轮机用流体动压径向滑动轴承,径向载荷 $F=10\ 000$ N,转速 $n=3\ 000$ r/min,轴颈直径 $d=100$ mm,载荷稳定。

第 12 章　联轴器、离合器及制动器

12.1　概　　述

联轴器和离合器主要用作轴与轴之间的连接,以传递运动和转矩。联轴器必须在机器停车后,经过拆卸才能使两轴结合或分离。离合器在机器工作中可随时使两轴接合或分离。制动器是用来迫使机器迅速停止运转或降低机器运转速度的机械装置。

联轴器和离合器的类型很多,其中常用的已经标准化。在设计时,先根据工作条件和要求选择合适的类型,然后按轴的直径 d、转速 n 和计算转矩 T_c,从标准中选择所需要的型号和尺寸。必要时对少数关键零件作校核计算。计算转矩的计算公式为

$$T_c = KT \quad \mathrm{N \cdot mm} \tag{12-1}$$

式中　T——轴的名义转矩,N·mm;

K——载荷系数,如表 12－1 所示。

表 12－1　载荷系数(电动机驱动时)

机器名称		K	机器名称	K
机　　床		1.25～2.5	往复式压气机	2.25～3.5
离心水泵		2～3	胶带或链板运输机	1.5～2
鼓 风 机		1.25～2	吊车、升降机、电梯	3～5
往复泵	单行程	2.5～3.5	发　电　机	1～2
	双行程	1.75		

注:(1)刚性联轴器取较大值,弹性联轴器取较小值。

(2)摩擦离合器取中间值。当原动机为活塞式发动机时,将表内 K 值增大 20%～40%。

制动器是用来制动、减速以及限速的装置。制动可靠是对制动器的基本要求,同时也应该具备操纵灵活、散热良好、体积小、质量轻的特点。

联轴器、离合器和制动器的种类很多,本章仅介绍几种有代表性的结构。

12.2　联　轴　器

用联轴器连接的两轴轴线在理论上应该是严格对中的,但由于制造及安装误差、承载后的变形以及温度变化的影响等原因,往往很难保证被连接的两轴严格对中,因此就会出现两

轴间的轴向位移 x(图 12-1(a))、径向位移 y(图 12-1(b))、角位移 α(图 12-1(c))和综合位移(图 12-1(d))。如果联轴器没有适应这种相对位移的能力,就会在联轴器、轴和轴承中产生附加载荷,甚至引起强烈振动。这就要求设计联轴器时,要采取各种结构措施,使之具有适应上述相对位移的性能。

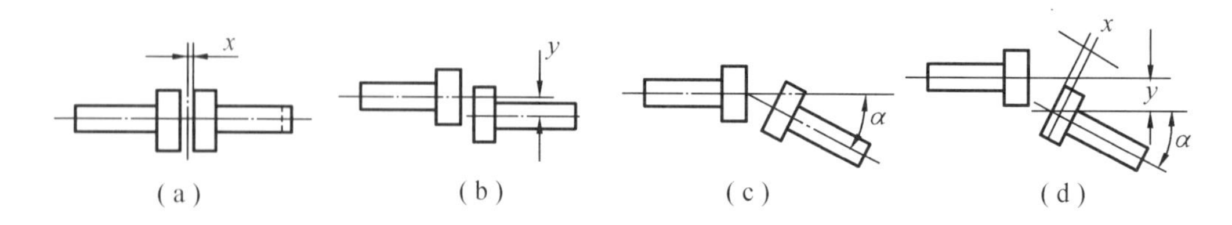

图 12-1 轴线的相对位移

联轴器的类型很多,根据其是否包含弹性元件,可以划分为刚性联轴器和弹性联轴器两大类。刚性联轴器根据正常工作时是否允许两个半联轴器轴线产生相对位移又分为固定式刚性联轴器和可移式刚性联轴器。固定式刚性联轴器,要求被连接两轴轴线严格对中,因为它不能补偿两轴的相对位移。其常用类型有:套筒联轴器、夹壳联轴器和凸缘联轴器等。可移式刚性联轴器可以通过两半联轴器间的相对运动来补偿被连接两轴的相对位移。其常用类型有:十字滑块联轴器、齿轮联轴器和万向联轴器等。弹性联轴器包含有弹性元件,不仅具有吸收振动和缓解冲击的能力,而且能够通过弹性元件的变形来补偿两轴的相对位移。其常用类型有弹性套柱销联轴器、弹性柱销联轴器和轮胎式联轴器等。

12.2.1 固定式刚性联轴器

1. 套筒联轴器

套筒联轴器由套筒、键、紧定螺钉或销钉等组成,如图 12-2 所示。套筒将被连接的两轴联成一体,键连接实现套筒与轴的周向固定并传递转矩,紧定螺钉或销钉被用做套筒与轴的轴向固定。该联轴器结构简单,径向尺寸小,故常用于要求径向尺寸紧凑或空间受限制的场合。它的缺点是装拆时需轴向移动。

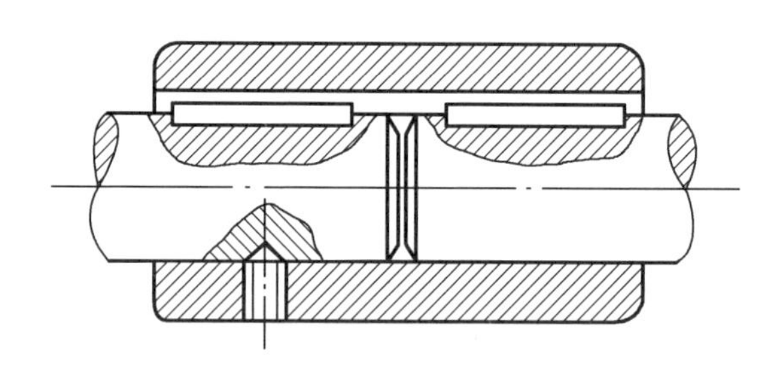

图 12-2 套筒联轴器

2. 夹壳联轴器

夹壳联轴器由纵向剖分的两个半联轴器、螺栓和键组成,如图 12-3 所示。由于夹壳外形相对复杂,故常用铸铁铸造成形。它的特点是径向尺寸小且装拆方便,克服了套筒联轴器装拆需轴向移动的不足。但由于其转动平衡性较差,故常用于低速。

3. 凸缘联轴器

凸缘联轴器是把两个带有凸缘的半联轴器用键分别与两轴连接,然后用螺栓把两个半联轴器联成一体,以传递运动和转矩(图 12-4)。螺栓可以用半精制的普通螺栓(图 12-4(a)),亦可以用铰制孔螺栓(图 12-4(b))。采用普通螺栓连接时,联轴器用一个半联轴器上的凸肩与另一个半联轴器上的凹槽相配合而对中,转矩靠半联轴器接合面间的摩擦力矩

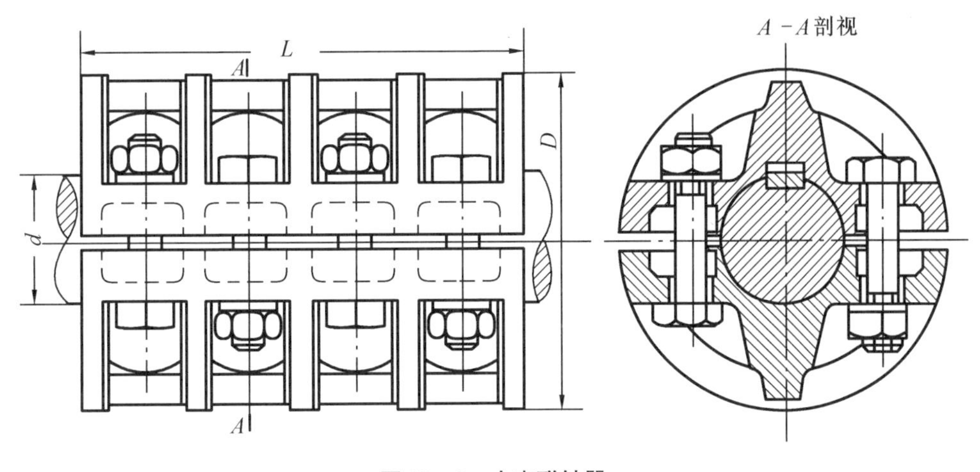

图 12－3　夹壳联轴器

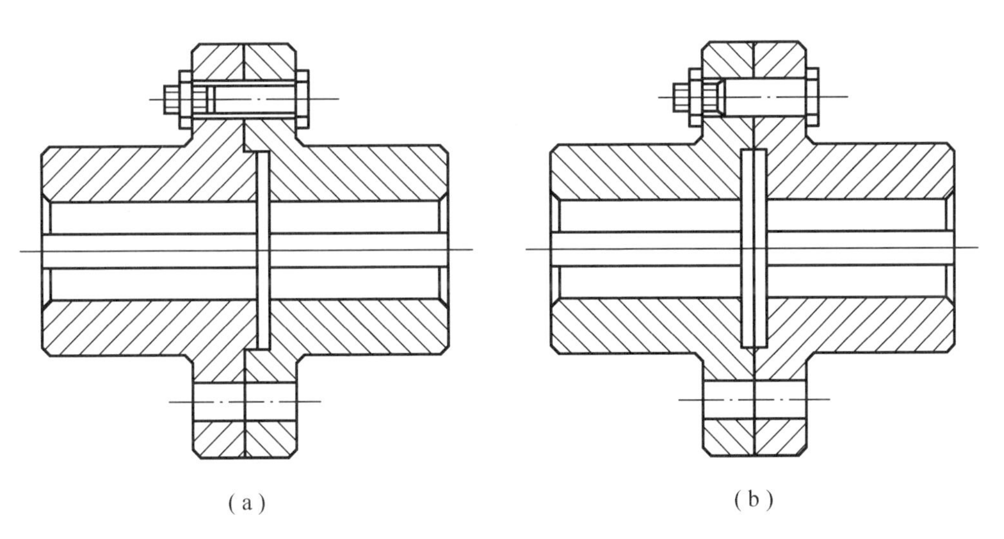

图 12－4　凸缘联轴器

来传递。采用铰制孔螺栓连接时，靠铰制孔螺栓来实现两轴对中，靠螺栓杆承受剪切及螺栓杆与孔壁承受挤压来传递转矩。

由于凸缘联轴器属于固定式刚性联轴器，对所连接两轴间的偏移缺乏补偿能力，故对两轴对中性的要求很高，当两轴有相对位移存在时，就会在机件内引起附加载荷，使工作情况恶化，这是凸缘联轴器的主要缺点。但由于其结构简单、成本低、传递转矩大，因此在固定式刚性联轴器中应用最广。

12.2.2　可移式刚性联轴器

1. 十字滑块联轴器

十字滑块联轴器由两个在端面开有凹槽的半联轴器和一个两面都有凸榫的十字滑块组成，如图 12－5 所示。凹槽的中心线分别通过两轴的中心，两榫中线互相垂直并通过滑块的中心。如两轴轴线有径向位移，当轴回转时，滑块上的两榫可在两半联轴器的凹槽中滑动，

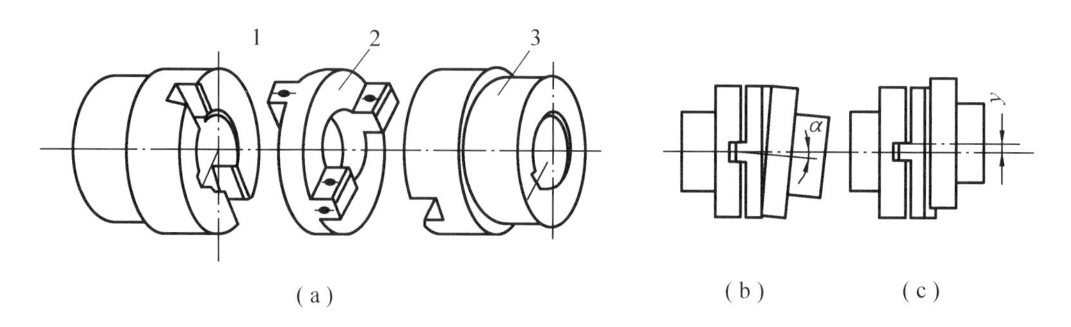

图12－5　十字滑块联轴器

1—半联轴器;2—十字滑块;3—半联轴器

以补偿两轴轴线的径向位移。

十字滑块联轴器允许的径向位移$[y]\leqslant0.04d$(d是轴的直径),允许的角位移$[\alpha]\leqslant30'$。

由于滑块和凹槽间的相对滑动而产生摩擦和磨损,因此工作时应采取润滑措施。这种联轴器零件的材料可用45钢,工作表面须进行热处理,以提高硬度,要求较低时也可用Q275钢,不进行热处理。

由于当轴转速较高时十字滑块的偏心会产生较大的离心力,因此十字滑块联轴器常用于低速($n<250$ r/min)。

十字滑块联轴器的优点是径向尺寸小,结构简单。

2. 齿轮联轴器

齿轮联轴器由两个具有外齿的半联轴器和用螺栓连接起来的具有内齿的外壳组成,如图12－6所示。由于外齿轮的齿顶制成球面(球面中心位于轴线上),齿侧又制成鼓形,且齿侧间隙较大,所以,这种联轴器允许两轴发生综合位移。一般,允许的径向位移$[y]=0.3\sim0.4$ mm,允许轴向位移$[x]=4\sim20$ mm,允许角位移$[\alpha]=1°15'$。

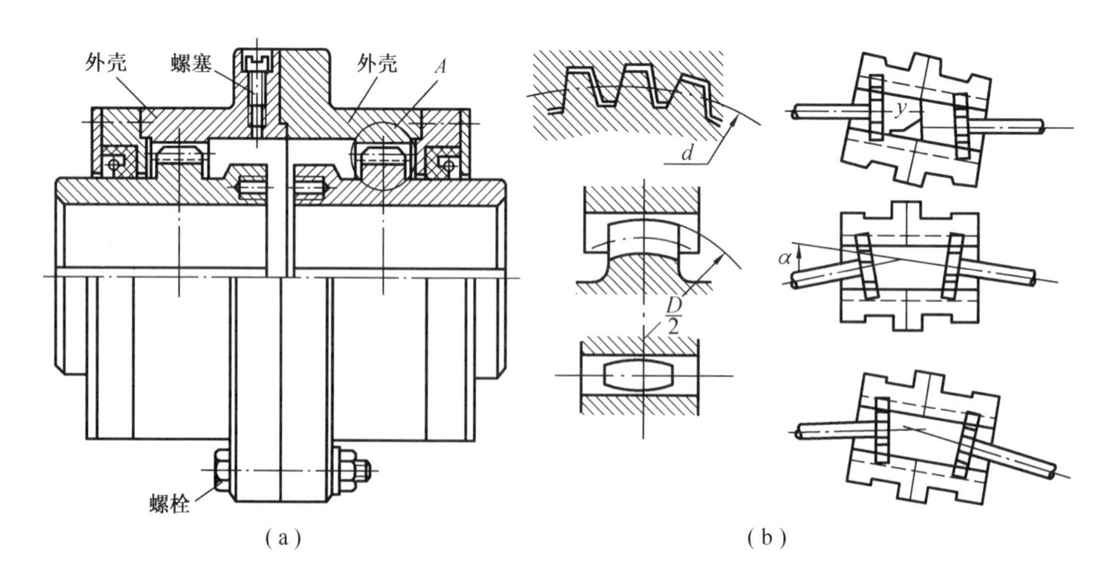

图12－6　齿轮联轴器

工作时齿面间产生相对滑动，为减少摩擦和磨损，在外壳内储有润滑油对齿面进行润滑，用唇形密封圈密封。

齿轮联轴器有较多的齿同时工作，因而传递转矩大。其外形尺寸紧凑，工作可靠，但结构复杂，成本高，常用于低速的重型机械中。

3. 万向联轴器

万向联轴器由两个叉形零件 1，2 和一个十字形零件组成，如图 12－7 所示。十字形零件的四端分别用铰链与两个叉形零件相连接。因此，当一轴固定时，另一轴可以在任意方向偏斜 α 角，角位移最大可达 45°。

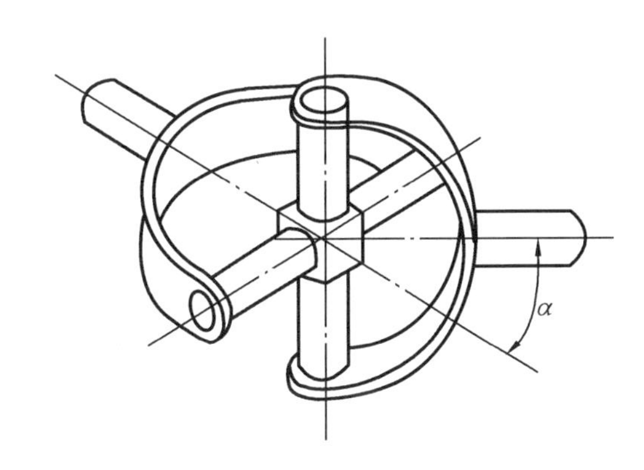

图 12－7　万向联轴器示意图

这种联轴器，当主动轴以等角速度 ω_1 回转时，从动轴的角速度 ω_2 将在一定范围（$\omega_1\cos\alpha \leqslant \omega_2 \leqslant \omega_1/\cos\alpha$）内做周期性的变化，从而引起附加动载荷。为消除从动轴的速度波动，通常将万向联轴器成对使用，并使中间轴的两个叉子位于同一平面上，同时，还应使主、从动轴的轴线与中间轴的轴线间的偏斜角 α 相等 $\alpha_1=\alpha_2$（图 12－8），从而主、从动轴的角速度相等。应指出，中间轴的角速度仍旧是不均匀的，所以转速不宜太高。

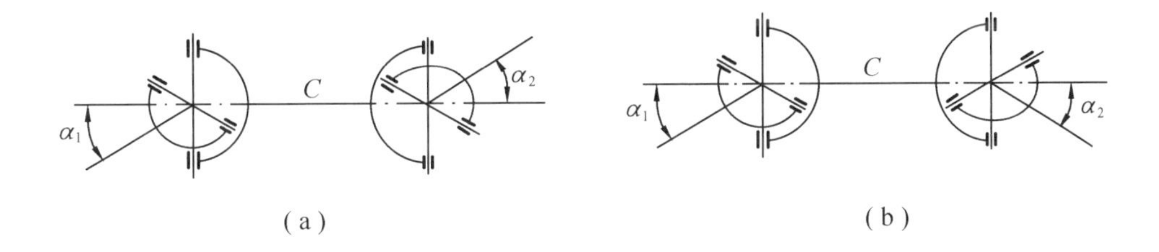

图 12－8　双万向联轴器

小型万向联轴器的结构如图 12－9 所示。

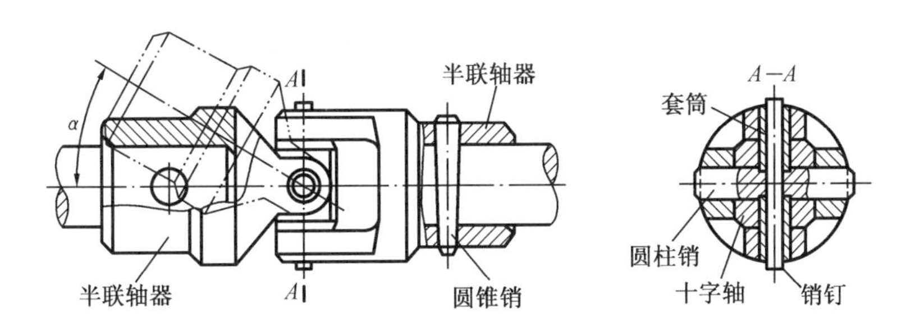

图 12－9　小型万向联轴器的结构

这类联轴器结构紧凑，维护方便，广泛应用于汽车、机床等机械的传动系统中。

12.2.3 弹性联轴器

弹性联轴器是靠弹性元件的弹性变形,来补偿两轴轴线的相对位移,以缓和载荷的冲击与吸收振动的。弹性元件所能储存的能量越多,则联轴器的缓冲能力越强,弹性元件的弹性滞后性能与弹性变形时零件间摩擦功越大,联轴器的减振能力越好。这类联轴器目前应用很广,品种也越来越多。

1. 弹性套柱销联轴器

这种联轴器在结构上和刚性凸缘联轴器很相似,只是两半联轴器的连接不用螺栓而用带橡胶套的柱销,如图12-10所示。因为通过蛹状的弹性套传递转矩,可以缓冲减振。

这种联轴器靠橡胶套传递力并靠其弹性变形来补偿径向位移和角位移,靠安装时留的间隙 c 来补偿轴向位移。橡胶套为易损件,因此,在设计时应留出距离,以便于更换橡胶套而免得拆移机器。具体要求可查阅相关手册。

这种联轴器结构简单,制造容易,装拆方便,成本较低。它适用于转矩小、转速高、频繁正反转、需要缓和冲击振动的地方。弹性套柱销联轴器在高速轴上应用得十分广泛。

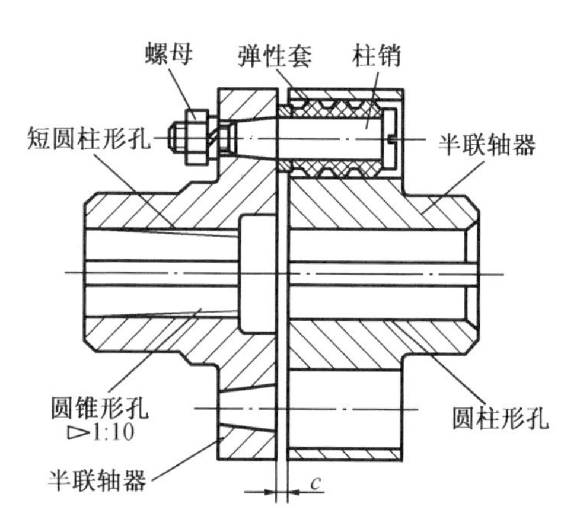

图12-10 弹性套柱销联轴器

2. 弹性柱销联轴器(GB 5014—1985)

这种联轴器在结构上和刚性凸缘联轴器也很相似,它用尼龙圆柱销代替连接螺栓,如图12-11所示。为了防止柱销滑出,在半联轴器两端设有挡圈。

这种联轴器靠尼龙柱销传递力并靠其弹性变形来补偿径向位移和角位移,靠安装时留间隙 c 来补偿轴向位移。

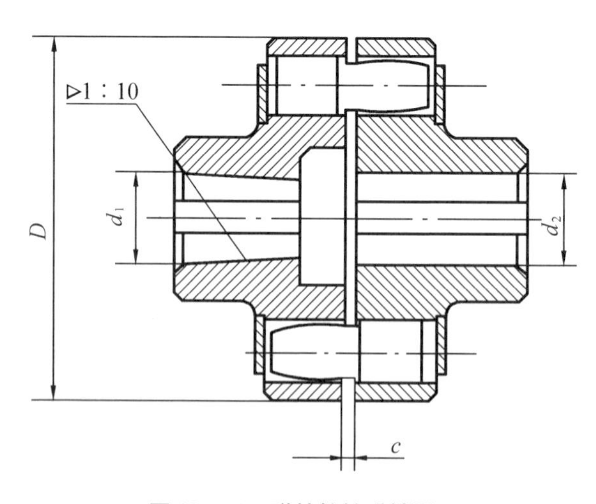

图12-11 弹性柱销联轴器

尼龙柱销联轴器结构简单,制造方便,成本低。它适用于转矩小、转速高、正反向变化多、启动频繁的高速轴。

3. 轮胎式联轴器

轮胎式联轴器的结构如图12－12所示。两半联轴器3分别用键与轴相连，1为橡胶制成的特型轮胎，用压扳2及螺钉4把轮胎1紧压在左右两半联轴器上，通过轮胎来传递转矩。为了便于安装，在轮胎上开有切口。

由于橡胶轮胎易于变形，因此，允许的相对位移较大，角位移可达5°～12°，轴向位移可达0.02D，径向位移可达0.01D，其中D为联轴器的外径。

轮胎式联轴器的结构简单，使用可靠，弹性大，寿命长，不需润滑，但径向尺寸大。这种联轴器可用于潮湿多尘，启动频繁之处。

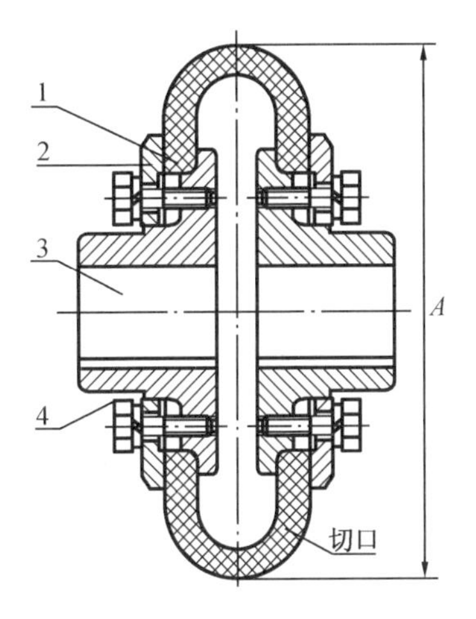

图12－12　轮胎式联轴器

12.3　离　合　器

离合器按其工作原理可分为啮合离合器和摩擦离合器等。离合器按其离合方式，又可分为操纵式离合器和自动离合器两种。

离合器应满足下列基本要求：便于接合与分离；接合与分离迅速可靠；接合时振动小；调节维修方便；尺寸小，质量轻；耐磨性好，散热好；操纵方便省力等。

12.3.1　操纵式离合器

1. 牙嵌离合器

牙嵌离合器主要由端面带齿的两个半离合器组成（图12－13），通过齿面接触来传递转

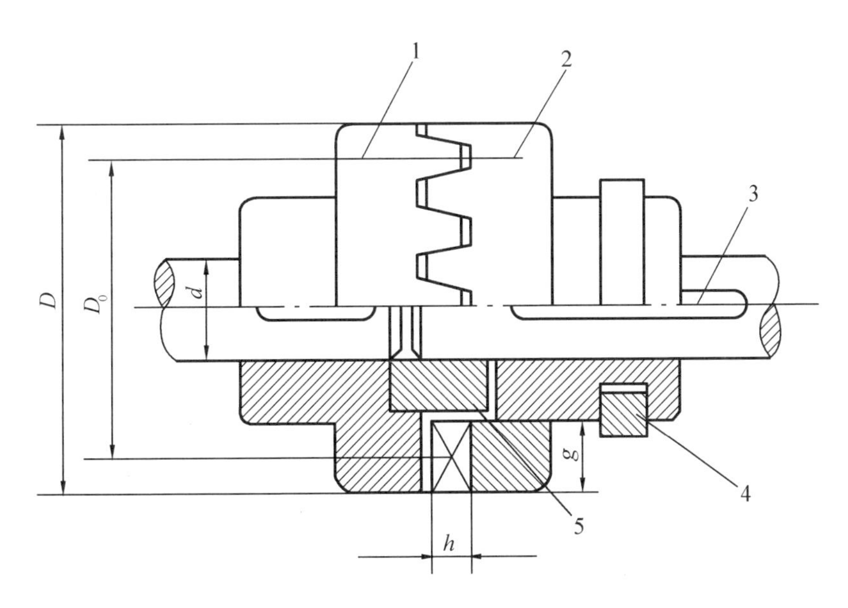

图12－13　牙嵌离合器

矩。半离合器1固定在主动轴上。可动的半离合器2装在从动轴上,操纵滑环4可使它沿着导向平键3移动,以实现离合器的结合与分离。在固定的半离合器中装有对中环5,从动轴端可在对中环中自由转动,以保持两轴对中。

离合器的牙型有三角形、梯形、锯齿形等(图12-14)。三角形齿的齿顶尖,强度低,易损坏,用于传递小转矩的低速离合器。梯形牙的强度高,能传递较大的转矩,且齿面磨损后能自动补偿间隙,应用较广。锯齿形牙强度最高,但只能单向工作,因另一牙面有较大倾斜角,工作时产生较大轴向力迫使离合器分离。

离合器牙数一般取3~60个。要求传递转矩大时,应取较少牙数;要求接合时间短时,应取较多牙数。但牙数越多,载荷分布越不均匀。

为提高齿面耐磨性,牙嵌离合器的齿面应具有较大的硬度。牙嵌离合器的材料通常用低碳钢表面渗碳,或中碳钢表面淬火处理,对不重要的和静止时离合的牙嵌离合器也可采用铸铁。

牙嵌离合器的承载能力主要取决于齿根弯曲强度 σ_b。对于频繁离合的牙嵌离合器,将产生齿面磨损,因此,常通过限制齿面压强 p 来控制磨损。即

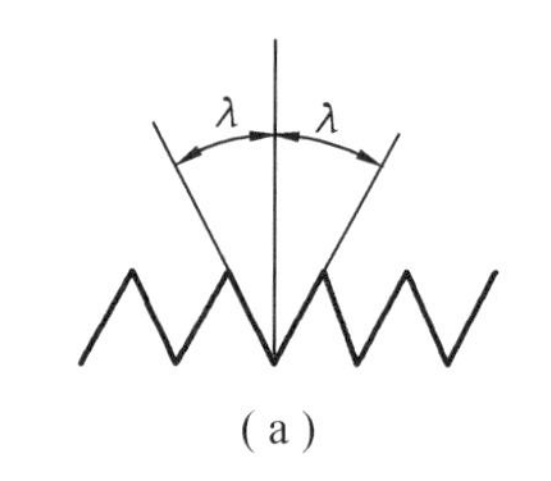

(a)

(b)

(c)

图12-14 牙嵌离合器的牙型

(a) $\lambda=30°\sim45°$;(b) $\lambda=2°\sim3°$;(c) $\lambda=2°\sim3°$

$$\sigma_b=\frac{KTh}{zD_0W}\leqslant[\sigma_b]\ \text{MPa} \tag{12-2}$$

$$p=\frac{2KT}{zD_0A}\leqslant[p]\ \text{MPa} \tag{12-3}$$

式中 K——载荷系数,见表12-1;

T——轴传递的转矩,N·mm;

z——齿数;

D_0——离合器牙齿所在圆环平均直径,mm;

h——齿高,mm;

W——齿根处抗弯截面系数,mm^3;

A——每个齿的接触面积,mm^2。

对于表面淬火的钢制牙嵌离合器:当停车离合时,$[\sigma_b]=\frac{\sigma_s}{1.5}$ MPa,$[p]=90\sim120$ MPa;当低速运转离合时,$[\sigma_b]=\frac{\sigma_s}{3}$ MPa,$[p]=50\sim70$ MPa。

牙嵌离合器结构简单,尺寸小,工作时无滑动,因此应用广泛。但它只宜在两轴不回转或转速差很小时进行离合,否则会因撞击而断齿。

2. 摩擦离合器

摩擦离合器可以在不停车或主、从动轴转速差较大的情况下进行接合与分离,并且较为平稳,但在接合与分离过程中,两摩擦盘间必然存在相对滑动,引来摩擦片的发热和磨损。

摩擦离合器的类型很多，有单盘式、多盘式和圆锥式等。

图12－15所示的单圆盘摩擦离合器是最简单的摩擦离合器。其中圆盘3固定在主动轴1上，操纵滑环5可使圆盘4沿导向键在从动轴2上移动，从而实现两盘的接合与分离。接合时，轴向压力F_Q使两圆盘的接合面间产生足够的摩擦力以传递转矩。

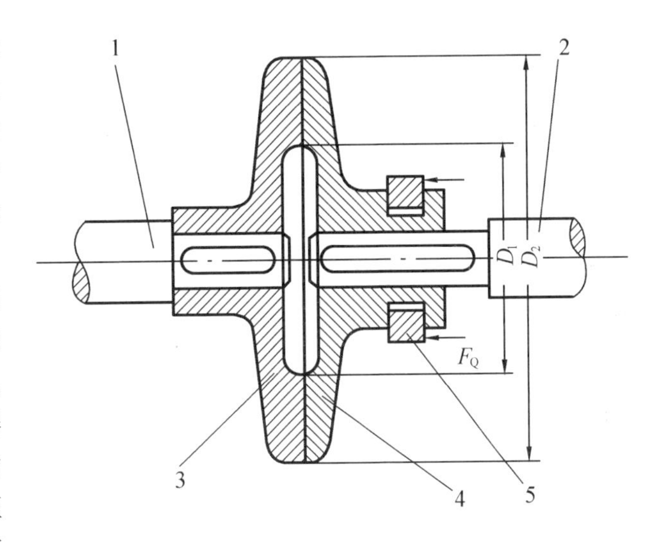

图12－15　单盘摩擦离合器

图12－16所示为多盘摩擦离合器。这种离合器有内外两组摩擦片，如图12－16(b)(c)所示。外摩擦片上的外齿与左半离合器上的纵向槽形成类似导向花键的连接。操纵滑环向左移时，曲臂压杆将内、外摩擦片相互压紧，使离合器接合；操纵滑环向右移时，曲臂压杆在弹簧的作用下将内、外摩擦片松开，使离合器分离。螺母可调整摩擦片间的压力。

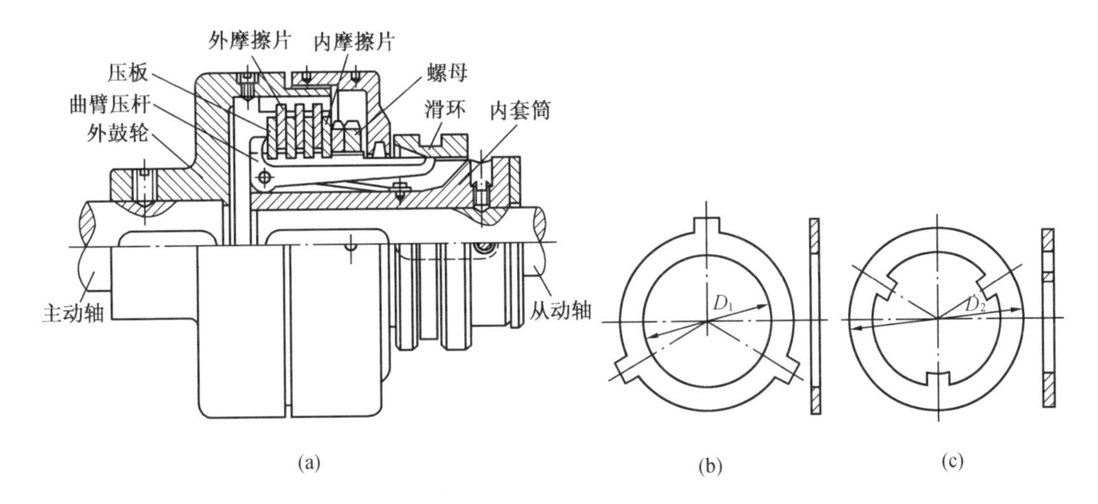

图12－16　多盘摩擦离合器

圆盘摩擦离合器所传递的最大转矩T_{max}及作用在摩擦面上的压强p分别为

$$T_{max} = ZfF_Q \frac{D_1 + D_2}{4} \geqslant KT \quad \text{N·mm} \tag{12－4}$$

$$p = \frac{4F_Q}{\pi(D_2^2 - D_1^2)} \leqslant [p] \text{ MPa} \tag{12－5}$$

式中　D_1，D_2——摩擦片接合面的内、外直径，mm；

Z——接合面的数目；

F_Q——轴向力，N；

f——摩擦系数(表12-2);

$[p]$——许用压强,MPa,$[p]=K_vK_zK_n[p_0]$;

$[p_0]$——基本许用压强,MPa(表12-2);

K_v——平均圆周速度系数(表12-3);

K_z——主动摩擦片数系数(表12-3);

K_n——每小时接合次数系数(表12-3)。

表12-2 摩擦系数f及基本许用压强$[p_0]$

工作条件	摩擦材料	摩擦系数f	基本许用压强$[p_0]$/MPa	
			圆盘式	圆锥式
油润滑	淬火钢—淬火钢	0.06	0.6~0.8	-
	淬火钢—青铜	0.08	0.4~0.5	0.6
	铸铁—铸铁或淬火钢	0.08	0.6~0.8	1
	钢—夹布胶木	0.12	0.4~0.6	-
	淬火钢—金属陶瓷	0.1	0.8	-
干式摩擦	压制石棉—钢或铸铁	0.3	0.2~0.3	0.3
	淬火钢—金属陶瓷	0.4	0.3	-
	铸铁—铸铁或淬火钢	0.15	0.2~0.3	0.3

表12-3 系数K_v,K_z,K_n值

平均圆周速度/(m/s)	1	2	2.5	3	4	6	8	10	15
K_v	1.35	1.08	1	0.94	0.86	0.75	0.68	0.63	0.55
主动摩擦片数	3	4	5	6	7	8	9	10	11
K_z	1	0.97	0.94	0.91	0.88	0.85	0.82	0.79	0.76
每小时接合次数	90	120	180	240	300	≥360			
K_n	1	0.95	0.80	0.70	0.60	0.50			

设计时,先根据工作条件选择摩擦面材料,根据结构要求初步定出接合面的直径D_1和D_2。对于在油中工作的离合器,取$D_1=(1.5\sim2)d$;$D_2=(1.5\sim2)D_1$;对于在干式摩擦下工作的离合器,取$D_1=(2\sim3)d$,$D_2=(1.5\sim2.5)D_1$,d为轴径。然后求出轴向压力F_Q,再求出所需的摩擦结合面的数目Z。为保证离合器分离的灵活性,摩擦接合面数目不应过多,一般$Z\leq25\sim30$。

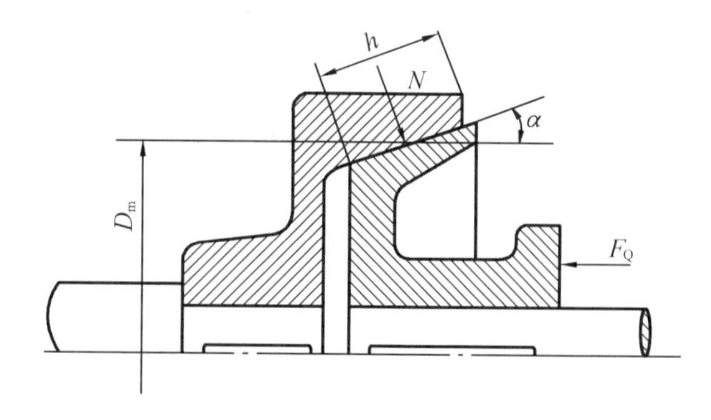

图12-17 圆锥式摩擦离合器

图12-17为圆锥式摩擦离合器。与单圆盘摩擦离合器相比较,由于锥形结构的存在,使圆锥式摩擦离合器可以在同样外径尺寸和同样轴向压力F_Q的情况下产生较

大的摩擦力，从而传递较大的转矩。

12.3.2　自动离合器

自动离合器是一种能根据机器运动或动力参数（转矩，转速，转向等）的变化而自动完成接合和分离动作的离合器，常用的有安全离合器、离心离合器和定向离合器。

1. 安全离合器

安全离合器的种类很多，它们的作用是当转矩超过允许数值时能自动分离。

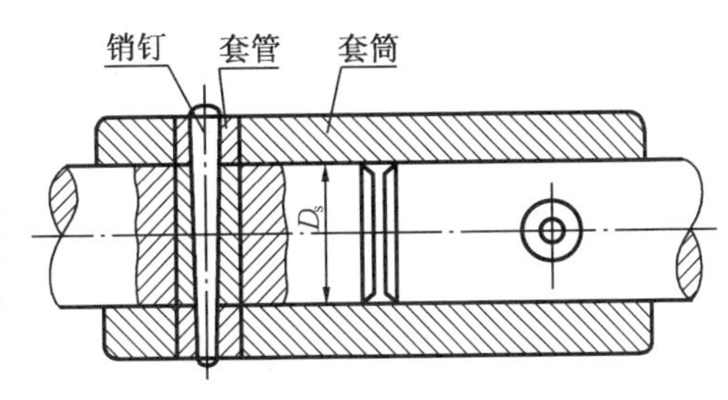

图12－18　销钉式安全离合器

图12－18所示为销钉式安全离合器。这种离合器的结构类似于刚性凸缘联轴器，但不用螺栓，而用钢制销钉连接。过载时，销钉被剪断。销钉的尺寸 d 由强度决定。这类联轴器由于销钉材料力学性能不稳定，以及制造尺寸的误差等原因，致使工作精度不高，因更换销钉既费时又不方便，因此这种联轴器不宜用在经常发生过载的地方。

图12－19为摩擦式安全离合器，其结构类似多盘摩擦离合器，但不用操纵机构，而是用适当的弹簧1将摩擦盘压紧，弹簧施加的轴向压力 F_Q 的大小可由螺母2进行调节。调节完毕并将螺母固定后，弹簧的压力就保持不变。当工作转矩超过要限制的最大转矩时，摩擦盘间即发生打滑而起到安全作用。当转矩降低到某一值时，离合器又自动恢复接合状态。

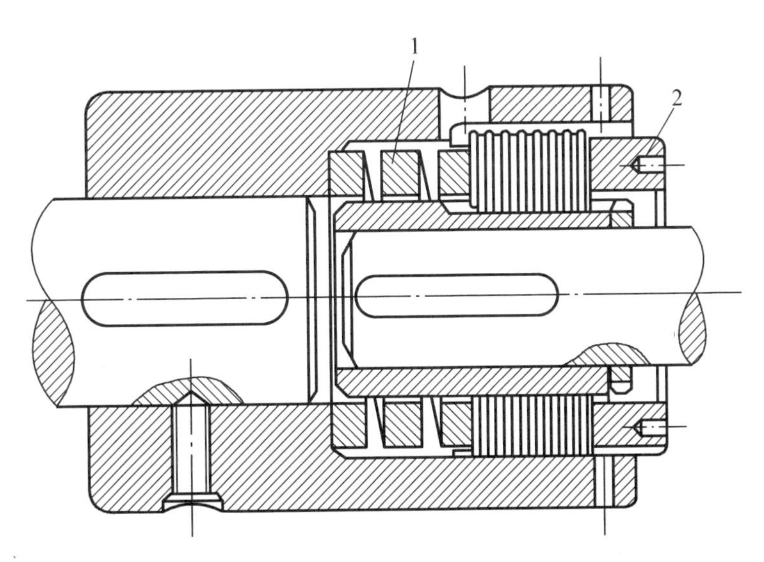

图12－19　摩擦式安全离合器

2. 离心离合器

离心离合器的特点是当主动轴的转速达到某一定值时能自行接合或分离。

瓦块式离心离合器的工作原理如图12－20所示。在静止状态下，弹簧力 F_s 使瓦块 m 受拉，从而使离合器分离（图12－20（a））或使瓦块 m 受压，从而使离合器接合（图12－20（b））。前者称为开式，后者称为闭式。当主动轴达到一定转速时，离心力 F_c > 弹簧力 F_s，而使离合器相应地接合或分离，调整弹簧力 F_s，便可控制需要接合或分离的转速。

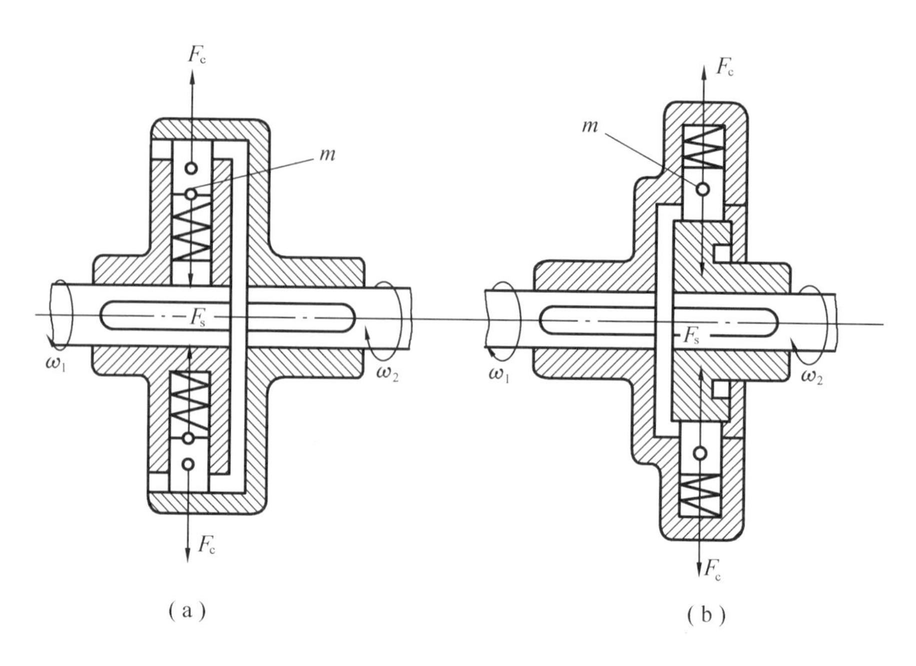

图 12－20　离心离合器

开式离合器主要用于启动装置,如在启动频繁时,机器中采用这种离合器,可使电动机在运转稳定后才接入负载,而避免电机过热或防止传动机构受动载过大。闭式离合器主要用做安全装置,当机器转速过高时起安全保护作用。

3. 定向离合器

定向离合器的特点是只能按一个转向传递转矩,反向时自动分离。图 12－21 为一种应

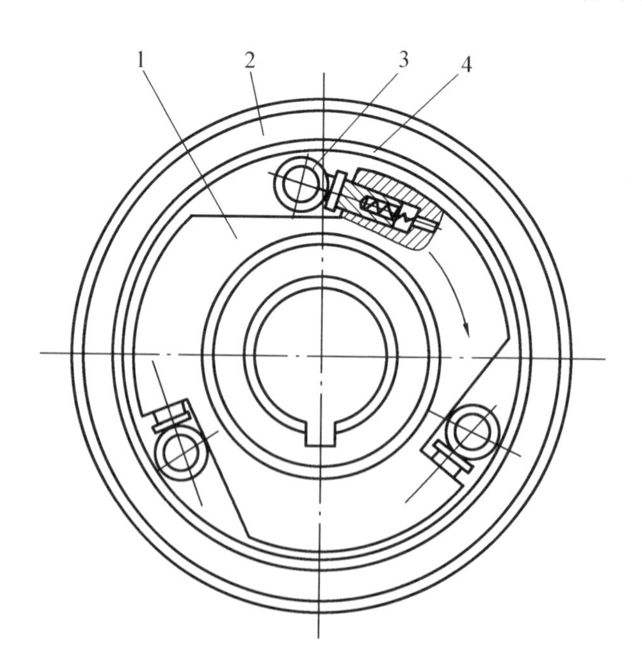

图 12－21　定向离合器

用广泛的滚柱式定向离合器。它是由星轮1、外圈2、滚柱3和弹簧顶杆4等组成。滚柱被弹簧顶杆以不大的推力向前推进而处于半楔紧状态，当星轮为主动轮做如图示的顺时针方向转动时，滚柱被楔紧在星轮和外圈之间的楔形槽内，因而外圈将随星轮一起旋转，离合器处于接合状态。但当星轮逆向做反时针方向转动时，滚柱被推向楔形槽的宽敞部分，不再楔紧在槽内，外圈就不随星轮一起旋转，离合器处于分离状态。这种离合器工作时没有噪声，宜于高速传动，但制造精度要求较高。

12.4 制 动 器

制动器是利用摩擦力来减低运动物体的速度或迫使其停止运动的装置，多数常用的制动器已经标准化、系列化。制动器的种类很多，按照制动零件的结构特征分，有块式、带式、盘式制动器，前述图12-15所示的单圆盘摩擦离合器的从动轴固定即为典型的圆盘制动器。按工作状态分，有常闭式和常开式制动器。常闭式制动器经常处于紧闸状态，施加外力时才能解除制动（例如，起重机用制动器）。常开式制动器经常处于松开状态，施加外力时才能制动（例如，车辆用制动器）。为了减小制动力矩，常将制动器装在高速轴上。以下介绍几种典型的制动器。

12.4.1 带式制动器

最为常见的带式制动器的工作原理如图12-22所示。当施加外力 Q 时，利用杠杆3收紧闸带2而抱住制动轮1，靠带和制动轮间的摩擦力达到制动的目的。

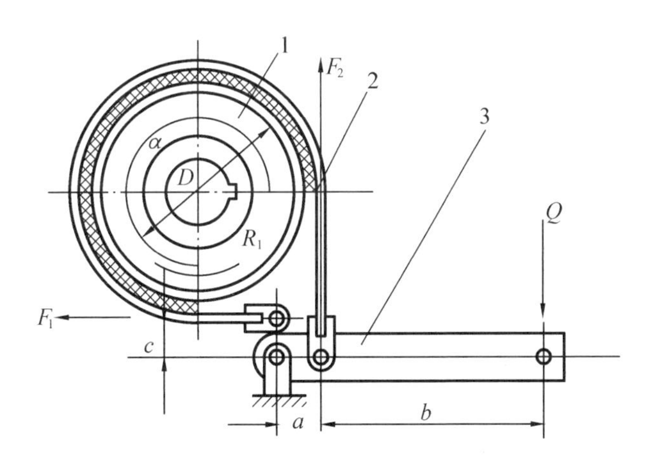

图12-22 带式制动器

计算时设制动力矩为 T，圆周力为 F，制动轮直径为 D，则

$$F = \frac{2T}{D}$$

制动力矩作用在带上时，将使带的两端产生拉力 F_1 和 F_2，则

$$F = F_1 - F_2$$

由欧拉公式知:

$$F_1 = F_2 e^{f\alpha}$$

式中 e——自然对数的底(e≈2.718);

f——带与轮间的摩擦系数;

α——带绕在制动轮上的包角,一般为 π~3π/2。

则

$$F_2 = \frac{F}{e^{f\alpha}-1} = \frac{2T}{D}\left(\frac{1}{e^{f\alpha}-a}\right)$$

在图 12-22 中,若取力臂 $a=c$,则由力的平衡式可得杠杆上的制动所需 Q 力为

$$Q = \frac{a}{a+b}(F_2+F_1) = \frac{2T}{D}\frac{a}{a+b}\cdot\frac{e^{f\alpha}+1}{e^{f\alpha}-1} \tag{12-6}$$

Q 力可用人力、液力、电磁力等方式来施加。为了增加摩擦作用,闸带材料一般为钢带上覆以石棉基摩擦材料。

带式制动器制动轮轴和轴承受力大,带与轮间压力不均匀,从而磨损也不均匀,且易断裂,但结构简单,尺寸紧凑,可以产生较大的制动力矩,所以目前也常应用。

12.4.2 块式制动器

块式制动器如图 12-23 所示,靠瓦块与制动轮间的摩擦力来制动。通电时,电磁线圈 1 的吸力吸住衔铁 2,再通过一套杠杆使瓦块 5 松开,机器便能自由运转。当需要制动时,则切断电源,电磁线圈释放衔铁 2,依靠弹簧力并通过杠杆使瓦块 5 抱紧制动轮 6。其结构原理如图 12-24 所示。

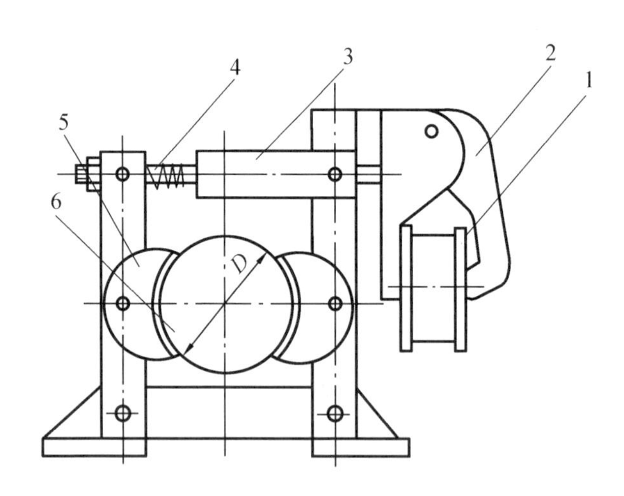

图 12-23 块式制动器

电磁块式制动器制动和开启迅速,尺寸小,质量轻,易于调整瓦块间隙,更换瓦块、电磁铁也方便,但制动时冲击大,电能消耗也大,不宜用于制动力矩大和需要频繁制动的场合。

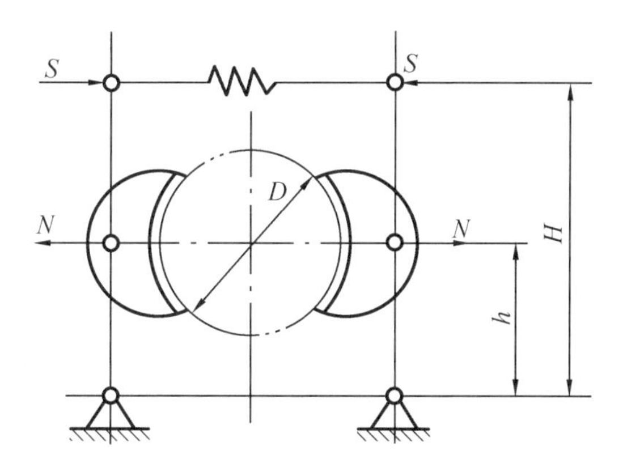

图 12-24 块式制动器原理图

12.4.3 内涨式制动器

图 12-25 为内涨式制动器工作简图。两个制动爪 2,7 分别通过两个销轴 1,8 与机架铰接,制动器表面装有摩擦片 3,制动轮 6 与需要制动的轴固联。当压力油进入油缸 4 后,推动左右两个活塞,克服拉簧 5 的作用使制动爪 2,7 分别与制动轮 6 相互压紧,即产生制动作用。油路卸压后,弹簧 5 使两制动爪与制动轮分离松闸。这种制动器结构紧凑,广泛应用于各种车辆以及结构尺寸受到限制的机械中。

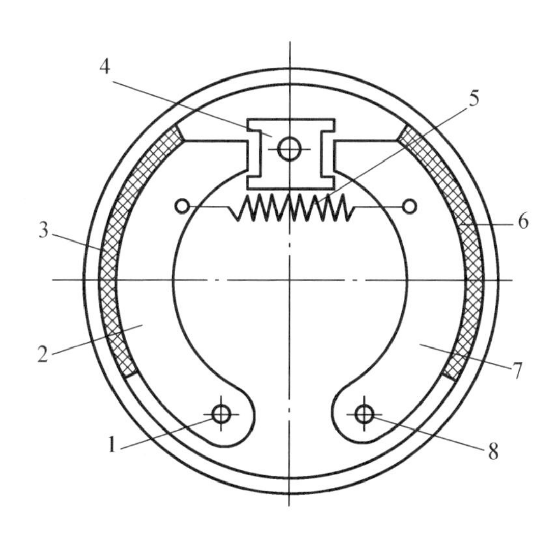

图 12-25 内涨式制动器

习 题

12-1 联轴器有哪些种类,并说明其特点及应用。

12-2 画图说明可移式刚性联轴器是如何补偿两轴的位移的。

12－3 联轴器如何选用?

12－4 阐述离合器的种类,并说明其工作原理及应用。

12－5 离合器如何选用?

12－6 试说明齿轮联轴器为什么是一种典型的允许综合位移的联轴器?

12－7 在带式运输机的驱动装置中,电动机与减速器之间、齿轮减速器与带式运输机之间分别用联轴器连接。其有两种方案:(1)高速级选用弹性联轴器,低速级选用刚性联轴器;(2)高速级选用刚性联轴器,低速级选用弹性联轴器。试问上述两种方案哪个好,为什么?

12－8 在刮板运输机的传动装置中,减速器输入轴与电动机之间用弹性套柱销联轴器。已知电动机的功率 $P=15$ kW,转速 $n=1\ 460$ r/min,电动机轴直径为 42 mm,减速器的输入轴轴端直径为 45 mm,试选择电动机与减速器之间的联轴器。

第13章 弹 簧

13.1 弹簧的功用与类型

弹簧是靠弹性变形工作的弹性零件。在外载荷作用下,弹簧产生较大的弹性变形,把机械功或动能转变为变形能。当卸载后弹簧变形消失并迅速恢复原状,将弹性变形能释放转化为机械能。由于弹簧具有变形和储能特点,所以弹簧是广泛应用于各种机械中的弹性零件。

13.1.1 弹簧的功用

弹簧的主要功用如下:

1. 缓冲和减振

利用弹簧变形来吸收冲击和振动时的能量,如车辆中的缓冲弹簧和联轴器中的吸振弹簧等。

2. 控制机构的运动或零件的位置

利用弹簧的弹力保持零件之间的位置或接触状态,如内燃机中的阀门弹簧、液压阀中的控制弹簧以及安全阀上的安全弹簧等。

3. 储存及输出能量

利用弹簧变形时所存储的能量做功,如钟表和仪表中的发条、盘簧、枪栓弹簧等。

4. 测力和力矩的大小

利用弹簧变形量与其承受载荷呈线性关系的特性来测量载荷或力矩的大小,如测力器和弹簧秤的弹簧等。

13.1.2 弹簧的分类

按弹簧所受载荷类型不同,弹簧可分为拉伸弹簧、压缩弹簧、扭转弹簧和弯曲弹簧等;按弹簧结构形状不同,可分为螺旋弹簧、板弹簧、环形弹簧、碟形弹簧、蜗卷形弹簧等;按弹簧材料不同,可分为金属弹簧、非金属的空气弹簧以及橡胶弹簧等。

图13－1所示为常用弹簧的基本类型。在一般机械中,最常用的是圆柱形螺旋弹簧。本章主要介绍这类弹簧的结构形式和设计计算方法。

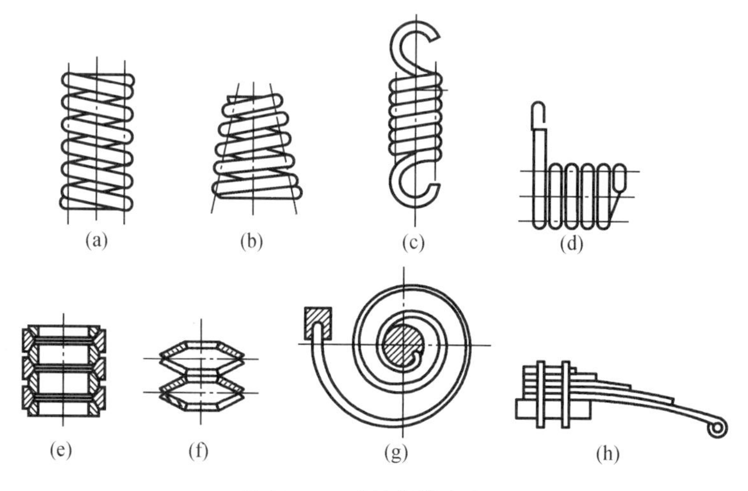

图13-1 弹簧的基本类型

(a)圆柱螺旋压缩弹簧;(b)圆锥形螺旋弹簧;(c)圆柱螺旋拉伸弹簧;
(d)圆柱螺旋扭转弹簧(e)环形弹簧;(f)蝶形弹簧;(g)平面蜗卷弹簧;(h)钢板弹簧

13.2 弹簧的材料和许用应力及制造

13.2.1 弹簧的材料和许用应力

弹簧多数在变应力下工作,其性能与使用寿命在很大程度上取决于材料的选择。弹簧材料要具有较高的疲劳极限、屈服极限和弹性极限,高的冲击韧性,不易松弛,良好的热处理性能。对淬火、回火的弹簧材料要求具有良好的淬透性、低的过热敏感性,且不易脱碳等性能。常用弹簧材料的力学性能、许用应力及用途见表13-1,弹簧丝的抗拉强度见表13-2。实践中应用最广泛的就是弹簧钢,其品种又有碳素弹簧钢、低锰弹簧钢、硅锰弹簧钢和铬钒钢等。

表13-1　弹簧的材料和许用应力(GB/T 23935—2009)

<table>
<tr><th rowspan="2">类别</th><th rowspan="2">牌号</th><th colspan="3">许用扭应力[τ]</th><th colspan="2">许用弯曲应力[σ_b]/MPa</th><th rowspan="2">切变模量G/GPa</th><th rowspan="2">弹性模量E/GPa</th><th rowspan="2">推荐硬度范围HRC</th><th rowspan="2">推荐使用温度/℃</th><th rowspan="2">特性及用途</th></tr>
<tr><th>Ⅰ类弹簧</th><th>Ⅱ类弹簧</th><th>Ⅲ类弹簧</th><th>Ⅰ类弹簧</th><th>Ⅱ类弹簧</th></tr>
<tr><td rowspan="6">钢丝</td><td>25~80
40Mn~70Mn</td><td>0.3 σ_B</td><td>0.4 σ_B</td><td>0.5 σ_B</td><td>0.5 σ_B</td><td>0.625 σ_B</td><td>81.5~78.5</td><td>204~202</td><td>–</td><td>-40~120</td><td>强度高,性能好,适于做小弹簧</td></tr>
<tr><td>60Si2Mn
60Si2MnA</td><td>471</td><td>627</td><td>785</td><td>785</td><td>981</td><td rowspan="4">78</td><td rowspan="4">197</td><td>45~50</td><td>-40~200</td><td>弹性好,回火稳定,易脱碳,适于做受大载荷的弹簧</td></tr>
<tr><td>65Si2MnWA
60Si2CrVA</td><td>560</td><td>745</td><td>931</td><td>931</td><td>1 167</td><td>47~52</td><td>-40~250</td><td>强度好,耐高温,弹性好</td></tr>
<tr><td>30W4Cr2VA</td><td rowspan="2">442</td><td rowspan="2">588</td><td rowspan="2">735</td><td rowspan="2">735</td><td rowspan="2">920</td><td>43~47</td><td>-40~350</td><td>高温强度好,淬透性好</td></tr>
<tr><td>50CrVA</td><td>45~50</td><td>-40~210</td><td>高疲劳强度,淬透性和回火稳定性好</td></tr>
<tr><td rowspan="3">不锈钢</td><td>1Cr18Ni9Ti</td><td>324</td><td>432</td><td>540</td><td>540</td><td>677</td><td>71.5</td><td>193</td><td>–</td><td>-250~300</td><td>耐腐蚀,耐高温,适于做小弹簧</td></tr>
<tr><td>4Cr13</td><td>442</td><td>588</td><td>735</td><td>735</td><td>920</td><td>75.5</td><td>215</td><td>48~53</td><td>-40~300</td><td>耐腐蚀,耐高温,适于做大弹簧</td></tr>
<tr><td>Co40CrNiTiMo</td><td>500</td><td>666</td><td>834</td><td>834</td><td>1 000</td><td>76.5</td><td>197</td><td>=</td><td>-40~500</td><td>耐腐蚀,高强度,无磁,高弹性</td></tr>
<tr><td rowspan="3">青铜丝</td><td>QSi-3</td><td rowspan="2">265</td><td rowspan="2">353</td><td rowspan="2">442</td><td rowspan="2">442</td><td rowspan="2">550</td><td>40.2</td><td rowspan="2">93</td><td rowspan="2">HBS90~120</td><td rowspan="3">-40~120</td><td rowspan="2">耐腐蚀,防磁好</td></tr>
<tr><td>QSn4-3</td><td>39.2</td></tr>
<tr><td>QBe2</td><td>353</td><td>442</td><td>550</td><td>550</td><td>735</td><td>42.2</td><td>129.5</td><td>37~40</td><td>耐腐蚀,防磁,导电性及弹性好</td></tr>
</table>

注:①按受力循环次数N不同,弹簧分为三类:Ⅰ类$N>10^6$;Ⅱ类$N=10^3\sim10^5$,可用作受冲击载荷的弹簧;Ⅲ类$N<10^3$。

②拉伸弹簧的许用剪应力为压缩弹簧的80%。

③表中[τ],[σ_b],G和E值,是在常温下按表中推荐硬度范围的下限值时的数值。

表 13－2　弹簧丝的抗拉强度 σ_B(GB/T 23935—2009)　单位:MPa

直径/mm	R_m/MPa						直径/mm	R_m/MPa					
	GB/T 4357—1989 碳素弹簧钢丝			YB/T 5311 重要用途碳素弹簧钢丝				GB/T 4357—1989 碳素弹簧钢丝			YB/T 5311 重要用途碳素弹簧钢丝		
	B级	C级	D级	E组	F组	G组		B级	C级	D级	E组	F组	G组
0.08	2 400	2 740	2 840	3 330	2 710		1.20	1 629	1 910	2 250	1 920	2 270	1 820
0.09	2 350	2 600	2 840	3 320	2 700		1.40	1 620	1 860	2 150	1 870	2 200	1 780
0.10	2 300	2 650	2 790	3 310	2 690		1.60	1 570	1 810	2 110	1 830	2 160	1 750
0.12	2 250	3 630	2 740	2 300	2 680		1.80	1 520	1 760	2 010	1 800	2 060	1 700
0.14	2 200	2 860	2 740	2 290	2 670		2.00	1 470	1 710	1 900	1 760	1 970	1 670
0.16	2 150	1 800	2 690	2 280	2 660		2.20	1 420	1 660	1 800	1 720	1 870	1 620
0.18	2 150	2 460	2 690	2 270	2 050		2.60	1 420	1 660	1 760	1 680	1 779	1 620
0.20	2 150	2 400	2 690	2 250	2 640		2.80	1 370	1 620	1 710	1 630	1 720	1 570
0.22	2 110	2 510	2 690	3 240	2 620		3.00	1 370	1 570	1 510	1 610	1 690	1 570
0.25	2 060	2 300	2 640	2 220	2 600		3.30	1 320	1 570	1 660	1 560	1 670	1 570
0.28	2 010	2 300	2 640	2 220	2 600		3.50	1 320	1 570	1 660	1 520	1 620	1 470
0.30	2 030	2 400	2 640	2 210	2 600		4.00	1 320	1 620	1 620	1 410	1 500	1 470
0.32	1 960	2 250	2 600	2 210	2 590		4.50	1 320	1 620	1 520	1 410	1 500	1 470
0.35	1 960	2 250	2 600	2 210	2 590		5.00	1 320	1 470	1 570	1 380	1 480	1 420
0.40	1 910	2 250	2 600	2 200	2 580		5.50	1 270	1 470	1 570	1 330	1 440	1 400
0.45	1 860	2 200	2 550	2 190	2 570		6.00	1 220	1 420	1 520	1 320	1 420	1 350
0.50	1 860	2 200	2 550	2 180	2 560		6.30	1 220	1 420	—			
0.55	1 810	2 150	2 500	2 170	2 550		7.00	1 170	1 370	—			
0.60	1 760	2 110	2 450	2 160	2 540		8.00	1 170	1 370	—			
0.63	1 760	2 110	2 450	2 140	2 520		9.00	1 130	1 320	—			
0.70	1 710	2 060	2 450	2 120	2 500		10.00	1 130	1 320	—			
0.80	1 710	2 010	2 400	2 110	2 490		11.00	1 080	1 270	—			
0.90	1 710	2 010	2 350	2 060	2 390		12.00	1 080	1 270	—			
1.00	1 660	1 960	2 300	2 020	2 350	1 850	13.00	1 010	1 220	—			

注:表中 σ_B 值均为下限值。

13.2.2　弹簧的制造

螺旋弹簧的制造工艺过程包括卷制、挂钩制作(拉簧)或端圈加工(压簧)、热处理、工艺实验等,特别重要的弹簧还要进行强压处理。

卷制又分为冷卷及热卷两种。当弹簧丝直径 $d<8\sim10$ mm 时,直接用预先经过热处理的弹簧丝在常温下卷制,称为冷卷。经冷卷后的弹簧,一般需要进行低温回火,以消除卷制

时所产生的内应力。对于直径较大的弹簧丝,卷制时要在800~1 000 ℃的温度下进行,称为热卷。热卷弹簧必须进行淬火和中温回火等处理。冷卷和热卷压缩弹簧的代号为Y,L,拉伸弹簧的代号为RY,RL。

重要压缩弹簧的端面要磨平,以保证两端面与弹簧轴线垂直。拉伸及扭转弹簧,为便于连接、加强,两端应制有挂钩。

对于一些重要弹簧还要进行工艺检查和冲击疲劳等实验。为了提高弹簧的承载能力,可将弹簧在超过工作极限载荷作用下持续强压6~48 h,以便在弹簧丝截面的危险区产生塑性变形和残余应力,从而提高弹簧的强度。在长期振动、高温或腐蚀性介质中工作的弹簧及一般用途的弹簧不应进行强压处理。为提高弹簧的疲劳强度,常采用喷丸处理,使弹簧表面产生有益的残余应力。经过强压处理或喷丸处理的弹簧不得再进行热处理。

弹簧的表面状况严重影响弹簧的疲劳强度和抗冲击强度,所以弹簧表面必须光洁,没有裂缝和伤痕等缺陷。表面脱碳将严重降低弹簧材料的疲劳强度和抗冲击性能,因此对脱碳层深度和其他表面缺陷要求都应在弹簧技术要求中明确规定,重要用途的弹簧还须进行表面处理,如镀锌等,普通弹簧一般涂油或漆。

13.3 圆柱形压缩(拉伸)螺旋弹簧的设计计算

13.3.1 圆柱形压缩(拉伸)螺旋弹簧的结构

1. 圆柱形压缩螺旋弹簧的结构

图13-2所示为圆柱形压缩螺旋弹簧的结构。弹簧在自由状态下,各圈之间应有适当间隙δ,以便弹簧受压时,能产生相应的变形。弹簧在最大载荷作用下各圈之间必须保持一定的间隙δ_1,推荐为$\delta_1 = 0.1d \geqslant 0.2$ mm,d为弹簧丝直径。

压缩螺旋弹簧的端部结构如图13-3所示,弹簧两端有$\frac{3}{4}\sim1\frac{1}{4}$圈与邻圈并紧,只起支承作用,不参加变形,所以称为支承圈。当弹簧圈数$n \leqslant 7$时,支承圈约为$\frac{3}{4}$圈;$n > 7$时,支承圈约有$1\sim1\frac{1}{4}$支承圈端面与弹簧座接触。YⅠ型(冷卷)和RYⅠ型(热卷)端面圈与邻圈并紧且磨平;YⅡ型两端面圈与邻圈并紧但不磨平;RYⅡ型两端面圈制扁不磨平或磨平;YⅢ型两端面圈不并紧。在弹簧受变载荷的重要场合应采用YⅠ或RYⅠ型,以保证支承端面与弹簧轴线垂直,防止弹簧受压时发生歪斜。

2. 圆柱形拉伸螺旋弹簧的结构

图13-4所示为圆柱形拉伸螺旋弹簧的结构,弹簧在自由状态下各圈相互并紧,端部制成挂钩,以便安装和加载。挂钩的结构形式如图13-5所示,其中LⅠ型、RLⅠ型和LⅡ型、RLⅡ型制造简便,应用广泛,但在挂钩过渡处弯曲应力较大,所以只适用于弹簧丝直径$d \leqslant$ 10 mm的弹簧。LⅦ型和LⅧ型挂钩受力情况较好,安装方便,适用于载荷大的重要弹簧。

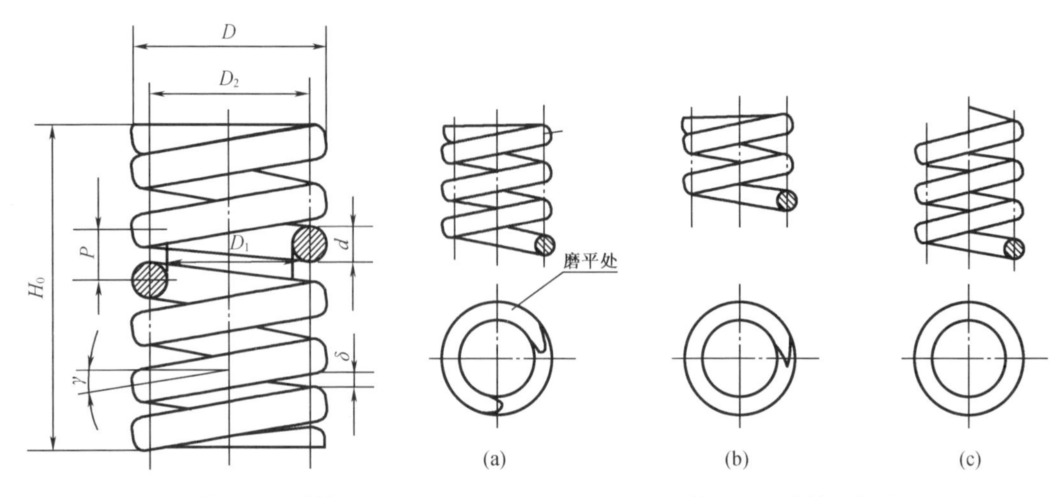

图13-2 圆柱形压缩弹簧

图13-3 圆柱形压缩弹簧端部结构

(a)YⅠ型和RYⅠ型;(b)YⅡ型和RYⅡ型;(c)YⅢ型

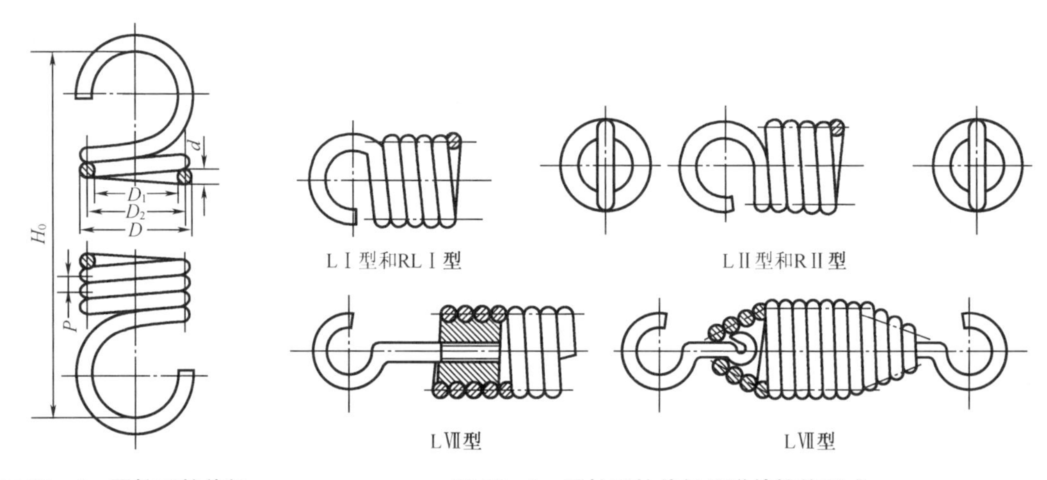

图13-4 圆柱形拉伸螺旋弹簧

图13-5 圆柱形拉伸螺旋弹簧挂钩形式

13.3.2 圆柱形压缩(拉伸)螺旋弹簧的几何尺寸

圆柱形压缩(拉伸)螺旋弹簧的主要参数包括:弹簧丝直径 d、弹簧中径 D_2、内径 D_1、外径 D、节距 P、螺旋角 γ、自由高度 H_0、有效圈数 n、总圈数 n_1、间距 δ 等。圆柱形压缩(拉伸)螺旋弹簧的几何计算公式见表13-3。

表13-3 圆柱形压缩(拉伸)螺旋弹簧的几何尺寸计算公式

名称与代号	压缩螺旋弹簧	拉伸螺旋弹簧
弹簧直径 d / mm	由强度计算公式确定	
弹簧中径 D_2/ mm	$D_2 = Cd$	
弹簧内径 D_1/mm	$D_1 = D_2 - d$	

表 13－3(续)

名称与代号	压缩螺旋弹簧	拉伸螺旋弹簧
弹簧外径 D/mm	$D = D_2 + d$	
弹簧指数 C	$C = D_2/d$　一般 $4 \leqslant C \leqslant 6$	
螺旋升角 γ/°	对压缩弹簧,推荐 $\gamma = 5° \sim 9°$	
有效圈数 n	由变形条件计算确定,一般 $n > 2$	
总圈数 n_1	压缩 $n_1 = n + (2 \sim 2.5)$;拉伸 $n_1 = n$ $n_1 = n + (1.5 \sim 2)$(YⅠ型 热卷); n_1 的尾数为1/4,1/2,3/4或整圈,推荐1/2圈	
自由高度或长度 H_0/mm	两端圈磨平 $n_1 = n + 1.5$ 时,$H_0 = nP + d$ $n_1 = n + 2$ 时,$H_0 = nP + 1.5d$ $Yn_1 = n + 2.5$ 时,$H_0 = nP + 2d$ 两端圈不磨平 $n_1 = n + 2$ 时,$H_0 = nP + 3d$ $n_1 = n + 2.5$ 时 , $H_0 = nP + 3.5d$	LI 型 $H_0 = (n + 1)d + D_1$ LⅡ型 $H_0 = (n + 1)d + 2D_1$ LⅢ型 $H_0 = (n + 1.5)d + 2D_1$
工作高度或长度 H_n/mm	$H_n = H_0 - \lambda_n$	$H_n = H_0 + \lambda_n$,λ_n − 变形量
节距 P/mm		$P = d$
间距 δ/mm	$\delta = P - d$	$\delta = 0$
压缩弹簧高径比 b	$b = H_0/D2$	−
展开长度 L/mm	$L = \pi D_2 n_1/\cos\gamma$	$L = n\pi D_2$ + 钩部展开长度

表13－3中的弹簧指数 C(又称旋绕比)值的范围为4～16,常用值为5～8。

弹簧丝直径 d 相同时,由 $C = D_2/d$ 知,C 值愈小,说明弹簧圈的中径愈小,弹簧刚度愈大,但弹簧的曲率也大,卷绕成形困难,弹簧工作时,弹簧圈内侧的应力也大;C 值大时,则情况与上述相反。C 值太大时,弹簧将发生颤动。C 值的选用范围可参考表13－4。

表 13－4　弹簧指数 C 的选用范围(GB/T 1239.6—2009)

d/mm	0.2～0.4	0.5～1.0	1.1～2.2	2.5～6.0	7.0～16	≥18
$C = D_2/d$	7～14	5～12	5～10	4～9	4～8	4～6

圆柱形压缩螺旋弹簧的 d,D_2,P 已标准化,设计时可查阅弹簧标准。

13.3.3　圆柱形压缩(拉伸)螺旋弹簧的特性曲线

表示弹簧工作过程中所受载荷与弹性变形量之间的关系曲线,称为弹簧特性曲线,它是弹簧设计、质量检验或实验的重要依据。

1. 压缩螺旋弹簧的特性曲线

图13－6所示为圆柱形压缩螺旋弹簧特性曲线。设 H_0 为弹簧未受载荷时的自由高度,F_{min} 为最小工作载荷,它是为了使弹簧可靠地安装在工作位置上所加的初始载荷。在 F_{min} 作用下,弹簧从自由高度 H_0 被压缩到 H_1,这时弹簧的压缩变形量为 λ_{min}。F_{max} 为弹簧的最大工作载荷,在 F_{max} 作用下,弹簧高度压缩到 H_2,这时弹簧的变形量为 λ_{max}。弹簧的工作行程

$h = H_1 - H_2 = \lambda_{max} - \lambda_{min}$。$F_{lim}$为弹簧的极限载荷,在$F_{lim}$作用下,弹簧丝的应力达到了材料的弹性极限,弹簧的相应高度为H_{lim},变形量为λ_{lim}。

2. 拉伸螺旋弹簧的特性曲线

图13-7所示为圆柱形拉伸螺旋弹簧的特性曲线。根据制造方法的不同,拉伸弹簧分为“无初应力”和“有初应力”(不需淬火的冷卷弹簧)拉伸弹簧两种。无初应力拉伸弹簧的特性曲线与压缩弹簧的特性曲线相同。有初应力拉伸弹簧的特性曲线中增加一段假想变形χ,相应的初拉力为F_0,即在自由状态下拉伸弹簧已经承受了一定的初拉力F_0,当工作拉力大于F_0时,弹簧才开始伸长,所以$F_0 < F_{min}$。

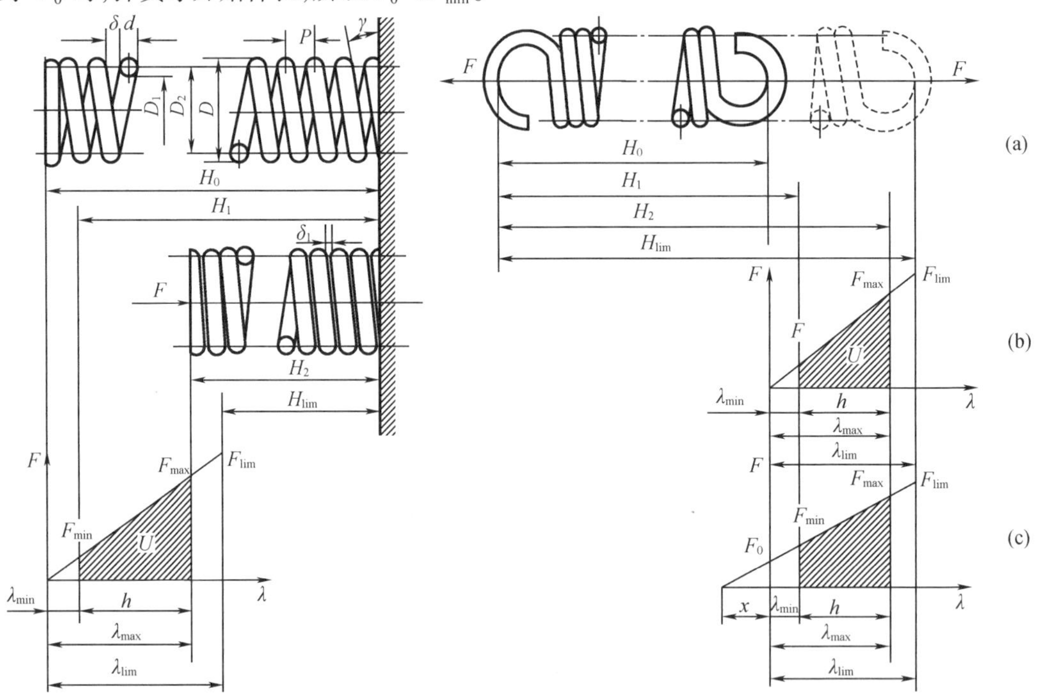

图13-6 圆柱形压缩螺旋弹簧特性曲线　　**图13-7 圆柱形拉伸螺旋弹簧特性曲线**

圆柱形压缩(拉伸)螺旋弹簧的最小与最大工作载荷通常取$F_{min} \geqslant 0.2F_{lim}$,$F_{max} \leqslant 0.8F_{lim}$。因此,弹簧的工作变形量取值为$(0.2 \sim 0.8)\lambda_{lim}$,以便保持弹簧的线性特性。

等节距的圆柱形压缩(拉伸)螺旋弹簧的特性曲线为直线,即:

压缩、无初应力拉伸弹簧

$$\frac{F_{min}}{\lambda_{min}} = \frac{F_{max}}{\lambda_{max}} = \frac{F_{lim}}{\lambda_{lim}} = 常数 \tag{13-1}$$

有初应力拉伸弹簧

$$\frac{F_0}{\chi} = \frac{F_{max}}{\chi + \lambda_{max}} = \frac{F_{min}}{\chi + \lambda_{min}} = \frac{F_{lim}}{\chi + \lambda_{lim}} = 常数 \tag{13-2}$$

弹簧的特性曲线应绘在弹簧工作图中,作为检验和实验时的依据之一。此外,在设计弹簧时,利用特性曲线分析受载与变形的关系也较为方便。

13.3.4 圆柱形压缩(拉伸)螺旋弹簧的强度计算

现对压缩螺旋弹簧的受力与应力进行分析。

由于弹簧丝具有升角 γ，所以弹簧轴向截面 $A-A$ 上弹簧丝的截面形状为椭圆，弹簧丝法向截面形状为圆形。由于螺旋升角较小，可假设两截面重合，从而使计算简化。

由图 13-8 中的外、内力平衡图可知，弹簧丝的截面 $A-A$ 上产生剪力 F 和扭转 $T=FD_2/2$，分别引起的剪应力如下。

剪力引起的剪应力

$$\tau_F=\frac{F}{\pi d^2/4}$$

扭矩引起的剪应力

$$\tau_T=\frac{FD_2/2}{\pi d^3/16}$$

合成最大剪应力

$$\tau_\Sigma=\tau_F+\tau_T=\frac{F}{\pi d^2/4}+\frac{FD_2/2}{\pi d^3/16}=\frac{8FD_2}{\pi d^3}\left[\frac{1}{2C}+1\right] \tag{13-3}$$

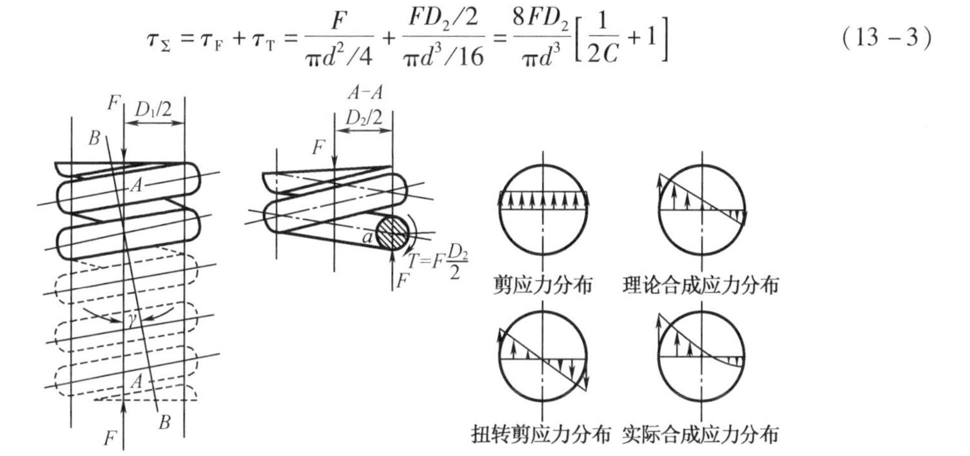

图 13-8　压缩螺旋弹簧的受力和应力

由图 13-8 中的应力分布图可知，最大剪应力 τ_{max} 发生在弹簧丝截面 $A-A$ 内侧 a 点。由实验说明，弹簧丝的破坏大多由这一点开始。考虑到弹簧丝升角和曲率对应力的影响，在弹簧丝最大剪应力计算公式(13-3)中引入曲度系数 K，修正后弹簧丝内侧最大剪应力的计算公式为

$$\tau_{max}=K\frac{8F_{max}D_2}{\pi d^3}\text{MPa} \tag{13-4}$$

式(13-4)中曲度系数 K 按下式计算，即

$$K=\frac{4C-1}{4C-4}+\frac{0.615}{C} \tag{13-5}$$

K 值也可由表 13-5 查得。

表 13-5　弹簧的曲度系数 K

C	4	4.5	5	5.2	5.4	5.5	5.6	5.8	6	6.2~6.4	6.5~6.6
K	1.40	1.35	1.31	1.30	1.29	1.28	1.27	1.26	1.25	1.24	1.23
C	6.8	7~7.2	7.4~7.5	7.6~7.8	8	9	10	11	12	14	
K	1.22	1.21	1.20	1.19	1.18	1.16	1.14	1.13	1.12	1.10	

弹簧丝的强度核验公式为

$$\tau_{max}=K\frac{8F_{max}D_2}{\pi d^3}\leqslant[\tau]\ \text{MPa} \tag{13-6}$$

将 $D_2=Cd$ 代入式(13-6)得弹簧丝直径设计公式为

$$d\geqslant 1.6\sqrt{\frac{KF_{max}C}{\tau}}\ \text{mm} \tag{13-7}$$

式中 F_{max}——弹簧的最大工作载荷,N;

$[\tau]$——许用剪应力,由表13-1查得。

用式(13-7)计算弹簧丝直径时,因弹簧指数 C 和许用剪应力 $[\tau]$ 均与弹簧丝直径有关,所以应先初步试选弹簧丝直径 d 值,进行试算,直到计算得到的直径与试选直径近似相等为止,求得的弹簧丝直径 d 应圆整为标准值(表13-6)。

表13-6 圆柱形螺旋弹簧标准尺寸系列(GB/T 1358—2009)

<table>
<tr><td rowspan="2">弹簧材料截面直径 d/mm</td><td>第一系列</td><td>0.1
0.7
5
45</td><td>0.12
0.8
6
50</td><td>0.14
0.9
8
60</td><td>0.16
1
10</td><td>0.2
1.2
12</td><td>0.25
1.6
15</td><td>0.3
2
16</td><td>0.35
2.5
20</td><td>0.4
3
25</td><td>0.45
3.5
30</td><td>0.5
4
35</td><td>0.6
4.5
40</td></tr>
<tr><td>第二系列</td><td>0.05
1.8
22</td><td>0.06
2.2
28</td><td>0.07
2.8
32</td><td>0.08
3.2
38</td><td>0.09
4.2
42</td><td>0.18
5.5
55</td><td>0.22
6.5</td><td>0.28
7</td><td>0.32
9</td><td>0.55
11</td><td>0.65
14</td><td>1.4
1.8</td></tr>
<tr><td colspan="2">弹簧中径 D_2/mm</td><td>0.3
2
5
16
50
100
170
290</td><td>0.4
2.2
5.5
18
52
105
180
300</td><td>0.5
2.5
6
20
55
110
190
320</td><td>0.6
2.8
6.5
22
58
115
200
340</td><td>0.7
3
7
25
60
120
210
360</td><td>0.8
3.2
7.5
28
65
125
220
380</td><td>0.9
3.5
8
30
70
130
230
400</td><td>1
3.8
8.5
32
75
135
240
450</td><td>1.2
4
9
38
80
140
250
500</td><td>1.4
4.2
10
42
85
145
260
550</td><td>1.6
4.5
12
45
90
150
270
600</td><td>1.8
4.8
14
48
95
160
280</td></tr>
<tr><td rowspan="2">有效圈数 n/圈</td><td>压缩弹簧</td><td>2
5
11.5</td><td>2.25
5.5
12.5</td><td>2.5
6
13.5</td><td>2.75
6.5
14.5</td><td>3
7
15</td><td>3.25
7.5
16</td><td>3.5
8
18</td><td>3.75
8.5
20</td><td>4
9
22</td><td>4.25
9.5
25</td><td>4.5
10
28</td><td>4.75
10.5
30</td></tr>
<tr><td>拉伸弹簧</td><td>2
14
40</td><td>3
15
45</td><td>4
16
50</td><td>5
17
55</td><td>6
18
60</td><td>7
19
65</td><td>8
20
70</td><td>9
22
80</td><td>10
25
90</td><td>11
28
100</td><td>12
30</td><td>13
35</td></tr>
<tr><td>自由高度 H_0/mm</td><td>压缩弹簧(推荐选用)</td><td>2
14
32
65
130
300
580
950</td><td>3
15
35
70
140
320
600
1000</td><td>4
16
38
75
150
340
620</td><td>5
17
40
80
160
360
650</td><td>6
18
42
85
170
380
680</td><td>7
19
45
90
180
400
700</td><td>8
20
48
95
190
420
720</td><td>9
22
50
100
200
450
750</td><td>10
24
52
105
220
480
780</td><td>11
26
55
110
240
500
800</td><td>12
28
58
115
260
520
850</td><td>13
30
60
120
280
550
900</td></tr>
</table>

注:①本表适用于压缩、拉伸和扭转的圆截面圆柱形螺旋弹簧。

②应优先选用第一系列。

③拉伸弹簧有效圈数除去表中规定外,由于两勾环相对位置不同,其尾数还可为0.25,0.5,0.75。

式(13－7)也适用于拉伸弹簧设计,但考虑挂钩处弯曲应力的影响,拉伸弹簧的许用剪应力应取压缩弹簧许用剪应力的80%。

13.3.5 圆柱形压缩(拉伸)螺旋弹簧的变形计算

由材料力学可以求得圆柱形螺旋弹簧的变形计算公式为

$$\lambda = \frac{8FC^3 n}{Gd}\ \text{mm} \tag{13-8}$$

式中 G——材料的剪切弹性模量,见表13－1。

最大轴向变形量计算公式如下。

对于压缩弹簧和无初应力拉伸弹簧

$$\lambda_{max} = \frac{8F_{max}C^3 n}{Gd} \tag{13-9}$$

对于压缩弹簧和有初应力的拉伸弹簧

$$\lambda_{max} = \frac{(8F_{max} - F_0)C^3 n}{Gd} \tag{13-10}$$

由不需淬火的弹簧钢丝制成的拉伸弹簧,均有一定的初应力。如不需要初拉力时,各圈间应有间隙。经淬火的弹簧没有初应力,当选取初拉力时,按下式计算:

$$F_0 = \frac{\pi d^3 \tau_0'}{8KD_2}\ \text{N} \tag{13-11}$$

式中 τ_0'——初应力,按图13－9中阴影区内选取。

根据式(13－9)、式(13－10)可以求出弹簧有效圈数的计算公式。

对于压缩弹簧和无初应力的拉伸弹簧:

$$n = \frac{Gd}{8F_{max}C^3}\lambda_{max} \tag{13-12}$$

对于有初应力的拉伸弹簧:

$$n = \frac{Gd}{(8F_{max} - F_0)C^3}\lambda_{max} \tag{13-13}$$

有效圈数 $n \geqslant 2$ 时才能保证弹簧具有稳定性能;否则,应重新选择弹簧指数 C,并计算 d 和 n。对于拉伸弹簧,弹簧总圈数 $n_1 > 20$ 时,一般圆整为整数;$n_1 < 20$ 时,则可圆整为 $\frac{1}{2}$ 圈。压缩弹簧总圈数 n_1 的尾数宜取 $\frac{1}{4}$,或整圈数,常用 $\frac{1}{2}$ 圈。

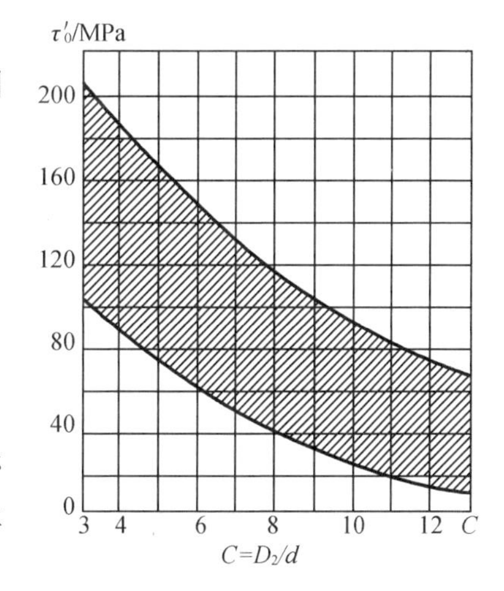

图13－9 弹簧初应力的选择线图

弹簧产生单位轴向变形所需的载荷称为弹簧刚度,用 j 表示。

由式(13－8)求得弹簧刚度计算公式为

$$j = \frac{F}{\lambda} = \frac{Gd}{8C^3 n} \tag{13-14}$$

弹簧刚度是表征弹簧性能的主要参数之一,它表明使弹簧产生单位变形时所需载荷的大小。由式(13－14)可知,j 与 C^3 成反比,所以 C 值的大小对弹簧的刚度影响最大。此外,在其他条件相同的情况下,弹簧有效圈数 n 愈少,弹簧刚度愈大;反之,刚度愈小。设计过程中调整弹簧刚度 j 时,应综合考虑 G,d,C,n 各因素的影响。

13.3.6 弹簧的稳定性验算

当压缩弹簧圈数较多(自由高度太大),中径较小,即弹簧高径比 $b=H_0/D_2$ 较大,外载荷达到一定数值时,弹簧有可能发生如图13-10所示的侧向弯曲而失去稳定性。因此,应验算高径比 b 是否超过许可值。一般规定,对两端固定支承的弹簧,要求 $b\leqslant5.2$;一端固定,另一端铰链支承,$b\leqslant3.7$;两端铰链支承,$b\leqslant2.6$。

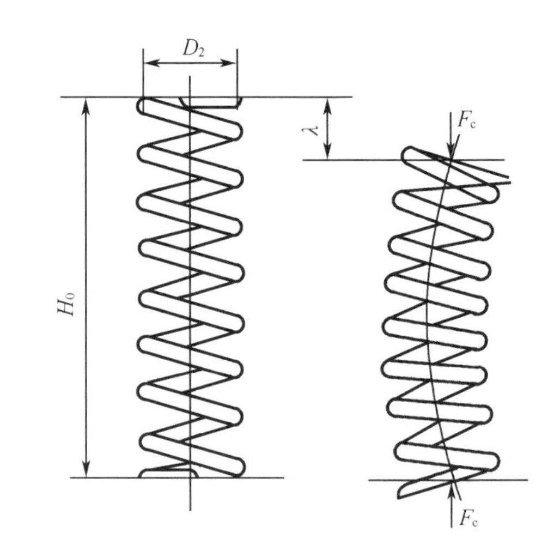

图13-10 压缩弹簧失稳

当弹簧的高径比 b 大于上述极限值时,应按下式进行稳定性验算,即

$$F_{max}<F_c=C_BjH_0 \qquad (13-15)$$

式中 F_c——弹簧保持稳定的许可载荷,一般应满足条件:$F_c\geqslant1.25F_{max}$;

C_B——弹簧不稳定系数,C_B 的值由图13-11查得。

若 $F_c<F_{max}$,则应重新选取参数以减小 b 值,提高 F_c 值。若受结构限制不能改变参数,则应增设导杆或导套(图13-12),以保证弹簧的稳定性。弹簧与导杆或导套间的间隙 Δ 由表13-7查得。

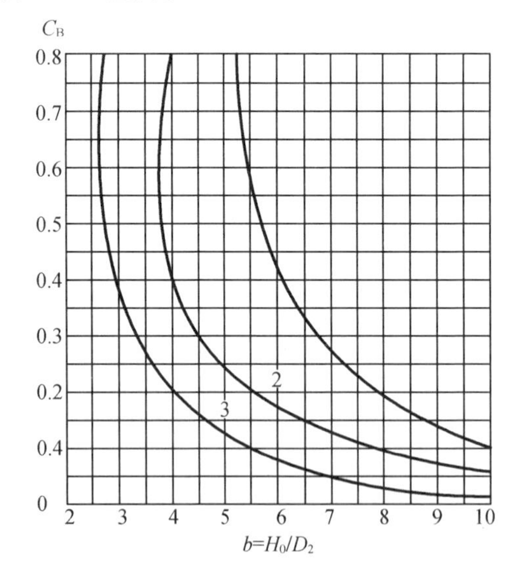

图13-11 不稳定系数 C_B 线图

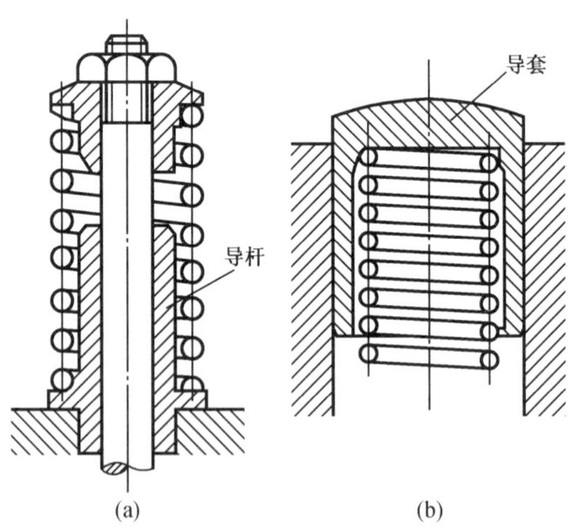

图13-12 弹簧的导杆与导套

(a)导杆;(b)导套

表 13－7　弹簧与导杆或导套的间隙

弹簧中径 D_2	≤5	>5～10	>10～18	>18～30	>30～50	>50～80	>80～120	>120～150
间隙 Δ	0.5	1	2	3	4	5	6	7

弹簧支座形式和结构如图 13－13 所示。

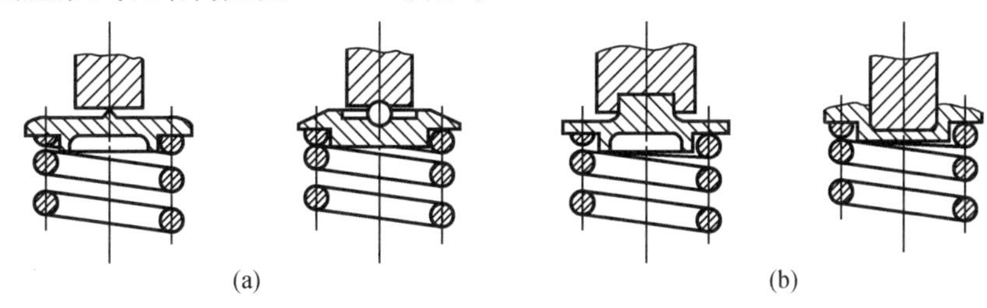

图 13－13　弹簧支座形式和结构

(a)铰链支座;(b)固定支座

例 13－1　试设计一圆柱形压缩螺旋弹簧。已知最小工作载荷 $F_{min}=200$ N,最大工作载荷 $F_{max}=500$ N,工作行程 $h=20$ mm,载荷是逐渐均匀增加的,受力循环次数 $N=10^2$,工作介质为空气,两端为固定支承,要求弹簧外径 $D=30$ mm。

解　按题意属于Ⅱ类弹簧,弹簧材料可选用Ⅱ类淬火－回火碳素弹簧钢丝。试选弹簧丝直径 $d=3$ mm 和 4 mm 两种尺寸。设计步骤如表 13－8 所示。

表 13－8　计算步骤表

计算项目	计算依据	单位	计算方案比较	
			Ⅰ	Ⅱ
1. 计算弹簧丝直径				
(1)试选弹簧丝直径 d	$D_2=D-d=30-3(4)$	mm	3	4
(2)弹簧丝中径 D_2	$C=D_2/d=27(26)/3(4)$	mm	27	26
(3)弹簧指数 C	由表 13－4 查取		9	6.5
(4)曲度系数 K	由表 13－5 查取		1.21	1.23
(5)弹簧丝的抗拉强度 σ_B	由表 13－2 查取	MPa	1 570(C 级)	1 520(C 级)
(6)许用剪切应力[τ]	$[\tau]=(0.4-0.47)\sigma_B$	MPa	628～738	608～714
(7)计算弹簧丝直径 d	$D=1.6\sqrt{\frac{KF_{max}C}{[\tau]}}$	mm	4.5(舍弃)	3.93 取 4
2. 计算弹簧圈数				
(1)计算有效圈数 n	$n=\frac{Gd}{8F_{max}C^3}\lambda_{max}=\frac{Gd(h-\frac{F_{max}}{F_{max}-F_{min}})}{8F_{max}C^3}$	圈		9.12 取 9.5
(2)弹簧总圈数 n_1	$n_1=n+1.5$	圈		LI(YI 型)

表 13 - 8(续)

计算项目	计算依据	单位	计算方案比较	
			Ⅰ	Ⅱ
3. 计算变形量				
(1)极限变形量 λ_{lim}	$\lambda_{lim}=\dfrac{8F_{lim}C^3n}{Gd}=\dfrac{8\left(\dfrac{F_{max}}{0.8}\right)C^3n}{Gd}$	mm		45.294
(2)最大变形量 λ_{max}	$\lambda_{max}=0.8\lambda_{lim}$	mm		36.235
(3)最小变形量 λ_{min}	$\lambda_{min}=\lambda_{max}-h$	mm		16.235
4. 实际最小载荷 F_{min}	$F_{min}=\dfrac{\lambda_{min}Gd}{8C^3n}$	N		245.8
5. 计算其他尺寸参数				
(1)内径 D_1	$D_1=D_2-d$	mm		22
(2)外径 D	$D=D_1+d$	mm		30
(3)节距 P	$P=d+\lambda_{max}/n+\delta_1=d+\lambda_{max}/n+0.1d$	mm		8.2 取 8.5
(4)最小间距 δ_1	$\delta_1=P-d-\lambda_{max}/n$	mm		0.686
(5)自由高度 H_0	$H_0=nP+1.5d$	mm		86.75 取 90
(6)螺旋升角 γ	$\gamma=\arctan(P/(D_2))$	(°)		5°56′
(7)间距 δ	$\delta=P-d$	mm		4.5
(8)展开长度 L	$L=\dfrac{\pi D_2n_1}{\cos\gamma}$	mm		900
6. 计算稳定性				
高径比 b	$b=H_0/D_2$			3.46 稳定

压缩弹簧零件图如图 13 - 14 所示。

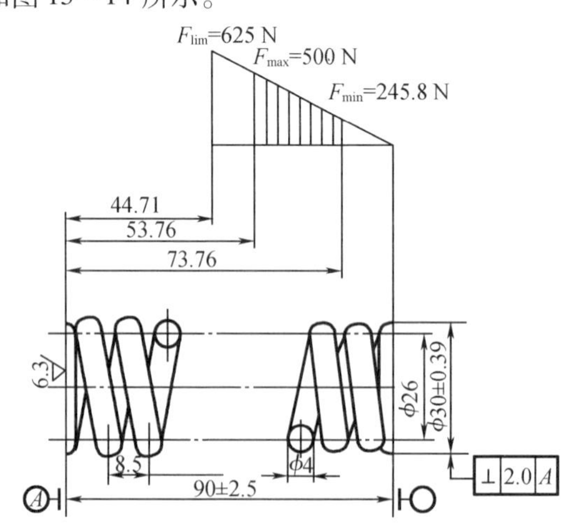

图 13 - 14　压缩弹簧零件图

13.3.7 受变载荷螺旋弹簧的计算

对承受变载荷的重要弹簧，当载荷循环次数 $N>10^3$ 次时，除了对弹簧应进行疲劳强度验算，还要对受振动载荷进行振动验算。

1. 强度验算

受变载荷的弹簧一般应进行疲劳强度计算，但如变载的循环次数 $N \leqslant 10^3$ 次时，或载荷变化的幅度不大时，通常只进行静强度计算。如上述两种情况不能明确判别时，应同时进行疲劳强度和静强度验算。

(1)疲劳强度计算

当弹簧所受载荷在 F_{min} 与 F_{max} 之间变化时，弹簧丝产生的最小和最大剪应力为

$$\tau_{min}=\frac{8KF_{min}D_2}{\pi d^3}$$

$$\tau_{max}=\frac{8KF_{max}D_2}{\pi d^3}$$

弹簧的疲劳强度的安全系数验算公式为

$$S_{ca}=\frac{\tau_0+0.75\tau_{min}}{\tau_{max}}\geqslant[S] \qquad (13-16)$$

式中 τ_0——弹簧丝材料的脉动循环的剪切疲劳极限，按变载荷循环次数 N，由表13-9中查得；

$[S]$——弹簧疲劳强度许用安全系数，当弹簧设计计算和材料实验数据精度较高时，取 $[S]=1.3\sim1.7$；精度较低时，取 $[S]=1.8\sim2.2$。

表13-9 弹簧丝材料的剪切疲劳极限 τ_0

变载荷循环次数 N	$<10^4$	10^5	10^6	10^7
脉动剪切疲劳极限 τ_0	$0.45\sigma_B$	$0.35\sigma_B$	$0.33\sigma_B$	$0.30\sigma_B$

注：①对于喷丸处理的弹簧，表中数值可提高20%；

②对于硅青铜和不锈钢丝，τ_0 的值为 $0.35\sigma_B$。

(2)静强度计算

弹簧的静强度安全系数验算公式为

$$S_{ca}=\frac{\tau_s}{\tau_{max}}\geqslant[S] \qquad (13-17)$$

式中 τ_s——弹簧丝材料的剪切屈服极限。

静强度安全系数与疲劳强度安全系数相同。

2. 受振动载荷弹簧的强度计算

弹簧在载荷 $F(t)=F_m+F_a\sin 2\pi f_r t$（其中，$F_m$ 为平均载荷；F_a 为载荷振幅）作用下，如果载荷振动频率 f_r 与弹簧的自振动频率 f 接近或重合时，将发生共振，应考虑振动对弹簧强度的影响。

根据理论力学，求得

$$F_{max}=F_m+\frac{1}{1-\dfrac{f_r}{f}}F_a \qquad (13-18)$$

$$F_{min}=F_m-\frac{1}{1-\dfrac{f_r}{f}}F_a \qquad (13-19)$$

由此得到受振动载荷弹簧的最小和最大剪应力计算公式为

$$\tau_{min}=\frac{KD_2}{\pi d^3}\left[F_m-\frac{1}{1-\dfrac{f_r}{f}}F_a\right] \qquad (13-20)$$

$$\tau_{max}=\frac{8KD_2}{\pi d^3}\left[F_m+\frac{1}{1-\dfrac{f_r}{f}}F_a\right] \qquad (13-21)$$

求得 τ_{min} 和 τ_{max} 后,按上述疲劳强度验算方法进行受振动载荷弹簧的强度计算。但若 $f_r/f<0.1$ 时,则不考虑共振影响。

由式(13-20)、式(13-21)可知,弹簧的一阶自振频率 f 是受振动弹簧中的一个主要参数。不同弹簧支承形式的 f 计算公式如下。

(1)一端固定、一端自由的弹簧

这种支承形式的弹簧的一阶自振频率为

$$f=\frac{1}{4}\sqrt{\frac{jg}{W}}=\frac{d}{4\pi D_2^2 n}\sqrt{\frac{Gg}{2\rho}}\quad \text{Hz} \qquad (13-22)$$

式中 j——弹簧刚度,N/m;

g——重力加速度,9.8 m/s²;

W——弹簧自重,N;

ρ——弹簧密度,kg/m³;

G——剪切弹性模量,MPa。

对于钢弹簧丝,$G=79\ 000$ MPa,$\rho=7.85\times10^3$ kg/m³,$g=9.8$ m/s² 代入式(13-22),则得一端固定、一端自由支承的钢弹簧的一阶自振频率为

$$f=1.78\times10^5\quad \text{Hz} \qquad (13-23)$$

(2)两端固定的弹簧

一阶自振频率为 $\dfrac{d}{nD_2^2}$,有

$$f=\frac{1}{2}\sqrt{\frac{jg}{W}}=\frac{d}{2\pi D_2^2 n}\sqrt{\frac{Gg}{2\rho}}\quad \text{Hz} \qquad (13-24)$$

将 G,ρ,g 代入式(13-24)得

$$f=3.56\times10^5\,\frac{d}{nD_2^2}\quad \text{Hz} \qquad (13-25)$$

(3)一端固定、一端与其他零件连接的弹簧

设 W_c 为弹簧端部连接其他零件的质量,则此系统的一阶自振频率为

$$f=\frac{1}{2\pi}\sqrt{\frac{jg}{W_c+\dfrac{W}{3}}}\quad \text{Hz} \qquad (13-26)$$

若 W 与 W_c 相比很小时,可以略去 W 不计。

例 13-2 一气门弹簧,其两端为固定支承,弹簧丝直径 $d=5$ mm,中径 $D_2=40$ mm,工作有效圈数 $n=8$,自由高度 $H_0=80$ mm。安装后所受压力 $F_{min}=260$ N,气门放开最大时所受力 $F_{max}=500$ N,凸轮转速 $n=980$ r/min,弹簧丝材料为 50CrVA。试验算此气门弹簧的静强度、疲劳强度、共振性和稳定性。

解 (1)静强度验算

弹簧指数:$C=D_2/d=40/5=8$

曲度系数:查表 13-5 得 $K=1.18$

最大剪应力:由式(13-4)求得

$$\tau_{max}=\frac{8KF_{max}D_2}{\pi d^3}=\frac{8\times1.18\times500\times40}{\pi\times5^3}=482\ \text{MPa}$$

安全系数:查表 13-1 得 $\sigma_B=1\ 470$ MPa,求得 $\tau_s\approx0.5\sigma_B=0.5\times1\ 470=735$ MPa,由式(13-17)求得安全系数为

$$S_{ca}=\frac{\tau_s}{\tau_{max}}=\frac{735}{482}=1.525$$

因 $S_{sca}\approx S_{ca}$,合格。

(2)疲劳强度验算

最小剪应力:

$$\tau_{min}=\frac{8KF_{min}D_2}{\pi d^3}=\frac{8\times1.18\times260\times40}{\pi\times5^3}=251\ \text{MPa}$$

安全系数:由式(13-16)求得

$$S_{ca}=\frac{\tau_0+0.75\tau_{min}}{\tau_{max}}=\frac{0.3\sigma_B+0.75\tau_{min}}{\tau_{max}}=\frac{0.3\times1\ 470+0.75\times251}{482}=1.305$$

因 $S_{ca}\approx[S]$,合格。

(3)共振性验算

弹簧一阶自振频率:由式(13-25)求得

$$f=3.56\times10^5\ \frac{d}{nD_2^2}=3.56\times10^5\times\frac{5}{\pi\times40^2}=139.06\ \text{Hz}$$

载荷引起的振动频率为

$$f_r=\frac{n}{60}=\frac{980}{60}=16.33$$

频率比为

$$f_r/f=16.33/139.06\approx0.11\approx0.1$$

可以不考虑振动影响。

(4)稳定性验算

高径比为

$$b=\frac{H_0}{D_2}=\frac{80}{40}=2$$

因 $b<5.3$,所以满足稳定性要求。

13.4 圆柱形扭转螺旋弹簧的设计计算

13.4.1 圆柱形扭转螺旋弹簧的结构

扭转弹簧常用于压紧、储能及传递扭矩。图 13-15 所示为常用扭转弹簧结构形式,弹簧两端带杆臂或挂钩,以便连接和加载。图中所示 NⅠ型为内臂扭转弹簧,NⅡ型为外臂扭转弹簧,NⅢ型为中心扭转弹簧,NⅣ型为双扭弹簧。扭转弹簧在相邻两圈间一般留有微小的间隙,避免弹簧受扭时相邻圈发生摩擦。

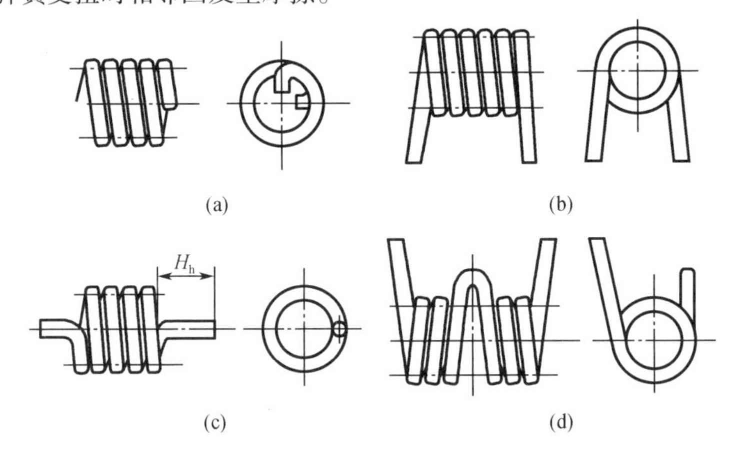

图 13-15 扭转弹簧结构

(a)NⅠ型;(b)NⅡ型;(c)NⅢ型;(d)NⅣ型

13.4.2 圆柱形扭转螺旋弹簧的特性曲线

图 13-16 所示为扭转弹簧特性曲线。设 $T_{\min}$ 为最小工作扭矩;$T_{\max}$ 为最大工作扭矩;$T_{\lim}$ 为极限工作扭矩,即工作扭矩达到 $T_{\lim}$ 时,弹簧丝中的应力已接近弹性极限;δ 为弹簧相邻两圈间的轴向间距;$\varphi_{\min}$,$\varphi_{\max}$,$\varphi_{\lim}$ 分别为 $T_{\min}$,$T_{\max}$,$T_{\lim}$ 对应的扭转角。

13.4.3 扭转弹簧的强度计算

图 13-16 所示圆柱形扭转弹簧承受扭转 T,在垂直于弹簧丝轴线的任意截面上的内力有弯矩 $M' = T\cos\gamma$,扭矩 $T' = T\sin\gamma$。由于螺旋升角 γ 很小,T' 可以略去不计,弯矩近似取 $M' = T$。所以扭转弹簧丝主要受弯曲应力,可以近似按弯曲强度计算。扭转弹簧的强度条件为

$$\sigma_{\max} = \frac{K_1 T_{\max}}{W} \approx \frac{K_1 T_{\max}}{0.1d^3} \leqslant [\sigma_b] \tag{13-27}$$

式中 W——圆弹簧丝横截面的抗弯截面模量,$W \approx 0.1d^3$;

K_1——扭转弹簧曲度系数,$K_1 = \dfrac{4C-1}{4C-4}$,一般取 $C = 4 \sim 16$;

$[\sigma_b]$——许用弯曲应力,由表 13-1 查得。

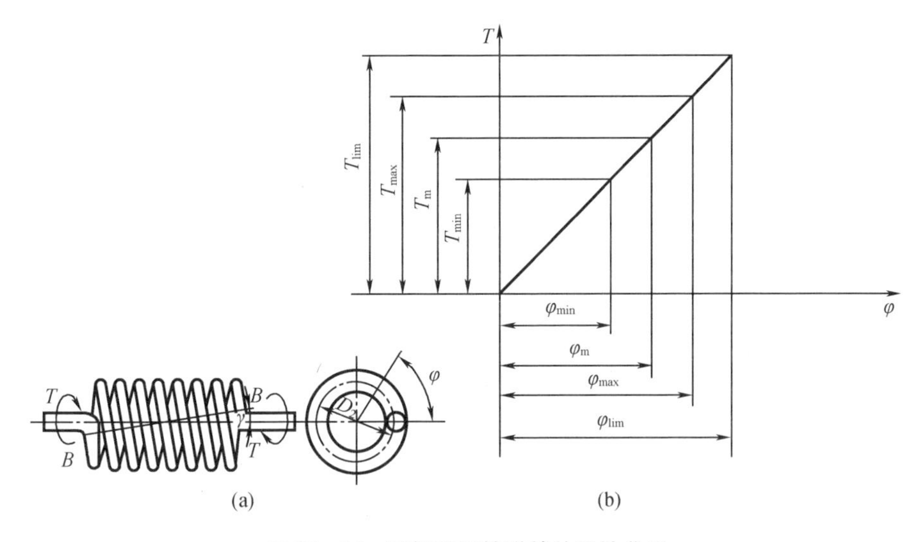

图 13－16　圆柱形扭转弹簧的特性曲线

由于在面积相同的条件下，矩形截面的抗弯截面模量比圆形截面的抗弯截面模量大，所以采用矩形截面弹簧丝的承载能力大。但由于圆截面扭簧工艺性好，因此应用较为普遍。

由式(13－27)得到扭转弹簧的设计公式为

$$d \geqslant \sqrt[3]{\frac{K_1 T_{max}}{0.1[\sigma_b]}} \text{ mm} \tag{13-28}$$

13.4.4　扭转弹簧的变形计算

扭转弹簧的扭转角(图 13－16)的近似计算公式为

$$\varphi \approx \frac{180 T D_2 n}{EJ} \ (^\circ) \tag{13-29}$$

式中　φ——扭转角，(°)；

J——弹簧丝圆截面的轴惯性矩，$J=\frac{\pi d^4}{64}$ mm^4；

E——拉、压弹性模量(表 13－1)MPa。

扭转弹簧刚度

$$j_T = \frac{T}{\varphi} = \frac{EJ}{180 D_2 n} \quad \text{N} \cdot \text{mm}/(^\circ) \tag{13-30}$$

13.4.5　扭转弹簧的主要尺寸和参数计算

1. 弹簧的旋向

扭转弹簧的旋向应与外加扭矩方向相同，这样可以使弹簧圈内侧产生的最大应力为压缩应力。另外，冷卷弹簧时，旋向与外加扭矩方向相同可抵消部分残余应力。

2. 弹簧的节距和螺旋升角

节距计算公式为

$$P = d + \delta \tag{13-31}$$

式中　d——弹簧丝直径；

δ——弹簧圈的间距,一般取 $\delta \approx 0.5$ mm。

螺旋升角计算公式为

$$\gamma = \arctan \frac{P}{\pi D_2} \tag{13-32}$$

扭转弹簧的节距较小,因此螺旋角也小。

3. 弹簧有效圈数

弹簧有效圈数由式(13-29)求得

$$n = \frac{EJ\varphi}{\pi T D_2} \tag{13-33}$$

4. 弹簧的自由高度

弹簧的自由高度计算与弹簧具体结构相关,自由高度计算公式为

$$H_0 = nP + d \tag{13-34a}$$

或

$$H_0 = nP + \text{挂钩在弹簧轴线上的长度}(H_h) \tag{13-34b}$$

5. 弹簧丝展开长度

展开长度计算公式为

$$L = \pi D_2 n + \text{挂钩部分长度}(L_h) \tag{13-35}$$

例 13-3 试设计一NⅢ型圆柱螺旋扭转弹簧。最大工作扭矩 $T_{max} = 7$ N·m,最小工作扭矩 $T_{min} = 2$ N·m,工作扭转角 $\varphi = \varphi_{max} - \varphi_{min} = 50°$,载荷循环次数 N 为 10^5。

解 (1)选择材料并确定其许用弯曲应力。根据弹簧的工作情况,属于Ⅱ类弹簧,现选用碳素弹簧钢丝B级制造。估取弹簧钢丝直径5 mm,由表13-2查得 $\sigma_B = 1\,320$ MPa,所以 $[\sigma_b] = 0.5\sigma_B = 660$ MPa。

(2)选择弹簧指数 C 并计算曲度系数 K_1,取 $C = 6$,则

$$K_1 = \frac{4C-1}{4C-4} = \frac{4\times6-1}{4\times6-4} = \frac{23}{20} = 1.15$$

(3)计算弹簧丝直径。由式(13-28)求得

$$d \geqslant \sqrt[3]{\frac{K_1 T_{max}}{0.1[\sigma_b]}} = \sqrt[3]{\frac{1.15\times70\,000}{0.1\times660}} = 4.95 \text{ mm}$$

取值 $d = 5$ mm。

(4)计算弹簧的其他参数和尺寸

$$D_2 = Cd = 6\times5 = 30 \text{ mm}$$

$$D = D_2 + d = 30 + 5 = 35 \text{ mm},\text{则}$$

$$D_1 = D_2 - d = 30 - 5 = 25 \text{ mm}$$

取间距 $\delta = 0.5$ mm

$$P = d + \delta = 5 + 0.5 = 5.5 \text{ mm}$$

$$\gamma = \arctan\frac{P}{\pi D_2} = \arctan\frac{5.5}{30\pi} = 3°20'$$

(5)计算有效圈数。按转角要求计算有效圈数。已知 $E = 200\,000$ MPa,$J = \frac{\pi d^4}{64} = \frac{\pi\times5^4}{64} = 30.68 \text{ mm}^4$。代入式(13-33)得

$$n=\frac{EJ\varphi}{\pi TD_2}=\frac{200\ 000\times 30.68\times 50}{180\times(7\ 000-2\ 000)\times 30}=11.36$$

取 $n=11.5$。

(6)计算弹簧的扭转刚度。由式(13-30)得

$$j_T=\frac{T}{\varphi}=\frac{EJ}{180D_2n}=\frac{200\ 000\times 30.68}{180\times 30\times 11.5}=98.8\ \text{N}\cdot\text{mm}/(°)$$

(7)计算 φ_{max},φ_{min}。因 $T_{max}=j_T\varphi_{max}$,所以

$$\varphi_{max}=\frac{T_{max}}{j_T}=\frac{7\ 000}{98.8}\approx 70.85°$$

$$\varphi_{min}=\varphi_{max}-\varphi=70.85°-50°=20.85°$$

(8)计算自由高度。取 $H_h=40$ mm,则

$$H_0=n(d+\delta)+H_h=11.5\times(5+0.5)+40=103.25\ \text{mm}$$

(9)计算展开长度。取 $L_h=H_h=400$ mm,则

$$L\approx\pi D_2n+L_h=\pi\times 30\times 11.5+40=1\ 123.8\ \text{mm}$$

(10)绘制零件图

(略)

扭转弹簧的零件图与圆柱形螺旋弹簧基本相同。

习　　题

13-1　如果圆柱形螺旋弹簧的轴向载荷固定不变,可采用哪些办法来增大弹簧变形量?

13-2　何谓弹簧的特性曲线?它与弹簧的刚度有什么关系?

13-3　已知一圆柱形螺旋压缩弹簧的材料为碳素弹簧钢丝,Ⅱ类弹簧,它的中径 $D_2=20$ mm,簧丝直径 $d=2.5$ mm,总圈数 $n_1=8$,支承圈数 $n_2=2$,计算其弹簧所能承受的最大工作载荷 F_{max}和相应的变形量 λ_{max}。

13-4　某圆柱形扭转螺旋弹簧用在760 mm宽的门上,如图13-17所示。当关门后,手把加4.5 N的推力 F 能将门打开。当门转到180°时,手把上的推力为13.5 N。弹簧丝的许用弯曲应力$[\sigma_b]=1\ 100$ MPa。试计算弹簧丝直径 d,弹簧中径 D_2,所需初变形角 φ_{min}及弹簧有效圈数 n。

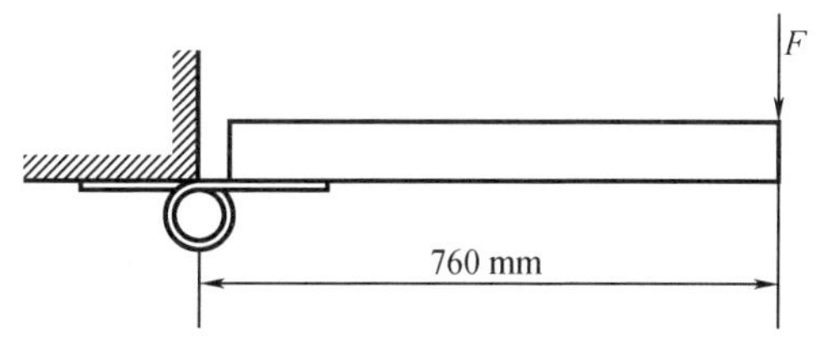

图13-17　扭矩弹簧计算图

第14章　机械传动系统

14.1　概　　述

14.1.1　传动系统的功能

在绪论中已经指出,传动系统是将原动机的运动和动力转化为符合工作机需要的中间装置。其功能如下:

1. 减速或增速

把原动机输出的转速降低或提高,使之与工作机的速度一致。

2. 变速

原动机转速一定,能得到多种输出速度以满足工作要求。

3. 改变运动形式

把原动机输出的旋转运动,转变为往复移动、摆动或间歇运动。

4. 分配运动和动力

实现由一台原动机驱动若干相同或不同的工作机。

14.1.2　传动系统的分类

传动系统按其工作原理的不同可分为机械传动、流体传动及电力传动三大类。机械传动又分为摩擦传动和啮合传动。本章介绍机械传动,其分类如图14-1所示。

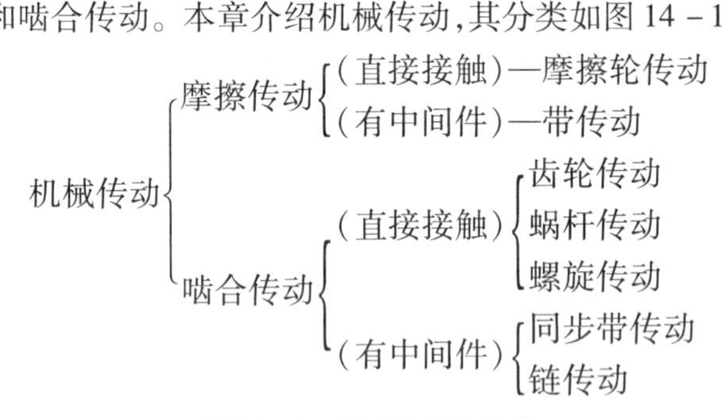

图14-1　传动系统的分类

14.1.3　选择传动类型的基本依据

由于传动系统的基本任务是传递动力和保证工作机实现预期的运动,故它可能由一种传动类型构成,也可能由几种传动类型组合而成,必要时也可能包含连杆机构、凸轮机构和间歇机构等。选择传动类型时应根据效率、外廓尺寸、质量、运动性能等指标,综合对比若干方案后作出选择。

1. 功率与效率

各类传动传递功率的范围及效率数值见表14－1。一般地说，啮合传动传递功率的能力高于摩擦传动；蜗杆传动发热量较大，因而传递的功率不宜过大；带传动和链传动为了增大传递功率的能力必须增大带的根数和链条的列数，但是会带来载荷分布不均的问题。

效率是评价传动性能的主要指标。在机械系统中，能量损失主要发生在轴承摩擦、传动零件间的相对滑动及搅动润滑油等方面。一般来说，效率低的传动装置不宜用于大功率的传动。

2. 速度

速度是评价运动性能的主要指标之一。在各类传动型式中，传动速度的提高要受到不同因素的限制，如载荷、传动的热平衡条件、离心力及振动稳定性等。表14－1中列出了各类传动的速度范围。

表14－1　各类传动的主要性能

类别		摩擦轮传动	带传动	链传动	齿轮传动	蜗杆传动	螺旋传动
功率 P/kW		≤20	平带 20～30 V带 50～100 同步带≤10	≤100	≤60 000	20～50	小功率传动
速度 v /(m/s)		≤25	平带≤60 V带 25～30 同步带 50～100	≤40	7级精度≤25；5级以上的斜齿轮 15～130；直齿圆锥齿轮≤15	滑动速度 ≤15～35	低速传动
效率 η	开式	0.80～0.88	平带 0.94～0.98 V带 0.92～0.97 同步带 0.95～0.98	0.90～0.93	0.92～0.95	自锁 0.30～0.35 单头 0.60～0.70	滑动螺旋 0.3～0.6 滚动螺旋 0.90～0.95 静压螺旋 0.95～0.99
	闭式	0.90～0.96		0.97～0.98	0.96～0.99	自锁 0.40～0.45 单头 0.70～0.80 双头 0.80～0.85 多头 0.85～0.92	
单级减速传动比 i		≤5，有卸载装置可达到15	平带≤4～5 V带≤7～10 同步带≤10	滚子链≤6 齿形链≤15	圆柱齿轮 ≤5～8 圆锥齿轮 ≤3～5	8～80 只传递运动时可达1 000	

3. 传动比

传动比是传动的运动特性之一，各类传动用于单级减速的传动比参考值见表14－2。

表 14-2 常用齿轮减速器

类型		简图	传动比	特点和应用
单级圆柱齿轮减速器			≤10 常用: 直齿≤4 斜齿≤6	齿轮可用直齿、斜齿或人字齿。一般直齿用于低速(v≤8 m/s)轻载场合,斜齿或人字齿用于高速重载场合。箱体常用铸铁制造,也可用焊接结构或铸钢件
两级圆柱齿轮减速器	展开式	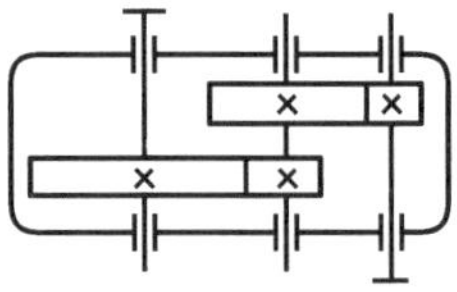	8~60	结构简单,应用广泛。高速级常用斜齿,低速级可用斜齿或直齿。由于齿轮相对于轴承为不对称布置,沿齿向载荷分布不均,因而要求轴具有较大的刚度
	同轴式		8~60	减速器长度方向尺寸较短,但轴向尺寸较大。两级大齿轮直径相近,有利于浸油润滑,但高速级齿轮的承载能力不能充分利用。中间轴较长,刚性较差,载荷沿齿宽分布不均匀
	分流式		8~60	一般为高速级分流,高速级可做成斜齿,低速级可做成人字齿或直齿。高速级齿轮相对于轴承对称布置,载荷沿齿宽分布均匀。轴承受载均匀。减速器结构较复杂,常用于大功率,变载荷场合
单级锥齿轮减速器			≤6~8 常用: 直齿≤3 斜齿≤5	用于输入轴和输出轴两轴线互相垂直相交的传动,可做成卧式或立式。轴承均采用滚动轴承,以保证两齿轮有稳定的相互位置,并从结构上保证能进行调整。由于锥齿轮制造较困难,仅在传动布置需要时才采用
圆锥-圆柱齿轮减速器			≤8~22	特点与单级锥齿轮减速器相同。用于输入轴和输出轴两轴线互相垂直相交的传动。锥齿轮传动在高速级,为的是减小大锥齿轮直径,以便于加工

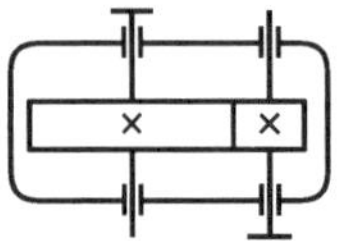

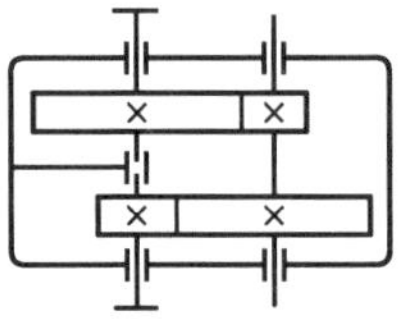

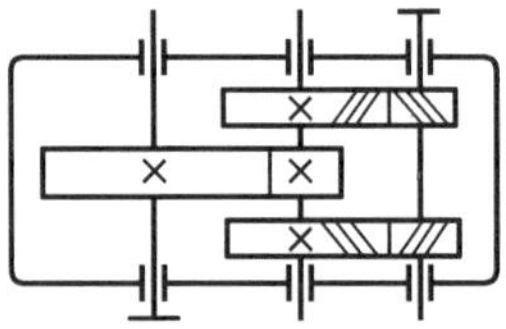

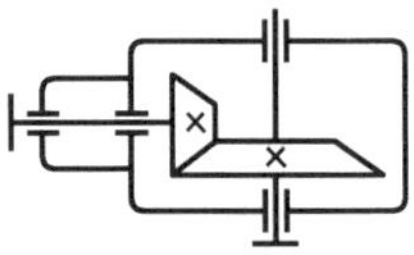

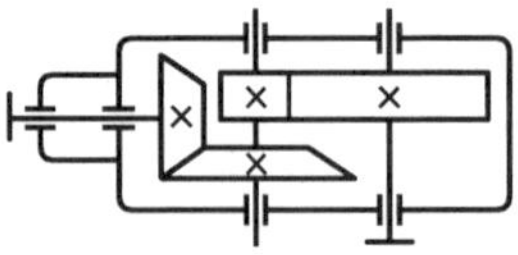

14.2　减　速　器

14.2.1　减速器的类型

减速器是指原动机与工作机之间独立的闭式传动装置,用来降低转速并相应地增大转矩。

减速器的种类很多,按传动和结构特点来分,有以下几种。

1. 齿轮减速器

主要有圆柱齿轮减速器、圆锥齿轮减速器和圆锥－圆柱齿轮减速器。

2. 蜗杆减速器

主要有圆柱蜗杆减速器、环面蜗杆减速器、锥蜗杆减速器和蜗杆－齿轮减速器。

3. 行星齿轮减速器

主要有渐开线直齿圆柱齿轮行星减速器。

此外还有摆线针轮减速器、谐波齿轮减速器等。

以上几种减速器已有标准产品系列,使用时只需根据工作要求,从产品目录中选择即可,本节主要介绍齿轮减速器和蜗杆减速器的主要类型、特点及应用。

14.2.2　齿轮减速器

齿轮减速器的特点是效率高,工作寿命长,维护方便,因而应用范围很广。

齿轮减速器按其减速齿轮的级数可分为单级、两级、三级和多级减速器;按其轴在空间的布置可分为立式和卧式的;按其运动简图的特点可分为展开式、分流式或同轴式。

14.2.3　蜗杆减速器

蜗杆减速器的特点是在外廓尺寸不大的情况下,可以获得大的传动比,且工作平稳,噪声小,但效率较低,其中应用最广的是单级蜗杆减速器和蜗杆与齿轮组合的减速器。表14－3是几种常用蜗杆减速器的运动简图和特点应用。

表14－3　常用蜗杆减速器

类型	简　图	传动比	特点和应用
蜗杆减速器		单级7～50(分度传动达1 000)	传动比大,结构紧凑,但效率低,用于中小功率。蜗杆在蜗轮之下的下置式蜗杆减速器润滑条件好,应优先选用。但当蜗杆速度太高时($v \geqslant 4$ m/s),搅油损失太大,宜采用上置式蜗杆减速器

表 14-3(续)

类型	简图	传动比	特点和应用
齿轮-蜗杆减速器		60~90	齿轮传动在高速级时结构比较紧凑。为使高速级和低速级传动浸油深度大致相等,应使高速级中心距约等于低速级中心距的一半左右。蜗杆传动在高速级时传动效率较高

14.3 变速器

在许多情况下,机器需要在工作过程中根据不同的要求随时改变速度。例如:汽车要根据具体情况改变行车速度;机床要根据被加工零件的具体情况调整主轴的转速,以达到最有利的切削速度。能随时改变传动比的传动机构称为变速器。

变速器可分为有级变速器和无级变速器两大类。前者的传动比只能按既定的设计要求通过操纵机构分级进行改变;而后者的传动比则可在设计预定的范围内无级地进行改变。本节介绍几种常用变速器的变速原理及特点。

14.3.1 有级变速器

有级变速器是通过改变传动比使工作机能获得有限几种不同转速的一种传动装置。当原动机转速一定时,经有级变速传动装置,可以使输出轴得到若干种转速。表 14-4 介绍了几种常用有级变速器的工作原理及特点。

表 14-4 常用有级变速器的工作原理及特点

类型	简图	工作原理	特点
塔轮变速器	Ⅰ Ⅱ	两个塔形带轮分别固定在轴Ⅰ,Ⅱ上,传动带可在带轮上移换三个不同的位置。通过移换带的位置可使Ⅱ轴获得三种不同的转速	多采用平带传动,也可用V带传动(如台式小型钻床)。传动平稳,结构简单,但尺寸较大,变速不方便,应用较少
滑移齿轮变速器	Ⅰ Ⅱ	三个齿轮固联在轴Ⅰ上,一个三联齿轮由导向花键连接在轴Ⅱ上,并可移换左、中、右三个位置,使传动比不同的三对齿轮分别啮合,因而当轴Ⅰ转速不变时,轴Ⅱ可得到三种不同的转速	变速方便,结构紧凑,传动效率高,应用最广泛。缺点是不能采用斜齿轮

表14－4(续)

类型	简　图	工作原理	特　点
离合器式齿轮变速器		固定在轴Ⅰ上的两个齿轮与空套在轴Ⅱ上的两个齿轮保持经常啮合。轴Ⅱ上装有牙嵌式离合器，当其向左或向右移动分别与左右两侧齿轮啮合时，可使轴Ⅱ得到两种不同的转速	可以采用斜齿轮或人字齿轮，使传动平稳。若采用摩擦离合器，可在运转中变速。特点是齿轮为常啮合，磨损较快，离合器所占空间较大
拉键式变速器		有四个齿轮固联在轴Ⅰ上，另四个齿轮空套在轴Ⅱ上，依靠轴Ⅱ上装的拉键沿轴向移动到不同位置时，可使相应的齿轮传递载荷，从而变换轴Ⅰ及轴Ⅱ间的传动比，使轴Ⅱ得到不同的转速	结构很紧凑，但拉键的强度、刚度较低，不能传递较大的转矩

14.3.2 无级变速器

为了获得最合适的工作速度，机器应能在一定范围内任意调整其转速，这就需要使用无级变速器。实现无级变速的方法有机械的、电气的和液动的。机械无级变速器主要是依靠摩擦轮(或盘、球、环等)传动原理，通过改变主动件和从动件的传动半径，使输出轴的转速无级地变化。

机械无级变速器的优点是构造简单，运转平稳，易于平缓连续地变速，过载时可利用摩擦传动元件间的打滑而避免损坏机器，可用于较高转速的传动；缺点是体积较大，效率较低，不能保证精确的传动比，承受过载和冲击能力差，不宜用于长期定速运转，否则传动件将发生局部磨损，使调速发生困难。

许多机械无级变速器已有标准产品，可参照有关设计手册或产品样本选用。

习　题

14－1　图14－2所示为一输送机的传动方案。试分析该传动方案中各级传动的安排是否合理，并画出正确传动方案图。

14－2　图14－3所示为手摇提升装置，其采用两级开式齿轮传动，中心距 a 和各齿轮模数均分别相等，且 $z_1=z_3$，$z_2=z_4$，卷筒直径 $D=300$ mm，提升重物 $F_Q=4\ 000$ N，手柄力臂长度 $L=250$ mm，加于柄上的最大作用力 $F=150$ N，设传动的总效率 $\eta=0.8$。试求：(1)总传动比；(2)各级齿轮的传动比及各齿轮齿数。

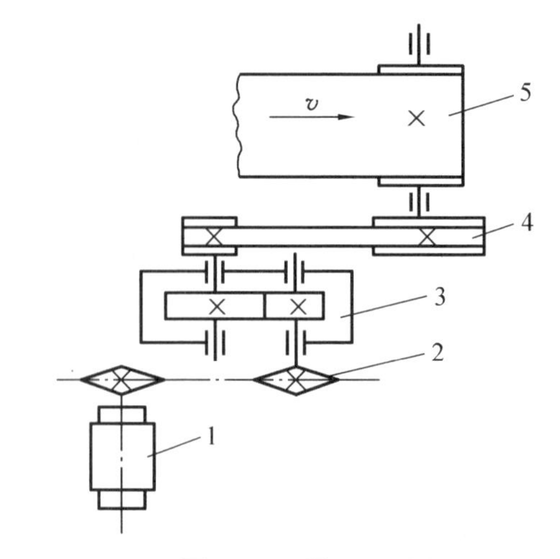

图 14-2 题 14-1 图

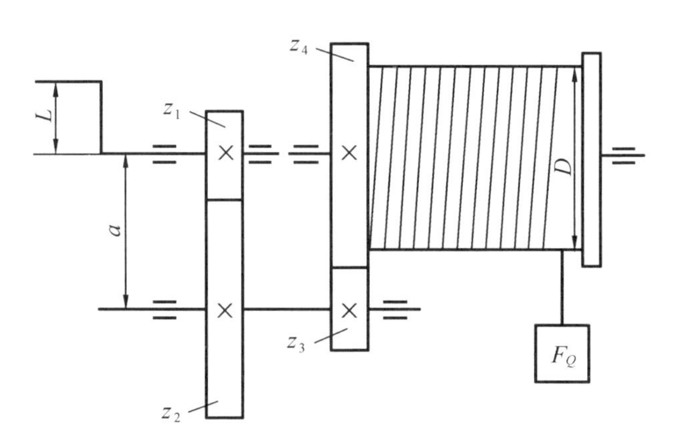

图 14-3 题 14-2 图

14-3 图 14-4 所示为齿轮变速器,各齿轮齿数为:$z_1=22$,$z_2=16$,$z_3=40$,$z_4=46$,$z_5=32$,$z_6=36$,$z_7=56$,$z_8=52$。试求:(1)输入轴与输出轴之间的传动比有几种?各是多少?若输入轴转速 $n_1=960$ r/min,输出轴转速各为多少?(2)变速器所有齿轮的模数是否都相等,为什么?

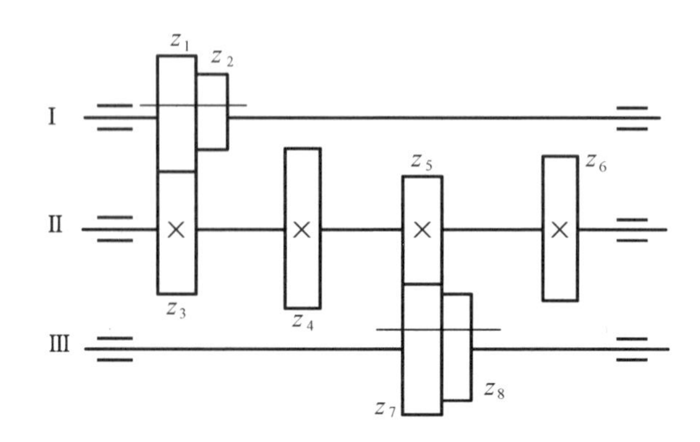

图 14-4 题 14-3 图

14-4 如图14-5所示，当V带无级变速器主动轮转速 n_1 一定时，改变主、从动轮接触半径 r_1 及 r_2，可使从动轮转速在一定范围内变化。设 $n_1=600$ r/min，接触的最小、最大半径为 $r_{1\min}=r_{2\min}=90$ mm，$r_{1\max}=r_{2\max}=150$ mm。试求：(1)传动的最大传动比 $i_{\max}$ 和最小传动比 $i_{\min}$；(2)从动轮的转速范围。

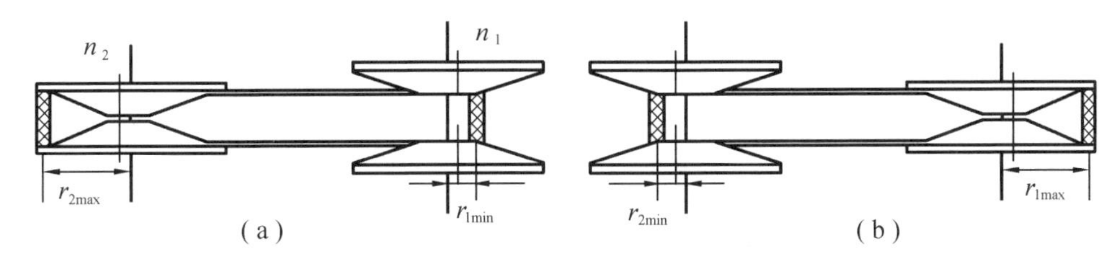

图14-5 题14-4图

附　　录

附表1　螺纹、键槽、花键、横孔及配合边缘处的有效应力集中系数 k_σ 和 k_τ 值

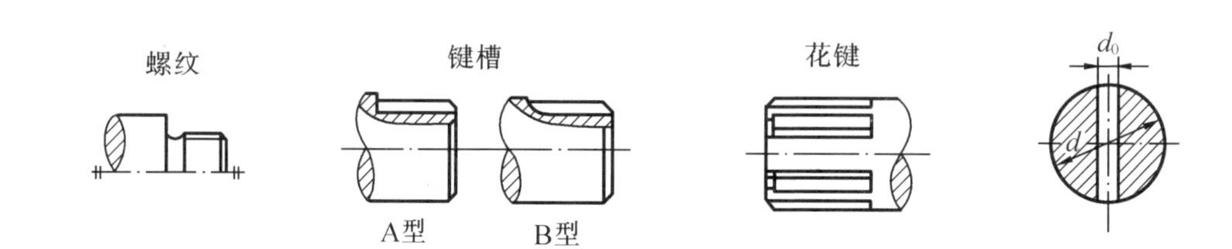

σ_b /MPa	螺纹 ($k_\tau=1$) k_σ	键槽			花键			横孔			配合					
		k_σ		k_τ	k_σ (齿轮轴 $k_\tau=1$)	k_τ		k_σ		k_τ	H7/r6		H7/k6		H7/h6	
		A 型	B 型	A,B 型		矩形	渐开线(齿轮轴)	$\frac{d_0}{d}=0.05\sim0.15$	$\frac{d_0}{d}=0.15\sim0.25$	$\frac{d_0}{d}=0.05\sim0.25$	k_σ	k_τ	k_σ	k_τ	k_σ	k_τ
400	1.45	1.51	1.30	1.20	1.35	2.10	1.40	1.90	1.70	1.70	2.05	1.55	1.55	1.25	1.33	1.14
500	1.78	1.64	1.38	1.37	1.45	2.25	1.43	1.95	1.75	1.75	2.30	1.69	1.72	1.36	1.49	1.23
600	1.96	1.76	1.46	1.54	1.55	2.35	1.46	2.00	1.80	1.80	2.52	1.82	1.89	1.46	1.64	1.31
700	2.20	1.89	1.54	1.71	1.60	2.45	1.49	2.05	1.85	1.80	2.73	1.96	2.05	1.56	1.77	1.40
800	2.32	2.01	1.62	1.88	1.65	2.55	1.52	2.10	1.90	1.85	2.96	2.09	2.22	1.65	1.92	1.49
900	2.47	2.14	1.69	2.05	1.70	2.65	1.55	2.15	1.95	1.90	3.18	2.22	2.39	1/76	2.08	1.57
1 000	2.61	2.26	1.77	2.22	1.72	2.70	1.58	2.20	2.00	1.90	3.41	2.36	2.56	1.86	2.22	1.66
1 200	2.90	2.50	1.92	2.39	1.75	2.80	1.60	2.30	2.10	2.00	3.87	2.62	2.90	2.05	2.5	1.83

注:1. 滚动轴承与轴的配合按 H7/r6 配合选择系数。

2. 蜗杆螺旋根部有效应力集中系数可取 $k_\sigma=2.3\sim2.5$,$k_\tau=1.7\sim1.9$($\sigma_b\leqslant700$ MPa 时取小值,$\sigma_b\geqslant1\ 000$ MPa 时取大值)。

附表 2　环槽处的有效应力集中系数 k_σ 和 k_τ 值

系数	$\frac{D-d}{r}$	$\frac{r}{d}$	σ_b/MPa 400	500	600	700	800	900	1 000
k_σ	1	0. 01	1. 88	1. 93	1. 98	2. 04	2. 09	2. 15	2. 20
		0. 02	1. 79	1. 84	1. 89	1. 95	2. 00	2. 06	2. 11
		0. 03	1. 72	1. 77	1. 82	1. 87	1. 92	1. 97	2. 02
		0. 05	1. 61	1. 66	1. 71	1. 77	1. 82	1. 88	1. 93
		0. 10	1. 44	1. 48	1. 52	1. 55	1. 59	1. 62	1. 66
	2	0. 01	2. 09	2. 15	2. 21	2. 27	2. 34	2. 39	2. 45
		0. 02	1. 99	2. 05	2. 11	2. 17	2. 23	2. 28	2. 35
		0. 03	1. 91	1. 97	2. 03	2. 08	2. 14	2. 19	2. 25
		0. 05	1. 79	1. 85	1. 91	1. 97	2. 03	2. 09	2. 15
	4	0. 01	2. 29	2. 36	2. 43	2. 50	2. 56	2. 63	2. 70
		0. 02	2. 18	2. 25	2. 32	2. 38	2. 45	2. 51	2. 58
		0. 03	2. 10	2. 16	2. 22	2. 28	2. 35	2. 41	2. 47
	6	0. 01	2. 38	2. 47	2. 56	2. 64	2. 73	2. 81	2. 90
		0. 02	2. 28	2. 35	2. 42	2. 49	2. 56	2. 63	2. 70
k_τ	任何比值	0. 01	1. 60	1. 70	1. 80	1. 90	2. 00	2. 10	2. 20
		0. 02	1. 51	1. 60	1. 69	1. 77	1. 86	1. 94	2. 03
		0. 03	1. 44	1. 52	1. 60	1. 67	1. 75	1. 82	1. 90
		0. 05	1. 34	1. 40	1. 46	1. 52	1. 57	1. 63	1. 69
		0. 10	1. 17	1. 20	1. 23	1. 26	1. 28	1. 31	1. 34

附表 3　圆角处的有效应力集中系数 k_σ 和 k_τ 值

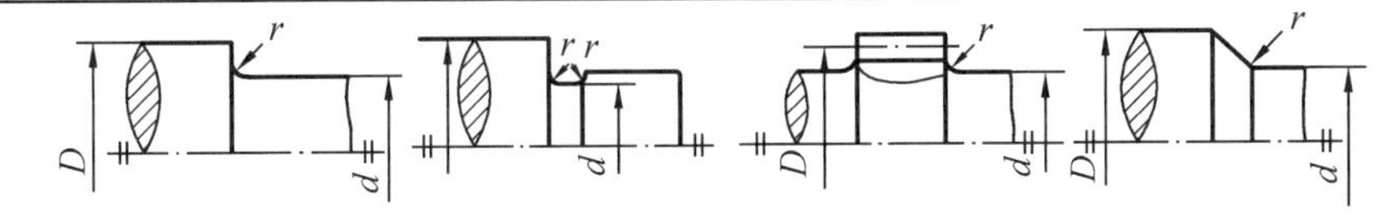

$\frac{D-d}{r}$	$\frac{r}{d}$	k_σ (σ_b/MPa) 400	500	600	700	800	900	1 000	1 200	k_τ (σ_b/MPa) 400	500	600	700	800	900	1 000	1 200
2	0. 01	1. 34	1. 36	1. 38	1. 40	1. 41	1. 43	1. 45	1. 49	1. 26	1. 28	1. 29	1. 29	1. 30	1. 30	1. 31	1. 32
	0. 02	1. 41	1. 44	1. 47	1. 49	1. 52	1. 54	1. 57	1. 62	1. 33	1. 35	1. 36	1. 37	1. 37	1. 38	1. 39	1. 42
	0. 03	1. 59	1. 63	1. 67	1. 71	1. 76	1. 80	1. 84	1. 92	1. 39	1. 40	1. 42	1. 44	1. 45	1. 47	1. 48	1. 52
	0. 05	1. 54	1. 59	1. 64	1. 69	1. 73	1. 78	1. 83	1. 93	1. 42	1. 43	1. 44	1. 46	1. 47	1. 50	1. 51	1. 54
	0. 01	1. 38	1. 44	1. 50	1. 55	1. 61	1. 66	1. 72	1. 83	1. 37	1. 38	1. 39	1. 42	1. 43	1. 45	1. 46	1. 50

附表3(续)

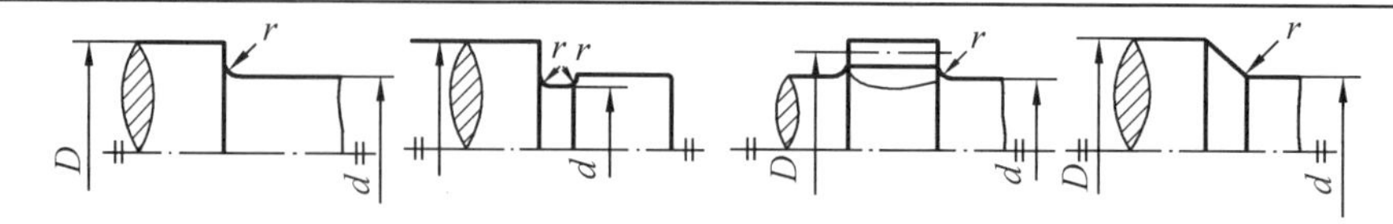

$\frac{D-d}{r}$	$\frac{r}{d}$	k_σ								k_τ							
		σ_b/MPa								σ_b/MPa							
		400	500	600	700	800	900	1 000	1 200	400	500	600	700	800	900	1 000	1 200
4	0.01	1.51	1.54	1.57	1.59	1.62	1.64	1.67	1.72	1.37	1.39	1.40	1.42	1.43	1.44	1.46	1.47
	0.02	1.76	1.81	1.86	1.91	1.96	2.01	2.06	2.16	1.53	1.55	1.58	1.59	1.61	1.62	1.65	1.68
	0.03	1.76	1.82	1.88	1.94	1.99	2.05	2.11	2.23	1.52	1.54	1.57	1.59	1.61	1.64	1.66	1.71
	0.05	1.70	1.76	1.82	1.88	1.95	2.01	2.07	2.19	1.50	1.53	1.57	1.59	1.62	1.65	1.68	1.74
6	0.01	1.86	1.90	1.94	1.99	2.03	2.08	2.12	2.21	1.54	1.57	1.59	1.61	1.64	1.66	1.68	1.73
	0.02	1.90	1.96	2.02	2.08	2.13	2.19	2.25	2.37	1.59	1.62	1.66	1.69	1.72	1.75	1.79	1.86
	0.03	1.89	1.96	2.03	2.10	2.16	2.23	2.30	2.44	1.61	1.65	1.68	1.72	1.74	1.77	1.81	1.88
10	0.01	2.07	2.12	2.17	2.23	2.28	2.34	2.39	2.50	2.12	2.18	2.24	2.30	2.37	2.42	2.48	2.60
	0.02	2.09	2.16	2.23	2.30	2.38	2.45	2.52	2.66	2.03	2.08	2.12	2.17	2.22	2.26	2.31	2.40

注:当 r/d 值超过表中给出的最大值时,按最大值查表 k_σ,k_τ。

附表4　尺寸系数 ε_σ 和 ε_τ 值

直径 d/mm		>20～30	>30～40	>40～50	>50～60	>60～70	>70～80	>80～100	>100～120	>120～150	>150～500
ε_σ	碳　钢	0.91	0.88	0.84	0.81	0.78	0.75	0.73	0.70	0.68	0.60
	合金钢	0.83	0.77	0.73	0.70	0.68	0.66	0.64	0.62	0.60	0.54
ε_τ	各种钢	0.89	0.81	0.78	0.76	0.74	0.73	0.72	0.70	0.68	0.60

附表5　常用向心轴承的径向基本额定动载荷 C_r 和径向额定静载荷 C_{0r}　　单位:kN

轴承内径/mm	深沟球轴承(60000型)								圆柱滚子轴承(N0000型 NF0000型)							
	(1)0		(0)2		(0)3		(0)4		10		(0)2		(0)3		(0)4	
	C_r	C_{0r}	C_r	C_{0r}	C_r	C_{0r}	C_r	C_{0r}	C_r	C_{0r}	C_r	C_{0r}	C_r	C_{0r}	C_r	C_{0r}
10	4.58	1.98	5.10	2.38	7.65	3.48										
12	5.10	2.38	6.82	3.05	9.72	5.08										
15	5.58	2.85	7.65	3.72	11.5	5.42					7.98	5.5				
17	6.00	3.25	9.58	4.78	13.5	6.58	22.5	10.8			9.12	7.0				

附表 5(续)

轴承内径/mm	深沟球轴承(60000 型)								圆柱滚子轴承(N0000 型 NF0000 型)							
	(1)0		(0)2		(0)3		(0)4		10		(0)2		(0)3		(0)4	
	C_r	C_{0r}	C_r	C_{0r}	C_r	C_{0r}	C_r	C_{0r}	C_r	C_{0r}	C_r	C_{0r}	C_r	C_{0r}	C_r	C_{0r}
20	9.38	5.02	12.8	6.65	15.8	7.88	31.0	15.2	10.5	8.0	12.5	11.0	18.0	15.0		
25	10.0	5.85	14.0	7.88	22.2	11.5	38.2	19.2	11.0	10.2	14.2	12.8	25.5	22.5		
30	13.2	8.30	19.5	11.5	27.0	15.2	47.5	24.5			19.5	18.2	33.5	31.5	57.2	53.0
35	16.2	10.5	25.5	15.2	33.2	19.2	56.8	29.5			28.5	28.0	41.0	39.2	70.8	68.2
40	17.0	11.8	29.5	18.0	40.8	24.0	65.5	37.5	21.2	22.0	37.5	38.2	48.8	47.5	90.5	89.8
45	21.0	14.8	31.5	20.5	52.8	31.8	77.5	45.5			39.8	41.0	66.8	66.8	102	100
50	22.0	16.2	35.0	23.2	61.8	38.0	92.2	55.2	25.0	27.5	43.2	48.5	76.0	79.5	120	120
55	30.2	21.8	43.2	29.2	71.5	44.8	100	62.5	35.8	40.0	52.8	60.2	97.8	105	128	132
60	31.5	24.2	47.8	32.8	81.8	51.8	108	70.0	38.5	45.0	62.8	73.5	118	128	155	162

附表 6　常用角接触球轴承的径向基本额定动载荷 C_r 和径向额定静载荷 C_{0r}　　单位:kN

轴承内径/mm	70000C 型($\alpha=15°$)				70000AC 型($\alpha=25°$)				70000B 型($\alpha=40°$)			
	(1)0		(0)2		(1)0		(0)2		(0)2		(0)3	
	C_r	C_{0r}	C_r	C_{0r}	C_r	C_{0r}	C_r	C_{0r}	C_r	C_{0r}	C_r	C_{0r}
10	4.92	2.25	5.82	2.95	4.75	2.12	5.58	2.82				
12	5.42	2.65	7.35	3.52	5.20	2.55	7.10	3.35				
15	6.25	3.42	8.68	4.62	5.95	3.25	8.35	4.40				
17	6.60	3.85	10.8	5.95	6.30	3.68	10.5	5.65				
20	10.5	6.08	14.5	8.22	10.0	5.78	14.0	7.82	14.0	7.85		
25	11.5	7.45	16.5	10.5	11.2	7.08	15.8	9.88	15.8	9.45	26.2	15.2
30	15.2	10.2	23.0	15.0	14.5	9.85	22.0	14.2	20.5	13.8	31.0	19.2
35	19.5	14.2	30.5	20.0	18.5	13.5	29.0	19.2	27.0	18.8	38.2	24.5
40	20.0	15.2	36.8	25.8	19.0	14.5	35.2	24.5	32.5	23.5	46.2	30.5
45	25.8	20.5	38.5	28.5	25.8	19.5	36.8	27.2	36.0	26.2	59.5	39.8
50	26.5	22.0	42.8	32.0	25.2	21.0	40.8	30.5	37.5	29.0	68.2	48.0
55	37.2	30.5	52.8	40.5	35.2	29.2	50.5	38.5	46.2	36.0	78.8	56.5
60	38.2	32.8	61.0	48.5	36.2	31.5	58.2	46.2	56.0	44.5	90.0	66.3

附表7 常用圆锥滚子轴承的径向基本额定动载荷 C_r 和径向额定静载荷 C_{0r} 单位:kN

轴承代号	轴承内径/mm	C_r	C_{0r}	α	轴承代号	轴承内径/mm	C_r	C_{0r}	α
30203	17	20.8	21.8	12°57′10″	30303	17	28.2	27.2	10°45′29″
30204	20	28.2	30.5	15°57′10″	30304	20	33.0	33.2	11°18′36″
30205	25	32.2	37.0	14°02′10″	30305	25	46.8	48.0	11°18′36″
30206	30	43.2	50.5	14°02′10″	30306	30	59.0	63.0	11°51′35″
30207	35	54.2	63.5	14°02′10″	30307	35	75.2	82.5	11°51′35″
30208	40	63.0	74.0	14°02′10″	30308	40	90.8	108	12°57′10″
30209	45	67.8	83.5	15°06′34″	30309	45	108	130	12°57′10″
30210	50	73.2	92.0	15°38′32″	30310	50	130	158	12°57′10″
30211	55	90.8	115	15°06′34″	30311	55	152	188	12°57′10″
30212	60	102	130	15°06′34″	30312	60	170	210	12°57′10″

参考文献

[1] 濮良贵,纪名刚. 机械设计[M]. 8版. 北京:高等教育出版社,2006.
[2] 吴昌林,张卫国,姜柳林. 机械设计[M]. 武汉:华中科技大学出版社,2011.
[3] 陈铁鸣,王连明,王黎钦. 机械设计(修订版)[M]. 哈尔滨:哈尔滨工业大学出版社,2003.
[4] 邱宣怀. 机械设计[M]. 4版. 北京:高等教育出版社,1997.
[5] 吴克坚,于晓红,钱瑞明. 机械设计[M]. 北京:高等教育出版社,2003.
[6] 杨可桢,程光蕴. 机械设计基础[M]. 4版. 北京:高等教育出版社,1999.
[7] 李靖华,王进戈,唐良宝. 机械设计[M]. 重庆:重庆大学出版社,2002.
[8] 徐灏. 机械设计手册:第1卷,第3卷,第4卷[M]. 北京:机械工业出版社,1991.
[9] 吴宗泽,罗圣国. 机械设计课程设计手册[M]. 北京:高等教育出版社,1991.
[10] 汝元功,唐照明. 机械设计手册[M]. 北京:高等教育出版社,1995.
[11] 杨恩霞,刘贺平. 机械设计课程设计[M]. 哈尔滨:哈尔滨工程大学出版社,2012.